高等学校电子信息类专业通用教材

模拟电子技术基础

主　编　王红玉
副主编　翟诚诚
主　审　杨恒新

国防工業出版社
·北京·

内容简介

本书是为满足应用型人才培养需要，适应新的教学模式，以及考虑部分院校减少课时但不降低教学质量要求下编写的。

本书主要包括电子技术概述、常用半导体器件、放大电路基础、集成运算放大电路、放大电路的频率响应、功率放大电路、放大电路中的反馈、集成运算放大电路的基本应用、信号产生电路、直流稳压电源、模拟电子系统的分析与设计举例等内容。

本书可作为应用型本科院校电子信息类、电气信息类、计算机类、自动控制类专业相关课程的教材，也可供相关专业工程技术人员参考。

图书在版编目（CIP）数据

模拟电子技术基础 / 王红玉主编. -- 北京 : 国防工业出版社, 2025. 6. -- ISBN 978-7-118-13737-8

Ⅰ. TN710. 4

中国国家版本馆 CIP 数据核字第 202571NH60 号

※

国防工业出版社出版发行

（北京市海淀区紫竹院南路 23 号　邮政编码 100048）

三河市天利华印刷装订有限公司印刷

新华书店经售

*

开本 787×1092　1/16　**印张** $15\frac{3}{4}$　**字数** 358 千字

2025 年 6 月第 1 版第 1 次印刷　**印数** 1—4000 册　**定价** 49.80 元

（本书如有印装错误，我社负责调换）

国防书店：(010) 88540777　书店传真：(010) 88540776

发行业务：(010) 88540717　发行传真：(010) 88540762

前　　言

“模拟电子技术”是高等院校电类和部分非电类专业一门重要的技术基础课。因此，为了适应电子技术的快速发展和新形势下应用型本科院校人才培养的需要，我们在总结多年教学经验的基础上编写了本书。

本书以“必须和够用”为原则，遵从先易后难、由浅入深、循序渐进的学习规律；同时考虑部分院校减少课程学时且不降低教学的基本要求，以分立元件电路为基础，以集成电路为重点，侧重基本概念、基本电路和基本分析方法的讲解，在保证教材结构体系完整的情况下，压缩烦琐的理论推导；内容组织顺序为先器件再电路后系统，先基础后应用。由于场效应管在电子电路中，尤其在集成电路中占据主流，因此本书增加了场效应管及其放大电路的内容。

在例题和习题编排方面，注重基本概念和分析方法，在集成运算放大电路、频率响应、功率放大电路等章节适当选用场效应管相关的例题和习题。通过例题加深学生对课程重要知识点的理解，习题帮助学生巩固所学内容。习题采用多层次结构且形式多样化，部分结合实际应用，以开阔学生视野，培养其理论与实际结合的能力。

为了体现教学基本要求，每章开头以问题的形式提出本章讨论内容，培养学生自主学习能力；以小结收尾，对本章的基础知识、基本方法进行了整理和总结，使学生进一步巩固章节知识，提高综合运用知识的能力。

在第 2 章～第 10 章内容的最后设置了 Multisim 应用举例，并通过小视频方式呈现出来，使教材内容更具系统性和实用性。

本书由王红玉任主编，翟诚诚任副主编。王红玉编写了本书主要内容并统稿，翟诚诚编写了第 2 章～第 10 章的 Multisim 应用举例，陆颖颖、何万益、姬佳林、周静和韦剑等对本书的编写提出了建议。杨恒新教授审阅了全书，并提出了很多宝贵意见；黄丽亚教授为本书的出版给予很大的支持。在此，对他们表示衷心的感谢！

由于我们的能力和水平有限，书中欠妥和错误之处，恳请读者多加指正，以便今后不断改进。

编者

2025 年 6 月

目　录

第 1 章　绪论

本章问题：

（1）什么是电子技术？常用的电子器件有哪些？

（2）电子技术的发展分为哪几个阶段？

（3）模拟电子技术研究的主要内容是什么？

（4）模拟电子技术课程的特点有哪些？

（5）电子技术的仿真分析和设计工具有哪些？

1.1　电子技术概述

1.1.1　电子技术的概念

电子技术是研究电子器件、电子电路，以及电路系统的实用工程技术。

电子器件主要包括电阻、电容、二极管、三极管和集成电路等；电子电路是由电子器件组成的具有一定功能的物理实体；一个完整的电路系统通常由若干个功能电路组成。

1.1.2　电子技术的发展概况

电子技术的发展主要反映在电子器件的发展上，电子器件的发展史就是电子技术的发展史。

电子器件的发展主要分为电子管（真空管）时代、晶体管（半导体管）时代和集成电路时代，如图 1.1.1 所示。1904 年电子管问世；1947 年第一只晶体管在贝尔实验室诞生，电子技术进入晶体管时代；1958 年集成电路研制成功，电子技术进入全新的发展阶段。

集成电路是一种微型电子器件或部件，采用一定的工艺把一个电路中所需的晶体管、二极管、电阻、电容和电感等元件及布线互连在一起，制作在一小块或几小块半导体晶片上，然后封装在一个管壳内，成为具有所需电路功能的微型结构；其中所有元件在结构上已组成一个整体，使电子元件向着微小型化、低功耗和高可靠性方面发展。最初一块芯片上集成的元器件较少（几十到几百个元件），称为小规模集成电路（small scale integrate，SSI）；然后发展到单片集成元器件达几百只晶体管的中规模集成电路阶段（middle scale integrate，MSI）；1969 年进入大规模集成电路阶段（large scale integrate，LSI），即单片集成电路的晶体管数量达上千只。1975 年诞生的超大规模集成电路（very large scale integrate，VLSI），其单片集成电路的晶体管数量达千万只，1997 年单片集成电路中可集成 40 亿只晶体管。随着技术的进步，芯片的集成度不断提高，其工艺制程从微米级变为纳米级，同时集成电路的性能也不断提高。

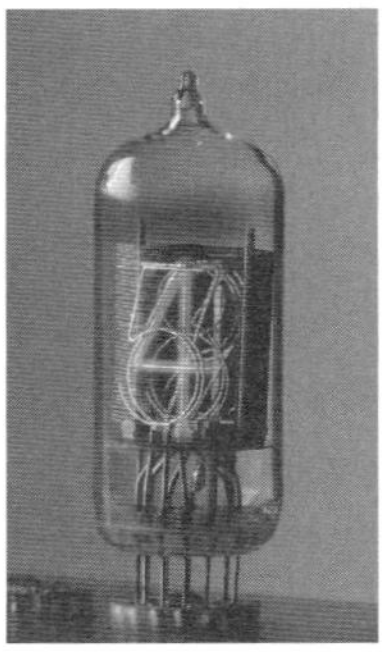

(a) 电子管

(b) 晶体管

(c) 集成电路

图 1.1.1　电子技术的发展

集成电路由于成本低、尺寸小、可靠性高、电性能优良等优点，所以得到广泛的应用。随着集成电路技术的发展，现在已经可以将器件、电路、与系统融合为一体，体现在一小块硅片上，构成一个集成电子系统。

电子技术是 20 世纪发展最迅速、应用最广泛的技术。电子技术的应用在日常生活中无处不在，小到门铃、收音机、MP3/MP4 播放器、DVD 播放器、手机等，大到通信系统、全球定位系统、电力自动控制系统等，几乎所有的传统产业只要与电子技术结合或用电路芯片进行改造，就会使传统产业发生较大的变化。例如：目前先进的现代化汽车，其电子装备已占其总成本的 70%；雷达的精确定位和导航、导弹的精确制导等，其核心技术都是电子技术。

1.2　电信号

1.2.1　什么是电信号

电子电路和电子系统的主要任务是承载各种电信号，主要包括电信号的产生、传输、处理和接收。

信号的概念是十分广泛的，日常生活中接触的各种声音、图像、位移、速度、温度等，都是信号。这些信号属于非电物理信号，非电物理信号很容易转变为电信号。例如：借助话筒可以将声音转变为电信号，通过温度传感器可以将温度信号转变为电信号等。由于电信号容易被传输和控制，所以电信号是目前应用最广泛的信号。

电信号是指随时间而变化的电压或电流。电子系统中的信号均为电信号，简称为信号，通常可分为模拟信号和数字信号两类。

1.2.2　模拟信号和数字信号

信号的分类有多种方法。例如：根据信号是否具有周期性可分为周期信号和非周期信号；根据信号对时间的取值可分为连续时间信号和离散时间信号，等等。而在电子电路中将信号分为模拟信号和数字信号。

模拟信号是指时间和数值（幅度）上都连续变化的信号。模拟信号的幅值随时间呈连续变化，波形上任意一点的数值均有其物理意义（本书所涉及的信号均为模拟信号）。例如：正弦波信号就是典型的模拟信号，如图 1.2.1 所示。

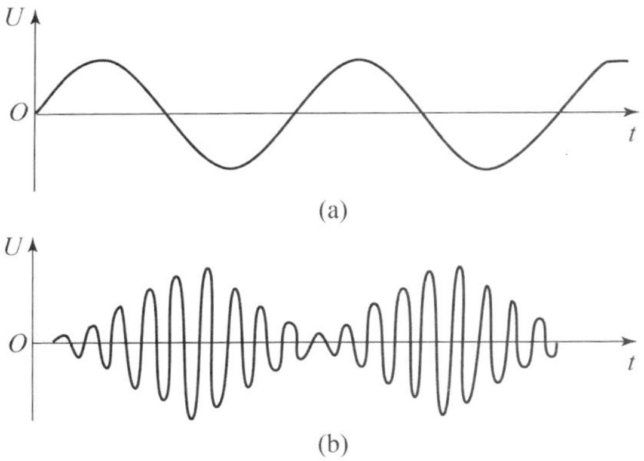

图 1.2.1　模拟信号波形图

数字信号不仅在时间上是离散的，幅度也是离散的，如图 1.2.2 所示。对于数字信号，只考虑它的有无和出现的次数，而对信号的大小并没有严格的要求，这一点也是数字信号和模拟信号的本质区别。电报信号、计算机数据信号等都属于数字信号。

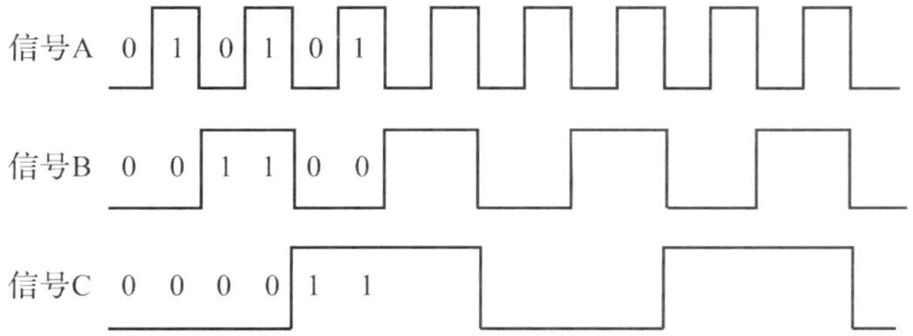

图 1.2.2　数字信号波形图

应当指出，大多数物理量所转换成的信号均为模拟信号。在信号处理时，模拟信号和数字信号是可以相互转换的。电子技术按照所处理的信号类型分为模拟电子技术和数字电子技术。研究处理模拟信号的电子电路及电子系统称为模拟电子技术，研究处理数字信号的电子电路及电子系统称为数字电子技术。

1.3　电子系统

1.3.1　电子系统的组成

下面通过一个完整的电子通信系统说明电子系统的组成，如图 1.3.1 所示。

一个电子通信系统包括信号捕获、模拟处理、A/D 转换、数字化处理、D/A 变换、接收系统，以及电源和控制电路等。

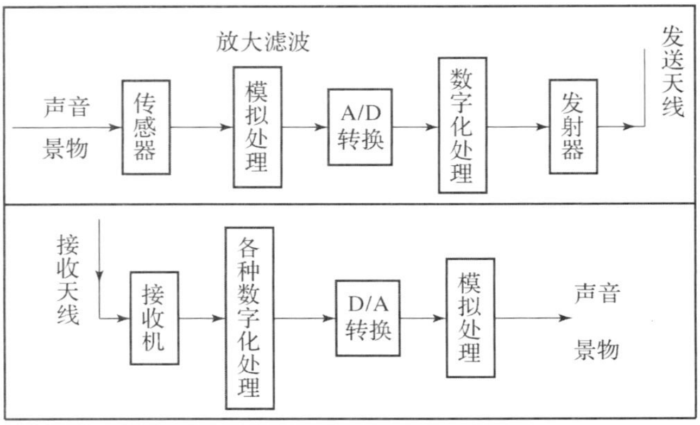

图 1.3.1　电子通信系统框图

1.3.2　电子通信系统各部分的作用

信号捕获：主要是通过传感器或输入电路，将外界信号（声音、图像、温度等）变换为电信号。

模拟处理：捕获到的信号一般都比较小，模拟处理部分主要通过信号的滤波、放大、转换等把捕获到的信号变为适合处理的信号。

A/D 转换和 D/A 转换：A/D 转换是将模拟信号变为数字信号，以便数字系统做数字化处理。D/A 转换是将处理好的数字信号转换为模拟信号便于输出。A/D 转换和 D/A 转换是模拟电路和数字电路组成的混合电子系统之间的桥梁。

数字化处理：主要完成信号的分析、变换、判决、储存等，该部分主要采用数字电子技术。信号的数字化处理有很多优点，主要是便于集成、功能强大、抗干扰能力强、保密性好等。

接收系统：主要包括处理结果的显示、打印、负载的驱动等。

另外，一个完整的电子系统还必须有控制电路和电源电路，控制电路完成对系统各个部分的协调和控制，使系统有序地工作；电源是每一个电子系统必不可少的组成部分。

电子系统有简单的，也有复杂的，在简单的模拟电子系统中往往不涉及数字化处理。在一个大型的电路系统中，模拟电路占的比例和规模可能不是很大，但模拟电路的性能往往对系统性能起决定性的作用。

1.3.3　电子系统中的模拟技术电路及其功能

在电子系统中，常采用的模拟技术电路及功能如下：

（1）放大电路：用于信号的电压、电流或功率的放大。

（2）滤波电路：用于信号的提取、变换或去除干扰。

（3）信号转换电路：用于电压信号和电流信号的相互转变，直流信号和交流信号的相互转变，阻抗的变换，或将直流电压转变成与之成正比的频率等。

（4）运算电路：完成信号间的加、减、乘、除、积分、微分等运算。

（5）信号发生电路：用于产生正弦波、矩形波、三角波和锯齿波等。

（6）直流电源：将 220V、50Hz 的交流电转换为各种数值的直流电压和直流电流，为各种电子系统提供电源。

1.4　模拟电子技术课程的特点

模拟电子技术是电气信息、电子信息类学科的重要专业基础课，与传统的数学、物理及电路分析，信号与系统等课程相比，在内容体系和分析思想上有很大的差异。在学习模拟电子技术课程时，应注意模拟电子技术以下几个方面的特点。

1. 认知性

模拟电子技术已经是一门相对成熟并在发展的学科，但对于初学者来说，首要的任务是认知和熟悉该学科的基本元素：各类电子元器件、基本电子电路的结构和特点等。可以把经典的元件和电路当作产品接受下来，熟悉它的特点，熟记它的性能和规律，掌握它们的使用方法，对于产品为什么这样制造、电路为什么这么设计等问题不必刨根问底。

2. 工程性

从实用的角度出发，需要知道的是电路的可行性，通常只需定性分析即可，不必精确计算。对于一个确定的电路在满足基本性能指标的前提下，总是容许存在一定的误差范围。从工程的角度出发，抓主要矛盾和矛盾的主要方面，定量分析主要为“估算”，近似分析达到“合理”即可。另外，电子电路归根结底是电路，学习电路的过程就是在不同条件下构造不同电路模型的过程。

3. 实践性

电子技术是一门实用性很强的技术，强调理论与实践的紧密结合。学习模拟电子技术的目的是能够分析和设计实用的电子电路。从实践的角度出发，在掌握基本概念、基本电路、基本分析方法的基础上学会常用电子仪器的使用方法、电子电路的测试方法、电路故障的判断与排除方法，以及 EDA 软件的应用方法。

1.5　电子技术的分析和设计工具

1.5.1　概述

随着计算机技术的飞速发展，电子设计自动化（electronic design automation，EDA）已经成为电子技术领域的重要技术。熟练掌握一些 EDA 软件已成为当今电子电路分析和设计人员所必须具备的基本技能之一。同时，EDA 技术的发展促进了电子技术的发展，顺应了电子产品生命周期短、更新快的特点。

电路仿真属于 EDA 的组成部分。一般把电路仿真分为三个层次：物理级、电路级和系统级。高等学校本科层次的教学中重点运用的为电路级仿真。目前比较流行的电路仿真软件有 ORCAD、Protel、Multisim、TINA、ICAP/4、Circuitmaker、Micro - CAP 和 Edison 等。

在常用的电路仿真软件中，Multisim 仿真软件的性能比较突出，无论从仿真元件库中元件的数量上，还是虚拟设备的种类，以及虚拟分析的种类上都比其他电路仿真软件要好，尤其是电路故障的隐蔽设置，更为教学提供了极大的方便。需要指出，Multisim 是 EWB 仿真软件的升级版本，其性能比 EWB 仿真软件提升许多倍。所以，目前在实际教学中普遍采用的电路仿真软件为 EWB 或 Multisim，该软件能完全满足目前教学中的各种试验、仿真、考核等。

1.5.2 Multisim 仿真软件简介

Multisim 仿真软件的特点如下：

（1）直观的图形界面。整个操作界面就像一个电子实验工作台，绘制电路所需的元器件和仿真所需的测试仪器均可直接拖放到屏幕上，单击鼠标可用导线将它们连接起来。软件仪器的控制面板和操作方式都与实物相似，测量数据、波形和特性曲线与在真实仪器上看到的一样。

（2）丰富的元器件库。Multisim 仿真软件大大扩充了 EWB 仿真软件的元器件库，包括基本元件、半导体器件、运算放大电路、TTL 和 CMOS 数字 IC、DAC、ADC 及其他各种部件，并且用户可通过元件编辑器自行创建或修改所需元件模型。

（3）丰富的测试仪器。除 EWB 仿真软件具备的数字万用表、函数信号发生器、双通道示波器、扫频仪、字信号发生器、逻辑分析仪和逻辑转换仪外，Multisim 仿真软件还新增了瓦特表、失真分析仪、频谱分析仪和网络分析仪。此外，Multisim 仿真软件与 EWB 仿真软件不同的是，Multisim 仿真软件与所有仪器均可多台同时调用。

（4）完备的分析手段。除了 EWB 仿真软件提供的直流工作点分析、交流分析、瞬态分析、傅里叶分析、噪声分析、失真分析、参数扫描分析、温度扫描分析、极点－零点分析、传输函数分析、灵敏度分析、最坏情况分析和蒙特卡罗分析外，Multisim 仿真软件还新增了直流扫描分析、批处理分析、用户定义分析、噪声图形分析和射频分析等，基本上能满足一般电子电路的分析设计要求。

（5）强大的仿真能力。Multisim 仿真软件既可对模拟电路或数字电路分别进行仿真，也可进行数模混合仿真，尤其是新增了射频（radio frequency，RF）电路的仿真功能。仿真失败时会显示出错信息，提示可能出错的原因，仿真结果可随时储存和打印。

（6）仿真的手段切合实际，选用的元器件和测量仪器与实际情况非常接近；并且界面可视、直观。绘制电路图所需的元器件、仪器、仪表以图标形式出现，选取方便，并可扩充元件库。可以对电路中的元器件设置故障，如开路、短路和不同程度的漏电等，针对不同故障观察电路的各种状态，从而加深用户对电路原理的理解。

1.5.3 Multisim 14 仿真软件的基本界面

Multisim 14 仿真软件的基本界面如图 1.5.1 所示，主要由菜单栏、标准工具栏、仿真工具栏、元件工具栏、仪器工具栏、工作区等组成。

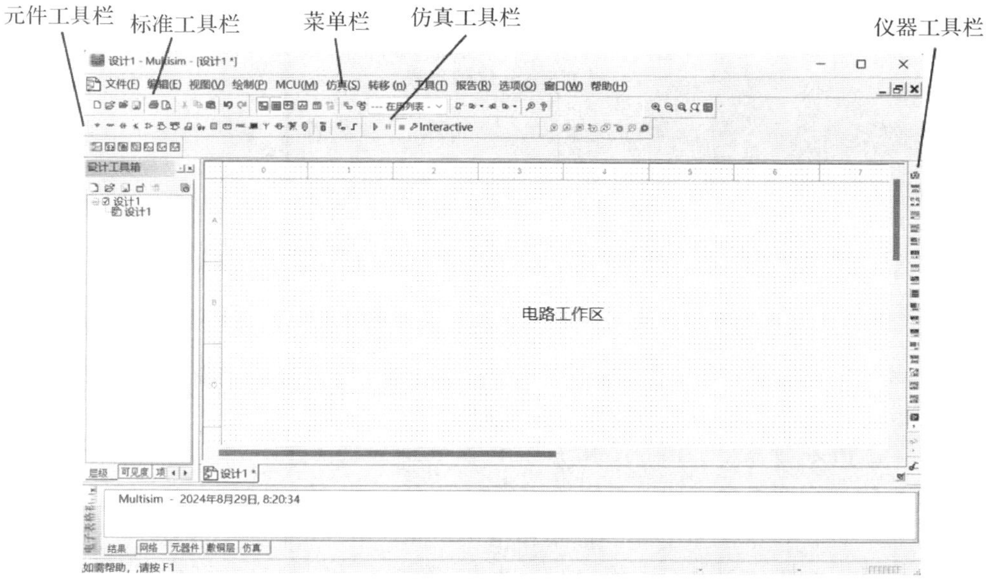

图 1.5.1　Multisim14 仿真软件的基本界面

1. 菜单栏

菜单栏主要包含 12 个菜单，如图 1.5.2 所示。从左到右依次为文件（File）、编辑（Edit）、视图（View）、绘制（Place）、微控制器（MCU）、仿真（Simulate）、转移（Transfer）、工具（Tools）、报告（Reports）、选项（Options）、窗口（Window）和帮助（Help）。每个菜单下又含有一系列子菜单和项目，用户根据需要在相应菜单下寻找。

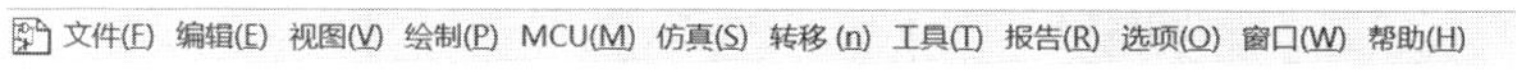

图 1.5.2　菜单栏

2. 元件工具栏

Multisim14 仿真软件按元件模型分类后放到 18 个元件库中，如图 1.5.3 所示。从左到右依次为信号源器件库、基本元件库、二极管库、晶体管库、模拟元件库、TTL 元件库、CMOS 元件库、其他数字元件库、混合元件库、显示元件库、功率元件库、其他元件库、高级外设元件库、射频元件库、机电类元件库、NI 公司元件库、连接器和微控制器（MCU）。图 1.5.3 最右边两个按钮分别是放置底层模块和放置总线的工具。

图 1.5.3　元件工具栏

3. 电路工作区

电路工作区与现实工作中的工作台一样，电路原理图的绘制、编辑、仿真等都在此区域内完成。此外，仪表参数与波形会在新窗口中显示。

4. 仪器工具栏

仪器工具栏含有 21 种测试仪器，如图 1.5.4 所示。从左到右依次如下：

图 1.5.4　仪器工具栏

（1）数字万用表。可自动调整量程，测量直流（交流）电压、电流，以及电阻、电路中两点间的分贝值。

（2）函数发生器。可设置产生正弦波、三角波和矩形波，幅度、相位、直流偏置、占空比可调。

（3）瓦特计。测量电路中的功率及功率因数。

（4）A、B 双通道示波器。观察电路中的波形、X 轴时基标度，Y 轴电压标度可调；触发方式可选择上升沿触发、下降沿触发、A 通道触发、B 通道触发，以及外触发；左侧光标可调，便于测量信号中的时间差或电压差。

（5）4 通道示波器。具有 A、B、C、D 4 个通道，其使用方法与双通道示波器类似，通过旋钮切换选择通道，以设置通道参数。

（6）波特测试仪。测量电路的幅频和相频特性，坐标可选对数坐标或线性坐标。

（7）频率计数器。逻辑信号源，可产生 32 路同步逻辑信号，可分别以二进制、十进制、十六进制、ASCⅡ码形式显示及编辑，缓冲区的内容可从文件加载或存入文件。

（8）字发生器。可以产生 32 位同步逻辑信号，用于对数字逻辑电路进行测试。

（9）逻辑变换器。可实现逻辑电路 - 真值表、真值表 - 逻辑表达式、真值表 - 最简逻辑表达式、逻辑表达式 - 真值表、逻辑表达式 - 逻辑电路（与门电路、或门电路、非门电路），以及逻辑表达式—与非门逻辑电路的转换。

（10）逻辑分析仪。测试和分析数字电路，可以捕获数字信号的波形，帮助用户诊断电路问题。

（11）Ⅳ分析仪。测量各种型号二极管、晶体三极管和场效应管的伏安特性。

（12）失真分析仪。测量电路信号失真度的工具，主要用来测量总谐波失真（total harmonic distortion，THD）和信噪比（signal - to - noise ratio，SNR）。

（13）频谱分析仪。分析电路信号的频谱，可以帮助用户查看电路或系统中信号的频率成分，并确定每个频率的幅度或功率。

（14）网络分析仪。测量和分析电路的网络参数，如 S 参数，从而评估电路的线性特性。

（15）安捷伦函数发生器。一种高性能的虚拟仪器，其与真实的仪器有着相同的面板结构、旋钮和操作方法。可输出多种波形信号，与上述函数信号发生器功能类似；此外，还支持调幅、调频等高级功能，满足复杂信号生成的需求。

（16）安捷伦万用表。一种高性能的虚拟仪器，其与真实的仪器有着相同的面板结构、旋钮和操作方法。与上面数字万用表具有相同的功能。

（17）安捷伦示波器。一种高性能的虚拟仪器，其与真实的仪器有着相同的面板结构、旋钮和操作方法。与上述双通道示波器具有相同的功能。

（18）泰克示波器。基于泰克公司生产的示波器的虚拟仪器，使用方法与双通道示波器类似。

（19）LabVIEW 仪器。一种将 LabVIEW 的强大功能与 Multisim 仿真软件的电路仿真能力相结合的虚拟仪器。

（20） NI ELVISmx 仪器。一系列基于 LabVIEW 开发的虚拟仪器，用于电路仿真中的测量和分析，包括数字万用表、示波器、信号发生器等。

（21） 电流探针。测量电路中任意点或支路的电压、电流等参数。

1.5.4 元件库

每一个电子仿真软件都有一个元件数据库，习惯称为元件库。常用的 10 个元件库与图 1.5.3 元件工具栏左边元件组图标相对应，每个组含有多个系列，每个系列下含有若干个元件。

1. 信号源

单击图 1.5.3 中元件工具栏的信号源图标 ，弹出如图 1.5.5 所示的信号源元件选择对话框。从图 1.5.5 可以看出，Sources 组含有 7 个系列。信号源元件选择对话框右边各项的说明如下：

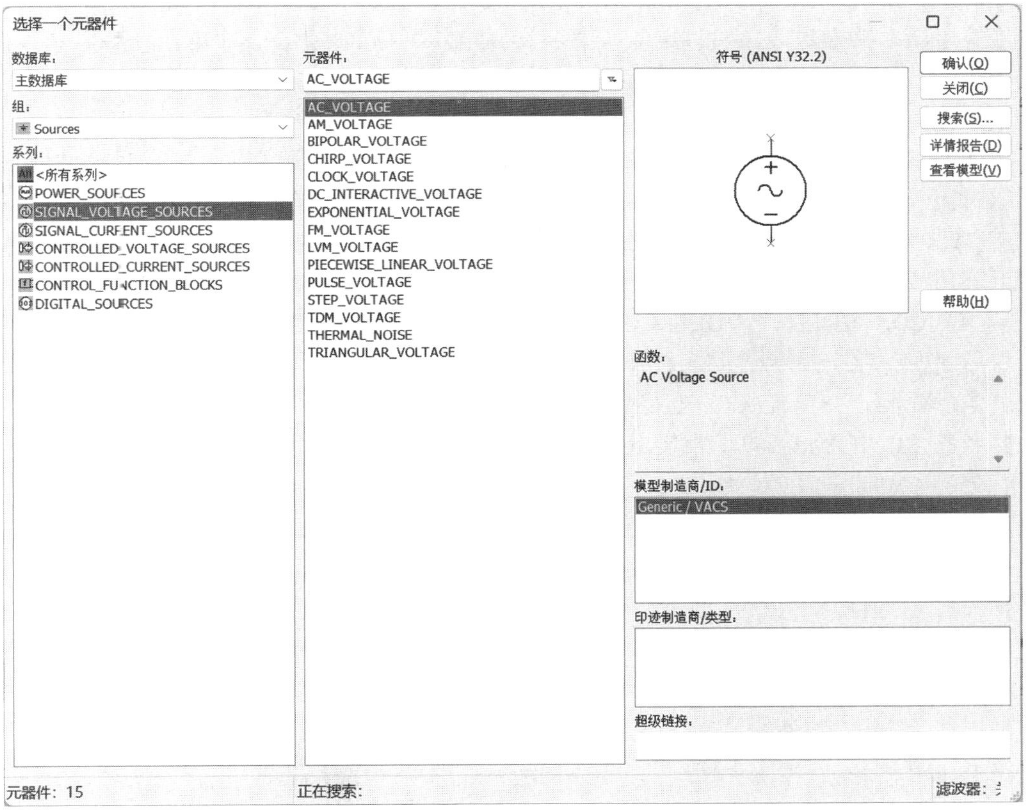

图 1.5.5 信号源元件选择对话框

（1） 符号（ANSI）栏。显示所选择元件的符号，此处采用的是美国国家标准学会（American National Standards Institute，ANSI）的标准。

（2） 函数栏。显示所选择元件的功能。

（3） 模型制造商/ID 栏。显示元件模型对应真实元件的生产商及元件模型在元件库中的标识符。

(4) 印迹制造商/类型栏。显示元件模型对应真实元件的引脚封装的生产商及类型。

(5) 超级链接。显示与元件相关的超链接。

(6) 确认键。单击该按钮将选择的元件拖放至工作区。

(7) 关闭键。单击该按钮将关闭该对话框。

(8) 搜索按钮。单击该按钮将弹出对话框，根据元件所属的组、系列、元件名等信息搜索所需要的元件。

(9) 详细报告按钮。单击该按钮将显示元件的详细报告。

(10) 查看模型按钮。单击该按钮将仅显示元件的模型数据报告。

(11) 帮助按钮。单击该按钮将获得元件的帮助信息。

信号源组含有 7 个系列信号源，说明如下：

(1) POWER_SOURCES (电源)。其包含交流电源、直流电源、数字地、参考地、三角形连接的三相电源、星形连接的三相电源、参考电源、VCC、VDD 等。

(2) SIGNAL_VOLTAGE_SOURCES (信号电压源)。其包含交流电压、AM 电压、双极性电压、啁啾电压、时钟电压、直流交互电压、指数电压、FM 电压、LabVIEW 基于 LVM 文件电压、分段线性电压、脉冲电压、阶跃电压、LabVIEW 基于 TDM 文件电压、热噪声电压、三角波电压等。

(3) SIGNAL_CURRENT_SOURCES (信号电流源)。其包含交流电流、双极性电流、啁啾电流、时钟电流、直流电流、直流可交互电流、指数电流、FM 电流、LabVIEW 基于 LVM 文件电流、分段线性电流、脉冲电流、阶跃电流、LabVIEW 基于 TDM 文件电流、三角波电流等。

(4) CONTROLLED_VOLTAGE_SOURCES (受控电压源)。其包含模拟式建模电压源、单触发控制电压源、电流控制电压源、频移键控电压源、电压控制分段线性电压源、电压控制正弦电压源、电压控制方波电压源、电压控制三角波电压源、电压控制电压源。

(5) CONTROLLED_CURRENT_SOURCES (受控电流源)。其包含模拟式建模电流源、电流控制电流源、电压控制电流源。

(6) CONTROL_FUNCTION_BLOCKS (控制功能块)。其包含基于拉普拉斯传输函数控制电压源、限流块、除法器、基于频响参数表控制电压源、电压增益可控放大器、乘法器、积分器、微分器、限压块、三路电压求和等。

(7) DIGITAL_SOURCES (数字源)。其包含数字时钟、数字常量、交互式数字常量。

2. 基本元件

单击图 1.5.3 中元件工具栏的基本元件图标，弹出基本元件组选择对话框。其左边系列栏的内容如图 1.5.6 所示。

图 1.5.6　基本元件组选择对话框左边系列栏

说明如下：

（1）BASIC_VIRTUAL（基本虚拟元件）。其包含无芯线圈、磁芯线圈、变压器、继电器、电感、电阻、半导体电阻、半导体电容、上拉电阻、压控电阻、压控电容、压控电感等。

（2）RATED_VIRTUAL（额定虚拟元件）。其包含 555 定时器、晶体管、有极性电容、电容、二极管、熔丝、电感、发光二极管、继电器、电动机、运算放大器、电位器、电阻、光电二极管、光电三极管、变压器、可变电容、可变电感等。

（3）RPACK（排阻）。其主要分为固定和可变两大类排阻。

（4）SWITCH（开关）。其包含电流控制开关，单刀单掷开关，单刀双掷开关，按钮开关，延时开关，电压控制开关等。

（5）TRANSFORMER（变压器）。其包含耦合电感、音频变压器，电源变压器，射频变压器等。

（6）NON_IDEAL_RLC（非理想 RLC 元件）。其包含非理想电阻、电容、电感元件。该组件可对非线性器件进行建模。

（7）RELAY（继电器）。该类元件为控制继电器触点开合的线圈电压值不同的继电器。

（8）SOCKETS（插座）。该类元件为 DIP 封装形式集成电路的插座，其作用与连接器类似。

（9）SCHEMATIC_SYMBOLS（原理图符号）。其用于原理图捕获。

（10）RESISTOR（电阻）。其标称电阻，可在工作区中可双击设置参数。

（11）CAPACITOR（电容）。无极性电容，不考虑误差与耐压大小，可在工作区中双击设置其参数。

（12）INDUCTOR（电感）。其与电阻、电容类似。

（13）CAP_ELECTROLIT（电解电容）。无极性电容，“+”端需接直流高电位。

（14）POTENTIOMETER（电位器）。其可通过键盘字母调节电阻值，单按字母键（大写字母）增加电阻值，同时按住 Shift 键 + 字母键减小电阻值。调节增量可以通过双击元件设置（如增量：1%）。

（15）VARIABLE_CAPACITOR（可变电容）和 VARIABLE_INDUCTOR（可变电感）的情况与电位器类似。

3. 二极管

单击图 1.5.3 中元件工具栏的二极管图标 ，弹出二极管元件组选择对话框。其左边系列栏的内容如图 1.5.7 所示。

该组共含有 15 个系列：DIODES_VIRTUAL（虚拟二极管）、DIODE（二极管）、ZENER（稳压二极管）、SWITCHING_DIODE（开关二极管）、LED（发光二极管）、PHOTODIODE（光电二极管）、PROTECTION_DIODE（保护二极管）、FWB（全波桥式整流器）、SCHOTTKY_DIODE（肖特基二极管）、SCR（可控硅）、DIAC（双向开关二极管）、TRIAC（双向可控硅开关）、VARACTOR（变容二极管）、TSPD（晶闸管浪涌保护器）、PIN_DIODE（PIN 二极管）。

4. 晶体管

单击图 1.5.3 中元件工具栏的晶体管图标，弹出晶体管元件组选择对话框。其左边系列栏的内容如图 1.5.8 所示。

图 1.5.7　二极管元件组选择对话框左边系列栏

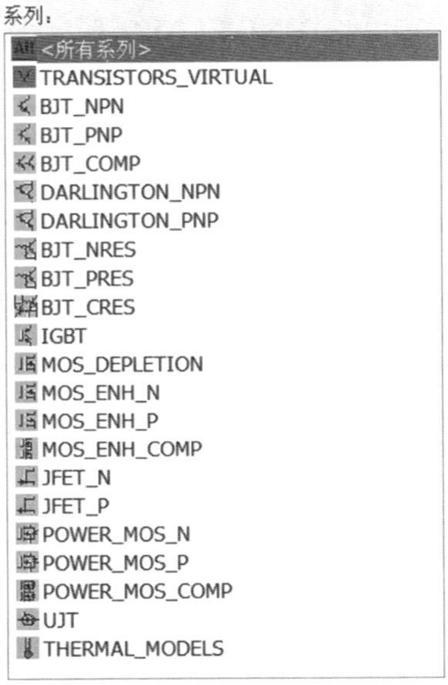

图 1.5.8　晶体管元件组选择对话框左边系列栏

该组共含有 21 个系列：TRANSISTORS_VIRTUAL（虚拟晶体管）、BJT_NPN（双极型 NPN 管）、BJT_PNP（双极型 PNP 管）、BJT_COMP（晶体管阵列）、DARLINGTON_NPN（达林顿 NPN 管）、DARLINGTON_PNP（达林顿 PNP 管）、BJT_NRES（内部带偏置电阻的 NPN 管）、BJT_PRES（内部带偏置电阻的 PNP 管）、BJT_CRES（多型号内部带偏置电阻的晶体三极管）、IGBT（绝缘栅双极型管）、MOS_DEPLETION（三端耗尽型 NMOSFET）、MOS_ENH_N（三端增强型 NMOSFET）、MOS_ENH_P（三端增强型 PMOSFET）、MOS_ENH_COMP（三端增强型互补 MOSFET）、JFET_N（N 沟道结型场效应管）、JFET_P（P 沟道结型场效应管）、POWER_MOS_N（功率 NMOS）、POWER_MOS_P（功率 PMOS）、POWER_MOS_COMP（互补功率 MOS）、UJT（可编程单结晶体管）、THERMAL_MODELS（带有热模型的 MOSFET）。

5. 模拟元件

单击图 1.5.3 元件工具栏的模拟元件图标，弹出模拟元件组选择对话框。其左边系列栏的内容如图 1.5.9 所示。

该组共含有 10 个系列：ANALOG_VIRTUAL（模拟虚拟元件）、OPAMP（运算放大器）、OPAMP_NORTON（诺顿运放）、COMPARATOR（比较器）、DIFFERENTIAL_AMPLIFIERS（微分放大器）、WIDEBAND_AMPS（宽带运放）、AUDIO_AMPLIFIER（音频放大器）、CURRENT_SENSE_AMPLIFIERS（电流传感器放大器）、INSTRUMENTATION_AMPLIFIERS（仪器放大器）、SPECIAL_FUNCTION（特殊功能运放）。

6. TTL 元件

单击图 1.5.3 中元件工具栏的 TTL 元件图标，弹出 TTL 元件组选择对话框。其左边系列栏的内容如图 1.5.10 所示。

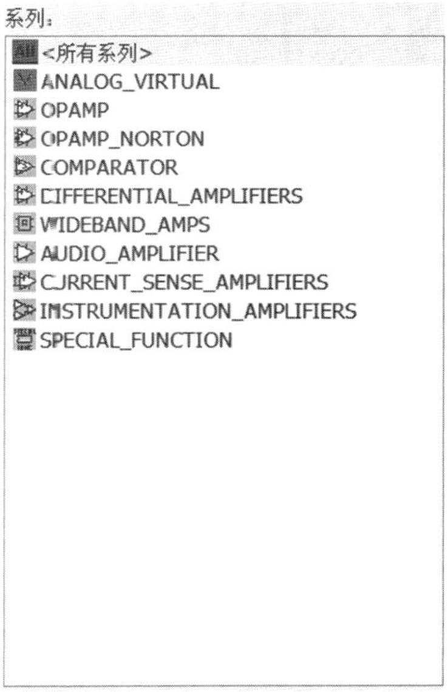

图 1.5.9　模拟元件组选择对话框左边系列栏

图 1.5.10　TTL 元件组选择对话框左边系列栏

该组共含有 9 个系列：74STD（标准系列）、74STD_IC（标准系列完整芯片）、74S（肖特基系列）、74S_IC（肖特基系列完整芯片）、74LS（低功耗肖特基系列）、74LS_IC（低功耗肖特基系列完整芯片）、74F（高速系列）、74ALS（先进低功耗肖特基系列）、74AS（先进肖特基系列）。仿真时含有 TTL 元件的电路，其工作区中要有数字电源和数字地。

7. CMOS 元件

单击图 1.5.3 中元件工具栏 CMOS 元件图标，弹出 CMOS 元件组选择对话框。其左边系列栏的内容如图 1.5.11 所示。

该组共含有 14 个系列：CMOS_5V（5V 4000 系列）、CMOS_5V_IC（5V 4000 系列完整芯片）、CMOS_10V（10V 4000 系列）、CMOS_10V_IC（10V 4000 系列完整芯片）、CMOS_15V（15V 4000 系列）、74HC_2V（2V 74HC 系列）、74HC_4V（4V 74HC 系列）、74HC_4V_IC（4V 74HC 系列完整芯片）、74HC_6V（6V 74HC 系列）、TinyLogic_2V（2V TinyLogic 系列）、TinyLogic_3V（3V TinyLogic 系列）、TinyLogic_4V（4V TinyLogic 系列）、TinyLogic_5V（5V TinyLogic 系列）、TinyLogic_6V（6V TinyLogic 系列）。仿真时含有 CMOS 元件的电路，其工作区中要有相对应的数字电源和数字地。

8. 其他数字元件

单击图 1.5.3 中元件工具栏的其他数字元件图标，弹出其他数字元件组选择对话框。其左边系列栏的内容如图 1.5.12 所示。

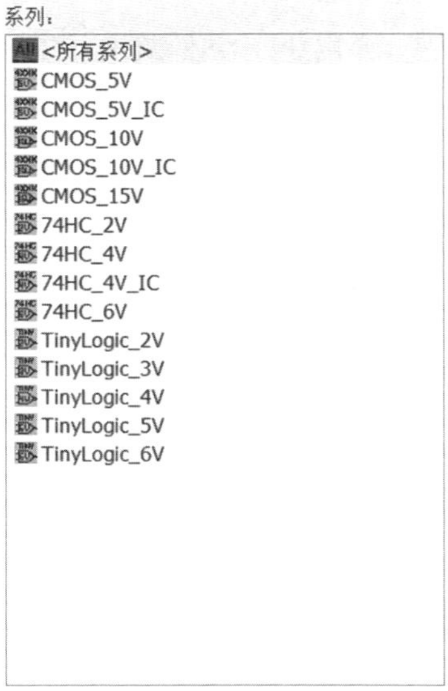

图 1.5.11　CMOS 元件组选择对话框左边系列栏

图 1.5.12　其他数字元件组选择对话框左边系列栏

该组共含有 12 个系列：TTL（TTL 数字逻辑器件）、DSP（数字信号处理器）、FPGA（现场可编程门阵列）、PLD（可编程逻辑器件）、CPLD（复杂可编程逻辑器件）、MICROCONTROLLERS（微控制器）、MICROPROCESSORS（微处理器）、MEMORY（存储器）、LINE_DRIVER（线性驱动器）、LINE_RECEIVER（线性接收器）、LINE_TRANSCEIVER（线性收发器）、SWITCH_DEBOUNCE（消抖开关）。需注意的是，TTL 系列中的元件是虚拟的，没有用于 PCB 设计的封装信息，不能转换为版图文件。

9. 混合元件

单击图 1.5.3 中元件工具栏的混合元件组图标，弹出混合元件组选择对话框。其左边系列栏的内容如图 1.5.13 所示。

（1）MIXED_VIRTUAL（虚拟混合元件）。其包含虚拟 555 定时器、模拟开关、分频器、单稳态触发器、锁相环。

（2）ANALOG_SWITCH（模拟开关）。其通过控制信号控制开关的通断，也称为电子开关。

（3）ANALOG_SWITCH_IC（模拟开关完整芯片）。

（4）TIMER（定时器）。其包含 8 种不同型号的 555 定时器。

（5）ADC_DAC（模数、数模转换器）。其包含分辨率为 8 位、16 位等的 ADC、DAC。

（6）MULTIVIBRATORS（多谐振荡器）。其包含 8 种单稳态触发器。

（7）SENSOR_INTERFACE（传感器接口）。其包含多种不同型号接口。

10. 显示元件

单击图 1.5.3 元件工具栏的显示元件图标，弹出显示元件组选择对话框。其左边系列栏的内容如图 1.5.14 所示。

图 1.5.13　混合元件组选择对话框左边系列栏

图 1.5.14　显示元件组选择对话框左边系列栏

（1） VOLTMETER（电压表）。可测量交、直流电压。

（2） AMMETER（电流表）。可测量交、直流电流。

（3） PROBE（探测器）。LED 显示，仅有一个端子，使用时将其与电路中某一点相连，当该点为高电平时，探测器发光，有多种颜色可选。

（4） BUZZER（蜂鸣器）。当加在该元件端口上的电压超过设定电压值时，元件按设定的频率发声。

（5） LAMP（灯泡）。该元件的电压和功率不可改变，对直流电压灯泡稳定发光，对交流电压灯泡闪烁发光。当外加电压超过灯泡所能承受的最大电压时灯泡将烧坏。

（6） VIRTUAL_LAMP（虚拟灯泡）。该元件的电压和功率可以改变，其他同现实灯泡。

（7） HEX_DISPLAY（十六进制显示器）。包含带译码的 7 段数码显示器、不带译码的 7 段数码显示器等。

（8） BARGRAPH（条形光柱）。每个元件相当于 10 个发光二极管。

1.5.5　仿真分析方法

Multisim 仿真软件提供了多种仿真分析方法，用于电路的性能分析与测试。这些方法包括直流工作点分析、交流分析、瞬态分析、傅里叶分析等。直流工作点分析用于测量电路的静态工作点；交流分析用于计算电路的频率响应，瞬态分析用于分析电路输出端的瞬态响应，傅里叶分析用于分析复杂周期性信号。此外，Multisim 仿真软件还提供了扫描分析、统计分析、电路性能分析等多种高级分析方法，以满足不同电路分析的需求。用户在进行仿真分析时，需要设置分析参数、选择输出变量的处理方式，并可以设置分析标题等选项。Multisim 仿真软件的仿真分析方法强大且灵活，为电路设计与测试提供了有力的支持。

小 结

本章首先简要介绍了电子技术的发展概况，给出了电信号的概念，明确了在电子系统中信号分为模拟信号和数字信号，相应的电子技术分为模拟电子技术和数字电子技术；其次介绍了电子系统的组成部分及其作用，说明了电子系统中常采用的模拟技术；再次介绍了模拟电子技术课程的特点；最后简要介绍了模拟电子技术的分析和设计工具——EDA 技术。

习 题

一、填空题

1. 电信号是指随________而变化的电压或电流，电子电路中将信号分为________和________。

2. 模拟信号在时间和数值上均具有__________性，数字信号在时间和数值上均具有________性。

3. 模拟电路是处理____________信号的电路，构成各种功能模拟电路的基本电路是________电路。

二、思考题

1. 在电子系统中，常用的模拟电路有哪些？它们各有什么功能？

2. 常用的 EDA 软件有哪些？各有什么特点？

3. 你能举几个生活中电子系统的例子吗？

第 2 章　常用半导体器件

本章问题：

（1）半导体的物理特性有哪些？

（2）什么是 N 型半导体？什么是 P 型半导体？什么是 PN 结？PN 结有哪些特性？

（3）二极管的工作特性是什么？二极管的主要用途是什么？

（4）双极型三极管的结构特点是什么？通过什么方式控制集电极电流？电流分配关系如何？

（5）场效应管通过什么方式控制漏极电流？场效应管与双极型三极管比较，主要区别有哪些？

本章首先简要介绍半导体的基本知识，讨论由半导体组成的关键部件——PN 结。然后在 PN 结的基础上介绍二极管的特性曲线和主要参数，以及二极管基本电路和分析方法。最后用较大的篇幅介绍双极性晶体管及场效应管的结构、工作原理、特性曲线和主要参数，为后面章节打下基础。

2.1　半导体基础知识

2.1.1　半导体及其特性

半导体的导电能力介于导体和绝缘体之间，常用的半导体材料硅（Si）和锗（Ge）均为 4 价元素。他们的最外层电子既不像导体那样容易挣脱原子核的束缚，也不像绝缘体那样被原子核紧紧束缚，因而导电能力介于二者之间。此外，半导体还具有一些独特的物理性能，利用这些特性可以制造出性能优良的半导体器件。半导体材料的独特导电性能主要体现在以下几个方面。

（1）杂敏效应。在纯净的半导体材料中掺入某种微量的杂质时，半导体的导电能力将显著增加。例如：在室温下，在纯净的硅中掺入 10^{-8}的杂质，其电导率会增大几百倍。也就是说，杂质可改变和控制半导体的电阻率，从而改变半导体的导电性能，所以利用这个特性能制造出各种不同的半导体器件。

（2）热敏效应。温度可明显地改变半导体的电阻率。随温度升高（如受热辐射）半导体的电阻率将显著增大，利用这种热敏效应可制成热敏器件（热敏电阻、温度传感器等），但热敏性会使半导体的热稳定性下降。

（3）光敏效应。当半导体受到外界光照时，导电能力将明显提高。光照不仅可改变半导体的电阻率，还可以产生电动势，这就是半导体的光电效应。利用光电效应可制成光敏电阻、光电晶体管、光电耦合器和光电池等。

2.1.2 本征半导体

纯净的、具有晶体结构的半导体称为本征半导体。

1. 本征半导体的晶体结构

将普通半导体经过提纯并按照一定的工艺加工制成的单晶体，即本征半导体。在本征半导体中，原子按一定的规律整齐排列，形成空间点阵。由于原子与原子之间相距很近，相邻的两个原子的最外层电子（价电子）不仅受到自身原子核的约束，还要受到相邻原子核的吸引，因此每个价电子为相邻原子所共有。这种对共有价电子形成的束缚作用称为共价键。如图 2.1.1 所示，“+4”的圆圈表示除了价电子外的正离子。

2. 本征半导体的两种载流子——自由电子和空穴

晶体中的共价键具有较强的束缚作用，在常温下仅有极少数的价电子由于热运动能够挣脱共价键的束缚，离开原子成为自由电子，同时在共价键中留下了相同数量的空位，这些空位称为空穴。因为原子因失去一个价电子而带正电，所以通常说空穴带正电。这种本征半导体受外界能量（热能、电能和光能等）激发，产生电子－空穴对的过程称为本征激发，如图 2.1.2 所示。

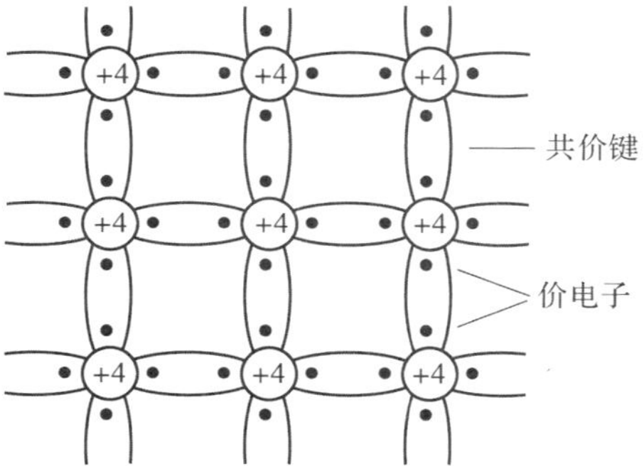

图 2.1.1 本征半导体结构示意图

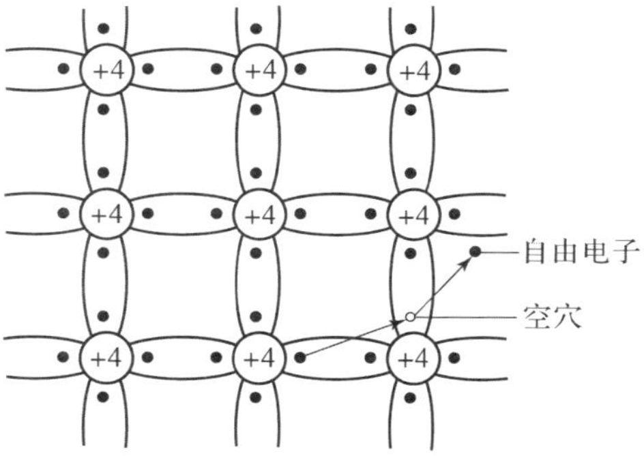

图 2.1.2 本征激发产生电子－空穴对

由于在本征激发的作用下，本征半导体中出现了带负电的自由电子和带正电的空穴，在外加电场的作用下二者都可以定向移动形成电流，因此把在外加电场作用下能够定向移动的带电粒子称为载流子。本征半导体有两种载流子，即自由电子和空穴，这也是半导体和导体的不同之处。本征激发产生的自由电子和空穴是成对出现的，称为电子－空穴对。从宏观上看，自由电子和空穴的数量相等，晶体仍然是电中性的。

在本征半导体中，一方面本征激发不断产生电子－空穴对；另一方面自由电子和空穴在运动过程中又会相遇，即自由电子填充空穴，使电子－空穴对消失，这个现象称为复合。当没有外界其他影响时，在一定温度下本征激发和复合会达到动态平衡，电子－空穴对的数目相对保持不变。

由于在室温下，本征半导体中的载流子浓度很低，导电能力很差，而且也不好控制，因此本征半导体材料不能直接用来制造半导体器件。

3. 杂质半导体

根据半导体的杂敏效应，如果在本征半导体中掺入微量的其他元素，既可以大大提高半导体的导电能力，又可以用掺入元素的多少来精确控制半导体的载流子浓度。掺入的微量元素称为杂质，掺有杂质的半导体称为杂质半导体；按照掺入杂质的不同，可分为 N 型半导体和 P 型半导体。

1）N 型半导体

在纯净的硅晶体中渗入 5 价元素（如磷），使之取代晶格中硅原子的位置，就得到 N 型半导体，如图 2.1.3 所示。由于杂质原子的最外层有 5 个价电子，其中 4 个价电子和周围 4 个硅原子组成共价键，因此多出的 1 个价电子位于共价键之外。这个键外电子受杂质原子的束缚力很弱，极易成为自由电子（常温下键外电子都能成为自由电子），而杂质原子被束缚在晶格中既不能自由移动，又缺少电子，成为不能移动的正离子。

在 N 型半导体中，自由电子的数量比空穴大得多，故自由电子称为多数载流子，简称为多子；空穴的数量很少，称为少数载流子，简称为少子。应当指出，在 N 型半导体中，虽然自由电子数远大于空穴数，但由于正离子的存在，使正负电荷数相等，即自由电子数等于空穴数加正离子数，所以整个 N 型半导体仍然是电中性的。

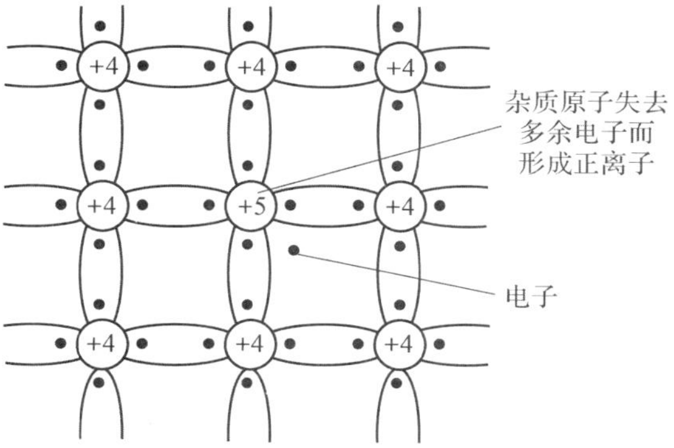

图 2.1.3　N 型半导体的共价键结构

2）P 型半导体

在纯净的硅晶体中掺入 3 价元素（如硼），使之取代晶格中硅原子的位置，就得到 P 型半导体，如图 2.1.4 所示。这时杂质原子替代了晶格中的某些硅原子，它的 3 个价电子和相邻的 4 个硅原子组成共价键时，只有 3 个共价键是完整的，第 4 个共价键因缺少 1 个价电子才出现一个空位。由于空位的存在，使邻近共价键内的价电子很容易就能填补这个空位，使杂质原子因多 1 个价电子而成为负离子，同时在邻近产生 1 个空穴。所以，在 P 型半导体中，空穴数量大幅增加。

在 P 型半导体中，同样既有自由电子，又有空穴。空穴的数量比自由电子大得多，多子是空穴，自由电子为少子。在 P 型半导体中，由于空穴数等于自由电子数加负离子数，因此整个 P 型半导体也是电中性的。

总之，在杂质半导体中，多子的浓度主要取决于掺入杂质的浓度，可以通过控制掺杂浓度控制多子浓度，温度变化对其影响很小；少子的浓度与本征激发和复合有关，受温度的影响很大，是影响半导体温度特性的决定性因素。掺入不同杂质就能改变杂质半导体的导电类型，这是制造 PN 结的主要依据。

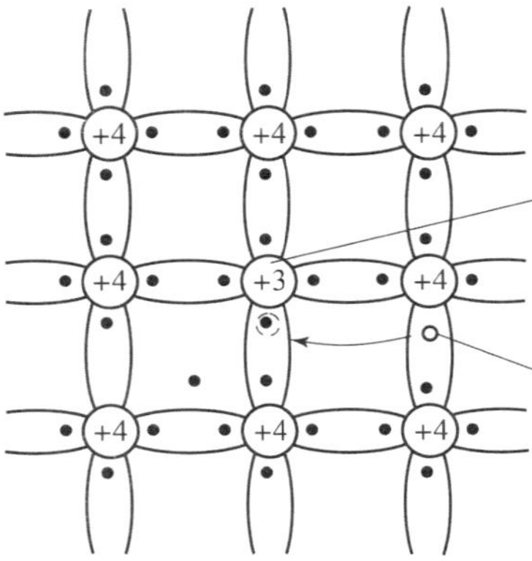

图 2.1.4　P 型半导体的共价键结构

2.1.3　PN 结

将 P 型半导体和 N 型半导体制作在同一块硅片上，在它们的交界面就形成 PN 结。PN 结具有单向导电性，它是构成众多半导体器件的基础。

1. PN 结的形成

因为当把 P 型半导体和 N 型半导体制作在一起后，在它们的交界面两侧存在空穴和电子的浓度差别，P 区空穴多，N 区电子多。所以，空穴和自由电子就会从浓度高的地方向浓度低的地方扩散。这种由于存在浓度差引起的载流子从高浓度区域向低浓度区域的运动称为扩散运动。扩散的结果破坏了 P 区和 N 区交界面附近的电中性条件，在 P 区一侧由于失去空穴，留下不能移动的负离子；在 N 区一侧失去自由电子，留下不能移动的正离子。在交界面形成等量正负离子的薄层，称为空间电荷区（耗尽层），如图 2.1.5 所示。因为空间电荷区中的正负离子形成一个从 N 区指向 P 区的电场，这个电场是内部载流子的扩散运动形成的，所以称为内电场。

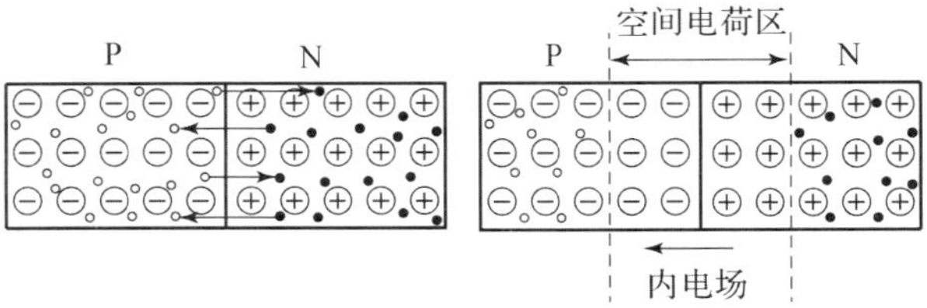

图 2.1.5　PN 结的形成

在内电场的作用下，N 区的空穴（少子）向 P 区运动，P 区的自由电子（少子）向 N 区运动，这种少数载流子在内电场作用下的运动称为漂移运动。漂移运动的结果使空间电荷区变薄，内电场变弱。

多子的扩散运动使空间电荷区变宽，内电场增强；内电场的建立和增强又阻止多子的扩散，促进少子的漂移，而漂移的增强又使空间电荷区变窄，内电场减弱。如此扩散运动和漂移运动互相制约又互相促进，最后达到动态平衡，空间电荷区具有一定的宽度，PN 结形成。当 P 区和 N 区的杂质浓度相等时，负离子区和正离子区的宽度也相等，称为对称 PN 结；而当两边杂质浓度不相等时，称为不对称 PN 结。

2. PN 结的单向导电性

如果在 PN 结的两端外加电压，将破坏原来的平衡状态，则 PN 结将有电流流过。当外加电压极性不同时，PN 表现出截然不同的导电性能，即呈现单向导电性。

1）PN 结外加正向电压处于导通状态

将 PN 结的 P 区接电源正极，N 区接电源负极，称为 PN 结外加正向电压，如图 2.1.6 所示。当 PN 结外加正向电压时，外电场与内电场方向相反，PN 结的动态平衡被破坏，多子的扩散运动大幅增强，而少子漂移运动大幅减弱。PN 结（耗尽层）变薄，外电流能顺利通过，在外电路中形成一个流向 P 区的正向电流。实践证明：PN 结上外加的正向电压只要稍有增加，就能引起正向电流显著增加，在外加正向电压作用下，PN 结类似一个很小的电阻，处于导通状态（短路状态）。

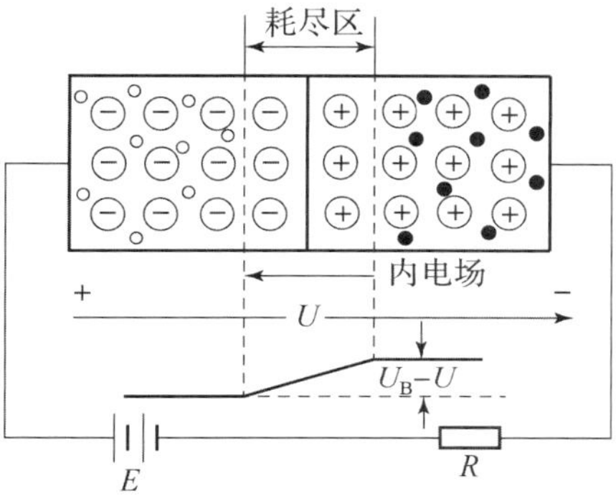

图 2.1.6　PN 结外加正向电压时导通

2）PN 结外加反向电压处于截止状态

将 PN 结的 N 区接电源正极，P 区接电源负极，称为 PN 结外加反向电压，如图 2.1.7 所示。当 PN 结外加反向电压时，外电场与内电场方向相同，PN 结的动态平衡同样被破坏，多子的扩散运动受到阻止，而少子漂移运动得到促进。PN 结（耗尽层）变厚，能够通过的是漂移运动的少子，由于少子浓度很低，因此形成的反向电流极小，当温度一定时，反向电流几乎不随外加反向电压的变化而变化，称为反向饱和电流。与正向电流相比，反向电流的值很小，一般可以忽略不计。在反向电压作用下，PN 结相当于一个阻值很大的电阻，处于截止状态（断开状态）。

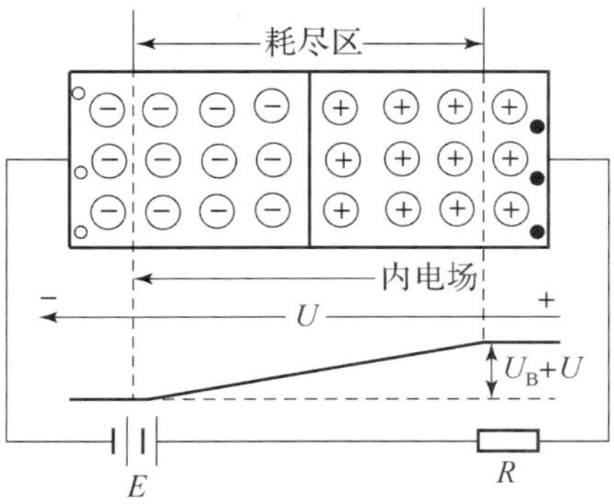

图 2.1.7　PN 结外加反向电压时截止

3. PN 结的伏安特性

PN 结的伏安特性是指 PN 结两端的外加电压与流过 PN 结的电流之间的关系曲线。实验证明：PN 结的伏安特性如图 2.1.8 所示。由图 2.1.8 可知，当 PN 结外加正向电压时，电流随电压按指数规律变化，PN 结导通；当 PN 结外加反向电压时，反向电流为反向饱和电流 I_S，PN 结截止，反向电流几乎不随外加电压的变化而变化。当反向电压超过一定数值 U_{BR}后，共价键遭到破坏，价电子脱离共价键束缚，产生大量载流子，反向电流急剧增大，称为反向击穿。若对电流不加限制，就会造成 PN 结永久损坏。

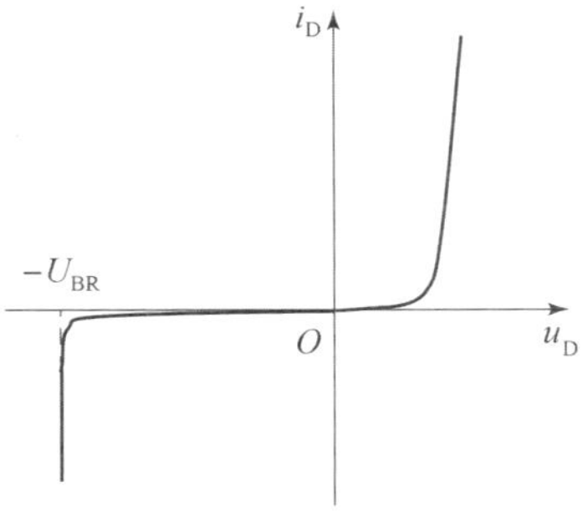

图 2.1.8　PN 结的伏安特性

由理论分析可知，该特性曲线可以用电流方程表示为

$$i = I_S(e^{\frac{u}{U_T}} - 1) \tag{2.1.1}$$

式中：U_T 称为温度的电压当量，在常温（$T = 300\text{K}$）下，$U_T = 26\text{mV}$。I_S 为反向饱和电流，大小与 PN 结的材料、制作工艺、温度等有关。当 PN 结外加正向电压，且 $u \gg U_T$ 时，$i = I_S e^{\frac{u}{U_T}}$；当 PN 结外加反向电压，且 $|u| \gg U_T$ 时，$i \approx -I_S$。

4. PN 结的电容效应

PN 结具有电容效应，根据产生原因不同，分别呈现为势垒电容和扩散电容。

1）势垒电容

当 PN 结外加电压变化时，空间电荷区的宽度也随之变化，即电荷量随外加电压变化而改变，这种现象与电容器的充放电过程相同。空间电荷区的宽窄变化等效的电容称为势垒电容。它与结面积、空间电荷区宽度、半导体的材料及外加电压有关。当 PN 结加反向电压时，势垒电容随电压变化明显，利用这个特性制成变容二极管。变容二极管在高频电子线路中有广泛的应用，主要用于电压频率的变换和频率调制等。

2）扩散电容

当 PN 结外加正向电压时，扩散运动占主导地位。在扩散的过程中，载流子不但有一定的浓度，而且必然存在一定的浓度梯度，即浓度差。当正向电压增大时，载流子浓度增大的同时，浓度梯度也增大。扩散过程中载流子的这种变化是电荷的积累和释放过程，与电容器的充放电过程相同，这种电容效应称为扩散电容。

3）结电容

PN 结的结电容是势垒电容和扩散电容之和。由于势垒电容和扩散电容一般都很小，对于低频信号呈现出很大的容抗，其作用可以忽略不计。但在信号频率较高时，必须考虑结电容的作用。

2.2 半导体二极管

2.2.1 二极管的几种常见结构

将 PN 结用外壳封装起来，加上电极引线就构成了半导体二极管，简称二极管。其中，从 P 区引出的电极称为正极或阳极，从 N 区引出的电极称为负极或阴极，常见的外形如图 2.2.1 所示。

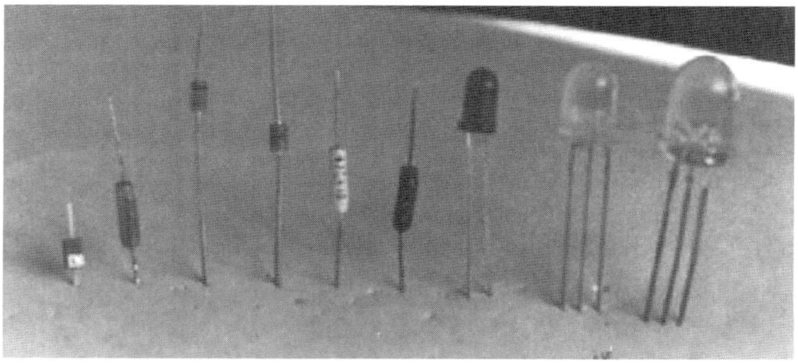

图 2.2.1 二极管的几种常见外形

晶体二极管按其结构不同，可分为点接触型和面接触型及平面型。其结构示意图和电路符号如图 2.2.2 所示。

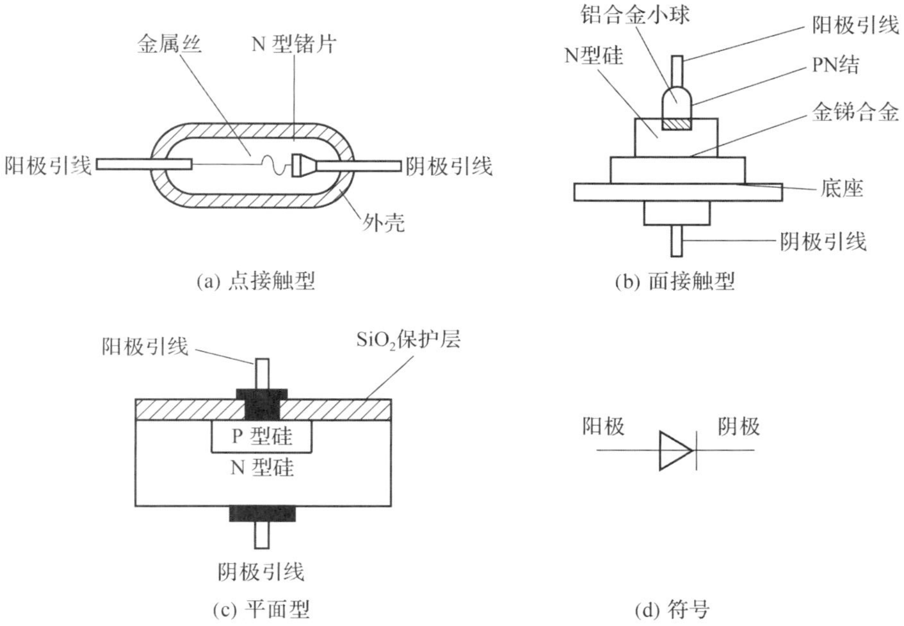

图 2.2.2 二极管的常见结构及符号

点接触型如图 2.2.2（a）所示，它由一根金属丝经特殊工艺与半导体表面相接，形成 PN 结，因接触面积小，故不能通过较大的电流，一般用于低功率电路的情况。面接触型二极管如图 2.2.2（b）所示，它是采用合金法工艺制成的，由于这种二极管的结面积比较大，因此可承受较大的电流。平面型二极管如图 2.2.2（c）所示，它是采用扩散工艺和光刻技术制成的，是集成电路中的一种常见形式。二极管的电路符号如图 2.2.2（d）所示。

2.2.2 晶体二极管的伏安特性和主要参数

与 PN 结一样，二极管具有单向导电性。实测某硅二极管和锗二极管的伏安特性如图 2.2.3 所示。

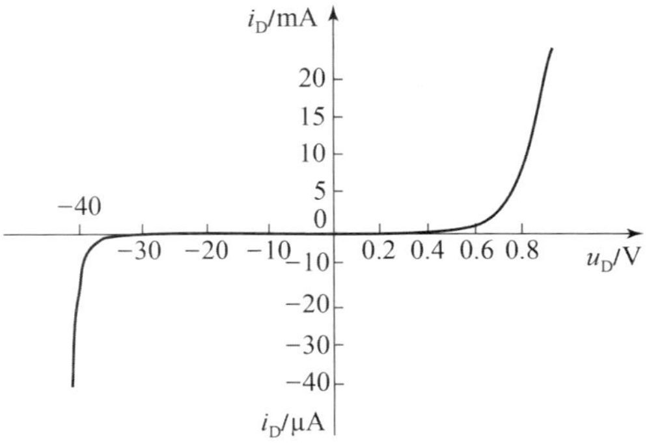

(a) 硅二极管

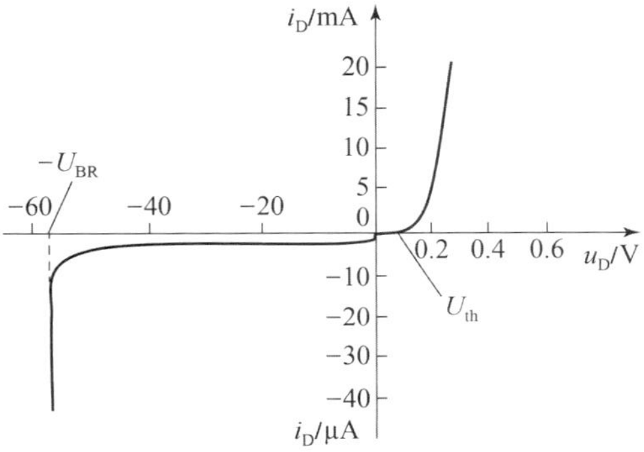

(b) 锗二极管

图 2.2.3 二极管的伏安特性

为了便于分析和正确使用二极管，把二极管的伏安特性用一些数据来表示，这些数据就是二极管的参数。二极管的参数主要有工作参数和极限参数两类。

1. 工作参数

1）门限电压 U_{th}

由图 2.2.3 可以看出，当所加的正向电压为 0V 时，电流为 0A；当正向电压较小时，正向电流仍然很小，二极管呈现较大的电阻。当正向电压升高到一定值 U_{th} 以后，正向电流明显增加，把 U_{th} 称为门限电压，常温下硅管的门限电压一般为 0.5V 左右，锗管的门限电压为 0.1V 左右。

2）导通电压 U_{on}

当正向电压大于门限电压后，正向电流随正向电压线性增长，二极管处于正常导通状态，此时所对应的正向电压称为二极管的导通电压，用 U_{on} 来表示，通常硅管的导通电压取 0.7V，锗管的导通电压取 0.2V。

3）反向击穿电压 U_{BR}

反向击穿电压用 U_{BR} 来表示。U_{BR} 的大小视不同的二极管而定，普通二极管一般在几十伏，相同条件下硅管的反向击穿电压比锗管要高。

4）反向饱和电流 I_S

I_S 是指二极管未被击穿时的反向电流，I_S 的值越小，二极管的单向导电性越好。

2. 极限参数

二极管正常工作时不能超越的数值，称为极限参数。

（1）最大整流电流 I_F 是指管子长期运行时，允许通过的最大正向平均电流。例如：2API 的最大整流电流为 16mA。

（2）最大反向工作电压 U_R 是指普通二极管工作时所允许加的最大反向电压。超过此值容易发生反向击穿，一般最高反向工作电压为击穿电压的 1/2，以确保管子安全运行。例如：2AP1 最高反向工作电压规定为 20V，而反向击穿电压实际上大于 40V。

（3）反向电流 I_R 是指二极管未击穿时的反向电流。I_R 的值越小，单向导电性能越好。I_R 对温度非常敏感，使用时应注意 I_R 的温度条件。

（4）最高工作频率 f_M 是指二极管工作的上限截止频率。超过此值时，二极管的单向导电性能变坏。

二极管的参数是正确使用二极管的依据，一般"半导体手册"中都给出不同型号管子的参数。使用时，应特别注意不要超过极限参数，否则容易损坏管子。

温度对二极管的伏安特性也会产生影响，当温度上升时，二极管的正向特性曲线左移，反向特性曲线下移。

2.2.3　二极管电路的模型

由于二极管的非线性特性，当电路加入二极管时，便成为非线性电路。实际应用时可根据二极管的应用条件作合理近似，得到相应的等效电路，转化为线性电路。下面介绍几种常用的二极管等效模型。

1. 理想模型

如图 2.2.4 所示，在正向偏置时，二极管导通，有较大的正向电流，其管压降为 0V；而当反向偏置时，二极管截止，反向电流为零。理想二极管的伏安特性如图 2.2.4（a）中粗实线所示（虚线为二极管实际伏安特性）。理想二极管模型和实际二极管特性虽有一定差别，但在实际电路中，当电源电压远比二极管的管压降大时，利用此方法来近似分析。

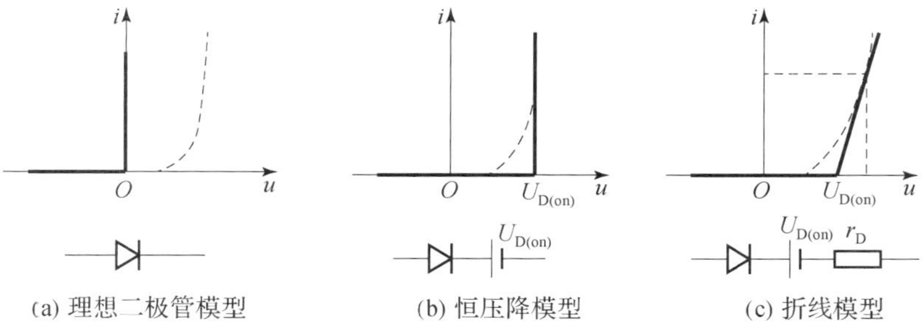

图 2.2.4　二极管的伏安特性和等效电路

2. 恒压降模型

为了提高模型精度，用图 2.2.4（b）表示二极管伏安特性。当二极管处于正向偏置时，其管压降认为是恒定的，且不随电流而改变，通常硅管的恒压降取 0.7V，锗管的恒压降取 0.2V。等效电路是理想二极管串联电压源 $U_{D(on)}$。

3. 折线模型

为了较真实地描述二极管的伏安特性，在恒压降模型的基础上，作一定的修正，即二极管的压降随电流的增加而增加，可以用一个电源和内阻 r_D 来近似，如图 2.2.4（c）所示。等效电路是理想二极管串联电压源 $U_{D(on)}$ 和电阻 r_D，在大信号作用时，其准确度更高。

4. 交流小信号模型

以上 3 种模型适用于二极管工作在大信号时的等效模型。对于二极管的电压和电流经常在某一固定点附近作小范围变化时，需要使用二极管的交流电阻 r_d 来等效，且 $r_d = \Delta u_D / \Delta i_D = U_T / I_{DQ}$，如图 2.2.5 所示。

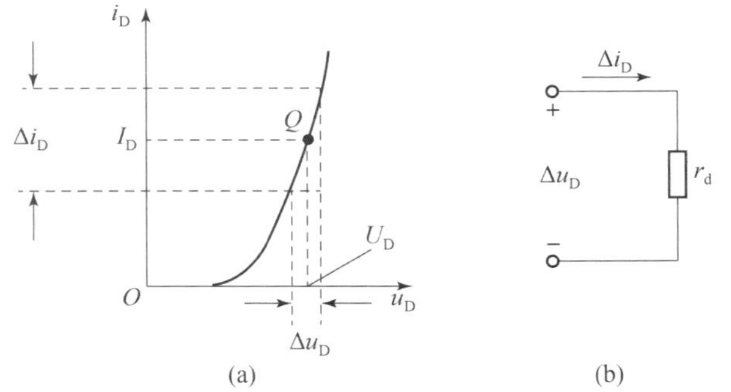

图 2.2.5　二极管的交流小信号伏安特性和等效电路

2.2.4　二极管基本应用电路

二极管是电子电路中常用的器件，利用其单向导电性可以构成多种实用电路，由于二极管的伏安特性具有非线性，因此给二极管应用电路的分析带来一定的困难。在近似分析时，可将二极管用简化电路模型代替。二极管的简化模型主要有两种：理想模型和恒压降模型。理想模型把二极管视为理想二极管，即二极管正向导通时作短路处理；反向截止时作开路处理。恒压降模型把二极管视为恒压降二极管，即二极管正向导通时压降为一个常数 $U_{D(on)}$；反向截止时作开路处理。

1. 二极管整流电路

例 2.1：二极管基本电路如图 2.2.6（a）所示，已知 u_i 为正弦波，如图 2.2.6（b）所示。试利用二极管理想模型，画出 u_o 的波形。

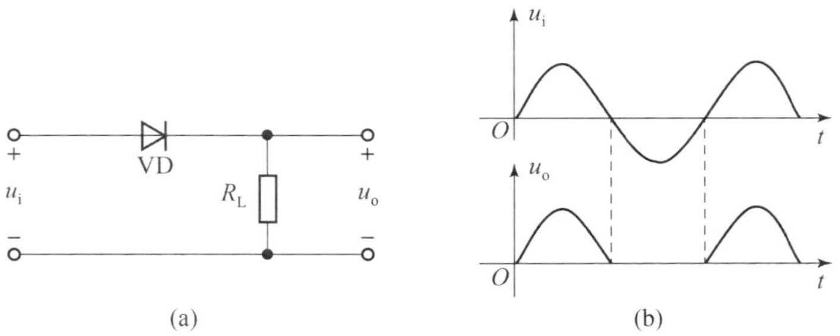

图 2.2.6　二极管整流电路

解： 当 u_i 为正半周时，二极管导通，此时 $u_o = u_i$；当 u_i 为负半周时，二极管截止，相当于开关打开，$u_o = 0$。其输入、输出波形如图 2.2.6（b）所示。

该电路称为半波整流。整流电路可用于信号检测，也是直流电源的一个组成部分，详细内容见第 10 章。

2. 二极管开关电路

例 2.2： 电路如图 2.2.7（a）所示，其输入电压 u_{i1} 和 u_{i2} 的波形如图 2.2.7（b）所示，二极管导通电压为 0.7V，试画出输出电压 u_o 的波形，并标出幅值。

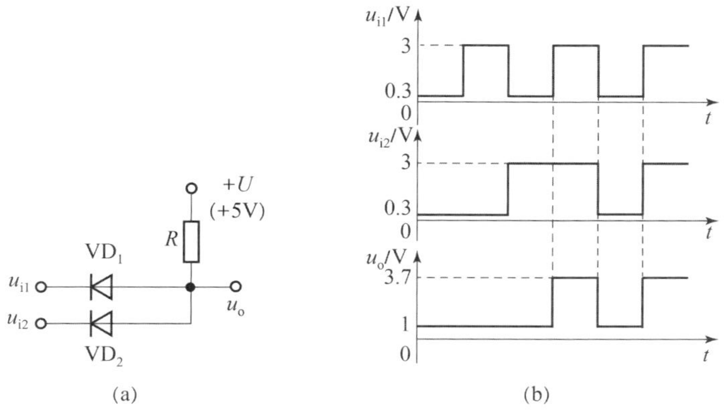

图 2.2.7　二极管开关电路

解：（1）当 $u_{i1} = 0.3V$、$u_{i2} = 0.3V$ 时，VD_1、VD_2 均正向偏置，导通电压为 0.7V，$u_o = 1.0V$。

（2）当 $u_{i1} = 3V$、$u_{i2} = 0.3V$ 时，VD_2 优先导通，导通电压为 0.7V，$u_o = 1.0V$，VD_1 截止。

（3）当 $u_{i1} = 0.3V$、$u_{i2} = 3V$ 时，VD_1 优先导通，导通电压为 0.7V，$u_o = 1.0V$，VD_2 截止。

（4）当 $u_{i1} = 3V$、$u_{i2} = 3V$ 时，VD_1、VD_2 均正向偏置，导通电压为 0.7V，$u_o = 3.7V$。

因此，对应于输入画出 u_o 波形如图 2.2.7（b）所示。

2.2.5　特殊二极管

1. 稳压二极管

稳压二极管通常由硅半导体材料采用特殊工艺制成的面接触型晶体二极管。其电路符号和伏安特性如图 2.2.8 所示，它既具有普通二极管的单向导电性，又可在反向击穿状态工作，在反向电压较低时，稳压二极管截止；当反向电压达到稳压管的稳定电压时，稳压管进入击穿区，在击穿区内稳压管的电流可以在较大的范围内变化而电压几乎不变，从而实现稳压作用。对于一个确定的管子而言，U_Z 为确定值。通常在稳压管的应用中要采取适当的措施限制通过稳压管的电流，以保证稳压管不会因过热而烧坏。

例 2.3： 已知电路如图 2.2.9 所示，电路中稳压管的稳定电压 $U_Z = 6V$，最小稳定电流 $I_{Zmin} = 5mA$，最大稳定电流 $I_{Zmax} = 25mA$。

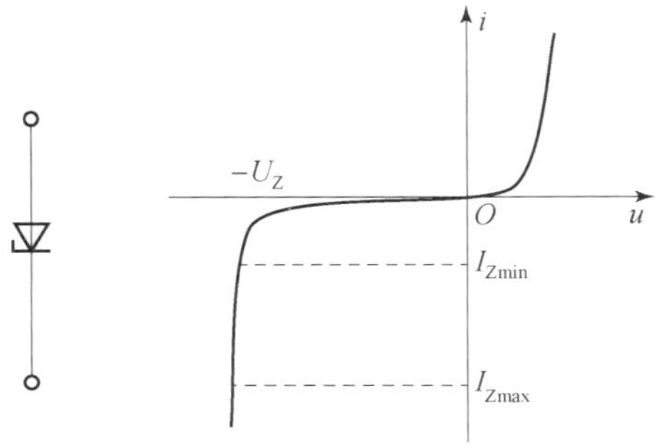

(a) 符号　　　(b) 伏安特性曲线

图 2.2.8　稳压二极管及其特性曲线

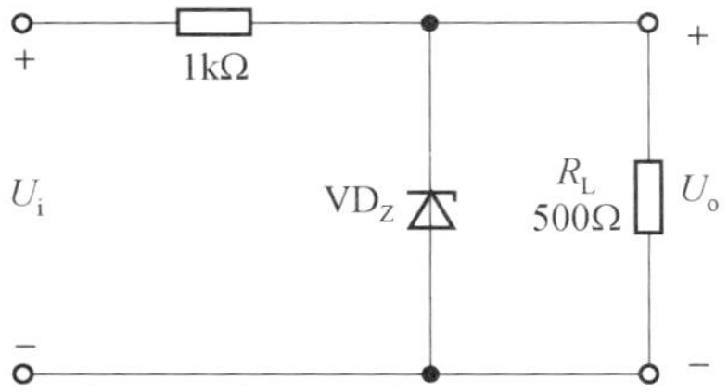

图 2.2.9　稳压管电路

（1）分别计算 U_i 为 10V、15V、35V 三种情况下输出电压 U_o 的值；

（2）若 $U_i = 35V$ 时负载开路，则会出现什么现象？为什么？

解：（1）当 $U_i = 10V$ 时，若 $U_o = U_Z = 6V$，则稳压管的电流为 4mA，小于其最小稳定电流，所以稳压管未被击穿，故

$$U_o = \frac{R_L}{R + R_L} U_i \approx 3.33V$$

当 $U_i = 15V$ 时，稳压管反向截止，输出电压 $U_o = 5V$。

当 $U_i = 35V$ 时，稳压管击穿，稳压管中的电流大于最小稳定电流小于最大稳定电流，$U_o = U_Z = 6V$。

（2）当 $U_i = 35V$ 时，负载开路，则 $I_D = (U_i - U_Z)/R = 29mA > I_{Zmax} = 25mA$，稳压管将因功耗过大而损坏。

2. 发光二极管

发光二极管是一种将电能转变成光能的半导体器件。发光二极管包括可见光、不可见光和激光等不同类型，常用作显示器件。发光二极管的颜色取决于所用材料，可以制成各种形状如圆形、长方形等，电路符号如图 2.2.10 所示。

发光二极管也具有单向导电性。只有当外加的正向电压使得正向电流足够大时才发光，正向电流越大，发光越强。使用时应注意不要超过最大功耗、最大正向电流和反向击穿电压等极限参数。

3. 光电二极管

光电二极管是将光信号转换成电信号的半导体器件，电路符号如图 2.2.11 所示。无光照时光电二极管与普通二极管一样，具有单向导电性。外加反向电压时，反向电流很小，一般几个微安，称为暗电流。有光照时，在一定范围的反向电压下，反向电流随

着光照强度的增加而上升，此时电流称为光电流。这种特性可广泛应用于报警、遥控和光电传感器中。

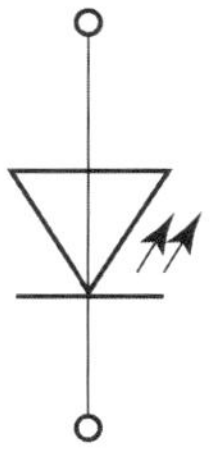

图 2.2.10　发光二极管

图 2.2.11　光电二极管

2.3　晶体三极管

晶体三极管又称为双极型晶体管、半导体三极管等，简称为晶体管，是放大电路的基本元件之一，常用的三极管外形如图 2.3.1 所示。

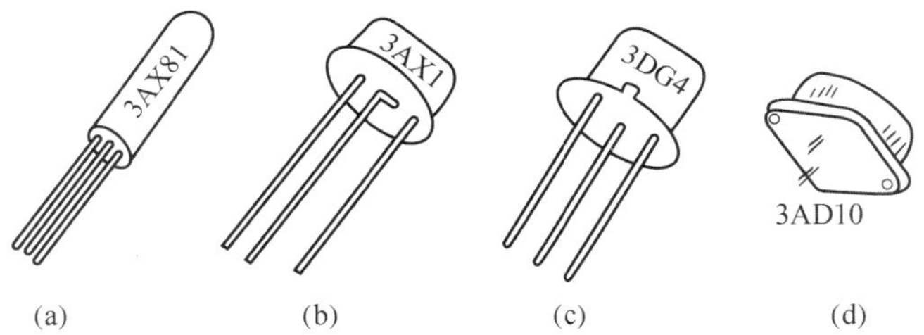

图 2.3.1　晶体管的几种常见外形

2.3.1　晶体管的结构和类型

1. 晶体管的结构和符号

在同一硅片上按照一定的制作工艺形成 3 个掺杂区域，并形成 2 个 PN 结，就构成晶体管。3 个掺杂区域分别称为发射区、基区和集电区，发射区和基区之间的 PN 结称为发射结，基区和集电区之间的 PN 结称为集电结。由发射区、基区和集电区引出的电极分别称为发射极 e（E）、基极 b（B）和集电极 c（C）。晶体管的结构如图 2.3.2（a）、（c）所示，晶体管的符号如图 2.3.2（b）、（d）所示。

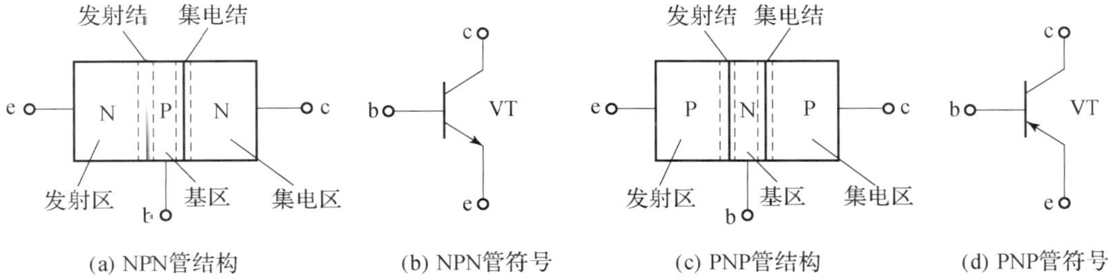

图 2.3.2　晶体管的结构符号

在制作工艺上，3 个掺杂区域的几何尺寸和掺杂程度都有很大的差异，主要表现在以下几个方面：基区很薄（一般从 1μm 到几微米），且掺杂浓度最低；发射区的掺杂浓度最高；集电区的掺杂浓度低于发射区，且结面积很大。由以上特点可知，晶体管的发射区和集电区虽然均为同一类型的半导体，但由于结构特点的不同不能互换使用，晶体管也不能用两个二极管代替。

2. 晶体管的类型

晶体管的种类很多，常见的有以下 5 种分类形式。

（1）按结构类型可分为 NPN 管和 PNP 管。

（2）按制作材料可分为硅管和锗管。

（3）按工作频率可分为高频管和低频管。

（4）按功率大小可分为大功率管、中功率管和小功率管。

（5）按工作状态可分为放大管和开关管。

晶体管在实际应用时，通常将两个端子分别用作输入和输出端，第 3 个端子作为公共端，这样可以构成输入和输出两个回路。根据公共端的不同，晶体管有 3 种组态：共基极接法、共发射极接法和共集电极接法，分别如图 2.3.3（a）~（c）所示。

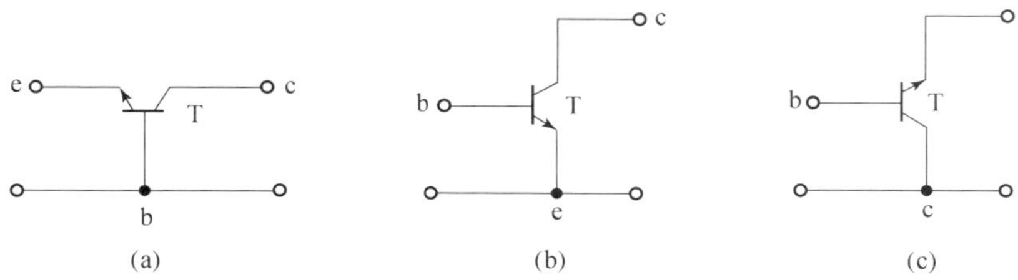

图 2.3.3 晶体管的三种基本组态

2.3.2 晶体管的电流放大作用

1. 晶体管放大作用的外部条件

晶体管的基本功能是对信号进行放大，要使晶体管具有放大作用，除了满足内部结构特点外，还必须满足外部条件，即发射结加正向电压（正偏）、集电结加反向电压（反偏）。图 2.3.4（a）所示为 NPN 管的偏置电路，U_{BB}通过 R_B 给发射结提供正向电压（$U_B > U_E$），U_{CC}通过 R_C 给集电结提供反向电压（$U_C > U_B$），即 $U_C > U_B > U_E$，从而实现发射结正向偏置、集电结反向偏置。图 2.3.4（b）所示为 PNP 管偏置电路，与 NPN 管偏置电路相比，为保证晶体管放大作用的外部条件，其必须满足 $U_C < U_B < U_E$。

2. 晶体管内部载流子运动

在放大状态下，晶体管内部载流子运动如图 2.3.5 所示。

（1）发射区向基区注入电子，形成发射极电流 I_E。由于发射结正偏，因此多子扩散运动为主。又因为发射区重掺杂，所以大量电子向基区扩散，形成电子注入电流 I_{EN}；与此同时，基区的空穴向发射区扩散，形成空穴注入电流 I_{EP}；由于基区很薄，所以形成的电流忽略不计。可见，发射极电流 $I_E = I_{EN} + I_{EP} \approx I_{EN}$。

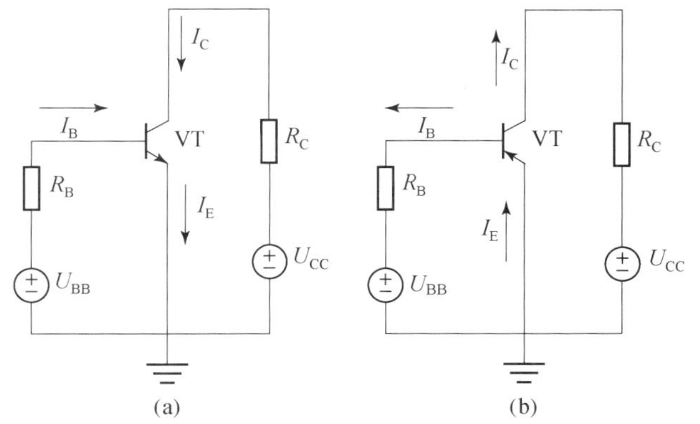

图 2.3.4　晶体管具有放大作用的外部条件

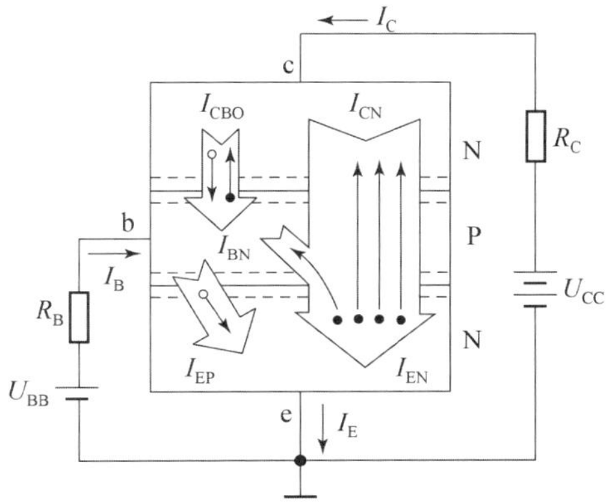

图 2.3.5　晶体管内部载流子运动示意图

（2）电子在基区继续扩散以及与基区空穴复合，形成基极电流 I_B。由于基区很薄，空穴浓度比较低，且集电结反偏，因此扩散到基区的电子只有少部分与空穴复合，形成基极电流 I_{BN}，绝大部分电子到达集电结。则基极电流 $I_B \approx I_{BN}$。

（3）集电区收集大部分的电子，形成集电极电流 I_C。由于集电结反向偏置且其结的面积比较大，基区中扩散到集电结边缘的电子在电场作用下越过集电结，被集电区收集，形成电流 I_{CN}。与此同时，集电区和基区的平衡少子在电场作用下向对方漂移形成反向饱和电流 I_{CBO}，数值很小，在近似分析中忽略不计。因此，集电极电流 $I_C = I_{CN} + I_{CBO} \approx I_{CN}$。

3. 晶体管的电流分配关系

当晶体管满足放大状态的外部条件时，晶体管相当于电路中的一个结点，流入晶体管的电流总是等于流出晶体管的电流，即晶体管的发射极电流总是等于集电极电流与基极电流之和：

$$I_E = I_C + I_B \tag{2.3.1}$$

实验证明，3 个电流之间存在着一种基本不变的比例关系，即

$$I_C = \beta I_B \tag{2.3.2}$$

并且 $I_C \gg I_B$，式中：β 称为晶体管的电流放大系数，数值一般为几十到几百。

式（2.3.2）说明：基极电流对集电极电流具有小量控制大量的作用，晶体管的电流放大作用由此实现。需要指出的是，晶体管的电流分配关系不仅在直流状态（静态）下成立，在交流状态（动态）下同样成立。

综上所述，晶体管在发射结正偏，集电结反偏的条件下具有电流放大作用；晶体管电流放大作用的实质是 I_B 电流对 I_C 电流的控制作用。

由于 NPN 管和 PNP 管除了外部各极所加电压与流过的电流方向相反外，其余特性完全相同，因此为了讨论方便，在后面的内容中，仅以 NPN 型晶体管为例加以说明。

4. 晶体管的特性曲线

因为晶体管电路有输入和输出两个回路，所以晶体管特性曲线包括输入和输出两组特性曲线。晶体管的特性曲线用来表征晶体管的电压和电流关系，是晶体管内部特性的外部体现，是分析放大电路的重要依据。晶体管特性曲线可以用实验的方法测量得到，也可以用仿真软件得到，其测试电路如图 2.3.6 所示。

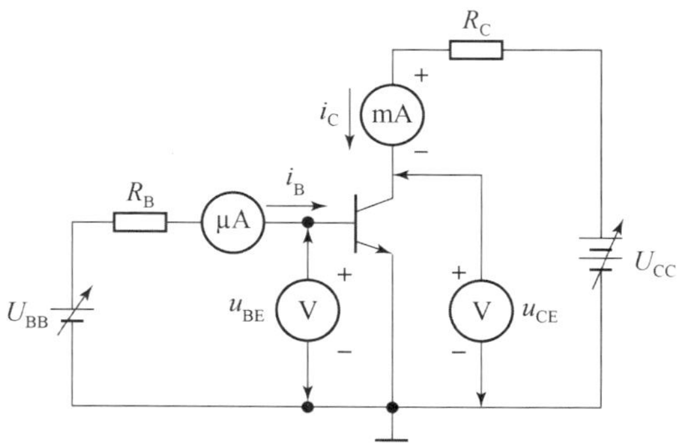

图 2.3.6　晶体管特性曲线的测试电路

1）晶体管的输入特性

输入特性曲线是指当 u_{CE} 为常数时，基极电流 i_B 和电压 u_{BE} 之间的关系曲线，用函数式表示为 $i_B=f(u_{BE})\big|_{u_{CE}=\text{常数}}$，共射放大电路的输入特性曲线如图 2.3.7 所示。

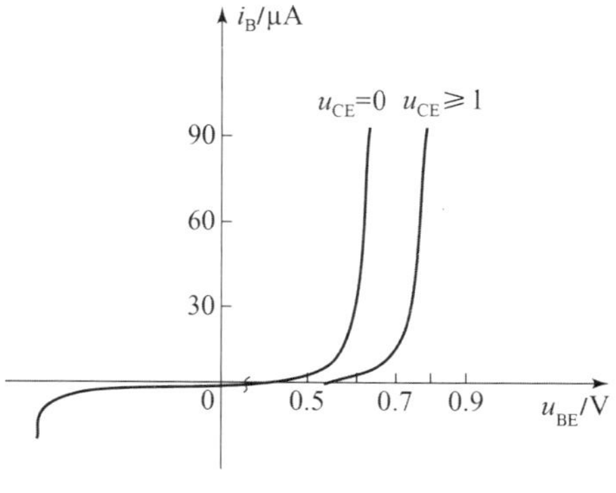

图 2.3.7　共射放大电路的输入特性曲线

当 $u_{CE}=0V$ 时，晶体管相当于两个二极管并联，基极电流 i_B 和电压 u_{BE} 之间的关系与二极管相似。

当 $0<u_{CE}<1$ 时，随着 u_{CE} 增大，曲线右移。这是由于随着 u_{CE} 增大，更多电子被集

电区收集，导致 i_B 减小，即相同 u_{BE}条件下，u_{CE}曲线应右移。

当 $u_{CE} \geqslant 1V$ 时，输入特性曲线稍稍右移。这是因为 $u_{CE} \geqslant 1V$ 时，集电结加反向偏压，集电结收集电子能力增强，发射区注入基区的大部分电子被集电区收集，此时继续增加 u_{CE}，i_C 也不会明显增加，即 i_B 基本不变。当 $u_{CE} \geqslant 1V$ 时处于放大状态下硅管 U_{BE} 为 0.7V，处于放大状态下锗管 U_{BE}为 0.2V。

2）晶体管的输出特性曲线

共射电路的输出特性曲线如图 2.3.8 所示，该曲线是指当 I_B 一定时，输出回路中的 i_C 和 u_{CE}之间的关系曲线，用函数式表示为 $i_C = f(u_{CE})\big|_{I_B=\text{常数}}$。输出特性曲线可分为 3 个区域：截止区、放大区和饱和区。

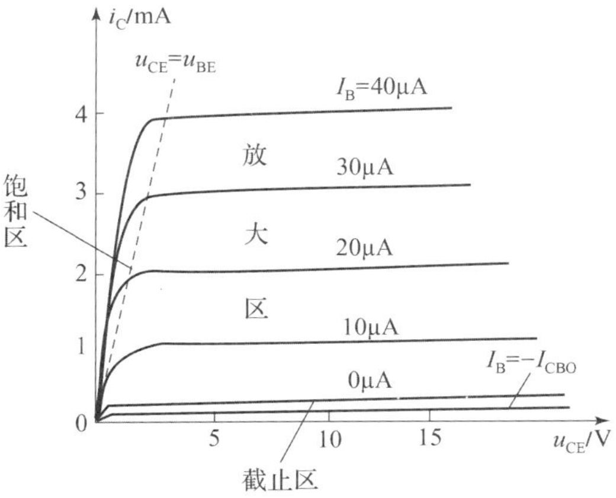

图 2.3.8　共射电路的输出特性曲线

（1）截止区是指发射结反向偏置或发射结正向偏置但结压降小于开启电压 U_{on}，且集电结反向偏置的区域，即 $u_{BE} \leqslant U_{on}$且 $u_{CB}>0$。截止区的特点是 $i_B \approx 0, i_C \approx 0$，晶体管 C 与 E 之间相当于开路状态，类似开关断开。

（2）放大区是指发射结正向偏置且结压降大于开启电压 U_{on}，同时集电结反向偏置的区域。对于共射电路有 $u_{CE} \geqslant u_{BE} > U_{on}$。在理想情况下，当 i_B 均匀变化时，输出特性是一簇与横轴平行的等距离直线。

①受控特性是指 i_C 受 i_B 的控制，即 $i_C = \beta i_B$、$\Delta i_C = \beta \Delta i_B$。

②恒流特性是指当输入回路中有一个恒定的 i_B 时，输出回路就对应一个恒定的 i_C 值，基本不受 u_{CE}的影响。

（3）饱和区的特征是发射结与集电结均处于正向偏置，即 $u_{BE} > U_{on}$，且 $u_{CE} \leqslant u_{BE}$；i_C 不仅与 i_B 有关，而且明显随 u_{CE}的变化而变化，此时 $i_C < \beta i_B$，所对应的 u_{CE}值称为饱和压降，用 U_{CES}表示。在理想情况下，$U_{CES} \approx 0$，晶体管 C 与 E 之间相当于短路，类似开关闭合。

以上 3 个区域对应晶体管的 3 种工作状态：截止状态、放大状态和饱和状态。在模拟电子技术中晶体管主要工作在放大状态，用于模拟信号处理（放大、运算、处理、发生）；在数字电子技术中，晶体管主要工作于饱和与截止状态（开关状态），实现各种数字信号处理。

例 2.4：现测得放大电路中两只管子两个电极的电流如图 2.3.9 所示。分别求另一电极的电流，标出其实际方向，并在圆圈中画出管子，且分别求出它们的电流放大系数 β。

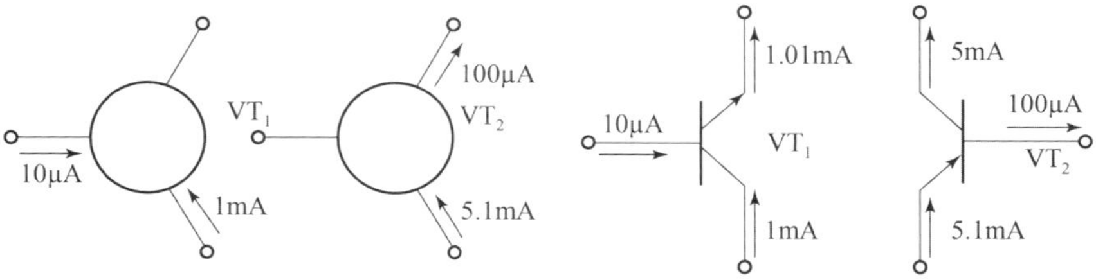

图 2.3.9 例 2.4

解：在 VT_1 中，$\beta = 1mA/10\mu A = 100$，故 $I_E = (\beta+1)\times 10 = 1010\mu A = 1.01mA$。

在 VT_2 中，$\beta = (5.1mA - 100\mu A)/100\mu A = 50$，故 $I_C = \beta \times 100 = 5000\mu A = 5mA$。

例 2.5：测得放大电路中 6 只晶体管的直流电位如图 2.3.10 所示。在圆圈中画出管子，并分别说明它们是硅管还是锗管（表 2.3.1）。

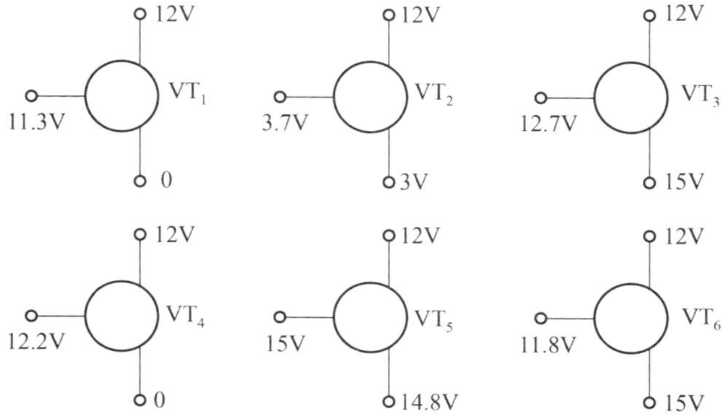

图 2.3.10 例 2.5

解：NPN 型：集电极电位最高，发射极电位最低 $U_{BE} > 0$；PNP 型：发射极电位最高，集电极电位最低 $U_{BE} < 0$。

硅管：基极与发射极电位相差 0.6 ~ 0.7V，锗管的基极与发射极电位相差约为 0.2V 或 0.3V。

基极为 b，发射极为 e，集电极为 c。

表 2.3.1 6 只晶体管的管型和材料

管号	上	中	下	管型	材料
T_1	e	b	c	PNP	Si
T_2	c	b	e	NPN	Si
T_3	e	b	c	NPN	Si
T_4	b	e	c	PNP	Ge
T_5	c	e	b	PNP	Ge
T_6	b	e	c	NPN	Ge

5. 晶体管的主要参数

晶体管的参数表征晶体管的性能指标和适用范围，它们均可在“半导体手册”中查到，是选用晶体管的依据，了解这些参数的意义，对于合理、安全使用晶体管具有重要的意义。

1）共射电流放大系数 β

β 表示共射接法时集电极电流和基极电流的变化量之比，即 $\beta=\Delta i_C/\Delta i_B\approx I_C/I_B$。由于制造工艺的分散性，同一类型晶体管的值差异很大。常用的小功率晶体管的 β 值一般为 20～200。一般选用 β 值为 40～100 的晶体管较为合适。

2）共基电流放大倍数 α

α 表示共基接法时集电极电流和基极电流的变化量之比，即 $\alpha=\Delta i_C/\Delta i_E\approx I_C/I_E$。

3）极间反向电流

I_{CBO} 表示发射极开路时集电结反向饱和电流，I_{CEO} 表示基极开路时集电极和发射极之间的穿透电流，$I_{CEO}=(1+\beta)I_{CBO}$。相同型号的管子反向电流越小，性能越稳定。硅管的极间反向电流比锗管小，温度稳定性比锗管好。

4）集电极最大允许电流 I_{CM}

I_C 在较大的范围内 β 值基本不变，但当 I_C 的数值大到一定程度时，β 值会明显减小，I_{CM} 表示下降到 β 正常值的 2/3 时的集电极电流。通常 I_C 不应超过 I_{CM}。

5）集电极最大允许功耗功率 P_{CM}

晶体管工作在放大状态时，集电结承受着较高的反向电压，同时流过较大的电流。因此，在集电结上要消耗一定的功率，从而导致集电结发热，结温升高。当结温过高时，晶体管的性能下降，甚至会烧坏晶体管。对于确定型号的晶体管，P_{CM} 是一个确定值，即 $P_{CM}=i_C\cdot u_{CE}$ 为常数。P_{CM} 在输出特性曲线上为双曲线中的一条，称为 P_{CM} 功耗线，如图 2.3.11 所示。

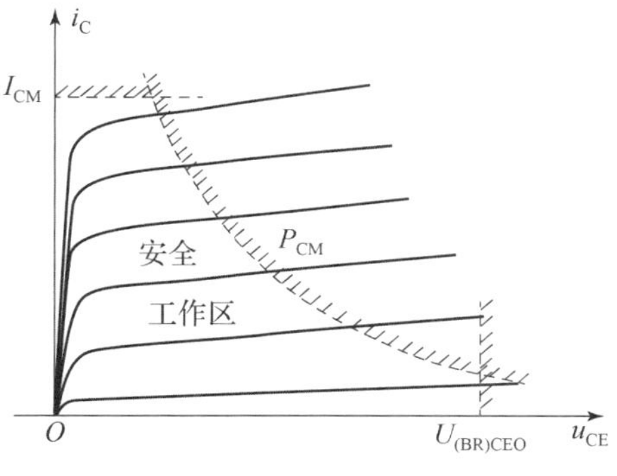

图 2.3.11　晶体管安全工作区

6）极间反向击穿电压

晶体管在某一个电极开路时，另外两个电极间所允许加的最高反向电压，即极间反向击穿电压。使用时超过此值，管子会发生击穿现象，击穿电压有以下几种。

（1）$U_{(BR)CEO}$ 为基极开路时，集电极－发射极间的反向击穿电压。

（2）$U_{(BR)CBO}$ 为发射极开路时，集电极－基极间的反向击穿电压。

(3) $U_{(BR)BEO}$为集电极开路时，基极－发射极间的反向击穿电压。

在组成晶体管电路时，应根据工作条件选择晶体管的型号。为防止晶体管使用中被损坏，必须使它工作在如图 2. 3. 11 所示的安全工作区内。

需要指出的是，由于半导体材料的热敏性，晶体管的参数几乎都与温度有关。

2.4 场效应管

场效应晶体管（field effect transistor，FET），简称场效应管，是一种几乎只有多数载流子参与导电的半导体器件，又称为单极型晶体管。它是利用输入回路的电场效应来控制输出回路电流的一种半导体器件，因此称为场效应管。场效应管分为两大类：一类是结型场效应管，另一类是绝缘栅场效应管。

2.4.1 结型场效应管

1. 结型场效应管的符号和结构

结型场效应管（junction field－effect transistor，JFET）分为 N 沟道和 P 沟道两种类型，图 2. 4. 1（a）、(b）给出了它们的符号，箭头方向表示栅源间 PN 结若加正向偏置电压时栅极电流的实际流动方向。下面以 N 沟道结型场效应管为例，说明结型场效应管的结构。

N 沟道结型场效应管的结构示意图如图 2. 4. 1（c）所示，它在同一块 N 型半导体上制作两个高掺杂的 P^+ 区，并将它们接在一起，引出一个电极，称为栅极 G；N 型半导体两端分别引出两个电极，一个称为源极 S，另一个称为漏极 D。P 区和 N 区的交界面形成耗尽层，源极和漏极间的非耗尽区域形成导电沟道。

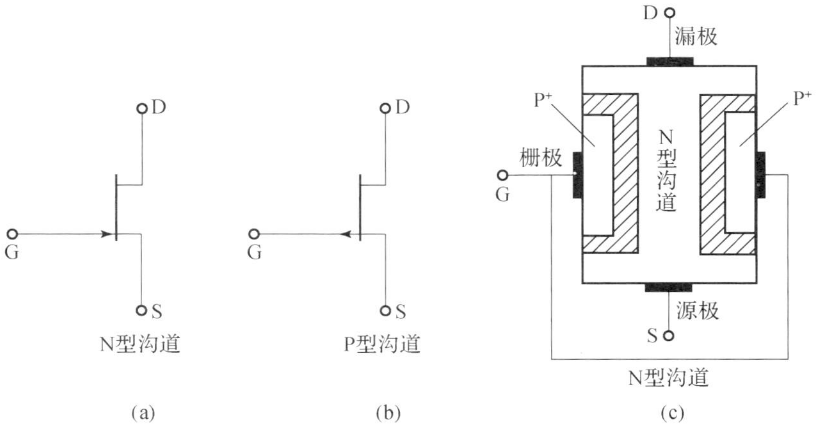

图 2. 4. 1　结型场效应管的结构示意图及其表示符号

2. 结型场效应管的工作原理

为使 N 沟道结型场效应管能够正常工作，应在栅极和源极之间加负电压 u_{GS}，在漏极和源极之间加上正电压 u_{DS}。下面分别讨论 u_{GS} 和 u_{DS} 对导电沟道和漏极电流 i_D 的影响。

1） 栅源电压 u_{GS}对沟道的控制作用

在栅源间施加负电压 u_{GS}，令 $u_{DS}=0$。

（1） 当 $u_{GS}=0$ 时，为平衡 PN 结，导电沟道最宽，如图 2.4.2（a）所示。

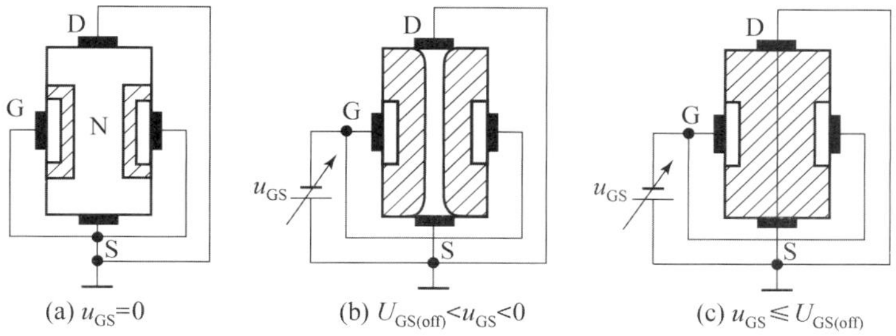

图 2.4.2　u_{GS}对导电沟道的控制作用

（2） 当 $|u_{GS}|\uparrow$ 时，PN 结反偏，形成耗尽层，导电沟道窄，沟道电阻增大，如图 2.4.2（b）所示。

（3） 当 $|u_{GS}|$ 增大到一定值时，沟道会完全合拢，如图 2.4.2（c）所示，称此时的 u_{GS}值为夹断电压 $U_{GS(off)}$。

2） 漏源电压 u_{DS}对沟道的控制作用

在漏源间加电压 u_{DS}，令 $u_{GS}=0$。因为 $u_{GS}=0$，所以导电沟道最宽。

（1） 当 $u_{DS}=0$ 时，$i_D=0$。

（2） $u_{DS}\uparrow\rightarrow I_D\uparrow\rightarrow$靠近漏极处的耗尽层加宽，沟道变窄，呈楔形分布，如图 2.4.3（a）所示。

（3） 当 $u_{DS}\uparrow$ 时，使 $u_{GD}=u_{GS}-u_{DS}=U_{GS(off)}$ 时，在靠漏极处夹断，即预夹断，如图 2.4.3（b）所示。

（4） u_{DS}再↑，预夹断点下移，如图 2.4.3（c）所示。

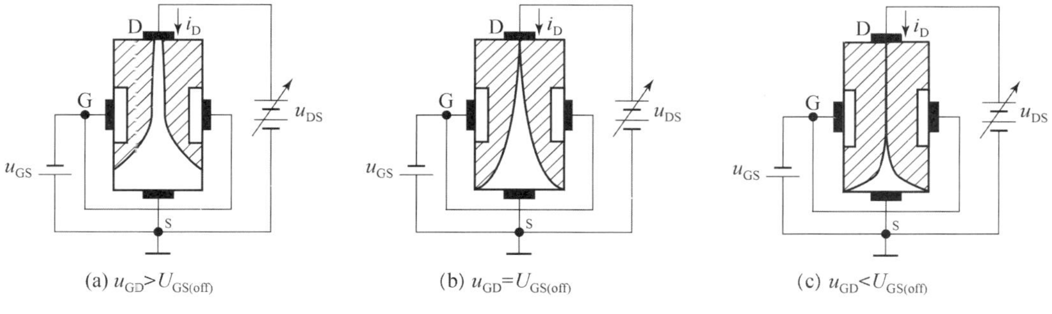

图 2.4.3　u_{DS}对导电沟道的控制作用

3. N 沟道结型场效应管的特性曲线

由于结型场效应管的 PN 结总是在反偏的状态下工作，所以栅极电流 $i_G=0$，输入特性曲线失去意义，常用的特性曲线有输出特性曲线和转移特性曲线两种。

1） 输出特性曲线

输出特性曲线描述的是当栅源电压 u_{GS}为常量时，漏极电流 i_D 与漏源电压 u_{DS}之间的关系曲线，即

$$i_D = f(u_{DS})\big|_{u_{GS}=常量}$$

对于一个确定的 u_{GS} 就有一条曲线，因此输出特性曲线为一簇曲线。与晶体管类似，场效应管的输出特性曲线也可划分为三个区域：可变电阻区、恒流区和夹断区，如图 2.4.4 所示。

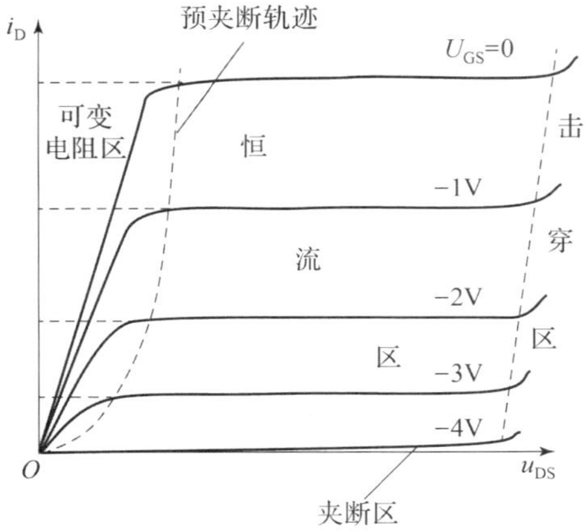

图 2.4.4　场效应管的输出特性

（1）可变电阻区。图 2.4.4 中的虚线为预夹断轨迹，预夹断轨迹的左边区域称为可变电阻区。此区间满足 $u_{GS} > U_{GS(off)}$ 且 $u_{GD} > U_{GS(off)}$，场效应管存在导电沟道。如果栅源电压 u_{GS} 不变，则漏极电流 i_D 大体上随着漏源电压 u_{DS} 而线性变化，沟道等效为一个线性电阻。如果栅源电压 u_{GS} 发生变化，则 i_D 的斜率将不同，沟道等效电阻值随之变化。也就是说，沟道可以看作一个受栅源电压 u_{GS} 控制的可变电阻，“可变电阻区”由此而得名。

（2）恒流区。图 2.4.4 中虚线右边的区域称为恒流区，此时满足 $u_{GS} > U_{GS(off)}$ 且 $u_{GD} < U_{GS(off)}$，沟道已经被夹断，当栅源电压 u_{GS} 不变时，i_D 几乎不随 u_{DS} 的改变而改变，因此称为恒流区。恒流区的 i_D 只受输入电压 u_{GS} 控制，因此结型场效应管是一个电压控制器件。在恒流区 u_{GS} 对 i_D 的控制作用用跨导表示为

$$g_m = \frac{di_D}{du_{GS}}\bigg|_{u_{DS}=常量} \quad (\text{mA/V})$$

（3）夹断区。图 2.4.4 中靠近横轴的部分称为夹断区，此时满足 $u_{GS} < U_{GS(off)}$，栅源电压过大，耗尽层闭合，导电沟道消失，沟道电阻趋于无穷大，沟道电流 $i_D \approx 0$。

另外，当 u_{DS} 增大到一定程度时，i_D 骤然增大，管子将被击穿。

2）转移特性曲线

转移特性曲线描述的是当漏源电压 u_{DS} 为常量，漏极电流 i_D 与栅源电压 u_{GS} 之间的关系，即 $i_D = f(u_{GS})\big|_{u_{DS}=常量}$，转移特性可由输出特性直接绘出。其方法是在输出特性曲线的恒流区中作横轴的垂线，读出垂线与各曲线交点的坐标值，即可建立转移特性曲线，如图 2.4.5 所示。

根据半导体物理中对场效应管内部载流子的分析，场效应管工作在恒流区时转移特性曲线可近似用下式表示：

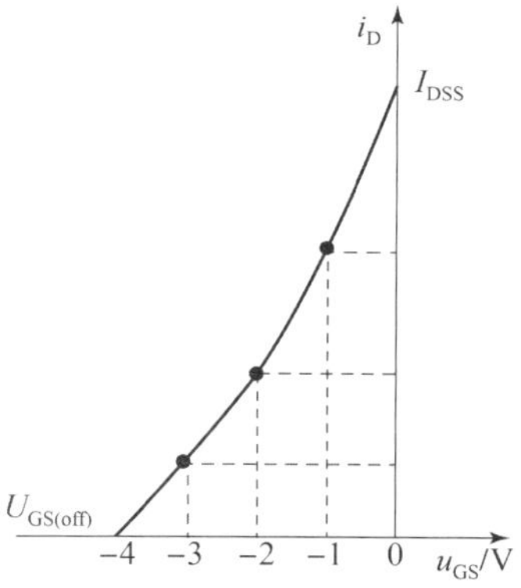

图 2.4.5　N 型沟道结型场效应管的转移特性曲线

$$i_D = I_{DSS}\left(1 - \frac{u_{GS}}{U_{GS(off)}}\right)^2 \quad (\text{N 型沟道 JFET}) \tag{2.4.1}$$

式中：I_{DSS}为饱和漏极电流，表示当 $u_{GS}=0$ 时的 i_D 值；$U_{GS(off)}$为夹断电压，表示当 $i_D=0$ 时的 u_{GS}值。

2.4.2　绝缘栅型场效应管

绝缘栅场效应管的栅极与沟道之间采用绝缘体（SiO_2）隔离。最常见的绝缘栅场效应管由金属、氧化物及半导体构成，所以又称 MOS（metal – oxide – semiconductor）管。

与结型场效应管相同，MOS 管分为 N 型沟道和 P 型沟道两类，每一类又分为增强型和耗尽型两种，因此 MOS 管的四种类型为 N 型沟道增强型、P 型沟道增强型、N 型沟道耗尽型和 P 型沟道耗尽型。

1. N 型沟道增强型 MOS 管

N 型沟道增强型 MOS 管的结构如图 2.4.6（a）所示，在一块 P 型硅半导体基片上（称为衬底）形成两个 N^+ 区，分别称为漏区和源区，对应的电极是漏极和源极，分别用 D、S 表示。在源区和漏区之间的衬底表面上覆盖一层很薄的绝缘层 SiO_2，并附一层金属铝作栅极，用 G 表示。N 型沟道增强型 MOS 管的电路符号如图 2.4.6（b）所示，漏—源之间的直线断为三段，表示不加栅极电压时没有导电沟道，即增强型 MOS 管。栅极引线的位置偏向源极，衬底引线上的箭头向内表示 N 型沟道。

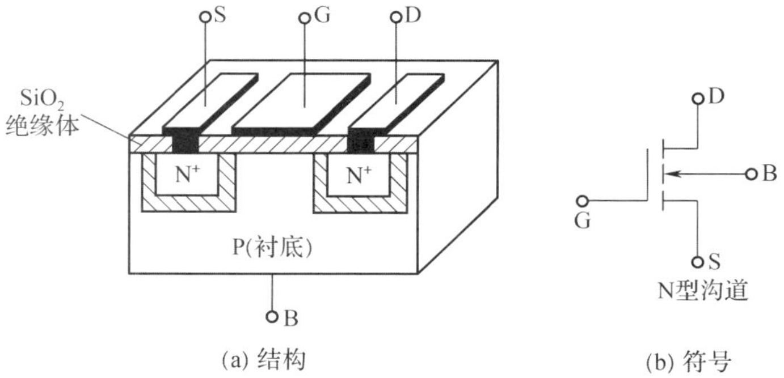

图 2.4.6　N 型沟道增强型 MOS 管

1）工作原理

为使N型沟道MOS管能够正常工作，应在栅极和源极之间加正电压 u_{GS}，在漏极和源极之间加上正电压 u_{DS}。下面分别讨论 u_{GS} 和 u_{DS} 对导电沟道和漏极电流 i_D 的影响。

（1）栅源电压 u_{GS} 对沟道的控制作用。

①当 $u_{GS}=0$ 时，漏—源之间是两只背向的PN结，不存在导电沟道，因此无论有无 u_{DS}，均为无漏极电流，如图2.4.7（a）所示。

②当 $u_{GS}>0$ 时，由于 SiO_2 的存在，因此栅极电流为零。但会排斥P衬底中的多子空穴而吸引少子自由电子，当所加的电压足够大时，就会形成一个N型薄层，称为反型层，这个反型层构成了漏—源之间的导电沟道。刚形成反型层（导电沟道）时所加的电压称为开启电压 $U_{GS(th)}$，u_{GS} 越大，反型层越厚，导电沟道越宽，产生的漏极电流将越大，如图2.4.7（b）所示。

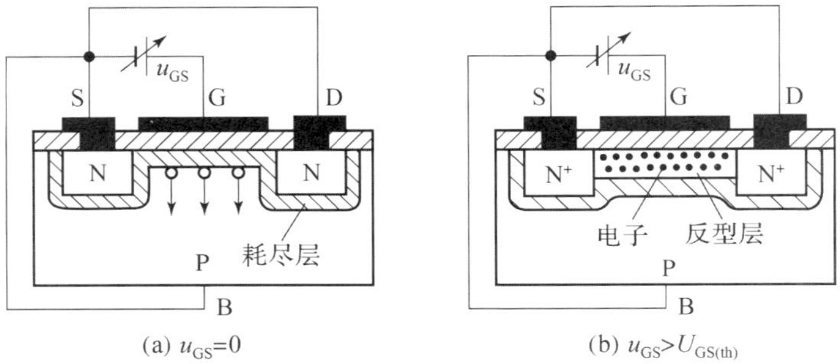

图2.4.7　u_{GS} 对导电沟道的控制作用

（2）漏源电压 u_{DS} 对沟道的控制作用。

①当 $u_{GS}\geqslant U_{GS(th)}$ 时，导电沟道开启，若再加上 u_{DS}，则 i_D 出现。随着 u_{DS} 增大，i_D 增大，沟道电位梯度增大，靠近漏极处的电位增大，整个沟道呈楔形分布，如图2.4.8（a）所示。

②当 u_{DS} 增大到使 $u_{GD}=U_{GS(th)}$ 时，沟道在漏极处出现夹断点，称为预夹断，如图2.4.8（b）所示。

③如 u_{DS} 继续增大，夹断区向源极扩大，而增大的 u_{DS} 电压几乎都用于克服夹断区对 i_D 的阻力，如图2.4.8（c）所示。

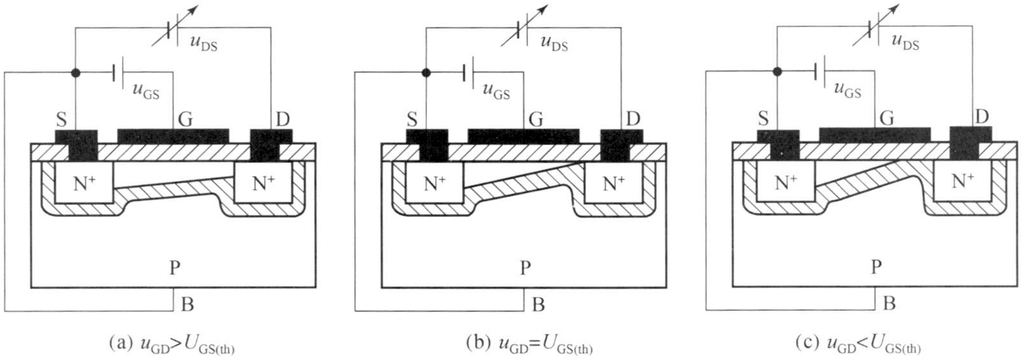

图2.4.8　u_{DS} 对导电沟道的控制作用

2）特性曲线

N 型沟道增强型 MOS 管在工作时，通常将源极与衬底相连并接地，在栅极和源极之间加正电压 U_{GS}，在漏极与源极之间加正电压 U_{DS}。下面讨论管子的特性曲线。

（1）N 型沟道增强型 MOS 管的转移特性曲线。

根据 u_{GS}对导电沟道的影响，得到场效应管的转移特性曲线，N 型沟道增强型 MOS 管的转移特性曲线如图 2.4.9（a）所示。

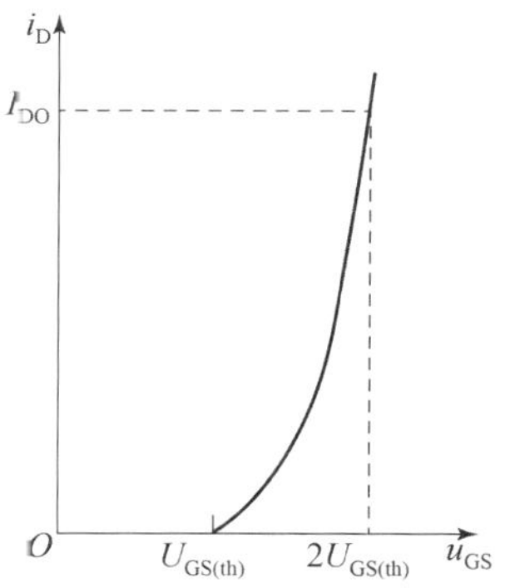

(a) 转移特性曲线

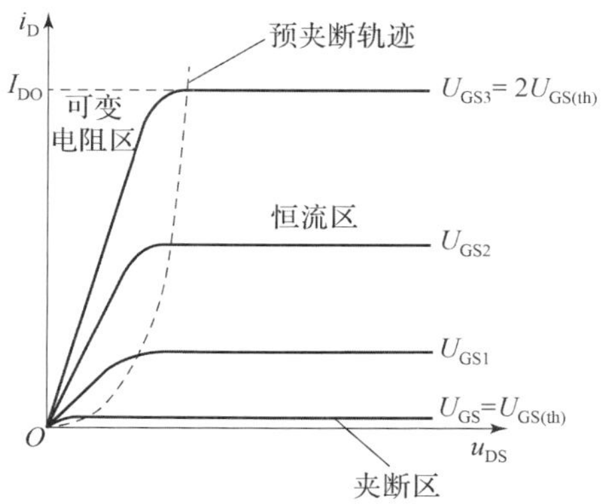

(b) 输出特性曲线

图 2.4.9　N 型沟道增强型 MOS 管的特性曲线

不难看出，这类器件是利用改变垂直于导电沟道的电场来控制导电沟道的导电能力。在一定的漏极正电压下，只有栅极电压大于开启电压 $U_{GS(th)}$后，才会有漏极电流流过，并且随 u_{GS}的增加而增大，所以这类器件称为增强型 MOS 管。

（2）N 型沟道增强型 MOS 管的输出特性曲线。

根据 u_{DS}对导电沟道的影响，N 型沟道增强型 MOS 管的输出特性曲线如图 2.4.9（b）所示。与结型场效应管一样，MOS 管也有 3 个工作区：可变电阻区、恒流区和夹断区。

根据半导体物理中对场效应管内部载流子的分析，N 型沟道增强型 MOS 管工作在恒流区时转移特性曲线可近似用下式表示：

$$i_D = I_{DO}\left(\frac{u_{GS}}{U_{GS(th)}} - 1\right)^2 \qquad (2.4.2)$$

式中：I_{DO}表示 $u_{GS}=2U_{GS(th)}$时 i_D 的值；$U_{GS(th)}$为开启电压。

2. N 型沟道耗尽型 MOS 管

N 型沟道耗尽型 MOS 管的结构和符号，如图 2.4.10（a）、（b）所示。它的结构与 N 型沟道增强型 MOS 管的结构相似，所不同的只是在制造器件时已在源区和漏区之间形成 N 型导电沟道。

N 型沟道耗尽型 MOS 管的转移特性如图 2.4.11（a）所示。由于耗尽型 MOS 管存在原始的导电沟道，只要加上正的漏源电压 u_{DS}，就有漏极电流 i_D。如 u_{GS}为正，沟道加宽，i_D 增加；如 u_{GS}为负，沟道变窄，i_D 下降。当这个负电压负值增大到等于 $U_{GS(off)}$时，沟道彻底夹断，沟道消失，i_D 为零。这个临界的负电压 $U_{GS(off)}$称为夹断电压。

N 型沟道耗尽型 MOS 管的输出特性如图 2.4.11（b）所示。当 u_{DS}一定时，i_D 随 U_{GS}的增大而增大，曲线划分为可变电阻区、恒流区和夹断区。

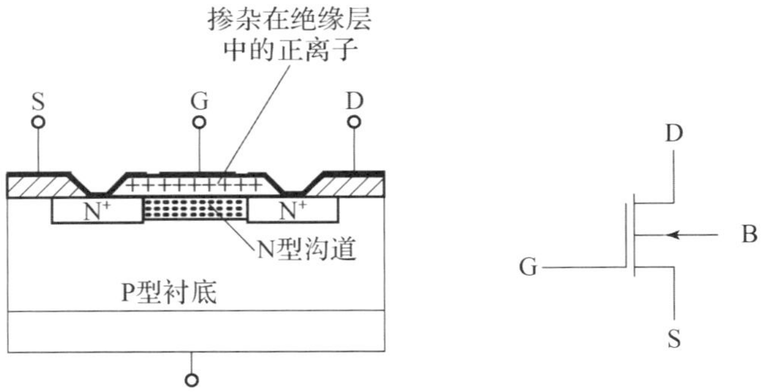

(a) 结构示意图　　(b) 符号

图 2.4.10　N 型沟道耗尽型 MOS 管的结构示意图和符号

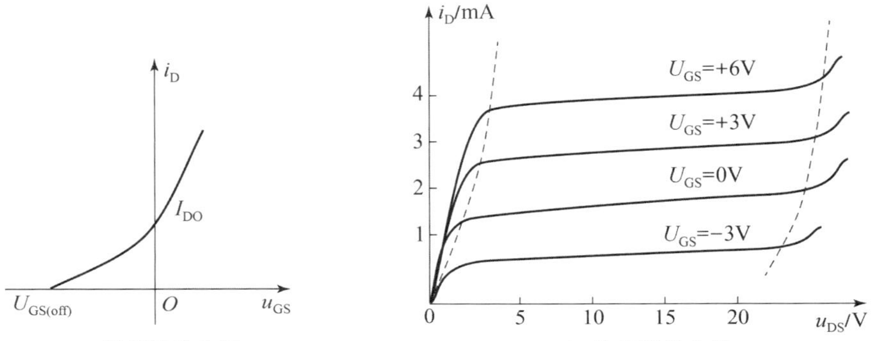

(a) 转移特性曲线　　(b) 输出特性曲线

图 2.4.11　N 型沟道耗尽型 MOS 管的特性曲线

N 型沟道耗尽型 MOS 管工作在恒流区时 i_D 与 u_{GS} 之间关系式与结型场效应管相同，即

$$i_D = I_{DSS}\left(1 - \frac{u_{GS}}{U_{GS(off)}}\right)^2 \tag{2.4.3}$$

P 型沟道增强型 MOS 管和 P 型沟道耗尽型 MOS 管的结构和特性与 N 型沟道类似，这里不再赘述。各种场效应管对比，如图 2.4.12 所示。

2.4.3　场效应管的工作状态分析

无论何种场效应管，判断其工作状态的方法如下：

（1）判断栅 - 源电压 u_{GS} 是否使沟道夹断。如果沟道夹断，则场效应管进入截止区；如果有导电沟道，则管子工作在恒流区或者可变电阻区。

（2）有导电沟道时，假设管子工作在恒流区，求解栅漏电压 u_{GD}（$u_{GD} = u_{GS} - u_{DS}$），从而判断是否出现预夹断，若出现预夹断，则假设成立，管子工作在恒流区；反之，工作在可变电阻区。

所以，可以得到表 2.4.1 所列的场效应管工作区间与极间电压关系。

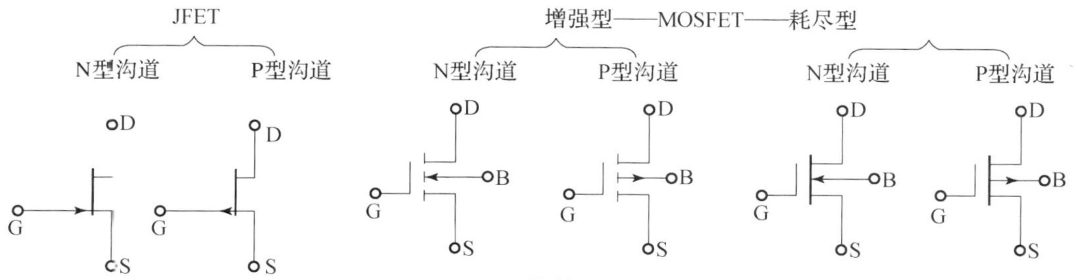

(a) 符号

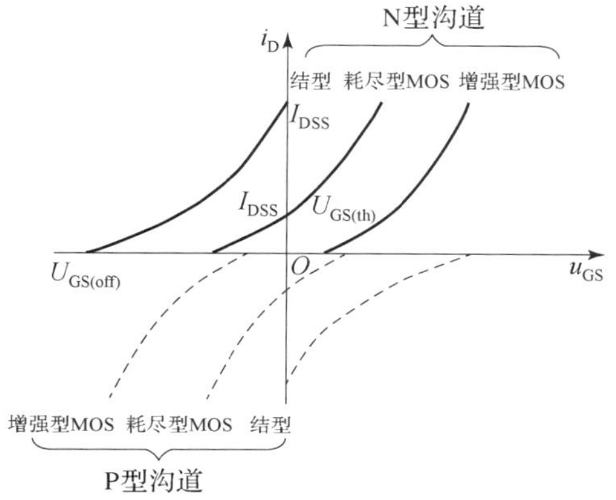

(b) 转移特性曲线

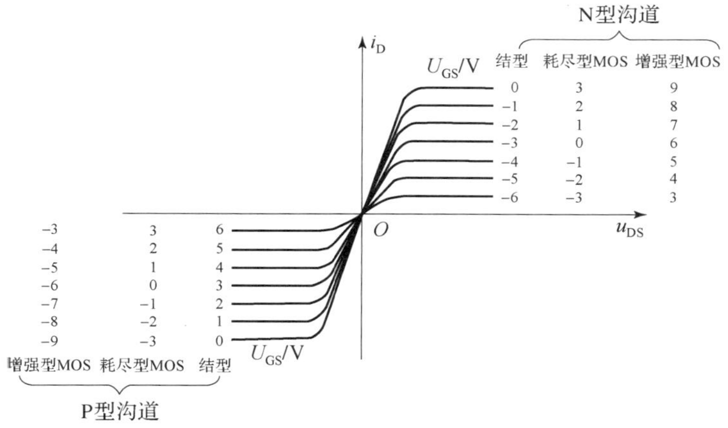

(c) 输出特性曲线

图 2.4.12　各种场效应管对比

表 2.4.1　场效应管工作区间与极间电压关系

管型	截止区	恒流区	可变电阻区
N 型沟道 JFET	$u_{GS} \leqslant U_{GS(off)}$	$U_{GS(off)} < u_{GS} \leqslant 0$ $u_{GD} \leqslant U_{GS(off)}$	$U_{GS(off)} < u_{GS} \leqslant 0$ $U_{GS(off)} < u_{GD} \leqslant 0$
P 型沟道 JFET	$u_{GS} \geqslant U_{GS(off)}$	$0 \leqslant u_{GS} < U_{GS(off)}$ $u_{GD} \geqslant U_{GS(off)}$	$0 \leqslant u_{GS} < U_{GS(off)}$ $0 \leqslant u_{GD} < U_{GS(off)}$

续表

管型	截止区	恒流区	可变电阻区
N 型沟道增强型 MOSFET	$u_{GS} < U_{GS(th)}$	$u_{GS} \geqslant U_{GS(th)}$ $u_{GD} < U_{GS(th)}$	$u_{GS} \geqslant U_{GS(th)}$ $u_{GD} \geqslant U_{GS(th)}$
N 型沟道耗尽型 MOSFET	$u_{GS} < U_{GS(off)}$	$u_{GS} \geqslant U_{GS(off)}$ $u_{GD} < U_{GS(off)}$	$u_{GS} \geqslant U_{GS(off)}$ $u_{GD} \geqslant U_{GS(off)}$
P 型沟道增强型 MOSFET	$u_{GS} > U_{GS(th)}$	$u_{GS} \leqslant U_{GS(th)}$ $u_{GD} > U_{GS(th)}$	$u_{GS} \leqslant U_{GS(th)}$ $u_{GD} \leqslant U_{GS(th)}$
P 型沟道耗尽型 MOSFET	$u_{GS} > U_{GS(off)}$	$u_{GS} \leqslant U_{GS(off)}$ $u_{GD} > U_{GS(off)}$	$u_{GS} \leqslant U_{GS(off)}$ $u_{GD} \leqslant U_{GS(off)}$

例 2.6：已知场效应管的输出特性曲线如图 2.4.13（a）所示，画出它的恒流区的转移特性曲线。

解：过 u_{DS} 某一确定值做垂线，这里以 15V 为例，如图 2.4.13（b）所示，读出它与各输出特性的交点 i_D 的值，建立 $i_D = f(u_{GS})$ 坐标系，即可做出转移特性线，如图 2.4.13（c）所示。

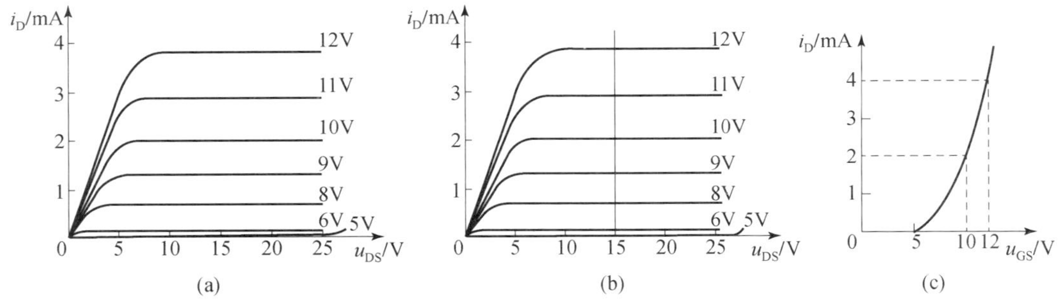

图 2.4.13　例 2.6

例 2.7：电路如图 2.4.14 所示，场效应管的输出特性如图 2.4.13（a）所示，试分析当 $u_i = 4V$，8V，12V 三种情况下场效应管分别工作在什么区域。

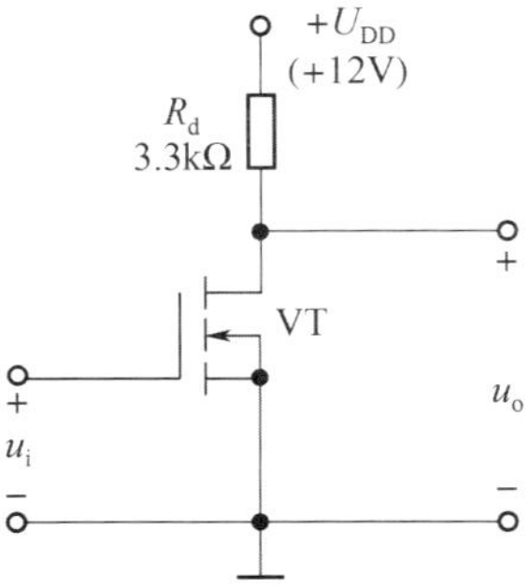

图 2.4.14　例 2.7

解：当 $u_i = 4V$ 时，$u_{GS} < U_{GS(th)}$，管子工作在截止区；

当 $u_i = 8V$ 时，$u_{GS} > U_{GS(th)}$，假设管子工作在恒流区，则 $i_D \approx 0.6mA$，故 $u_{DS} = U_{DD} - i_D \times R_d \approx 10V$，$u_{GD} = u_{GS} - u_{DS} = -2V < U_{GS(th)}$，说明假设成立，管子工作在恒流区；

当 $u_i = 12V$ 时，设管子工作在恒流区，则 $i_D \approx 3.8mA$，$u_{DS} = -0.54V$，$u_{GD} = 12.54V > U_{GS(th)}$，说明假设不成立，管子工作在可变电阻区。

2.4.4 场效应管的主要参数

在前述介绍中已经提到场效应管的几个参数：夹断电压 $U_{GS(off)}$、开启电压 $U_{GS(th)}$、饱和漏电流 I_{DSS}等。本小节再介绍几个参数。

1. 性能参数

（1）跨导 g_m。g_m 是 FET 重要的交流参数，它反映输入电压 u_{GS}对输出电流 i_D 的控制作用。其定义是在某一工作点 Q 漏极电流的微变量与栅源电压微变量的比值，即

$$g_m = \left.\frac{\mathrm{d}i_D}{\mathrm{d}u_{GS}}\right|_{u_{DS}=\text{常量}} \quad (\mathrm{mA/V}) \tag{2.4.4}$$

（2）栅极直流输入电阻 R_{GS}。场效应管的输入电阻 R_{GS}的值很高。结型管的输入电阻受反偏 PN 结反向饱和电流的限制，输入电阻一般可在 $10^7\Omega$ 以上。MOS 管的栅极和衬底之间有绝缘层隔离，输入电阻比 JFET 更高，可达 $10^9\Omega$。

2. 极限参数

（1）最大漏极电流 I_{DM}。I_{DM}是晶体管正常工作时漏极电流的上限值。

（2）漏源击穿电压。晶体管进入恒流区后，使 i_D 骤然增大的 u_{DS}称为漏源击穿电压 $U_{(BR)DS}$。

u_{GS}的值过大对于结型场效应晶体管 PN 结将被反向击穿，对于 MOS 管 u_{GS}的值太大，会引起绝缘层击穿，均表示为栅源击穿电压 $U_{(BR)GS}$。

（3）最大耗散功率 P_{DM}。为限制温度升高，必须限制功耗。P_{DM}确定后，便可在输出特性上画出临界最大功耗线；根据 I_{DM}和 $U_{(BR)DS}$便可得到晶体管的安全工作区。

（4）最高工作频率 f_M。场效应管的 3 个极间均存在极间电容，在高频电路中应考虑极间电容的影响。晶体管的最高工作频率 f_M 是综合考虑了 3 个电容的影响而确定的工作频率的上限值。

2.4.5 场效应管与晶体三极管的比较

（1）场效应管是通过栅源电压 u_{GS}控制漏极电流 i_D，称为电压控制器件；晶体三极管是利用基极电流 i_B 来控制集电极电流 i_C，属于电流控制器件。

（2）场效应管中只有一种载流子（多子）参与导电，而晶体三极管中多子和少子同时参与导电，少子的数目主要取决于本征激发，受温度、辐射等因素的影响较大，所以场效应管的温度稳定性好、抗辐射能力强。因此，在条件变化比较大的场合应选用场效应管。

（3）场效应管的输入电阻很大，晶体三极管的输入电阻较小。

（4）场效应管的跨导值较小，而晶体三极管的 β 值比较大，在相同情况下晶体三极管的放大能力优于场效应管。

（5）场效应管和晶体三极管均可用于放大电路和开关电路，构成相应的集成电路。

但场效应管的集成工艺较简单，且功耗小，电源电压工作范围宽，更广泛地应用于大规模和超大规模集成电路。

2.5 Multisim 仿真软件应用举例

二极管整流电路研究：

二极管整流电路研究 1
（二极管半波整流电路研究）视频

二极管整流电路研究 2
（二极管桥式整流电路研究）视频

晶体三极管输入输出特性曲线测试：

晶体三极管输出特性
曲线测试 1 视频

晶体三极管输入特性
曲线测试 2 视频

场效应管输入输出特性曲线测试：

场效应管的输出特性
曲线测试 1 视频

场效应管的输入特性
曲线测试 2 视频

小　结

（1）半导体中有自由电子和空穴两种载流子。PN 结的主要特性是单向导电性。

（2）二极管是一种非线性电子器件，基本结构是 PN 结。为了便于分析计算电路，电路中通常近似为理想二极管或恒压降二极管。二极管主要应用于整流、限幅、开关等电路。稳压二极管和发光二极管是较常用的特殊二极管。稳压二极管工作在反向击穿状态。发光二极管工作在正向导通状态。

（3）晶体三极管的结构特点使之在满足外部偏压的条件下具有电流放大作用，晶体三极管可以工作在放大、饱和、截止三种状态，满足不同的电路要求。

（4）场效应管是一种电压控制电流的器件，主要有 MOS 场效应管和结型场效应管。

（5）半导体器件的参数是合理选择和正确使用各种器件的依据。这些参数大致可分为性能参数和极限参数两类。

习　题

一、填空题

1. 半导体的导电能力与________、________、________和材料性质有关。

2. 利用PN结击穿时的特性可制成________二极管，利用发光材料可制成________二极管，利用PN结的光敏性可制成________二极管。

3. 在本征半导体中加入__________元素可形成N型半导体，加入___________元素可形成P型半导体。N型半导体中的多子是__________；P型半导体中的多子是__________。

4. PN结外加正向电压时________，外加反向电压时________，这种特性称为PN结的________。

5. 通常情况下硅材料二极管的正向导通电压为________，锗材料二极管的正向导通电压为________。

6. 理想二极管正向电阻为________，反向电阻为________，这两种状态相当于一个________。

7. 晶体三极管的三个工作区分别为________、________和________。

8. 稳压二极管是利用PN结的________________特性制作的。

9. 晶体三极管从结构上看可以分成________和________两种类型。

10. 晶体三极管工作时有________和________两种载流子参与导电，因此三极管又称晶体管。

11. 设晶体三极管的压降U_{CE}不变，基极电流为20μA时，集电极电流等于2mA，则$\beta =$ ________。

12. 场效应管可分为绝缘栅效应管和________________两大类，目前广泛应用的绝缘栅效应管是MOS管，按其工作方式分类，可分为________和________两大类，每一类中又分为N型沟道和P型沟道两种。

13. 查阅“电子器件手册”，了解下列常用三极管的极限参数，并记录填写题表2.1。

题表2.1

型号		类型	材料	P_{CM}/mW	I_{CM}/mA	$U_{(BR)CEO}$/V
低频大功率管	3AD50C					
	3CD030E					
高频小功率管	3DG100A					
	3DG130A					

二、选择题

1. 杂质半导体中，多数载流子的浓度主要取决于（　　）。

A. 杂质浓度　　B. 温度　　C. 输入　　D. 电压

2. 理想二极管加正向电压时可视为（　　），加反向电压时可视为（　　）。

A. 开路　　B. 短路　　C. 不能确定

3. 稳压管的稳压区是二极管工作在（　　）状态。

A. 正向导通　　B. 反向截止　　C. 反向导通　　D. 反向击穿

4. 当温度升高时，二极管的反向饱和电流将（　　）。

A. 增大　　B. 不变　　C. 减小

5. 工作在放大区的某晶体三极管，如果当 I_B 从 12μA 增大到 22μA 时，I_C 从 1mA 变为 2mA，那么它的 β 值约为（　　）。

A. 83　　B. 91　　C. 100

6. 当场效应管的漏极直流电流 I_D 从 2mA 变为 4mA 时，它的低频跨导 g_m 将（　　）。

A. 增大　　B. 不变　　C. 减小

7. 当 $u_{GS}=0$ 时，能够工作在恒流区的场效应管有（　　）和（　　）。

A. 结型管　　B. 增强型 MOS 管　　C. 耗尽型 MOS 管

8. 场效应管属于（　　）控制型器件，晶体三极管属于（　　）控制器件。

A. 电压　　B. 电流　　C. 电感　　D. 电容

9. 测得某放大电路中三极管各极电位分别为 3V、2.3V、12V，则三极管 3 个电极分别是（　　），该管是（　　）。

A. （EBC）　　B. （BCE）　　C. （BEC）

D. （PNP）　　E. （NPN）

10. 如题图 2.1 所示，二极管均为理想元件，$U_{CC}=10V$，则 VD_1、VD_2、VD_3 的工作状态为（　　）。

A. VD_1 导通，VD_2、VD_3 截止　　B. VD_2 导通，VD_1、VD_3 截止

C. VD_3 导通，VD_1、VD_2 截止

11. 在题图 2.2 所示电路中稳压管 VS_1 的稳定电压为 9V，VS_2 的稳定电压为 15V，输出电压 U_o 等于（　　）。

A. 15V　　B. 9V　　C. 24V

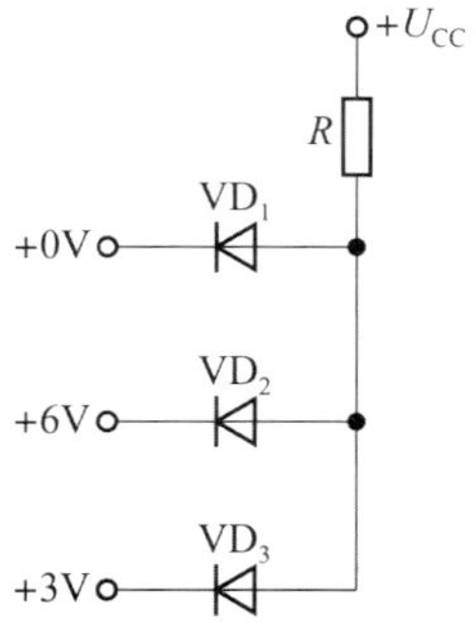

题图 2.1

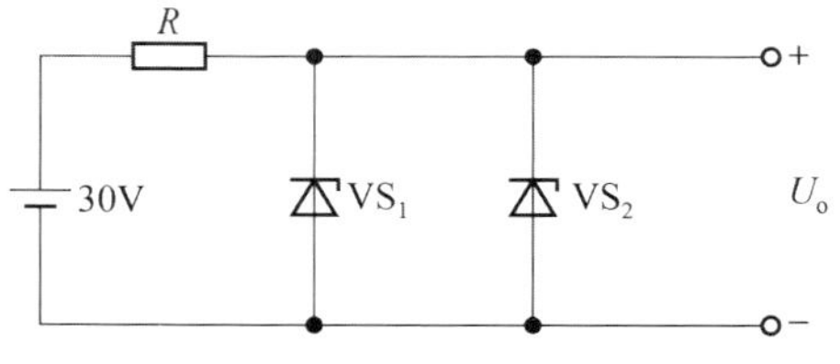

题图 2.2

12. NPN 型三极管工作在放大状态的外部条件是（　　）。

A. $U_C > U_E > U_B$　　B. $U_C < U_B < U_E$

C. $U_C > U_B > U_E$　　D. $U_C < U_E < U_B$

三、分析题

1. 二极管电路如题图 2.3 所示。已知直流电源电压为 6V，二极管直流管压降为 0.7V。

（1）试求流过二极管的直流电流为多少？

（2）二极管的等效直流电阻 R_D 为多少？

2. 二极管电路如题图 2.4 所示。

（1）设二极管为理想二极管，试问流过负载 R_L 的电流为多少？

（2）设二极管可看作是恒压降二极管，并设二极管的导通电压 $U_{D(on)}=0.7V$，试问流过负载 R_L 的电流是多少？

（3）将电源电压反接时，流过负载电阻的电流是多少？

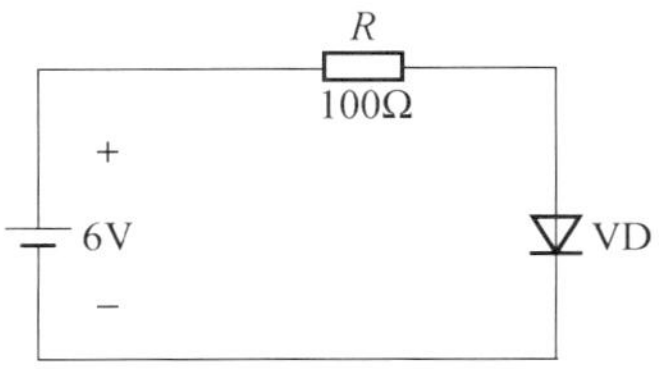

题图 2.3

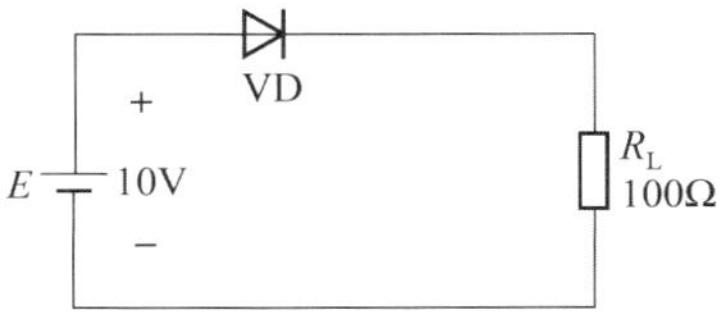

题图 2.4

3. 二极管限幅电路如题图 2.5（a）、（b）所示。将二极管等效为恒压降模型，且 $U_{D(on)}=0.7V$。若 $u_i=5\sin\omega t(V)$，试画出 u_o 的波形。

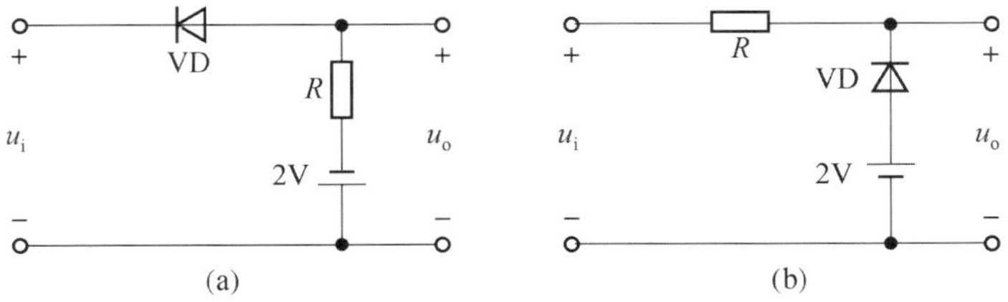

题图 2.5

4. 电路如题图 2.6 所示，已知 $E=20V$，$R_1=400\Omega$，$R_2=800\Omega$。稳压管的稳定电压 $U_Z=10V$，稳定电流 $I_{Zmin}=5mA$，最大稳定电流 $I_{Zmax}=20mA$，求流过稳压管的电流 I_Z。如果 R_2 断开，将会出现什么问题，R_2 的最大值为多少？

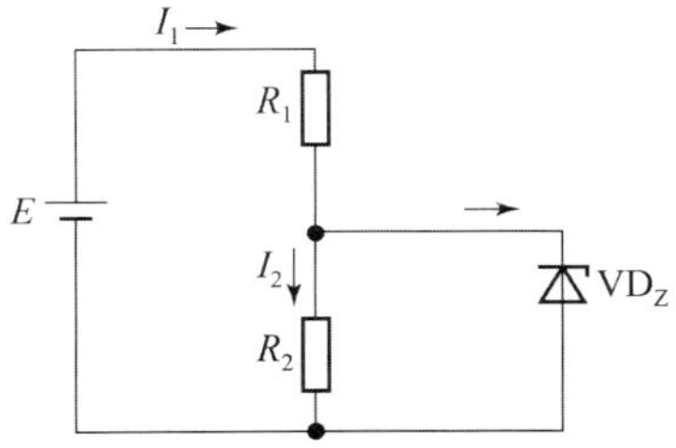

题图 2.6

5. 写出题图 2.7 所示各路的输出电压值，设二极管导通电压 $U_D=0.7V$。

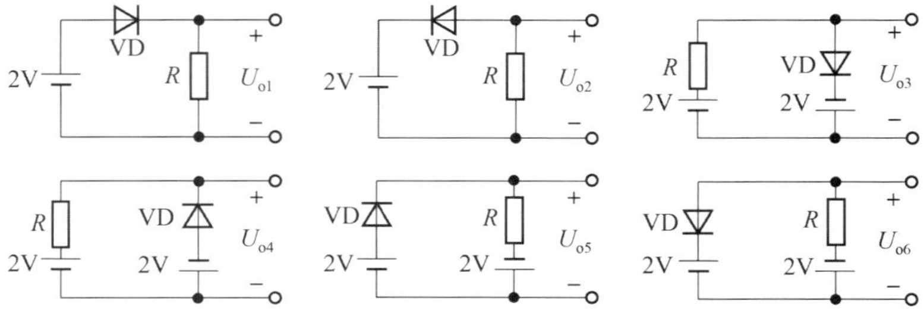

题图 2.7

6. 分别判断如题图 2.8 所示电路中的晶体管是否有可能工作在放大状态？

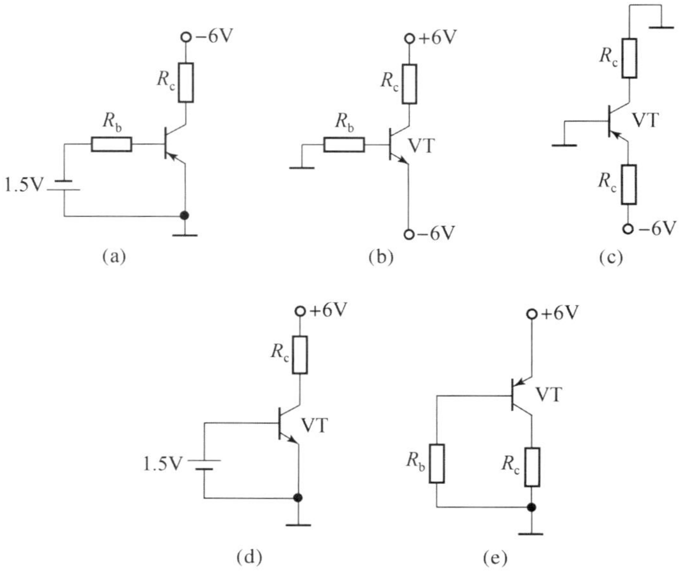

题图 2.8

7. 已知晶体三极管工作在线性放大区，并测得各电极对地电位如题图 2.9 所示。试画出各晶体三极管的电路符号，确定每管的 b、e、c 极，并说明是锗管还是硅管。

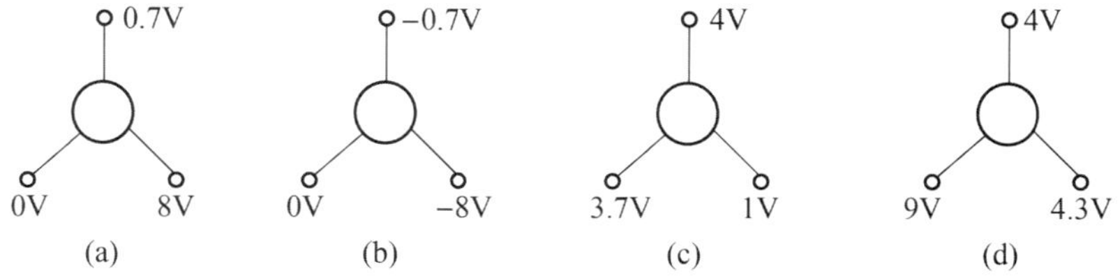

题图 2.9

8. 已测得晶体三极管电极管各电极对地电位如题图 2.10 所示，试判别各晶体三极管的工作状态（放大、饱和、截止或损坏）。

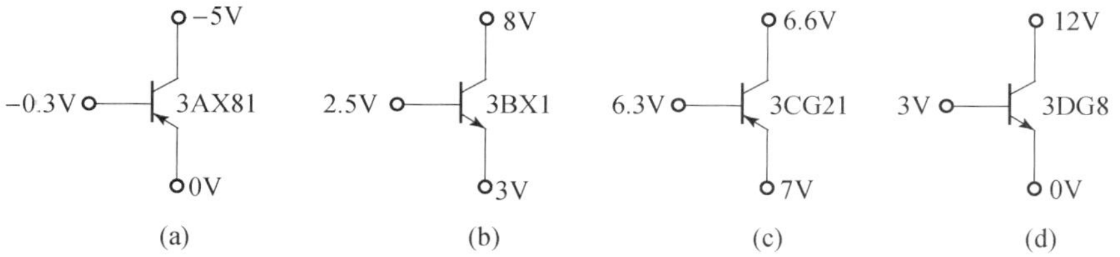

题图 2. 10

9. 现有两只稳压管，他们的稳定电压分别为 6V 和 8V，正向导通电压均为 0. 7V，试问：

（1）若将它们串联连接，则可得到几种稳压值？分别为多少？

（2）若将它们串联连接，则可得到几种稳压值？分别为多少？

10. 在题图 2. 11 所示电路中，设稳压管的 $U_Z = 5V$，正向导通压降为 0. 7V。若 $u_i = 10\sin\omega t(V)$，试画出 u_o 的波形。

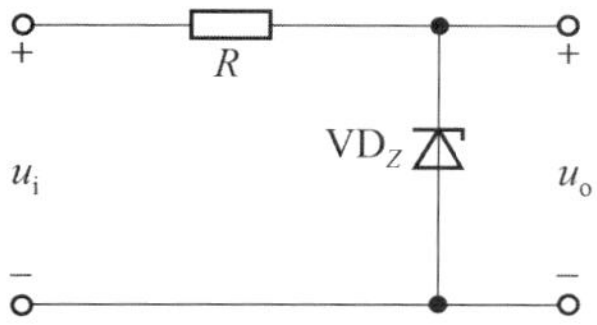

题图 2. 11

11. 在题图 2. 12（a）所示电路中，二极管等效为恒压降模型。已知输入电压 u_1、u_2的波形如题图 2. 12（b）所示，试画出 u_o 的波形。

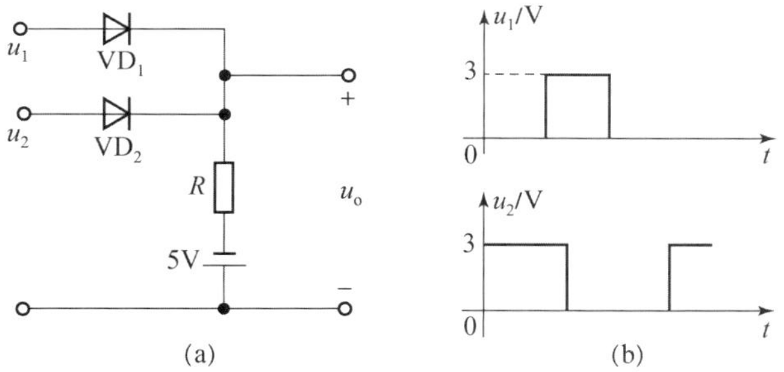

题图 2. 12

12. 电路如题图 2. 13 所示，已知 $u_i = 5\sin\omega t(V)$，二极管导通电压 $U_D = 0.7V$。试画出 u_i 与 u_o 的波形，并标出幅值。

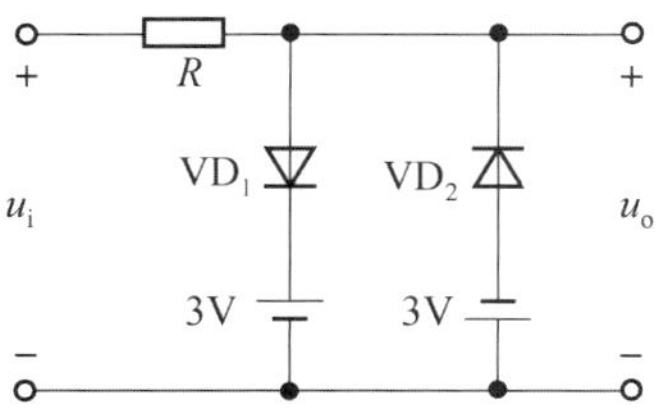

题图 2. 13

13. 已知 FET 各极电压如题图 2.14 所示，并设各管的$|U_{GS(off)}|=2.5V$。试分别判别其工作状态（可变电阻区，恒流区，截止区或不能正常工作）。

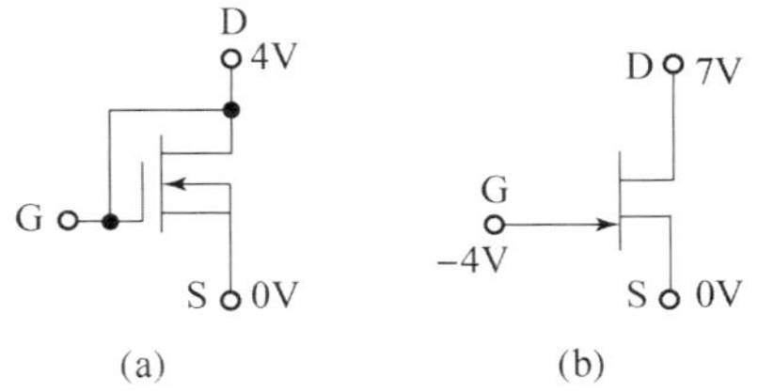

题图 2.14

14. 电路如题图 2.15 所示。设 FET 参数为 $I_{DSS}=3mA$，$U_{GS(off)}=-3V$。当 $R_D=3.9k\Omega$ 时，判断场效应管是处在恒流区还是可变电阻区？

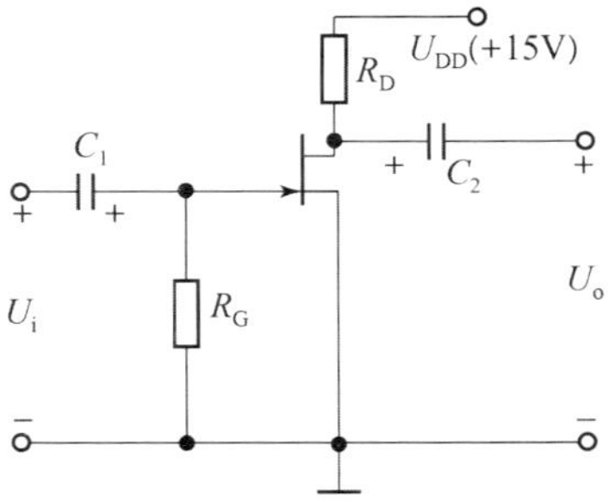

题图 2.15

第 3 章　放大电路基础

本章问题：

(1) 如何用三极管构成放大电路？

(2) 放大电路的分析方法有哪些？各用于什么场合？

(3) 放大电路的性能指标有哪些？

(4) 如何用场效应管构成基本放大电路？

(5) 场效应管放大电路和三极管放大电路有何异同？

第 2 章介绍的晶体三极管和场效应管均具有放大作用，本章将介绍由晶体三极管和场效应管组成的放大电路。放大电路能将微弱的电信号（电压或电流）进行放大，在广播、通信、测量等方面有广泛的应用，是模拟电路的主要形式；而单管放大电路是组成各种复杂放大电路的基本单元。本章将以单管放大电路为例，讨论放大电路的组成、工作原理、分析方法和性能指标的估算。

3.1　放大电路的基础知识

3.1.1　放大电路的基本概念

信号放大，就是将信号由小变大的过程，用来对电信号进行放大的电路称为放大电路。放大电路实质上是一个能量转换装置，即在输入信号的控制下将直流电源的直流能量转换为负载需要的交流能量。

1. 放大电路的组成

放大电路的组成如图 3.1.1 所示。图中信号源是需要放大的电信号，一般等效为电压源或电流源；负载是接受放大电路输出信号的元件或电路，一般情况下，为了分析问题的方便，都将负载等效为一个纯电阻；直流电源的作用是提供放大电路所需要的能量；放大电路的核心元件是晶体三极管。

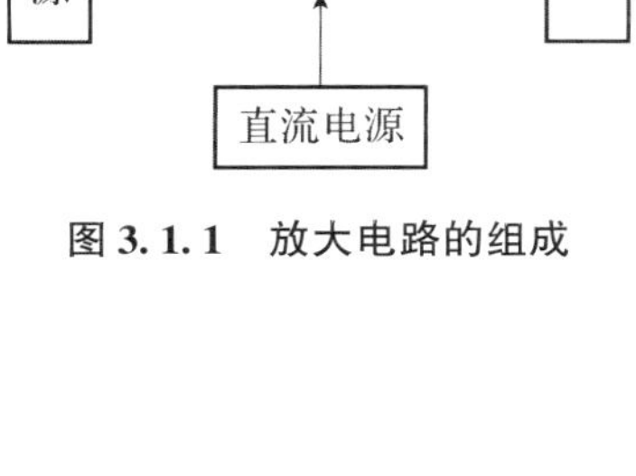

图 3.1.1　放大电路的组成

图 3.1.1 也是单元放大电路的结构，由于单元放大电路的性能指标往往达不到实际需要，因此实际放大电路一般都是由单元放大电路组成的多级放大电路，或是由多级放大电路组成的集成器件构成。多级放大电路的组成，如图 3.1.2 所示。

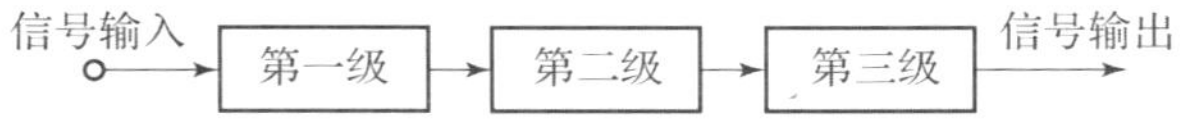

图 3.1.2 多级放大电路的组成

2. 放大电路的分类

放大电路，按器件可分为晶体三极管放大电路、场效应管放大电路、电子管放大电路和集成运算放大电路等。

放大电路，按用途可分为电压放大电路、电流放大电路、差动放大电路、中间放大电路、功率放大电路等。

放大电路，按工作频率可分低频放大电路、高频放大电路和超高频放大电路等。而低频放大电路又可分为音频放大电路（电压放大电路和功率放大电路）、宽带放大电路（视频放大电路和脉冲放大电路）、直流放大电路。本书主要介绍低频放大电路。

3.1.2 放大电路中电压、电流方向及符号的规定

为了方便放大电路的分析和讨论，对电路中各物理量的表示方法作如下的规定。

1. 信号电压、电流参考方向的规定

（1）电压方向：输入、输出回路的公共端为负，其他各点为正。

（2）电流方向：以晶体三极管各电极的实际电流方向为正方向。

2. 电压、电流符号的规定

直流量（静态值）：字母大写、下标大写，如 I_B、I_C、U_{BE}、U_{CE}。

交流量（动态值）：字母小写、下标小写，如 i_b、i_c、u_{be}、u_{ce}。

交流量的有效值：字母大写、下标小写，如 I_b、I_c、U_{be}、U_{ce}。

总变化量（总瞬时值）：直流量与交流量的叠加量，其字母小写、下标大写，如 i_B、i_C、u_{BE}、u_{CE}，$i_B = I_B + i_b$。

3.1.3 放大电路的主要性能指标

为了描述和鉴别放大电路性能的优劣，引入放大电路的技术指标来衡量其对信号的放大能力和质量的好坏。任何一个放大电路都可以视作一个两端口网络，放大电路技术指标测试，如图 3.1.3 所示。下面讨论放大电路的主要技术指标。

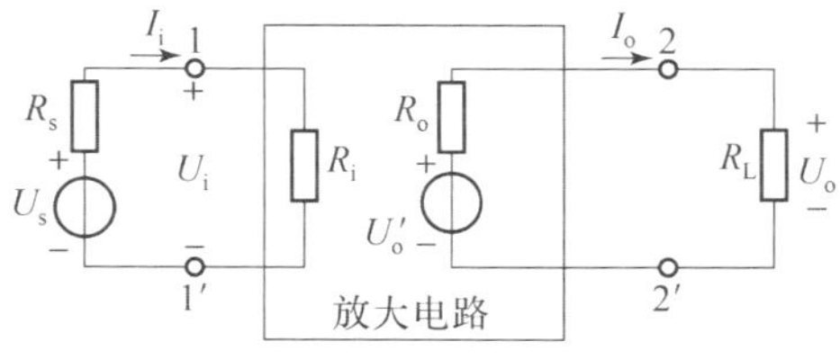

图 3.1.3 放大电路技术指标测试示意图

1. 放大倍数

电压放大倍数等于输出电压和输入电压之比，即

$$A_u = \frac{U_o}{U_i} \tag{3.1.1}$$

电流放大倍数等于输出电流和输入电流之比，即

$$A_i = \frac{I_o}{I_i} \tag{3.1.2}$$

功率放大倍数等于输出功率和输入功率之比，即

$$A_P = \frac{P_o}{P_i} \tag{3.1.3}$$

放大倍数又称为增益，实质是反映放大电路将电源能量转换为信号能量的能力。

2. 输入电阻

由图 3.1.3 可知，对于信号源 U_s 来说，放大电路相当于一个负载电阻 R_i；输入电阻 R_i 的大小等于输入电压和输入电流之比，即

$$R_i = \frac{U_i}{I_i} \tag{3.1.4}$$

其描述了放大电路从信号源获得信号的能力，R_i 越大，放大电路从信号源 U_s 获得的信号 U_i 越大。

3. 输出电阻

由图 3.1.3 可知，放大电路对信号放大后，输出信号送到负载 R_L 两端，所以对于负载 R_L 而言，放大电路相当于一个内阻为 R_o 电压为 U'_o的信号源，R_o 就是放大电路的输出电阻。根据戴维南定理，令负载 R_L 开路，独立电压源 U_s 短路或独立电流源 I_s 开路，在输出端外加测试电压，求出该测试电压所产生的电流，两者之比为输出电阻，即

$$R_o = \frac{U_o}{I_o}\bigg|_{\substack{U_s=0 \\ R_L=\infty}} \tag{3.1.5}$$

输出电阻描述了放大电路在不同负载条件下输出电压或电流恒定的能力，即带负载能力。

3.2　基本共发射极放大电路

晶体三极管基本放大电路按结构可分为共发射极、共集电极和共基极三种，本节讨论基本共发射极放大电路。

3.2.1　电路的组成

基本共发射极放大电路的电路组成如图 3.2.1 所示。电路中各元件的作用如下：

（1）集电极电源 U_{CC}。保证发射结处于正向偏置状态，集电结处于反向偏置状态，晶体三极管处于放大区，同时为输出信号提供能源。U_{CC} 取值一般为几伏到几十伏。

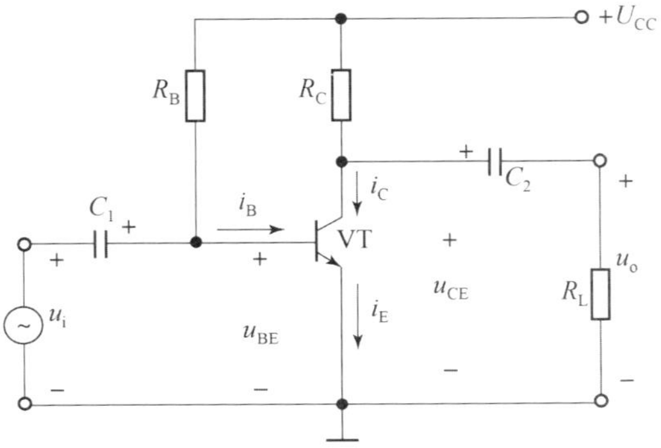

图 3.2.1　基本共发射极放大电路

(2) 晶体三极管 VT。放大电路的核心器件，放大电路正是利用处于放大状态的晶体三极管的电流放大作用，将微弱的电信号进行放大。

(3) 集电极电阻 R_C。它把放大的集电极电流转化为输出电压，实现电路的电压放大作用，如果不加 R_C，将使输出的交流信号被短路。R_C 一般取值为几千欧到几十千欧。

(4) 基极电阻 R_B。保证发射结正向偏置，且使正向偏压不致过大，R_B 一般取值为几十千欧到几百千欧。

(5) 耦合电容 C_1、C_2。输入电容 C_1 的作用是隔离直流电源对信号源的影响，且能有效地将信号源提供的信号传送到基极；输出电容 C_2 的作用是隔离直流电源对负载的影响，且能把放大的交流信号有效地传送到负载。实际上体现了电容“隔直流，通交流”的作用。所以，在分析电路时，对直流信号电容视为开路，对交流信号电容视为短路。C_1、C_2 一般取十几微法到几十微法的电解电容。

3.2.2　直流通路图和交流通路图

在放大电路中，一般交流信号和直流信号是并存的，交流信号是需要被放大的有用信号，而直流信号是保证放大电路工作在放大区，交流信号叠加直流信号后仍工作在放大区。但是由于电容、电感等电抗元件的存在，直流信号所流经的通路与交流信号所流经的通路是不完全相同的。因此，在分析问题时，常把直流信号对电路的作用和交流信号对电路的作用区分开来，分为直流通路和交流通路。

直流通路是指电路在直流电源单独作用下直流电流流通的路径。画直流通路的方法：①电容视为开路；②电感线圈视为短路（忽略线圈电阻）；③信号源视为短路，但应保留其内阻。

交流通路是指在输入信号作用下交流信号流经的通路。画交流通路的方法：①大电容（如耦合电容、旁路电容）视为短路；②直流电压源视为短路，直流电流源视为开路。

根据上述原则，图 3.2.1 的直流通路和交流通路，如图 3.2.2 所示。

在分析放大电路时，应遵循“先静态，后动态”的原则，利用直流通路求解静态工作点，以及交流通路求解动态参数。静态工作点设置合适，动态分析才有意义。

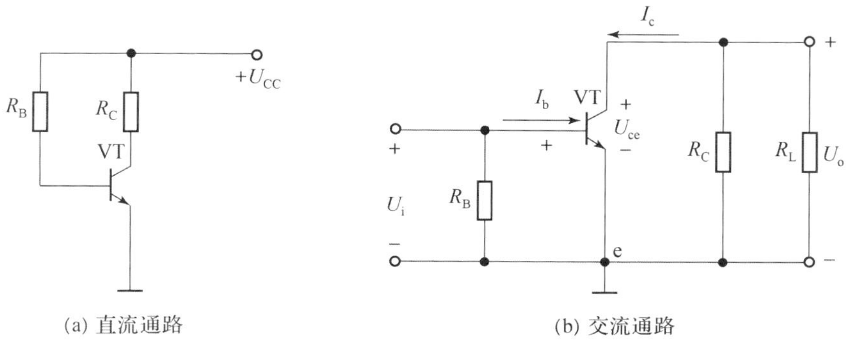

图 3.2.2　放大电路的直流通路和交流通路

3.2.3　静态分析

放大电路未接入交流信号 u_i 前的状态称为静态。静态分析就是通过对放大电路的分析，确定晶体三极管各极的电流或电压，一般只要确定 I_B、I_C 和 U_{CE}。当 I_B、I_C 和 U_{CE} 确定后，在晶体三极管的特性曲线上将对应一个唯一确定的点，习惯上称为静态工作点，用 Q 表示。静态工作点也可用 I_{BQ}、I_{CQ} 和 U_{CEQ} 的取值来表示。静态工作点的位置将会影响放大电路的质量及性能指标。静态时，晶体三极管的直流等效模型，如图 3.2.3 所示。

当 $U_{BE} < U_{BE(on)}$ 时，输入端等效为开路，三极管处于截止状态，等效模型如图 3.2.3（a）所示。

当 $U_{BE} > U_{BE(on)}$ 时，发射结正向偏置，基极与发射极之间的电压 U_{BE} 为定值（硅管电压为 0.7V，锗管电压为 0.2V）。如管子处于放大区，则集电极和发射极之间等效为受基极电流控制的受控电流源 $I_C = \beta I_B$，等效模型如图 3.2.3（b）所示。如管子处于饱和区，则集电极和发射极之间存在饱和压降 $U_{CE(sat)}$，饱和区压降平均值，一般硅管电压为 0.3V，锗管电压为 0.1V，等效模型如图 3.2.3（c）所示。

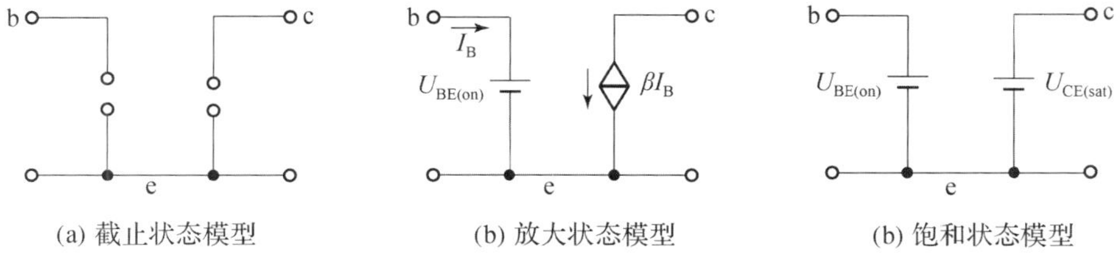

图 3.2.3　晶体三极管的直流模型

下面讨论静态工作点的确定方法。

1. 用直流通路分析法估算静态工作点

根据以上模型，图 3.2.1 电路的直流通路和直流等效电路如图 3.2.4 所示，可以求出静态工作点为

$$I_{BQ} = \frac{U_{CC} - U_{BE(on)}}{R_B} \tag{3.2.1}$$

$$I_{CQ}=\beta I_{BQ} \tag{3.2.2}$$

$$U_{CEQ}=U_{CC}-I_{CQ}R_C \tag{3.2.3}$$

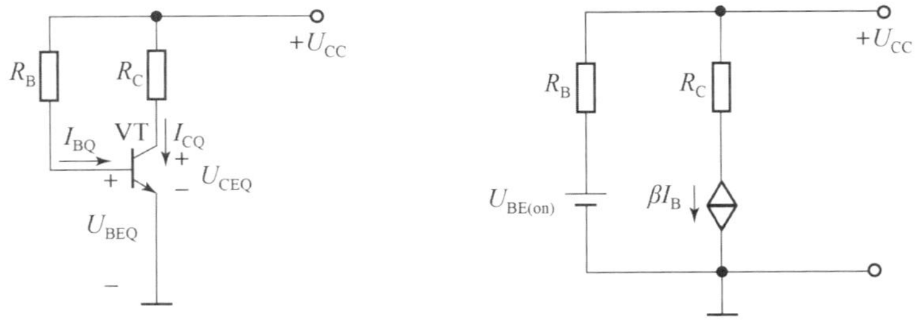

(a) 直流通路　　(b) 直流等效电路

图 3.2.4　基本共发射极放大电路直流通路

2. 图解分析法确定静态工作点

图解分析法是一种通过在晶体三极管的特性曲线上作图来分析放大电路性能的方法，它的优点是比较直观。

1）用输入特性曲线确定 I_{BQ}和 U_{BEQ}

由图 3.2.4 可知，当 U_{BE} 的值变化时，I_B 的值随之变化，且变化符合方程式（3.2.1），在 U_{CC}和 R_B 的值一定时，该方程为唯一确定的直线方程，在输入特性曲线上画出该直线，直线将与输入特性有一个交点，该点即为 Q 点。Q 点的坐标对应 I_{BQ}和 U_{BEQ}，如图 3.2.5（a）所示。

2）用输出特性曲线确定 I_{CQ}和 U_{CEQ}

由图 3.2.4 可以看出，当 I_B 的值一定时，U_{CE}的值变化时 I_C 的值随之变化，且变化符合方程 $U_{CE}=U_{CC}-I_CR_C$；当 U_{CC}和 R_C 的值一定时，方程为唯一确定的直线方程，在输出特性曲线上画出该直线，这条直线的斜率为 $-1/R_C$。因为这条直线由直流通路确定，且与集电极负载电阻有关，故称为直流负载线。直流负载线与 I_{BQ}对应那条输出特性曲线的交点即为 Q 点。Q 点的坐标对应 I_{CQ}和 U_{CEQ}，如图 3.2.5（b）所示。应当指出，如果输出特性曲线中没有 $I_B=I_{BQ}$的那条输出特性曲线，则应当补测该曲线。

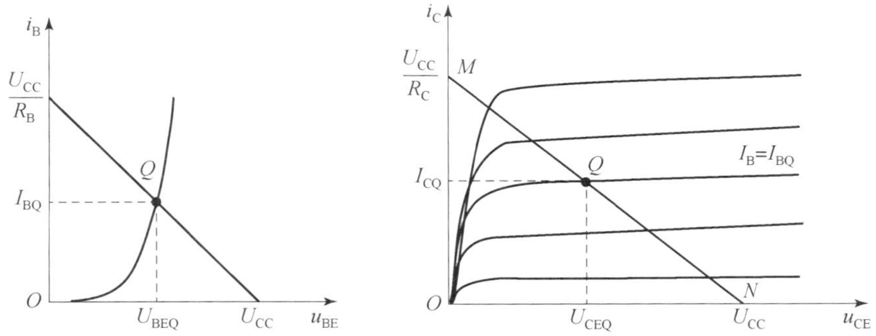

(a) 输入回路图解分析　　(b) 输出回路图解分析

图 3.2.5　图解法求静态工作点

由图 3.2.5 可见，基极电流的大小影响静态工作点的位置。若 I_B 的值偏小，则静态工作点靠近截止区；若 I_B 的值偏大，则 Q 点靠近饱和区。因此，在已确定直流电源和集电极负载 R_C 的情况下，静态工作点的合适与否取决于 I_B 值的大小，调节基极电阻 R_B，可以调节基极电流 I_B，进而调整 Q 点的位置。

例 3.1：在图 3.2.6（a）所示放大电路中，设其输出特性曲线如图 3.2.6（b）所示，$U_{CC}=12V$，$R_B=300k\Omega$，$R_C=3k\Omega$，试用图解法确定该电路的静态工作点。

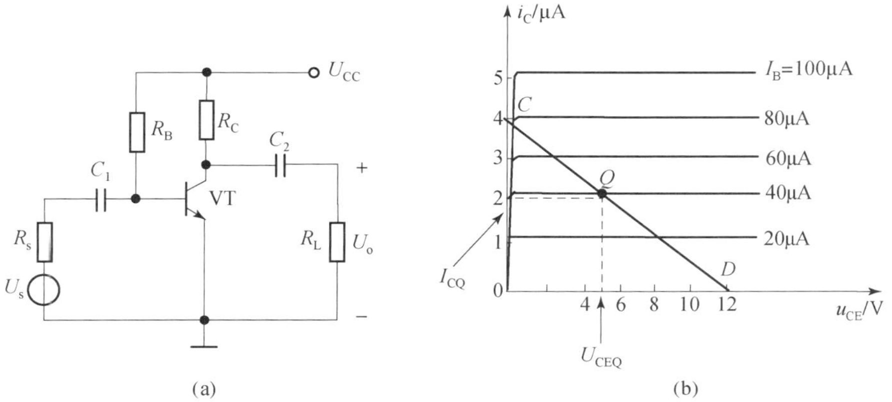

图 3.2.6　例 3.1

解：输出回路为 $U_{CE}=U_{CC}-I_CR_C$，据此可由图 3.6（b）得负载线 CD，根据输入回路解得 $I_{BQ}=\dfrac{U_{CC}-0.7}{R_B}=38\mu A$，图 3.2.6（b）中 $I_B=38\mu A$ 特性曲线的交点即为静态工作点 Q，相应的坐标为 U_{CEQ}、I_{CQ}。

3. 晶体三极管工作状态判断

当发射结和集电结都反向偏置时，晶体三极管处于截止状态；当发射结正向偏置集电结反向偏置时，晶体三极管处于放大状态；当发射结和集电结都正向偏置时，晶体三极管处于饱和状态。因此，晶体三极管的工作状态判断方法如下：

（1）如发射结反偏，则晶体三极管截止。

（2）如发射结正偏，此时只要判断出集电结是正偏还是反偏，就可以知道晶体三极管是处于饱和还是放大状态。可以通过假设法来判断晶体三极管的工作状态。首先假设晶体三极管工作在放大状态，然后根据放大状态下的直流等效电路图 3.2.4（b）和式（3.2.1）~式（3.2.3），求解 I_{BQ}、I_{CQ}和 U_{CEQ}。

（3）若求出的 $U_{CEQ}\geqslant U_{BE(on)}$，说明集电结反偏，与放大状态的假设相符，则管子处于放大状态的假设成立；若 $U_{CEQ}<U_{BE(on)}$，说明集电结正偏，结果与假设不符，则管子已经进入饱和区。

如果判断出管子工作在放大状态，则 I_{BQ}、I_{CQ}和 U_{CEQ}的计算结果有效。如果判断出晶体三极管处于饱和状态，计算饱和状态下的静态工作点比较烦琐，因此做如下近似：由于饱和状态下，c－e 结的饱和压降较小，且变化不大，因此取 U_{CEQ}为饱和区压降平均值，一般硅管的电压为 0.3V，锗管的电压为 0.1V，同时 I_{CQ}用临界饱和值 $I_{C(sat)临界}$代替。

$$I_{CQ}\approx I_{C(sat)临界}=\frac{U_{CC}-U_{CE(sat)临界}}{R_C+R_E}=\frac{U_{CC}-U_{BE(on)}}{R_C+R_E} \tag{3.2.4}$$

由于在临界饱和下，集电结零偏，因此 $U_{CE(sat)临界}=U_{BE(on)}$。

例 3.2：如图 3.2.7 所示，已知 $U_{BE(on)}=0.7V$，$\beta=40$，试求该放大电路的静态工作点 Q，并说明晶体三极管的工作状态。

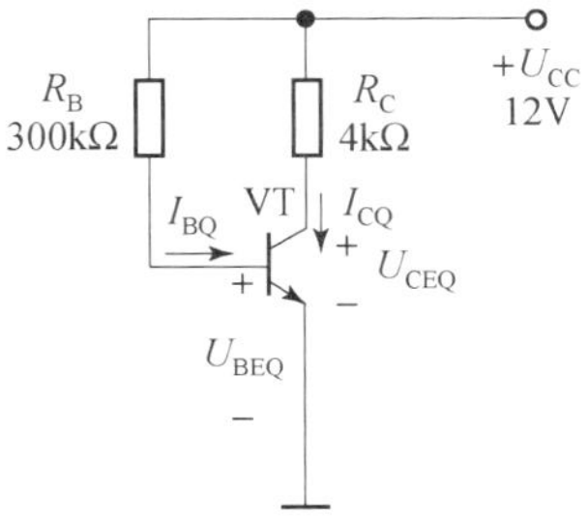

图 3.2.7　例 3.2 图

解：由图 3.2.7 可判断，发射结正偏。

$$I_{BQ}=\frac{U_{CC}-U_{BE(on)}}{R_B}=0.038mA=38\mu A$$

假设三极管处于放大状态，则有

$$I_{CQ}=\beta I_{BQ}=1.52mA$$

$$U_{CEQ}=U_{CC}-I_{CQ}R_C=5.92V>U_{BE(on)}$$

结论与假设相符，因此晶体三极管工作在发射结正偏、集电结反偏的放大区。

3.2.4　动态分析

当输入端加上交流信号电压 u_i 时，放大电路的工作状态为动态。这时电路中既有直流成分，又有交流成分，各极的电流和电压都在静态值的基础上叠加交流成分。动态分析是根据已知的输入信号，对信号在放大电路中的传输过程进行分析或对放大电路的性能指标进行分析计算的过程。动态分析方法主要有图解法和微变等效电路法。

1. 图解法

图解法，即根据已知信号的波形，通过作图画出输出电流和输出电压信号的波形并进行分析的过程。

1）图解法分析步骤

第一步：根据 u_i 的波形在晶体三极管的输入特性曲线上作出 i_B 的波形。

为了分析方便，设输入交流信号为 $u_i=U_{im}\sin\omega t$，则 u_i 通过电容 C_1 耦合到晶体三极管的输入端。$u_{BE}=U_{BEQ}+U_{im}\sin\omega t$，将 u_{BE} 的波形画到输入特性曲线上，即可得到 i_B 的波形，如图 3.2.8 所示。当输入信号幅度较小时，Q 点在特性曲线上的移动近似在线性范围，发射结近似为线性电阻，于是得 $i_{BE}=I_{BQ}+I_{im}\sin\omega t$。由图 3.2.8 可以求出对应的基极电流 i_B 的变化范围。

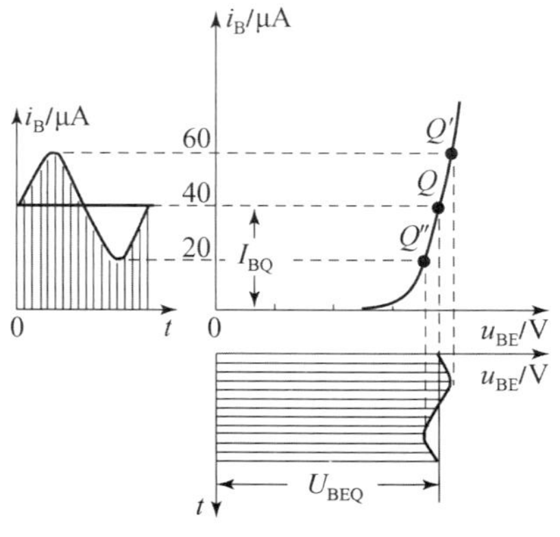

图 3.2.8　输入回路的图解法分析

第二步：画出放大电路的交流通路。

在输入交流信号情况下，放大电路处于动态工作状态。耦合电容 C_1 和 C_2 对交流可视为短路，直流电源也视为短路，因此图 3.2.1 的交流通路如图 3.2.9 所示。对交流分量来说，交流负载电阻应是 R_C 和 R_L 的并联值。

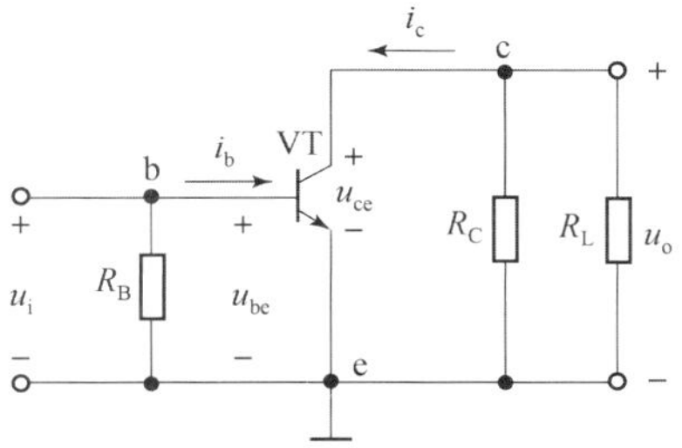

图 3.2.9　基本共射放大电路的交流通路

第三步：画出交流负载线。

由于晶体三极管的电流控制作用，i_B 的变化将引起 i_C 和 u_{CE} 作相应的变化，它们都将在静态值的基础上叠加一个交流分量，即

$$i_C = I_{CQ} + i_c \tag{3.2.5}$$

$$u_{CE} = U_{CEQ} + u_{ce} \tag{3.2.6}$$

由交流输出回路可知

$$u_{ce} = -i_c(R_C /\!/ R_L) \tag{3.2.7}$$

将式（3.2.5）、式（3.2.6）代入式（3.2.7）可得

$$i_C - I_{CQ} = -\frac{1}{R_C /\!/ R_L}(u_{CE} - U_{CEQ}) \tag{3.2.8}$$

式（3.2.8）是放大电路在动态时 i_C 和 u_{CE} 关系的方程式，它表示了瞬时工作点移动的轨迹，即交流负载线。交流负载线有两个特点：①它通过静态工作点 Q，因为当 $u_i = 0$ 时，$i_C = I_{CQ}$，$u_{CE} = U_{CEQ}$；②它的斜率为 $-1/(R_C /\!/ R_L)$。根据这两个特点就可作交流负载线：过 Q 且斜率为 $-1/(R_C /\!/ R_L)$ 的直线。根据斜率作图步骤较烦琐，因此可以按照以下方法作图：在横坐标上从 U_{CEQ} 点处向右取一段数值为 $I_{CQ}(R_C /\!/ R_L)$ 的电压，得到 A 点，连接 AQ 的直线即为交流负载线，如图 3.2.10 所示。如果放大电路不接交流负载电阻（$R_L = \infty$）或 $R_L \gg R_C$，则这时晶体三极管的集电极电流将全部流过 R_C，放大电路的交流负载线与直流负载线重合。

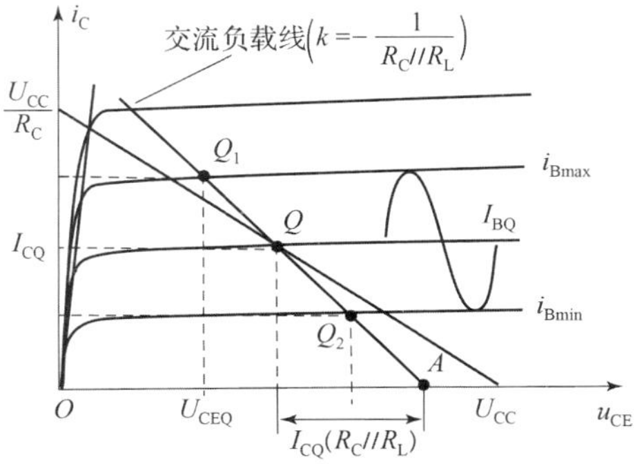

图 3.2.10　基本共射放大电路的交流负载线

第四步：由输出特性曲线和交流负载线画出 i_C 和 u_{CE} 的波形。

画出交流负载线之后，根据电流 i_B 的变化规律，可画出对应的 i_C 和 u_{CE} 的波形。如图 3.2.11 所示，当输入正弦电压使 i_B 按图 3.2.11 所示的正弦规律变化时，在一个周期内 Q 点沿交流负载线在 Q_1 到 Q_2 之间上下移动，从而引起 i_C 和 u_{CE} 分别围绕 I_{CQ} 和 U_{CEQ} 作相应的正弦变化。由图 3.2.11 可以看出，两者的变化正好相反，即 i_C 增大，u_{CE} 减小；反之，i_C 减小，则 u_{CE} 增大。由交流通路可知 u_{CE} 中的交流量 u_{ce} 的波形就是输出 u_o 的波形，且 u_o 和 u_i 相位相反。

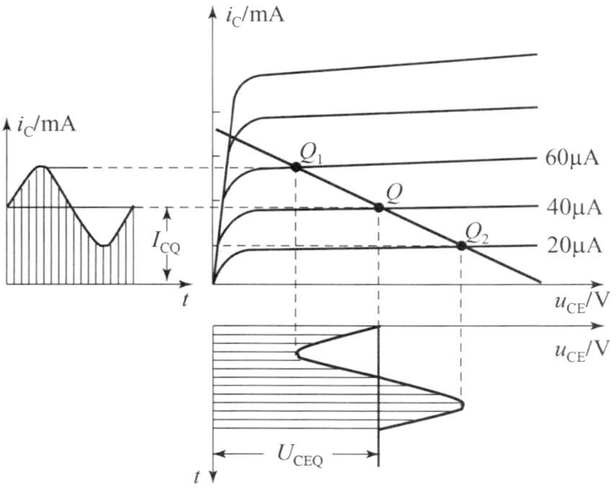

图 3.2.11　输出回路的图解法分析

通过对放大电路的图解分析，放大电路中各点的波形如图 3.2.12 所示。由图 3.2.12 可以看出，输出电压与输入电压是同频率的正弦量，输出电压的幅度比输入电压大得多，完成了对输入信号的不失真放大。但相位相差 180°，即共发射极放大电路对于输入信号具有反相作用。

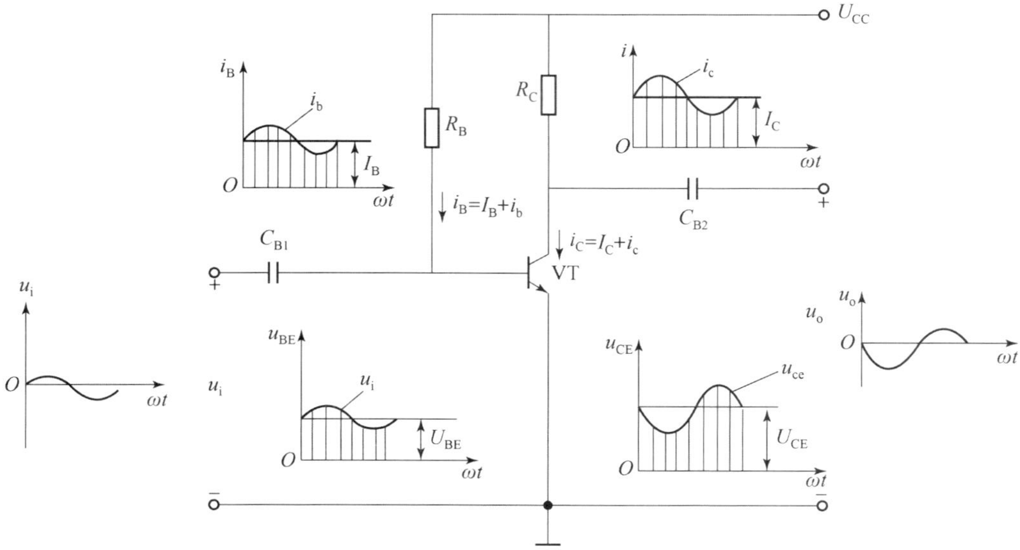

图 3.2.12　基本共发射极放大电路各点电压及电流波形

2）非线性失真分析

失真是指输出信号的波形与输入信号的波形不完全一致的现象。放大电路由于受到晶体三极管非线性的限制，当信号过大或工作点选择不合适时，晶体三极管将会工作在非线性区域，从而导致输出波形将产生失真，这种失真称为非线性失真。非线性失真的实质是输出信号中含有输入信号中所没有的频率成分。放大电路的非线性失真主要有两种：截止失真和饱和失真。

（1）截止失真。如果 Q 点太低，如图 3.2.13 所示，从输入特性曲线可以看到，当输入信号在负半周时，晶体三极管的工作范围进入截止区，导致 i_B 的负半周被削去一部分，从而导致 u_o 的正半周严重失真，这种由于 Q 点设置过低造成的失真称为截止失真。

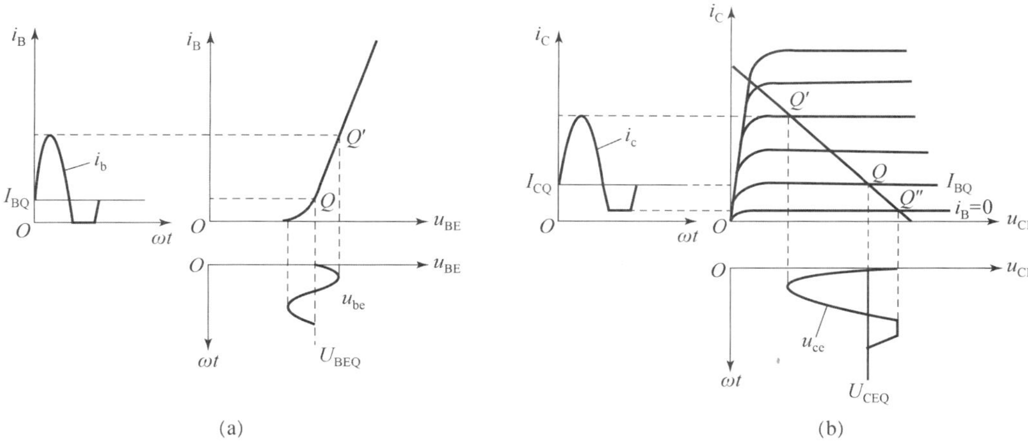

图 3.2.13　放大电路的截止失真

消除截止失真的方法是提高 Q 点的位置，对于图 3.2.13 示共发射极电路可以减小 R_B 阻值，从而增大 I_{BQ}，使静态工作点上移来消除截止失真。

（2）饱和失真。当静态工作点太高，如图 3.2.14 所示，从输出特性曲线可以看到，当输入信号在正半周时，晶体三极管工作范围进入了饱和区这样使 i_C 的正半周和 u_{CE}的负半周波形被削顶产生失真，这种由于 Q 点设置过高造成的失真，称为饱和失真。

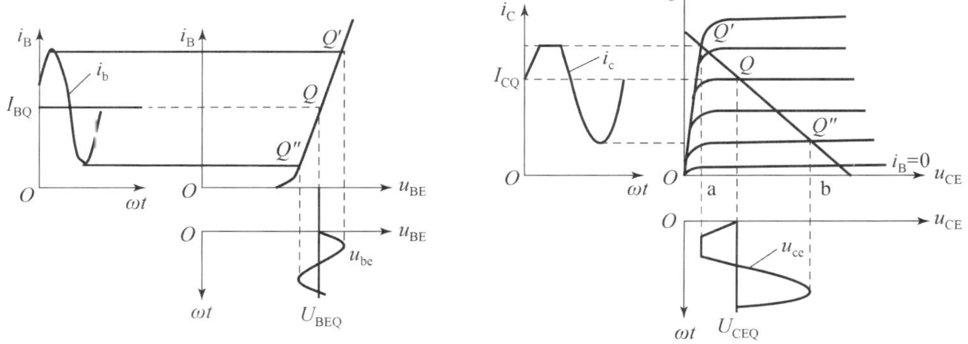

图 3.2.14　放大电路的饱和失真

对于图 3.2.14 所示共发射极放大电路可以通过增大 R_B 的阻值，减小 I_{BQ}，使静态工作点下移来消除饱和失真。

（3）输出动态范围 U_{opp}。由以上分析可知，放大电路在参数已经确定的情况下，由于受晶体三极管截止失真和饱和失真的限制，放大电路的不失真输出电压有一个范围，其最大不失真输出电压的峰值称为放大电路输出动态范围 U_{opp}。由于受截止失真的限制，所以其最大不失真输出电压的幅度为

$$U_{om}=I_{CQ}(R_C/\!/R_L) \tag{3.2.9}$$

又由于饱和失真的限制，所以其最大不失真输出电压的幅度为

$$U_{om}=U_{CEQ}-U_{CE(sat)临界} \tag{3.2.10}$$

式中：$U_{CE(sat)临界}$为晶体三极管的临界饱和压降，硅管的电压一般为 0.7V。式（3.2.9）和式（3.2.10）中数值较小的即为放大电路最大不失真输出电压的幅度；当静态工作点选在交流负载线的中点时，输出电压幅值最大。输出动态范围 U_{opp} 为该幅值的两倍，即

$$U_{opp}=2U_{om} \tag{3.2.11}$$

图解法分析放大电路的优点是直观形象，但由于作图难以准确，且过程烦琐，所以不宜定量求解放大倍数。图解法分析主要适用于 Q 点的确定，失真问题的定量分析，以及大信号工作状态（功率放大）的分析。当输入信号为小信号时一般采用微变等效电路分析法。

例 3.3：在图 3.2.15（a）放大电路中，设晶体三极管的输出特性曲线如图 3.2.15（b）所示。$U_{CC}=12V$，$R_B=300k\Omega$，$R_C=3k\Omega$，直流负载线如图 3.2.15（b）所示粗实线。Q 点为 $I_{CQ}=2mA$，$U_{CEQ}=6V$。

（1）如电路中 $R_L=3k\Omega$，试画出该电路的交流负载线。

（2）如基极正弦波电流 i_b 的峰值为 40μA（在 0~80μA 范围内变动），试画出相应的 i_c 与 u_o 的变化波形，并求输出动态范围 U_{opp}。

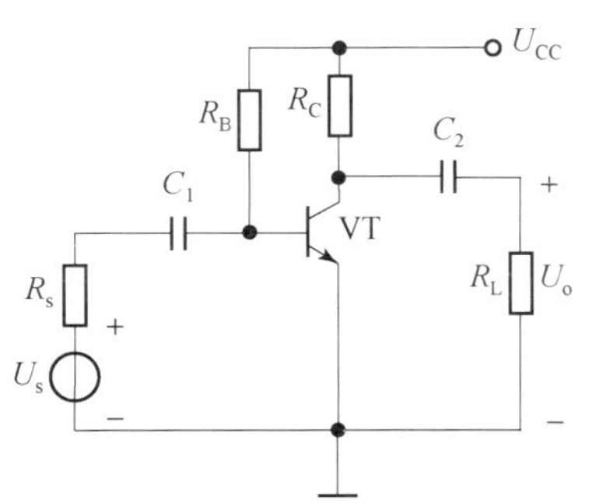

(a) 放大电路

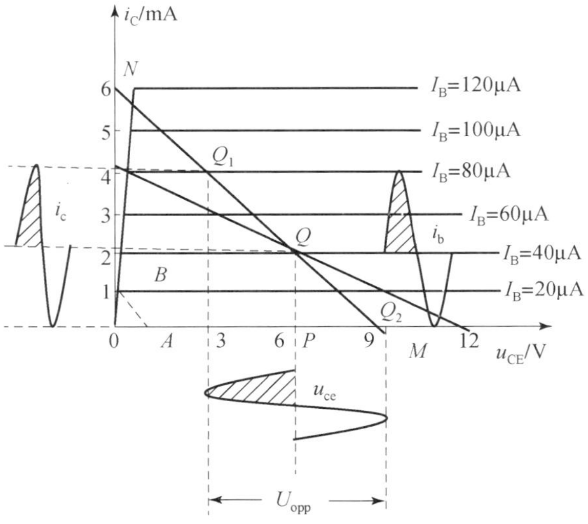

(b) 放大电路的输出特性曲线

图 3.2.15　例 3.3

解：（1）在图 3.2.15（b）上作斜率为 $-1/(R_C /\!/ R_L) = -1/(3/\!/3)\text{k}\Omega = -1/1.5\text{k}\Omega$ 的辅助线 AB，再过 Q 点作平行于 AB 的直线 MN，MN 即为交流负载线。

或者设 P 点是 Q 点在横轴上的垂足，QP 相应于 $I_{CQ}=2\text{mA}$ 的值，因此在横轴上截 $PM=I_{CQ}(R_C /\!/ R_L)=3\text{V}$，连接 MQ 并延长至纵轴 N 的直线就是斜率为 $-1/(R_C /\!/ R_L)$ 的交流负载线。

（2）在图 3.2.15（b）上以 Q 点为中心，以 $I_B=40\mu\text{A}$ 那根线起始，画幅度为 $40\mu\text{A}$ 的正弦波，即从 $40\mu\text{A}$ 变到 $80\mu\text{A}$，再回到 $40\mu\text{A}$；接着变到 $0\mu\text{A}$，再返回到 $40\mu\text{A}$，从而形成一个周期，如图 3.2.15 所示。随着 i_b 的变化，输出回路的工作点将沿着交流负载线（而不是沿着直流负载线）上、下移动，即 Q 点在 Q_1 至 Q_2 范围内变化，由此即可画出相应的 $u_{ce}(u_o)$ 和 i_c 的正弦波型。图 3.2.15（b）中有斜线的电压和电流波形对应 u 的正半周。不难看出，u_o 与 $u_i(i_b)$ 的相位是相反的（相位差 180°）。

从图 3.2.15（b）可以看出，波形无明显失真，所以 $U_{opp}=9-3=6(\text{V})$。

2. 微变等效电路法

1）晶体三极管的微变等效电路

当输入信号较小时，放大电路的动态过程仅发生在静态工作点附近，在这个小范围内，晶体三极管的特性曲线近似为直线，这时，可把晶体三极管（非线性元件）用线性电路替代，即晶体三极管的微变等效电路。

（1）晶体三极管输入端的等效。由晶体三极管的输入特性曲线（图 3.2.8）可知，输入信号较小时，Q 点在 Q' 和 Q'' 工作范围的曲线可视为直线，其斜率不变，此时晶体三极管的输入端 B—E 之间可视为交流电阻 r_{be}，阻值为

$$r_{be}=\frac{\partial U_{BE}}{\partial I_B}=\frac{u_{be}}{i_b}$$

从输入特性曲线可以看出，不同的静态工作点，其 r_{be} 的值可能不同。低频小信号工作状态下，晶体三极管的 r_{be} 一般在 1kΩ 到几千欧。根据半导体理论及文献资料，工程中低频小信号下 r_{be} 也可用下式估算：

$$r_{be}=r_{bb'}+(1+\beta)\frac{U_T}{I_{EQ}}=r_{bb'}+\beta\frac{U_T}{I_{CQ}}=r_{bb'}+\frac{U_T}{I_{BQ}} \tag{3.2.12}$$

式中：$r_{bb'}$ 为晶体三极管基区体电阻，一般为几十到几百欧；I_{EQ}、I_{CQ}、I_{BQ} 分别为发射极直流电流、集电极直流电流、基极直流电流；室温下 U_T 为 26mV。

（2）晶体三极管输出端的等效。由晶体三极管的输出特性曲线可知（图 3.2.10），晶体三极管工作在放大区时，Q 点附近的特性曲线基本上是水平且等间距的，即 i_C 的变化量与 u_{CE} 的变化几乎无关，只取决于 i_B 的变化，即 $\beta=\partial I_C/\partial I_B=i_c/i_b$，所以晶体三极管输出回路 C 与 E 之间可用大小为 βI_b 的受控电流源代替，β 一般在 20～200（常用 h_{fe} 表示）。由于 i_b 与 u_{be} 是线性关系，所以可以认为受控电流源是 u_{be} 线性控制的电流源，大小为 $g_m u_{be}$，其中 g_m 表示跨导，即

$$g_m=\frac{i_c}{u_{be}}=\frac{i_c}{i_e r_e}=\frac{\alpha}{r_e}\approx\frac{1}{r_e} \tag{3.2.13}$$

式中：$r_e=\left.\frac{u_{be}}{i_e}\right|_Q=\frac{U_T}{I_{EQ}}$，为发射结等效的交流电阻。

实际晶体三极管的输出特性并非与横轴绝对平行。当 I_B 为常量时，u_{ce} 的变化会引起 i_c 的变化这个变化表示为 $r_{ce}=\left.\frac{\partial u_{ce}}{\partial i_c}\right|I_B=$常数，其中：$r_{ce}$ 为晶体三极管的输出交流电阻，它和受控电流源 βI_b 并联，因此晶体三极管的微变等效电路如图 3. 2. 16（b）所示。由于输出特性曲线近似为水平线，r_{ce} 的值高达几十千欧到几百千欧，在微变等效电路中可视为开路而不予考虑，因此晶体三极管的简化微变等效电路如图 3. 2. 16（c）所示。

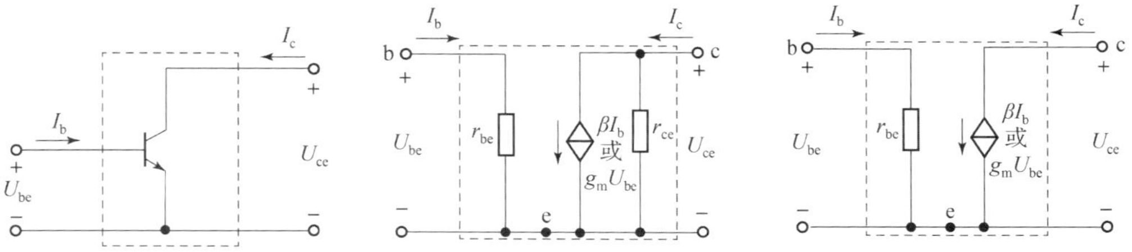

(a) 晶体管　(b) 等效电路　(c) 简化等效电路

图 3. 2. 16　晶体三极管微变等效电路

2）放大电路的微变等效电路

用微变等效电路法分析放大电路的关键在于正确的画出放大电路的微变等效电路。具体方法如下：先画出放大电路的交流通路，然后用晶体三极管的微变等效电路代替交流通路中的晶体三极管，并标明电压、电流的参考方向，即得到放大电路的微变等效电路。如图 3. 2. 17 所示为基本共发射极放大电路的交流通路及微变等效电路。

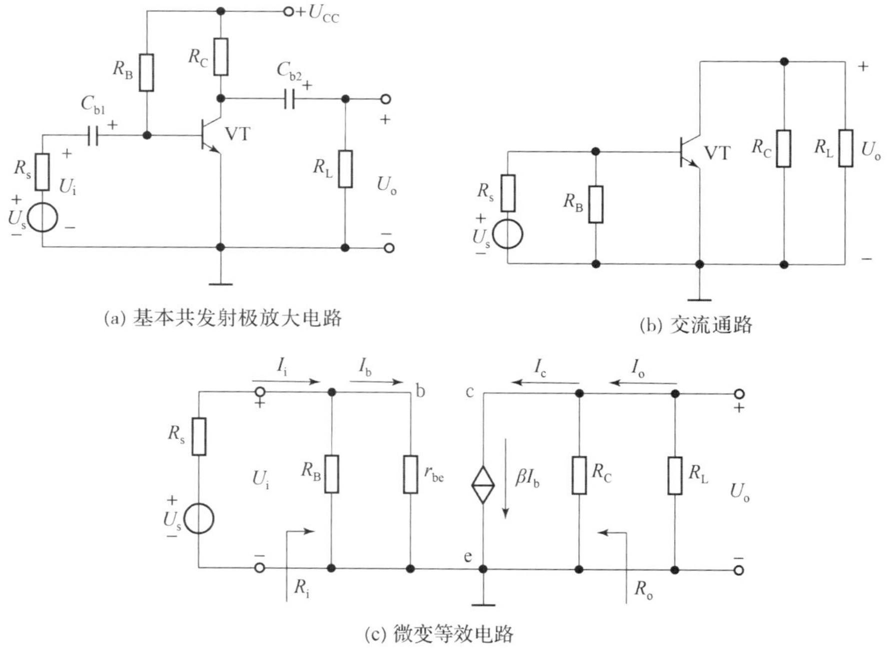

(a) 基本共发射极放大电路　(b) 交流通路　(c) 微变等效电路

图 3. 2. 17　基本共发射极放大电路的交流通路及微变等效电路

3）基本共发射极放大电路动态性能指标的估算

放大电路的直流通路确定静态工作点。交流通路反映了交流信号的传输过程，借助微变等效电路，可以利用线性电路的求解方法计算放大电路的主要性能指标。

（1）电压放大倍数 A_u。A_u 表示交流电压放大倍数，A 为增益，下标 u 表示电压，由于交流信号 u_i 和 u_o 时刻改变，为了有效地衡量 A_u 的大小，将 A_u 定义为输出交流电压有效值 U_o 与输入交流电压有效值 U_i 之比。

输入回路为

$$U_i = I_b r_{be}$$

输出回路为

$$U_o = -I_c(R_C /\!/ R_L)$$

所以电压放大倍数为

$$A_u = \frac{U_o}{U_i} = \frac{-\beta I_b(R_C /\!/ R_L)}{I_b r_{be}} = -\beta\frac{(R_C /\!/ R_L)}{r_{be}} \tag{3.2.14}$$

式中："－"表示输出电压与输入电压相位相反，与图解分析法的结论一致。

当放大电路空载时，有 $R_L \to \infty$，$R_C /\!/ R_L = R_C$，则

$$A_u = \frac{U_o}{U_i} = -\beta\frac{(R_C /\!/ R_L)}{r_{be}} = -\beta\frac{R_C}{r_{be}} \tag{3.2.15}$$

（2）输入电阻 R_i。输入电阻是指相对于信号源而言，放大电路的动态输入电阻。由图 3.2.17（c）可以看出

$$R_i = R_B /\!/ r_{be} \tag{3.2.16}$$

输入电阻 R_i 越大，放大电路从信号源获得的电压越大。因此一般希望得到较大的输入电阻。

（3）输出电阻 R_o。输出电阻是指相对于负载，从放大电路的输出端看到的放大电路内部的动态电阻，因受控电流源的等效电阻远大于 R_C，所以有

$$R_o = R_C \tag{3.2.17}$$

输出电阻 R_o 是表明放大电路带负载能力的参数。输出电阻 R_o 越小，负载 R_L 变化时输出电压 u_o 的变化越小，放大电路带负载的能力越强。因此一般总希望得到较小的输出电阻。

（4）源电压放大倍数。源电压放大倍数定义为输出电压与信号源电压值比，即

$$A_{us} = \frac{U_o}{U_s} = \frac{U_i}{U_s}\cdot\frac{U_o}{U_i} = \frac{U_i}{U_s}\cdot A_u$$

由图 3.2.17（c）可得

$$\frac{U_i}{U_s} = \frac{r_i}{R_s + r_i} \approx \frac{r_{be}}{R_s + r_{be}}$$

于是有

$$A_{us} = -\frac{\beta(R_C /\!/ R_L)}{R_s + r_{be}} \tag{3.2.18}$$

例 3.4：放大电路如图 3.2.17（a）所示，已知晶体三极管 $\beta = 50$，$U_{BE(on)} = 0.7V$，电路的其他参数为 $U_{CC} = 12V$、$R_B = 560k\Omega$、$R_C = 5k\Omega$、$R_L = 5k\Omega$、$r'_{bb} = 200\Omega$、信号源内阻 $R_s = 1k\Omega$，试计算：

（1）静态工作点；

（2）放大电路的性能指标 A_u、A_{us}、R_i 和 R_o 的值。

解：
$$I_{BQ} = \frac{U_{CC} - U_{BE(on)}}{R_B} = \frac{12-0.7}{560}mA \approx 0.02mA = 20\mu A$$

$$I_{CQ}=\beta I_{BQ}=50\times 20\mu A=1mA$$
$$U_{CEQ}=U_{CC}-I_{CQ}R_C=(12-1\times 5)V=7V$$
$$r_{be}=200+(1+\beta)\frac{26mV}{I_{EQ}}=200+(1+50)\frac{26mV}{1mA}=1526\Omega\approx 1.5k\Omega$$
$$A_u=\frac{U_o}{U_i}=-\beta\frac{(R_C/\!/R_L)}{r_{be}}=-\frac{50\times(5/\!/5)}{1.5}\approx -83$$
$$A_{us}=-\frac{\beta(R_C/\!/R_L)}{R_s+r_{be}}=-\frac{50\times(5/\!/5)}{1+1.5}=-50$$
$$R_i=R_B/\!/r_{be}\approx r_{be}=1.5k\Omega$$
$$R_o=R_C=5k\Omega$$

3.3 静态工作点稳定的共射放大电路

通过前面对基本共发射极放大电路的分析知道，静态工作点不但决定了电路是否存在失真，而且影响着电压放大倍数等动态指标。实际上电源的波动，元件的老化和温度的变化所引起的晶体三极管参数的变化，都会造成静态工作点的不稳定，从而影响放大电路的性能。在引起静态工作点不稳定的因素中，温度对晶体三极管的影响是最主要的。为了稳定静态工作点，许多电子电路中采用如图 3.3.1 所示改进的静态工作点稳定的共发射极放大电路。

3.3.1 电路的结构

在图 3.3.1 中，基极偏流由电阻 R_{B1}、R_{B2}分压供给，R_{B1}、R_{B2}分别称为上、下偏流电阻；发射极回路串联电阻 R_E，利用其负反馈作用稳定工作点；R_E 两端并联旁路电容 C_E，供交流信号通过，使其不致在 R_E 上产生压降损失。图 3.3.2 所示为直流通路。

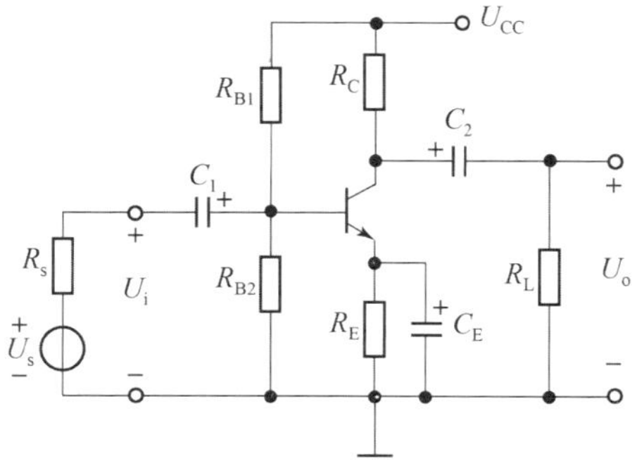

图 3.3.1 静态工作点稳定的共射放大电路

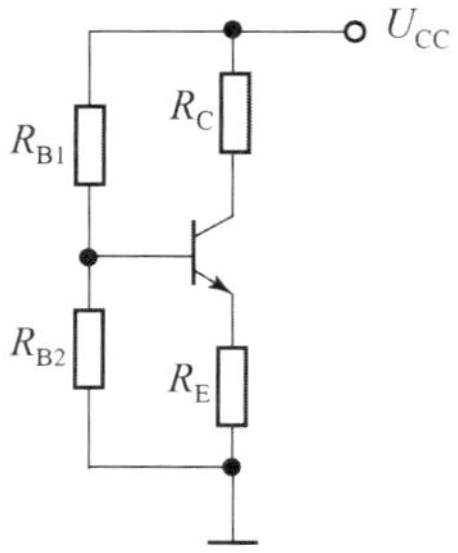

图 3.3.2 直流通路

3.3.2 静态分析

在 $I_{BQ}\ll I_1$、I_2的情况下，基极电位为

$$U_{BQ}\approx\frac{R_{B2}}{R_{B1}+R_{B2}}\cdot U_{CC} \tag{3.3.1}$$

则发射极电流为

$$I_{EQ}=\frac{U_{BQ}-U_{BE(on)}}{R_E} \tag{3.3.2}$$

基极电流为

$$I_{BQ}=\frac{I_{EQ}}{1+\beta} \tag{3.3.3}$$

根据 $I_{CQ}\approx I_{EQ}$ 可得到集电极电流 I_{CQ}，则

$$U_{CEQ}\approx U_{CC}-I_{CQ}(R_C+R_E) \tag{3.3.4}$$

静态工作点的稳定原理：

当环境温度升高时，电路的自我调节过程如下：

$T\uparrow\rightarrow\beta\uparrow\rightarrow I_C\uparrow$ （$I_E\uparrow$） $\rightarrow U_E\uparrow$ （因为 U_{BQ} 基本不变） $\rightarrow U_{BE}\downarrow\rightarrow I_B\downarrow$

$I_C\downarrow$

电路的自我调节结果是 I_C 基本不变，U_{CEQ} 也基本不变，从而达到稳定静态工作点的目的。当温度下降时，同样可以起到稳定工作点的作用。

静态工作点稳定的共发射极放大电路的结构特点是 U_{BQ} 基本恒定，它与晶体三极管的参数无关，只取决于晶体三极管外电路元件的参数，从而使静态工作点得到稳定。因此，它是应用最广泛的一种放大电路。

3.3.3　动态分析

动态分析时，首先应画出放大电路的交流通路和微变等效电路，如图 3.3.3（a）、（b）所示。

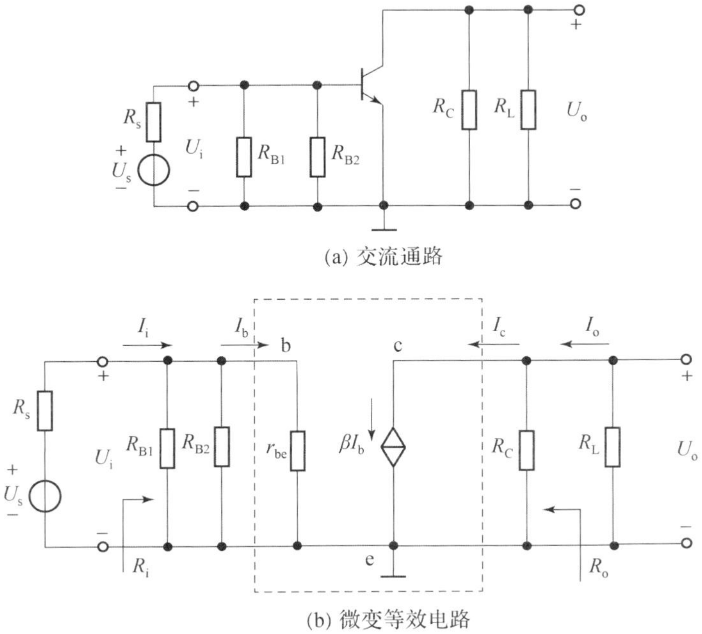

(a) 交流通路

(b) 微变等效电路

图 3.3.3　静态工作点稳定的共发射极放大电路

由图 3.3.3 可知

$$U_i = I_b r_{be}$$

$$U_o = -I_c(R_C /\!/ R_L) = -\beta I_b(R_C /\!/ R_L)$$

故

$$A_u = \frac{U_o}{U_i} = -\frac{\beta(R_C /\!/ R_L)}{r_{be}} \tag{3.3.5}$$

$$R_i = R_{B1} /\!/ R_{B2} /\!/ r_{be} \tag{3.3.6}$$

$$R_o = R_C \tag{3.3.7}$$

例 3.5：在图 3.3.3 中，$\beta = 100$，$U_{BE(on)} = 0.7V$，$r_{bb'} = 200\Omega$，$R_s = 1k\Omega$，$R_{B1} = 62k\Omega$，$R_{B2} = 20k\Omega$，$R_C = 3k\Omega$，$R_E = 1.5k\Omega$，$R_L = 5.6k\Omega$，$U_{CC} = 15V$。求（1）Q 点；（2）A_u、R_i、R_o、源电压放大倍数（增益）A_{us}。

解：（1）静态工作点的计算：

$$U_B = \frac{R_{B2}}{R_{B1} + R_{B2}} U_{CC} = \frac{20}{62 + 20} \times 15 \approx 3.7V$$

$$I_{CQ} \approx I_{EQ} = \frac{U_B - U_{BE(on)}}{R_E} = \frac{(3.7 - 0.7)V}{1.5k\Omega} = 2mA$$

$$I_{BQ} \approx \frac{I_{CQ}}{\beta} = \frac{2mA}{100} = 20\mu A$$

$$U_{CEQ} = U_{CC} - I_{CQ}(R_C + R_E) = 15V - 2mA \times (3 + 1.5) = 6V$$

（2）交流性能指标的计算：

$$r_{be} = r_{bb'} + (1 + \beta)\frac{26mV}{I_{EQ}} = 200 + (1 + 100)\frac{26mV}{2mA} \approx 1.5k\Omega$$

$$R_i = R_{B1} /\!/ R_{B2} /\!/ r_{be} = 62 /\!/ 20 /\!/ 1.5k\Omega \approx 1.36\ k\Omega$$

$$A_u = \frac{U_o}{U_i} = -\beta\frac{(R_C /\!/ R_L)}{r_{be}} = -\frac{100 \times 3 /\!/ 5.6}{1.5} = -130$$

$$R_o = R_C = 3k\Omega$$

$$A_{us} = \frac{U_o}{U_s} = \frac{R_i}{R_s + R_i} A_u = \frac{1.36}{1 + 1.36} \times (-130) \approx -75$$

从求得的 A_u 和 A_{us} 可知，当考虑信号源内阻时，放大电路的电压放大倍数低于忽略信号源内阻时的电压放大倍数。

如果图 3.3.1 发射极没有旁路电容 C_E，静态分析与有旁路电容时相同；动态分析时，交流等效电路，如图 3.3.4 所示。

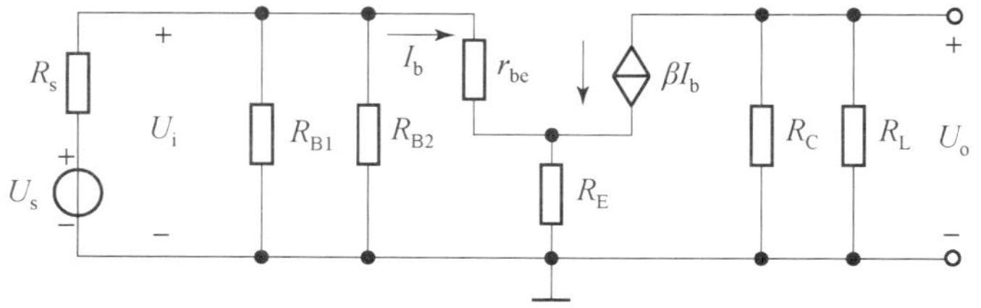

图 3.3.4　无旁路电容时交流等效电路

若
$$U_i = I_b r_{be} + I_e R_E = I_b r_{be} + (1+\beta) I_b R_E$$
$$U_o = -\beta I_b (R_C /\!/ R_L)$$

则电压放大倍数为

$$A_u = \frac{U_o}{U_i} = \frac{-\beta I_b (R_C /\!/ R_L)}{I_b r_{be} + (1+\beta) I_b R_E} = -\frac{\beta (R_C /\!/ R_L)}{r_{be} + (1+\beta) R_E} \tag{3.3.8}$$

当$(1+\beta)R_E \gg r_{be}$，且$\beta \gg 1$时，$A_u \approx -\dfrac{R_C /\!/ R_L}{R_E}$，此时电压增益只与电阻有关，不受温度影响，稳定性更好。

输入电阻为

$$R_i = R_{B1} /\!/ R_{B2} /\!/ [r_{be} + (1+\beta) R_E] \tag{3.3.9}$$

输出电阻为

$$R_o = R_C \tag{3.3.10}$$

3.4　基本共集电极放大电路

3.4.1　电路的组成

基本共集电极放大电路及其直流通路和交流通路，如图 3.4.1 所示。图中各元件的作用与共发射极放大电路相同。从图 3.4.1（c）的交流通路可以看出输入信号加在基极—集电极之间；输出信号从发射极—集电极取出，即集电极是输入回路和输出回路的公共端，故称为共集电极放大电路；由于输出信号取自发射极，因此习惯上称为射极输出器，也称为射极跟随器。

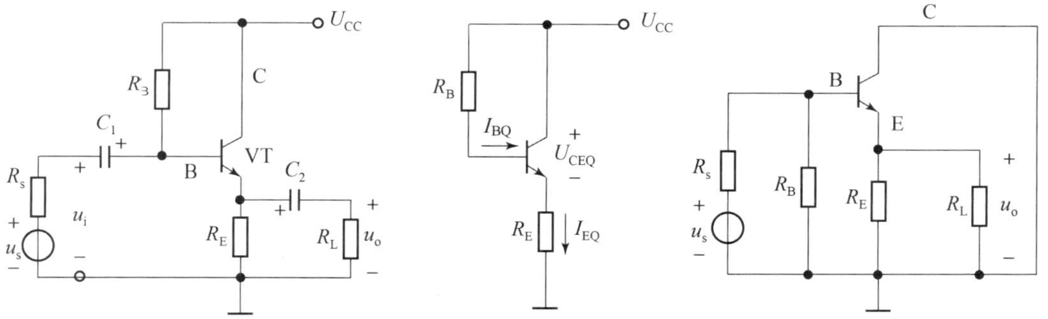

(a) 放大电路　　(b) 直流电路　　(c) 交流电路

图 3.4.1　共集电极放大电路

3.4.2　电路分析

1. 静态分析与 Q 点计算

在图 3.4 1（b）所示的直流通路中，可以列出输入回路方程：

$$U_{CC} = I_B R_B + U_{BEQ} + I_E R_E = I_B R_B + U_{BEQ} + (1+\beta) I_B R_E$$

则

$$I_{BQ}=\frac{U_{CC}-U_{BEQ}}{R_B+(1+\beta)R_E} \tag{3.4.1}$$

$$I_{CQ}=\beta I_{BQ}\approx I_{EQ} \tag{3.4.2}$$

$$U_{CEQ}=U_{CC}-I_{CQ}R_E \tag{3.4.3}$$

2. 动态分析与计算

将图 3.4.1（c）交流通路中的晶体三极管用其微变等效电路代替，可得共集电极放大电路的微变等效电路，如图 3.4.2 所示。

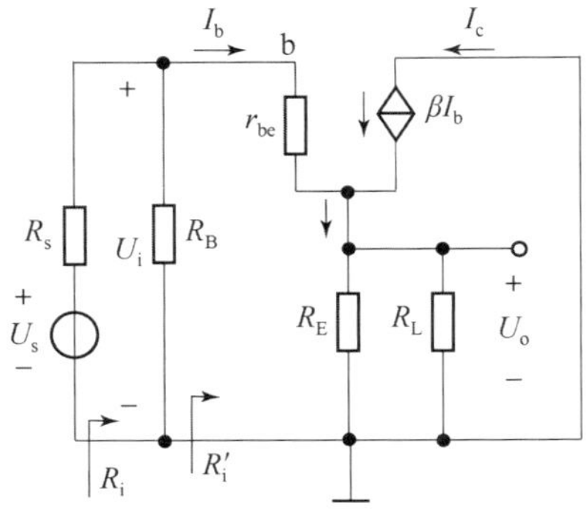

图 3.4.2　共集电极放大电路的微变等效电路

1）电压放大倍数

$$U_i=I_b r_{be}+(I_b+\beta I_b)(R_E/\!/R_L)$$

$$U_o=(I_b+\beta I_b)(R_E/\!/R_L)$$

$$A_u=\frac{U_o}{U_i}=\frac{(1+\beta)(R_E/\!/R_L)}{r_{be}+(1+\beta)(R_E/\!/R_L)} \tag{3.4.4}$$

同理有

$$A_{us}=\frac{U_o}{U_s}=\frac{R_i}{R_s+R_i}A_u \tag{3.4.5}$$

式（3.4.4）表明，输出电压与输入电压同相位，且大小近似相等，电路没有电压放大能力。因此，将这种输出电压紧紧跟随输入电压的变化而变化的电路称为射极跟随器。

值得注意：尽管射极输出器无电压放大作用，但射极电流 i_E 是基极电流 i_B 的$(1+\beta)$倍，输出功率也近似是输入功率的$(1+\beta)$倍，所以射极输出器具有一定的电流放大作用和功率放大作用。

2）输入电阻

$$R_i=\frac{U_i}{I_i}=\frac{U_i}{\dfrac{U_i}{R_B}+\dfrac{U_i}{r_{be}+(1+\beta)(R_E/\!/R_L)}}=R_B/\!/[r_{be}+(1+\beta)(R_E/\!/R_L)]$$

可见，共集电极放大电路的输入电阻是由 R_B 与$[r_{be}+(1+\beta)(R_E/\!/R_L)]$并联得到，$R_B$ 与 $r_{be}+(1+\beta)(R_E/\!/R_L)$的值均较大，故共集电极放大电路的输入电阻高，通常高达几十千欧至几百千欧。其比共射放大电路（一般为几千欧）要大几十至上百倍，高输入电阻是共集电路的另一个特点。

3）输出电阻

为了计算输出电阻 R_o，可以采用输出端加压求流法，如图 3.4.3 所示。U_o 为所加的测试电压，得到的输出电流为 I_o。R_s 是将信号 U_s 短路后而保留的信号源内阻。首先定义 R_o'为不计 R_E 的输出电阻，根据图 3.4.3 可知 R_o'为

$$R_o' = \frac{U_o}{I_o'} = \frac{U_o}{-(I_b + \beta I_b)} = \frac{-I_b(R_s /\!/ R_B + r_{be})}{-(I_b + \beta I_b)} = \frac{R_s' + r_{be}}{1+\beta}$$

式中：$R_s' = R_s /\!/ R_B$。因此，输出电阻 R_o 为

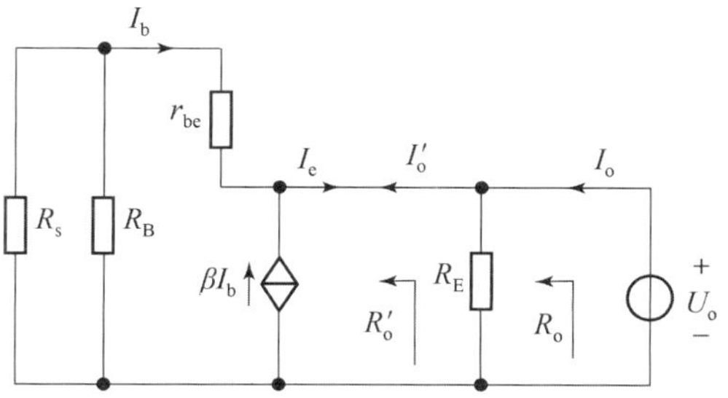

图 3.4.3 共集电极放大电路的输出电阻

$$R_o = \left.\frac{U_o}{I_o}\right|_{U_s=0} = R_E \parallel R_o' = R_E \left\| \frac{R_s' + r_{be}}{1+\beta}\right. \tag{3.4.6}$$

由式（3.4.6）可知，共集电路的输出电阻很小。

3. 电路特点

由于共集电路的输出电阻很小，当负载变化时，其输出电压变化很小，近似为一个恒压源，所以它的带负载能力很强。

综上分析，共集放大电路的特点：输入电阻较高，输出电阻较低，电压放大倍数接近 1 且小于 1，有一定的电流放大倍数。因此，共集电路常用作多级放大电路的输入级和输出级，也适用于功率放大和阻抗匹配电路。

例 3.6： 在图 3.4.1（a）中 $\beta = 120$，$R_B = 300\ \text{k}\Omega$，$r_{bb}' = 200\Omega$，$U_{BE(on)} = 0.7\text{V}$，$R_E = R_L = R_s = 1\text{k}\Omega$，$U_{CC} = 12\text{V}$。求：$Q$ 点和 r_{be}，以及 A_u、R_i、R_o。

（1）求 Q 点和 r_{be}：

解：

$$I_{BQ} = (U_{CC} - U_{BE(on)})/[R_B + (1+\beta)R_E]$$
$$= (12 - 0.7)\text{V}/[300 + 121 \times 1]\text{k}\Omega \approx 0.027\text{mA}$$
$$I_{EQ} \approx \beta I_{BQ} = 3.2\text{mA}$$
$$U_{CEQ} = U_{CC} - I_{CQ}R_E = 12\text{V} - 3.2 \times 1\text{V} = 8.8\text{V}$$
$$r_{be} = 200\Omega + 26\text{mV}/0.027\text{mA} \approx 1.18\text{k}\Omega$$

（2）A_u、R_i、R_o：

解：

$$A_u = \frac{(1+\beta)(R_E /\!/ R_L)}{r_{be} + (1+\beta)(R_E /\!/ R_L)} \approx 0.98$$
$$R_i = 300\text{k}\Omega /\!/ (1.18 + 121 \times 0.5)\text{k}\Omega = 51.2\text{k}\Omega$$
$$R_o = R_E /\!/ \frac{r_{be} + R_s'}{1+\beta} \approx 18\Omega$$

3.5 基本共基极放大电路

常用的共基极放大电路习惯上有两种画法，如图 3.5.1（a）、（b）所示。图中 R_{B1}、R_{B2}、R_E 和 R_C 构成分压式偏置电路，为晶体三极管设置合适而稳定的工作点，共基极放大电路的直流通路和分压式偏置电路完全一致。因此，静态分析方法与分压式工作点稳定的共发射极放大电路的静态分析方法完全相同，动态分析方法同样借助交流微变等效电路，如图 3.5.2 所示。

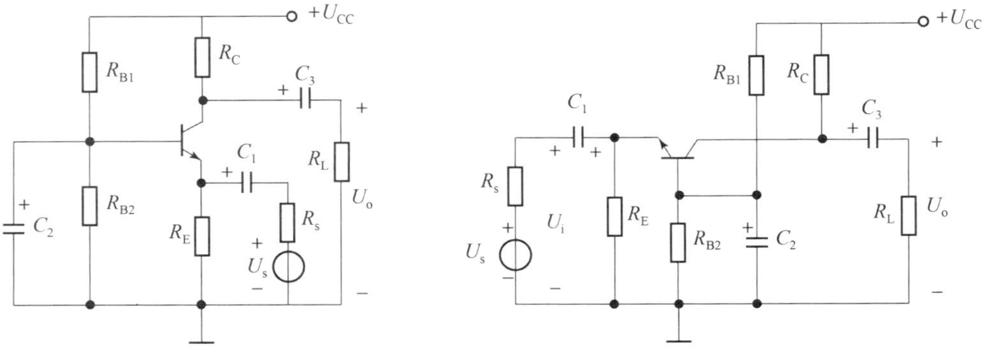

(a) (b)

图 3.5.1 共基极放大电路的两种画法

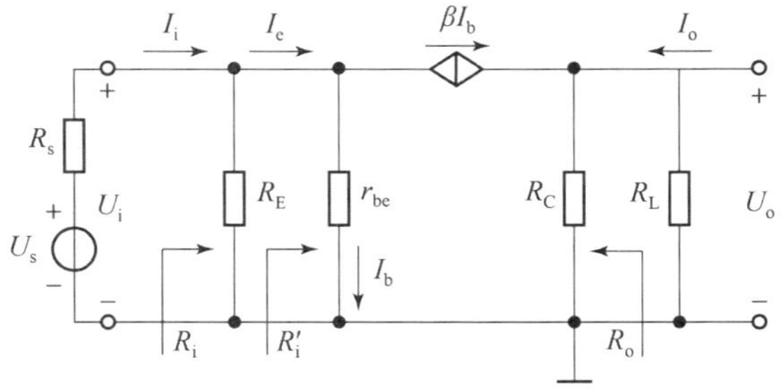

图 3.5.2 交流微变等效电路

1. 电压放大倍数

$$A_u = \frac{U_o}{U_i} = \frac{\beta I_b(R_C /\!/ R_L)}{I_b r_{be}} = \frac{\beta(R_C /\!/ R_L)}{r_{be}} \tag{3.5.1}$$

由表达式（3.5.1）可知，共基电路的 U_o 与 U_i 同相，电压放大倍数与共射电路相同。由于共基电路输入回路电流 I_e 与输出回路电流 I_c 近似相等，因此无电流放大能力。

2. 输入电阻

$$R_i' = \frac{U_i}{I_e} = \frac{r_{be}}{1+\beta}$$

$$R_i = R_E /\!/ R_i' = R_E /\!/ \frac{r_{be}}{1+\beta} \tag{3.5.2}$$

3. 输出电阻

由图 3.5.2 可知，若 $U_s=0$，则 $I_b=0$，$\beta I_b=0$，则

$$R_o=R_C \tag{3.5.3}$$

通过分析可知，基本共基极放大电路有如下特点：U_o 与 U_i 同相，A_u 大；R_i 很小，可小于 100Ω，R_o 较大，约为几千欧姆；共基极放大电路的通频带是三种接法中最宽的，所以适用于宽带放大电路和高频振荡电路。

3.6　三种晶体三极管基本放大电路的比较

前面分别讨论了共发射极、共集电极、共基极三种组态的放大电路，它们的直流偏置电路基本相同，不同点主要体现在交流通路和动态指标上。它们的主要性能特点及应用总结在表 3.6.1 中（假定元器件配置基本相同）。

表 3.6.1　晶体三极管三种组态放大电路基本特性比较

性能	共射	共基	共集
A_u	$-\dfrac{\beta(R_C//R_L)}{r_{be}}$ 大(几十至几百) U_i 与 U_o 反相	$\dfrac{\beta(R_C//R_L)}{r_{be}}$ 大(几十至几百) U_i 与 U_o 同相	$\dfrac{(1+\beta)(R_E//R_L)}{r_{be}+(1+\beta)(R_E//R_L)}$ 小(≈ 1) U_i 与 U_o 同相
A_g	约为 β(大)	约为 α($\leqslant 1$)	约为($1+\beta$)(大)
G_D	大(几千)	中(几十至几百)	小(几十)
R_i	r_{be} 中(几百欧至几千欧)	$\dfrac{r_{be}}{1+\beta}$ 低(几欧至几十欧)	$r_{be}+(1+\beta)(R_E//R_L)$ 大(几十千欧)
R_o	高($\approx R_C$)	高($\approx R_C$)	低
高频特性	差	好	好
用途	单级放大或多级放大电路的中间级	宽带放大、高频电路	多级放大电路的输入、输出级和中间缓冲级

共发射极放大电路的电压、电流、功率增益都比较大，因而应用广泛。但它的输入电阻较小，对前级信号源索取的电流较大；它的输出电阻比较大，不适合带动变化大的负载。

共集电极放大电路虽然没有电压增益，但有电流增益，所以仍有功率增益。其最主要的优点是它的输入电阻高、输出电阻小，对前级信号源索取的电流小，带负载的能力强。所以，共集电极放大电路既可作为多级放大电路的输入级，又可作为多级放大电路的输出级。有时，也将其作为多级放大电路的中间级，用于分配信号。

共基极放大电路没有电流增益，但电压增益不小，仍有功率增益。因为它的频率特性好，所以多用于放大宽带信号和高频信号。

3.7 场效应管基本放大电路

与晶体三极管放大电路相对应，场效应管放大电路有共源极、共漏极、共栅极三种组态。以 N 沟道结型场效应管为例，三种组态的交流通路图，如图 3.7.1 所示。因为共栅极接法应用较少，所以本节仅介绍共源极和共漏极放大电路的组成、电路分析与性能指标。

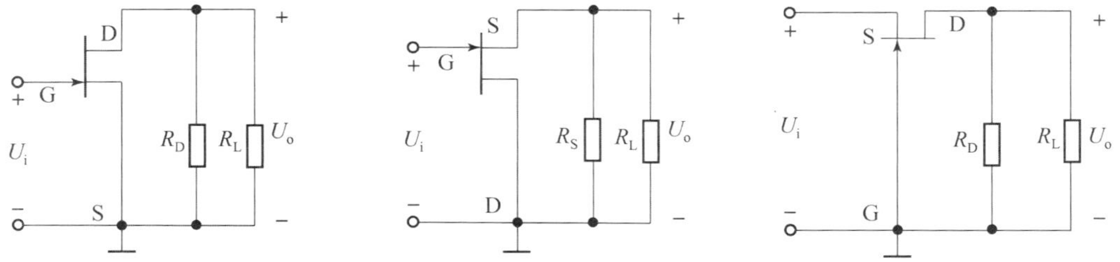

(a) 共源　(b) 共漏　(c) 共栅

图 3.7.1　场效应管三种组态

3.7.1 共源极放大电路

1. 电路组成

常见的 N 型沟道耗尽型绝缘栅场效应管组成的共源极放大电路的组成方法如图 3.7.2 所示。图 3.7.2（a）为自给偏压电路，电路是靠源极电阻上的电压为栅—源之间提供一个负偏压，故称为自给偏压。图 3.7.2（b）为分压式偏置电路，栅极电位是靠 R_{G1} 和 R_{G2} 对电源 U_{DD} 分压得到的，故称为分压式偏置电路；电路中的 R_{G3} 用来增大输入电阻，一般可取值几兆欧。

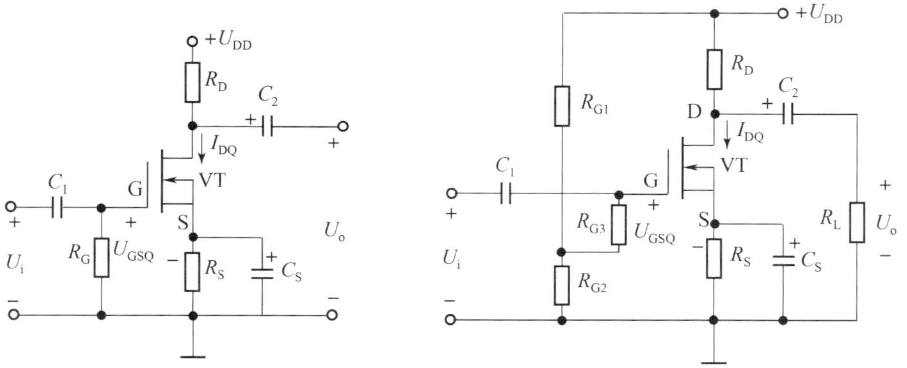

(a) 自给偏置电路　(b) 分压式偏置电路

图 3.7.2　共源极放大电路

2. 静态分析

在静态时，图 3.7.2（a）中栅极电流近似为零，因此栅极电位 $U_G=0$，漏极电流 I_{DQ} 在源极电阻 R_S 上形成压降，使得源极电位 $U_{SQ}=I_{DQ}\times R_S$，由此可得栅源之间电压为

$$U_{GSQ}=U_{GQ}-U_{SQ}=-I_{DQ}R_S$$

所以，自给偏置电路只适用于结型场效应管和耗尽型 MOS 管。

在静态时，图 3.7.2（b）所示电路中栅极电流近似为零，因此电阻 R_{G3} 上的电流为零，栅极电位和源极电位分别为

$$U_{GQ}=U_{DD}\cdot\frac{R_{G2}}{R_{G1}+R_{G2}}$$

$$U_{SQ}=I_{DQ}R_S$$

于是，有

$$U_{GSQ}=U_{DD}\frac{R_{G2}}{R_{G1}+R_{G2}}-I_{DQ}R_S$$

分压式偏置电路对结型场效应管、增强型 MOS 管和耗尽型 MOS 管均适用。

3. 动态分析

根据场效应管的工作原理可知，当其工作在恒流区，输出特性曲线与晶体三极管工作在放大区的特性相似，不同的是场效应管为电压控制器件，而且输入电阻足够大。根据这些不同，只要对晶体三极管微变等效电路进行适当的修改即可得到场效应管微变等效电路。

由于栅极电流 $i_G=0$，可得输入电阻 $r_{gs}=\infty$，即输入回路栅极和源极开路。另外，场效应管的电压控制特性：输入电压 u_{gs} 对输出电流 i_d 的控制作用，可以由跨导 g_m 表征，即 $i_d=g_m u_{gs}$，因此输出端是一个由 u_{gs} 控制的电流源。得到的场效应管的微变等效电路如图 3.7.3 所示。

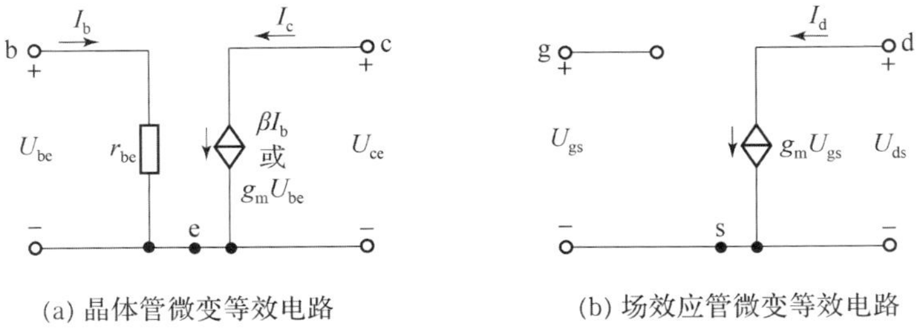

图 3.7.3　晶体三极管微变等效电路与场效应管微变等效电路对照图

分压式偏置共源极放大电路的交流通路如图 3.7.4（a）所示，将交流通路中的场效应管用微变等效电路代替，即得放大电路的微变等效电路如图 3.7.4（b）所示，由微变等效电路可求得以下参数：

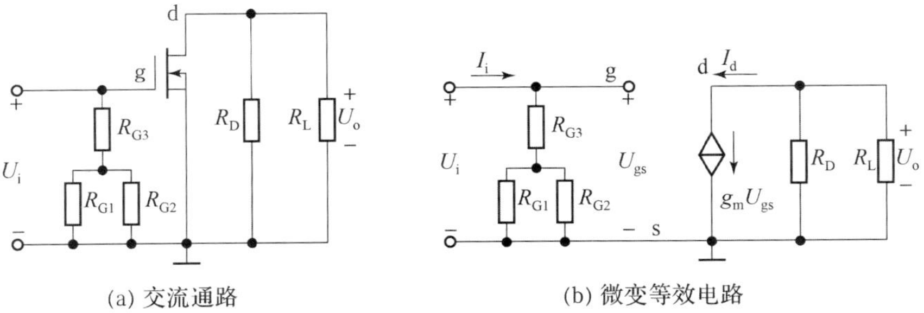

图 3.7.4　分压式偏置共源极放大电路的交流通路及微变等效电路

电压放大倍数为

$$A_u = \frac{U_o}{U_i} = \frac{-g_m U_{gs}(R_D // R_L)}{U_{gs}} = -g_m(R_D // R_L) \tag{3.7.1}$$

式中："－"表示输出电压与输入电压反相。

输入电阻为

$$R_i = R_{G3} + (R_{G1} // R_{G2}) \tag{3.7.2}$$

输出电阻为

$$R_o = R_D \tag{3.7.3}$$

例 3.7：共源放大电路如图 3.7.5（a）所示，场效应管的 $g_m = 5\text{mA/V}$，分析该电路的交流性能指标 A_u、R_i 和 R_o。

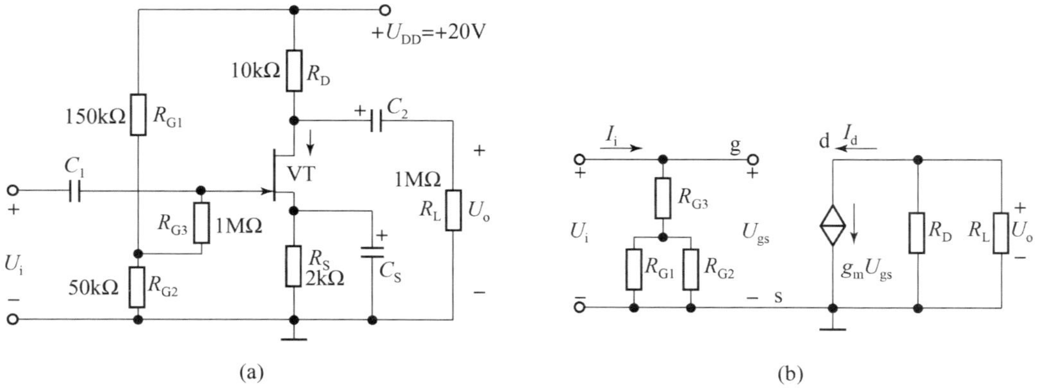

图 3.7.5　共源放大电路及其低频小信号等效电路

解：其低频小信号等效电路如图 3.7.5（b）所示。放大电路交流输出电压 U_o 为

$$U_o = -g_m U_{gs}(R_D // R_L)$$

输入电压 U_i 为

$$U_i = U_{gs}$$

共源放大电路的放大倍数 A_u 为

$$A_u = \frac{\dot{U}_o}{\dot{U}_i} \approx -g_m(R_D // R_L) = -50$$

输入电阻为

$$R_i = R_{G3} + (R_{G1} // R_{G2}) = 1.04\text{M}\Omega$$

输出电阻为

$$R_o = R_D = 10\text{k}\Omega$$

与共射电路相似，共源放大电路具有一定的电压放大能力，并且输出电压与输入电压反相，只是共源电路比共射电路的输入电阻大得多。

3.7.2　共漏极放大电路

共漏放大电路及其微变等效电路如图 3.7.6 所示。其主要参数求解如下。

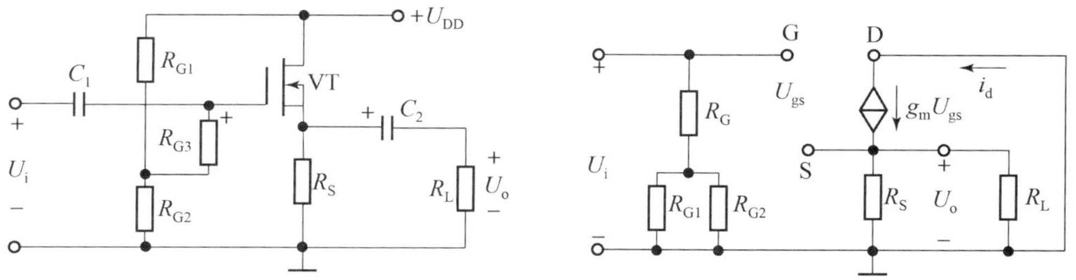

(a) 共漏极放大电路　　(b) 微变等效电路

图 3.7.6　共漏极放大电路及微变等效电路

1. 电压放大倍数 A_u

$$A_u = \frac{U_o}{U_i} = \frac{g_m U_{gs}(R_S /\!/ R_L)}{U_{gs} + g_m U_{gs}(R_S /\!/ R_L)} = \frac{g_m(R_S /\!/ R_L)}{1 + g_m(R_S /\!/ R_L)} \tag{3.7.4}$$

电压放大倍数近似为1。

2. 输入电阻 R_i

$$R_i = R_{G3} + (R_{G1} /\!/ R_{G2}) \tag{3.7.5}$$

3. 输出电阻 R_o

计算输出电阻时，将 R_L 开路，U_i 短路，在输出端外加电压 U_o，得到计算输出电阻的等效电路，如图3.7.7所示。

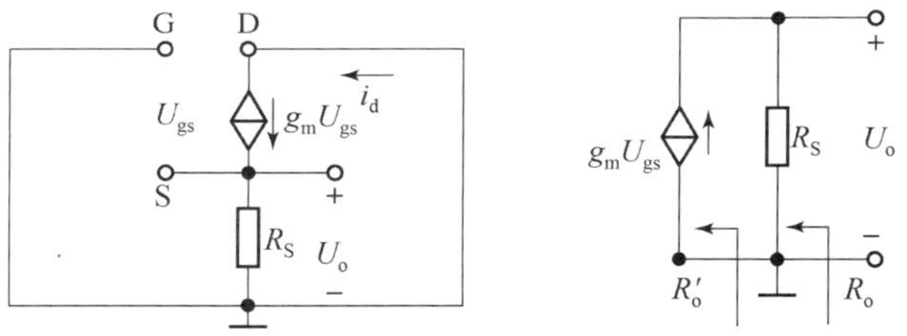

(a) 等效电路　　(b) 简化等效电路

图 3.7.7　共漏电路输出电阻的等效电路

由图3.7.7（a）可知

$$U_{gs} = -U_o$$

由图3.7.7（b）可知

$$R_o' = \frac{U_o}{-g_m U_{gs}} = \frac{-U_{gs}}{-g_m U_{gs}} = \frac{1}{g_m}$$

$$R_o = R_S /\!/ R_o' = R_S /\!/ \frac{1}{g_m} \tag{3.7.6}$$

共漏极放大电路又称为源极输出器或源极跟随器，通过微变等效电路法分析可知，它具有与晶体三极管射极输出器相似的特性：电压放大倍数小于1并接近1；输入电阻高，输出电阻低。

场效应管的三种组态放大电路的性能比较如表3.7.1所列。

表 3.7.1　场效应管三种组态放大电路性能比较

	共源放大电路	共漏放大电路	共栅放大电路
电路	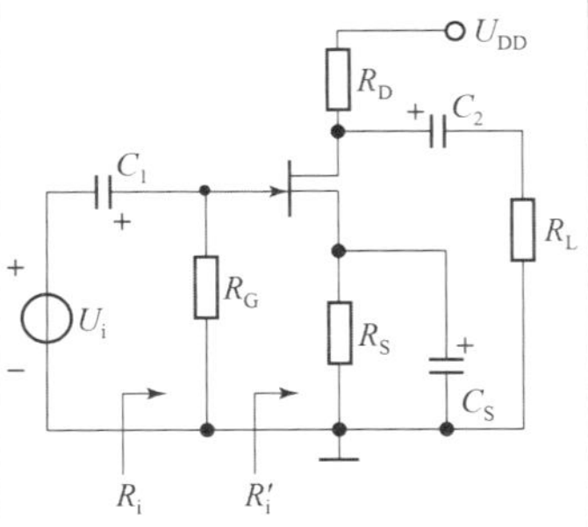	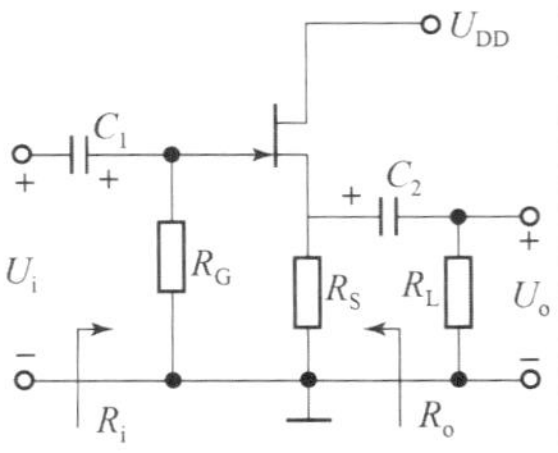	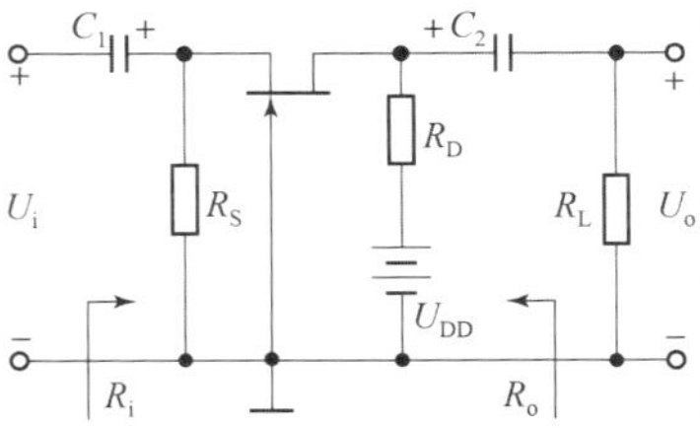
电压增益	$A_u \approx -g_m(R_D /\!/ R_L)$	$A_u = \dfrac{g_m(R_S /\!/ R_L)}{1+g_m(R_S /\!/ R_L)} < 1$	$A_u = g_m(R_D /\!/ R_L)$
输入电阻	$R_i = R_G$	$R_i = R_G$	$R_i = R_S /\!/ \dfrac{1}{g_m}$
输出电阻	$R_o = R_D$	$R_o = R_S /\!/ \dfrac{1}{g_m}$	$R_o \approx R_D$

场效应管放大电路与晶体三极管放大电路相比，最突出的优点是可以组成高输入电阻的放大电路。此外，由于场效应管还有噪声低、温度稳定性好、抗辐射能力强等优于晶体三极管的特点，而且便于集成化，构成低功耗电路，所以被广泛应用于各种电子电路中。

3.8　Multisim 仿真软件应用举例

单管分压偏置放大电路静态工作点和动态指标测试：

单管分压偏置放大电路静态工作点和动态指标测试视频

共集电极放大电路性能测试：

共集电极放大电路性能测试视频

共源放大电路静态工作点测试：

共源放大电路静态工作点测试视频

单管分压偏置放大电路失真测试：

单管分压偏置放大电路失真测试视频

小　结

(1) 晶体三极管放大电路有三种基本组态分别是共发射极、共集电极、共基极。不同组态放大电路的特性不同，无论晶体三极管采用什么组态，三极管的放大原理相同，在正常放大状态下，均为发射结正偏、集电结反偏。

(2) 放大电路直流通路和交流通路画法，晶体三极管直流等效模型和交流等效模型的使用，晶体三极管工作区间的判断。

(3) 根据直流通路和直流等效模型（图解法）求放大电路静态工作点，主要有基极电流、集电极电流，C—E 的电压；根据交流通路图和交流等效电路（图解法）求解放大电路交流性能指标，主要有放大倍数（增益）、输入电阻、输出电阻。

(4) 场效应管放大电路与晶体三极管放大电路类似，有共源极、共漏极和共栅极三种组态，场效应管放大电路的主要特点是具有极高的输入电阻和很小的输出电阻。凡是普通晶体三极管可以使用的场合，原则上都可以应用场效应管。

(5) 场效应管放大电路静态工作点和动态指标的求解。

习　题

一、填空题

1. 晶体三极管工作在放大区时，具有________正偏、________反偏的特点。

2. 晶体三极管工作在饱和区时，具有________正偏、________正偏的特点。

3. 饱和失真和截止失真属于________。

4. 共集电极放大电路又称为射极输出器，它的特点是输入电阻________（高、低），输出电阻________（高、低），电压放大倍数约为________。

5. 三种最基本组态的放大电路分别是共基极放大电路、________和________。其中，输入电阻最大的是________电路，而输出电阻最小的是________电路。

6. 场效应放大电路有三种基本放大电路，即____________电路、____________电路、________电路。

7. 场效应管放大电路与晶体三极管放大电路相比，前者具有如下特点：输入电阻________、噪声________、集成度________等优点。

8. 既能放大电压又能放大电流的是________组态放大电路；可以放大电压但不能放大电流的是________组态放大电路；只能放大电流但不能放大电压的是________组态放大电路。

9. 晶体三极管属于________控制器件，场效应管属于________控制型器件（电压、电流）。

二、选择题

1. N 型沟道场效应管的漏极电流是由载流子漂移形成的，这种载流子是（　　）。

A. 正负离子　　B. 电子和空穴　　C. 空穴　　D. 电子

2. $u_{GS}=0$ 时，能够工作在恒流区的场效应管有________和________。

A. 结型管　　B. 增强型 MOS 管　　C. 耗尽型 MOS 管

3. 下列各组态放大电路中，既有电压放大作用，又有电流放大作用，应选________。

A. 共射组态　　B. 共基组态

C. 共集组态　　D. 共漏组态

4. 已知某场效应管放大电路的电压增益为 0.97，则该电路的组态为（　　）。

A. 共源　　B. 共栅　　C. 共漏

三、分析与计算题

1. 试判别题图 3.1 所示各电路能否对正弦信号进行电压放大，为什么？各电容对电信号可视作短路。

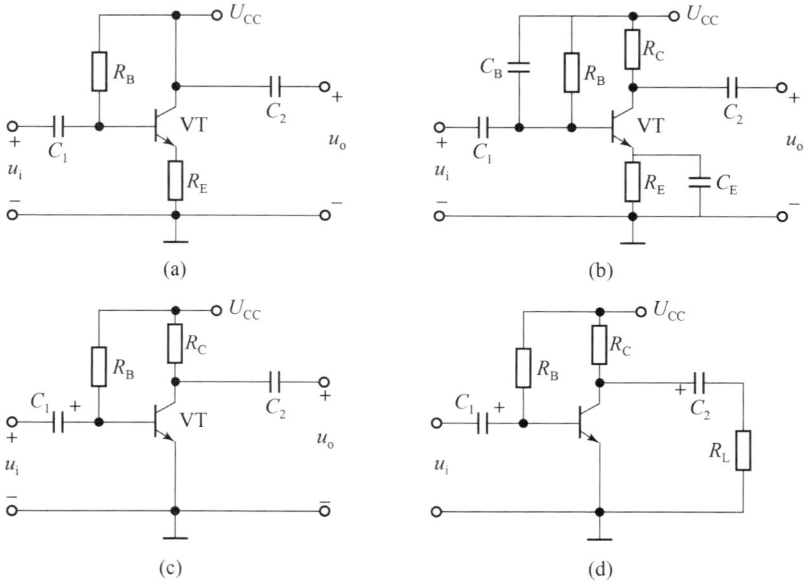

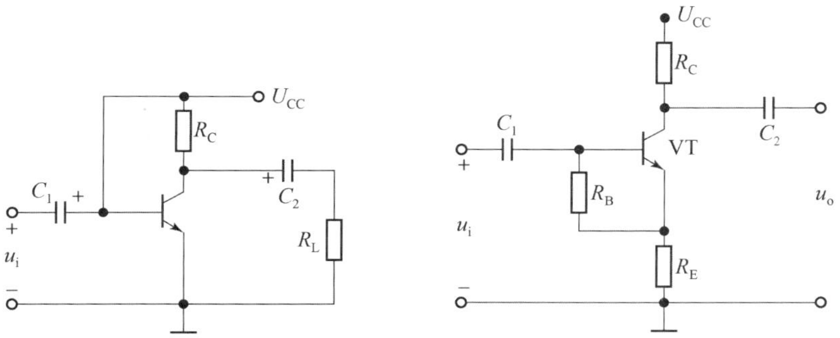

(e)　　(f)

题图 3.1

2. 题图 3.2 所示晶体三极管电路，设 $U_{BE(on)}=0.7V$，$\beta=100$，$U_{CC}=12V$，$R_B=250k\Omega$，$R_C=2k\Omega$，试判断晶体三极管的工作区间是放大区还是饱和区？

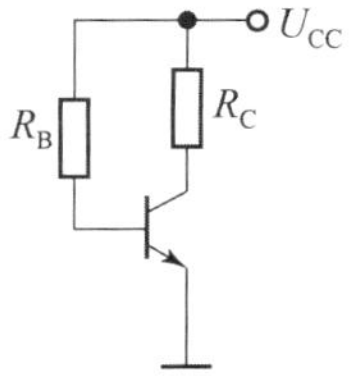

题图 3.2

3. 已知题图 3.3（a）所示电路中场效应管的转移特性和输出特性分别如图（b）、（c）所示。

（1）利用图解法求解 Q 点；

（2）利用等效电路法求解 A_u、R_i 和 R_o。

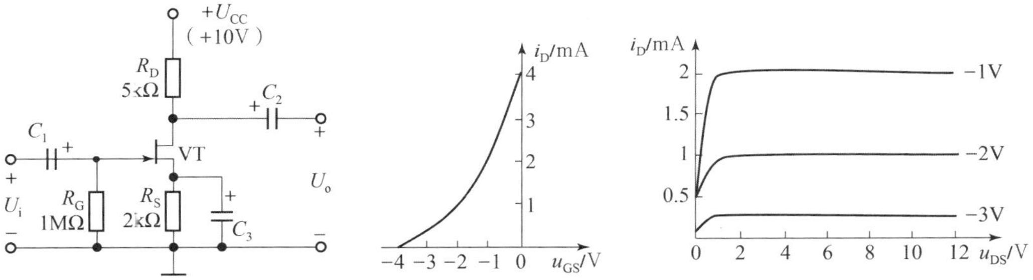

(a)　　(b)　　(c)

题图 3.3

4. 如题图 3.4 所示的电路是能稳定静态工作点的射极偏置电路。若已知 $U_{CC}=12V$，$R_{B2}=3k\Omega$，$R_E=1k\Omega$，$R_C=2k\Omega$，三极管为硅管，$\beta=50$，若使 $U_{CE}=6V$，则基极上的偏置电阻 R_{B1} 应为多大？此时 I_{BQ} 和 I_{CQ} 各为多少？

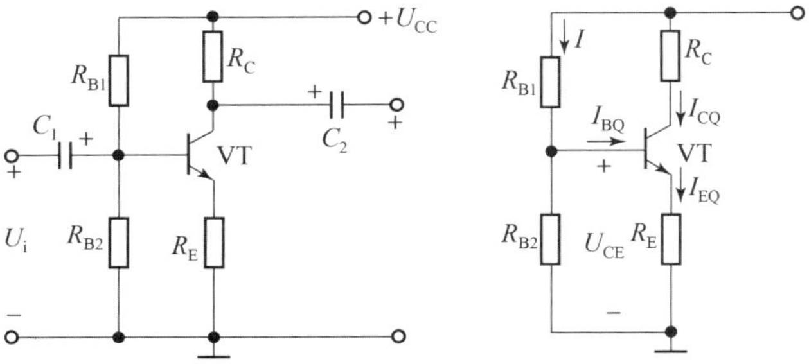

题图 3.4

5. 放大电路如题图 3.5 所示，已知晶体三极管的 $\beta=50$，$U_{BE(on)}=0.7V$，各电容对信号可视为短路。计算 I_{CQ} 和 U_{CEQ} 的值。

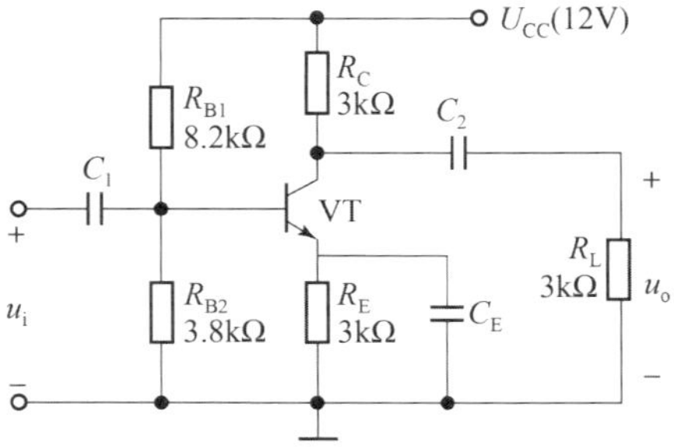

题图 3.5

6. 放大电路如题图 3.6（a）所示。

（1）已知 $\beta=50$，$U_{BE(on)}=0.7V$，$U_{CBE}=0$，$R_C=2K\Omega$，$R_L=20K\Omega$，$U_{CC}=12V$，R_B 为何值时动态范围最大？

（2）若已知该电路的交、直流负载线如图（b）所示，试求：U_{CC}、R_C、U_{CEQ}、I_{CQ}、R_L、R_B 及输出动态范围 U_{opp}。

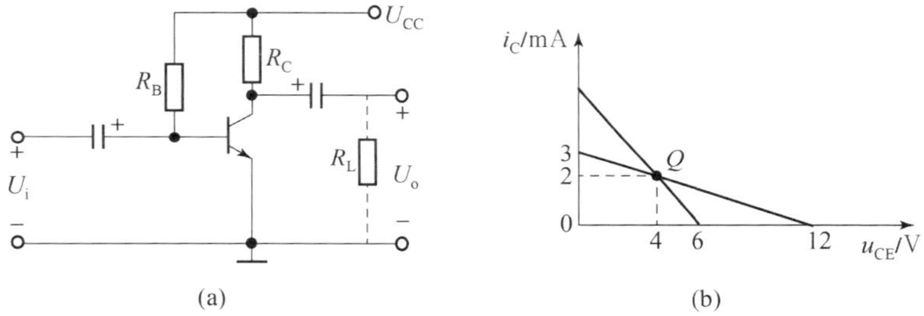

题图 3.6

7. 电路题图 3.7 所示，晶体三极管的 $\beta=60$，$r_{bb'}=100\Omega$。

（1）求电路的 Q 点、A_u、R_i 和 R_o。

（2）设 $U_s=10mV$，问 U_i、U_o 为多少？若 C_3 开路，则 U_i、U_o 为多少？

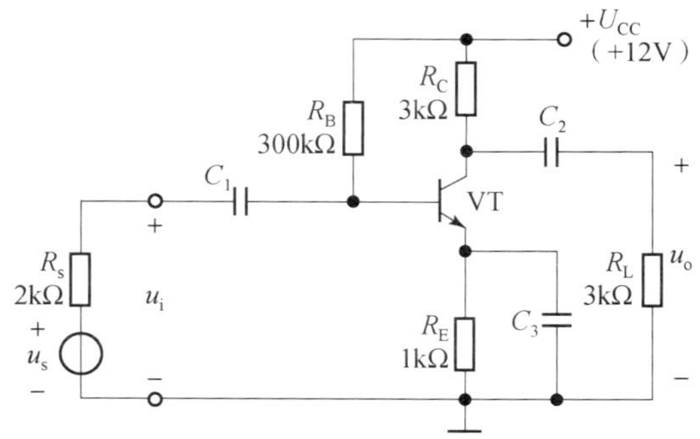

题图 3.7

8. 电路如题图 3.8 所示，晶体三极管的 $\beta=80$，$r_{bb'}=100\Omega$。分别计算 $R_L=\infty$ 和 $R_L=3k\Omega$ 时的 Q 点、A_u、R_i 和 R_o。

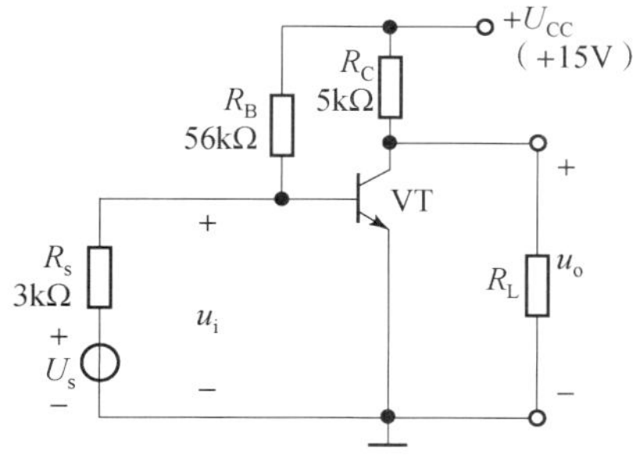

题图 3.8

9. 电路如题图 3.9 所示，晶体三极管的 $\beta=80$，$r_{be}=1\text{k}\Omega$。

（1）求出 Q 点；

（2）分别求出 $R_L=\infty$ 和 $R_L=3\text{k}\Omega$ 时电路的 A_u、R_i 和 R_o。

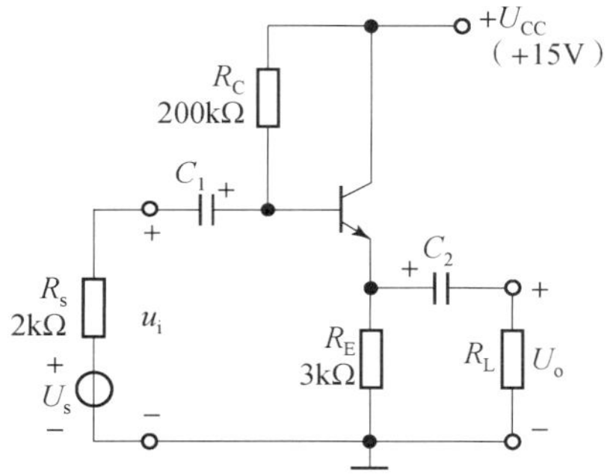

题图 3.9

10. 题图 3.10 所示场效应管放大电路，设跨导为 g_m。

（1）试判断该电路的组态；

（2）分别写出电压增益 A_u，输入电阻 R_i，输出电阻 R_o 的公式。

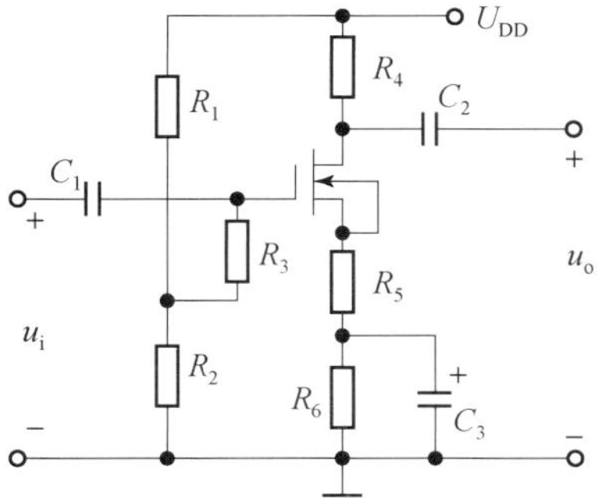

题图 3.10

11. 电路如题图 3.11 所示，BJT 的 $\beta=100$，$r_{bb'}=0$，$U_T=26\text{mV}$，基极静态电流由电流源 I_B 提供，设 $I_B=20\mu\text{A}$，$R_s=0.15\text{k}\Omega$，$R_E=R_L=2\text{k}\Omega$。试计算 $A_u=U_o/U_i$、R_i 和 R_o。电容 C 对信号可视为短路。

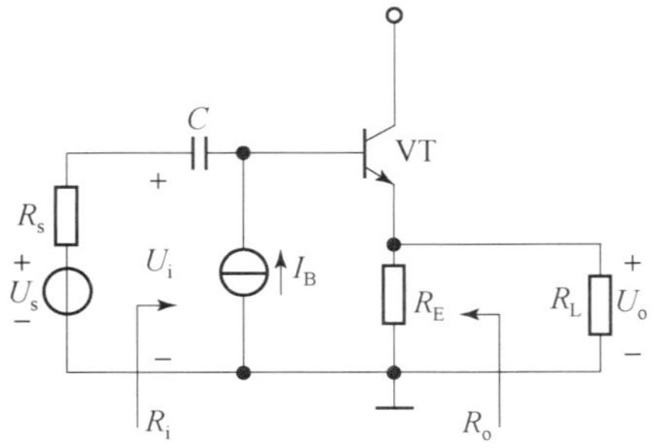

题图 3.11

第 4 章　集成运算放大电路

本章问题：

(1) 多级放大电路有几种耦合方式，各种耦合方式的优缺点是什么？
(2) 复合管等效晶体管的管型取决于第几管，如何计算复合管的电流放大系数？
(3) 集成运算放大电路的组成包括哪些？
(4) 常见的电流源电路有哪些？
(5) 为什么引入差动电路，差动电路输入信号类型有哪些，如何求解其技能指标？
(6) 集成运算放大电路与分立元件放大电路有什么区别？
(7) 集成运算放大电路由哪几部分组成？
(8) 什么是理想运算放大电路，指标参数有哪些特点？
(9) 集成运算放大电路有几个工作区，每个工作区有什么特点？

4.1　多级放大电路

前面主要研究了由一个晶体三极管组成基本放大电路，它们的电压放大倍数一般只有几十倍。但是在实际应用中，往往需要放大非常微弱的信号，所以前面所述的放大倍数是远远不够的。为了获得更高的放大倍数和功率输出，需要把多个基本放大电路连接起来，组成“多级放大电路”，如图 4.1.1 所示。通常把与信号源相连接的第一级放大电路称为输入级，与负载相连接的放大电路称为输出级，输入级与输出级之间的放大电路称为中间级。

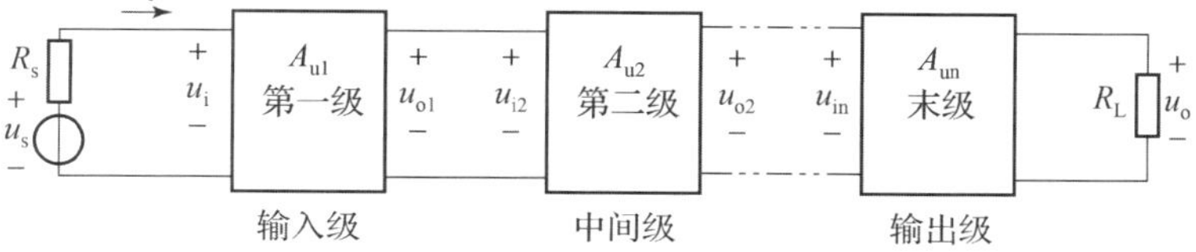

图 4.1.1　多级放大电路的组成框图

4.1.1　多级放大电路的耦合方式

多级放大电路各级之间连接的方式称为耦合方式。级间耦合时，一方面要确保各级放大电路有合适的直流工作点，另一方面应使前级输出信号尽可能不衰减地加到后级输入。常用的耦合方的四种，即直接耦合、阻容耦合、变压器耦合和光电耦合。实际上，单级放大电路中也存在放大电路与信号源，以及负载之间的耦合问题。

1. 阻容耦合

阻容耦合是将放大电路的前级输出端通过电容接到后级输入端。图 4.1.2 所示为两级阻容耦合放大电路。第一级和第二级均为共射电路。由于电容器具有隔直流、通交流的作用，所以各级的直流工作点相互独立，这样就给设计、调试和分析带来很大方便。阻容耦合的缺点是放大频率较低的信号将产生较大的衰减，加之不便于集成化，因而在应用上也就存在一定的局限性。

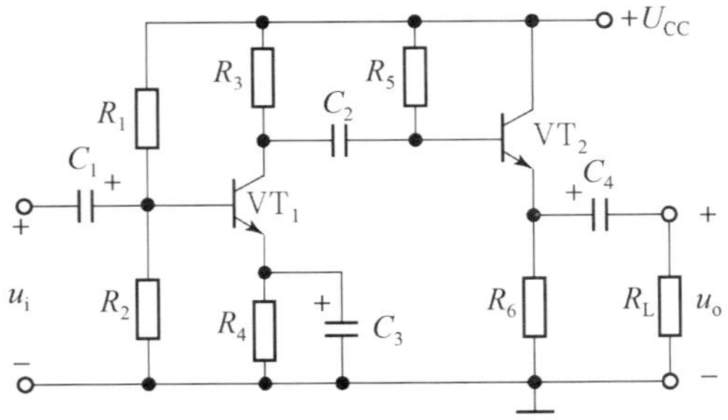

图 4.1.2　阻容耦合两级放大电路

2. 变压器耦合

变压器耦合是将放大电路前级的输出信号通过变压器接到后级的输入端或负载电阻上的耦合方式。图 4.1.3 所示为变压器耦合两级共射放大电路，第一级的输出信号通过变压器 T_1 的二级绕组加到第二级，第二级的输出信号通过变压器 T_2 传输到负载 R_L。

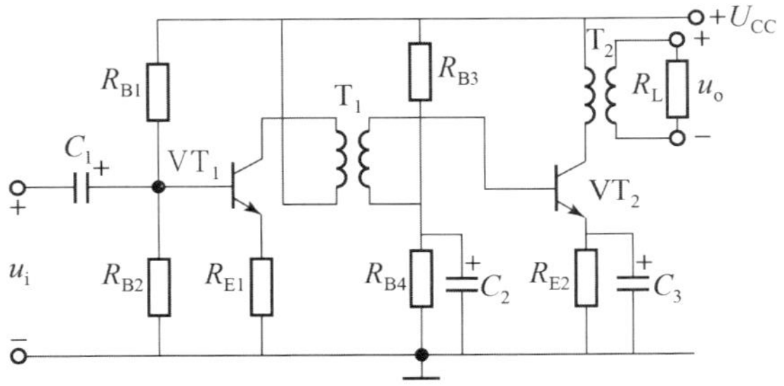

图 4.1.3　变压器耦合两级放大电路

变压器耦合多级放大电路的优点是各级放大电路的静态工作点彼此独立、互不影响，便于分析、设计和调试；通过变压器的阻抗变换作用，可实现级间阻抗匹配。

变压器耦合多级放大电路的缺点是低频特性差、体积大、笨重、不能集成化。

3. 直接耦合

与上述两种耦合方式相比，直接耦合电路的突出优点是它没有电容和变压器，具有良好的频率特性，可以放大变化缓慢的信号；并且易于将全部电路集成在一片硅片上，构成集成放大电路。因此，集成电路中多级放大电路都采用直接耦合方式。两级直接耦合放大电路如图 4.1.4 所示。但是，直接耦合放大电路也存在两个缺陷。

（1）直接耦合放大电路各级之间的直流通路相连，前后级静态工作点相互影响、互相牵制，严重时电路无法正常工作。

（2）直接耦合放大电路中有一个突出问题是零点漂移。

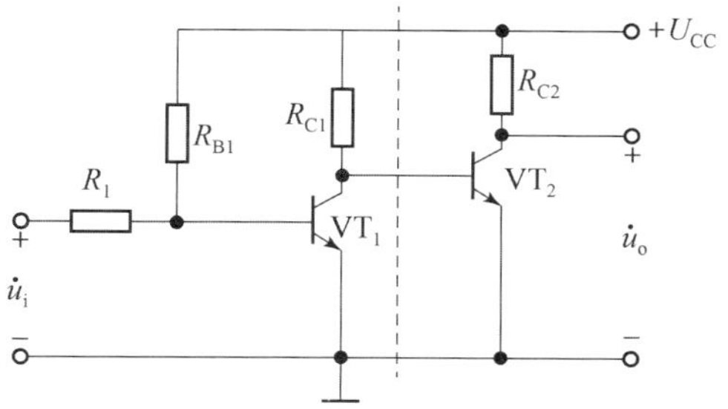

图 4.1.4　两级直接耦合放大电路

因此，为了抑制直接耦合放大电路的零点漂移问题，最有效的措施是采用差动放大电路，使输出端的零点漂移相互抵消。

4. 光电耦合

光电耦合是以光信号为媒介来实现电信号的耦合和传递。因其抗干扰能力强而得到越来越广泛的应用，所以目前已有集成光电耦合放大电路，具有较强的放大能力。详细内容可参阅相关书籍。

4.1.2　多级放大电路的性能指标

分析多级放大电路的性能指标，一般采用的方法是通过计算每一单级性能指标来分析多级指标。

1. 电压放大倍数 A_u

在多级放大电路中，前级输出电压就是后级的输入电压，即 $U_{o1}=U_{i2}$；$U_{o2}=U_{i3}$，…，$U_{o(n-1)}=U_{in}$。所以，一个 n 级放大电路的总电压放大倍数 A_u 可表示为

$$A_u=\frac{U_o}{U_i}=\frac{U_{o1}}{U_i}\cdot\frac{U_{o2}}{U_{o1}}\cdot\cdots\cdot\frac{U_{on}}{U_{o(n-1)}}=A_{u1}\cdot A_{u2}\cdot\cdots\cdot A_{un}\tag{4.1.1}$$

可见，A_u 为多级放大电路放大倍数的乘积。值得注意的是，在多级放大电路中，后级电路的输入电阻相当于前级的负载，前级的输出电阻作为后级的信号源内阻。在近似计算中一般只考虑后级输入电阻对应的负载效应。

2. 输入电阻 R_i

多级放大电路的输入电阻就是第一级放大电路的输入电阻，即

$$R_i=R_{i1}\tag{4.1.2}$$

3. 输出电阻 R_o

多级放大电路的输出电阻就是末级放大电路的输出电阻，即

$$R_o=R_{on}\tag{4.1.3}$$

需要注意的是，共集电路作为第一级时，它的输入电阻与负载有关，此时其负载即为第二级的输入电阻 R_{i2}；当共集电路作为最后一级时，其输出电阻与信号源内阻有关，此时其信号源内阻即为倒数第二级的输出电阻 $R_{o(n-1)}$。

例 4.1：图 4.1.5（a）给出了一个分别由 MOS 管和 NPN 管构成的两级阻容耦合的放大电路，其交流通路如图 4.1.5（b）所示，试计算该电路的交流指标。

解：（1）电压放大倍数 A_u 为

$$A_u = \frac{U_o}{U_i} = A_{u1} \cdot A_{u2}$$

其中

$$A_{u1} = \frac{U_{o1}}{U_i} = -g_m(R_D /\!/ R_{B1} /\!/ R_{B2} /\!/ r_{be})$$

$$A_{u2} = \frac{U_o}{U_{i2}} = -\frac{\beta(R_C /\!/ R_L)}{r_{be}}$$

$$A_u = A_{u1} \cdot A_{u2} = [-g_m(R_D /\!/ R_{B1} /\!/ R_{B2} /\!/ r_{be})] \cdot \left[-\frac{\beta(R_C /\!/ R_L)}{r_{be}}\right]$$

$$= g_m(R_D /\!/ R_{B1} /\!/ R_{B2} /\!/ r_{be}) \cdot \frac{\beta(R_C /\!/ R_L)}{r_{be}}$$

（2）输入电阻 R_i 为

$$R_i = R_{i1}\big|_{R_{L1}=R_{i2}} = R_{G3} + (R_{G1} /\!/ R_{G2})$$

（3）输出电阻 R_o 为

$$R_o = R_{o2} = R_C$$

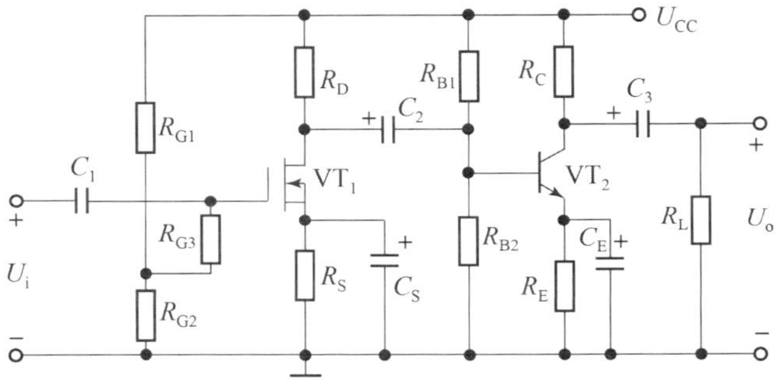

(a)

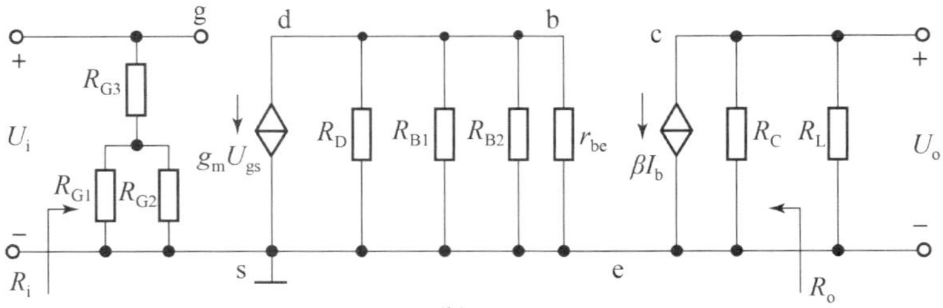

(b)

图 4.1.5　两级共射放大电路

4. 多级放大电路的频率特性

由前面所述单级放大电路的频率特性可知，放大过程中，信号在高低频区域均要受到衰减；在多级放大电路中通过分析可以得出下面结论。

（1）多级放大电路总的上限频率 f_H 比其中任何一级的上限频率 f_{Hk} 都要低，而下限频率 f_L 比其中任何一级的下限频率 f_{Lk} 都要高。也就是说，多级放大电路总的放大倍数增大了，但总的通频带 $f_H - f_L$ 变窄了，如图 4.1.6 所示。

（2）在设计多级放大电路时，必须保证每一级的通频带都比总的通频带宽。

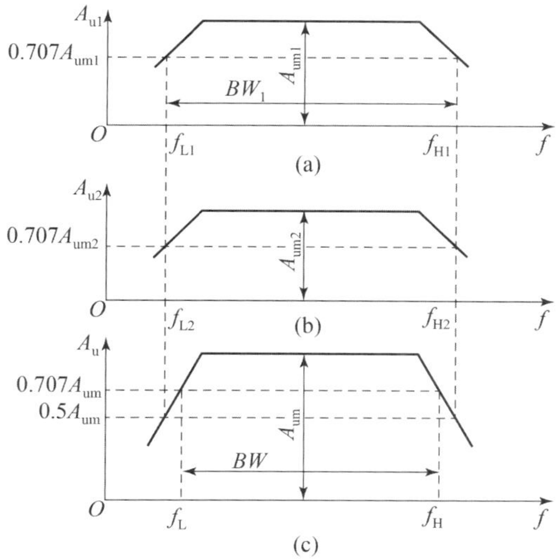

图 4.1.6　两级放大电路的频率特性

（3）如果各级通频带不同，则总的上限频率基本上取决于最低的一级，而总的下限频率取决于最高的一级。所以，要增大总的上限频率 f_H，尤其是需要注意提高上限频率最低的那一级 f_{Hk}，因为它对总 f_H 起了主导作用。

4.2　复合管放大电路

复合管是指将两只或两只以上的半导体三极管按一定的方式连接在一起，组成一只 β 值较大的半导体三极管。为了进一步改善放大电路的性能，可以用复合管来取代电路中的一只晶体三极管，这种电路称为复合管放大电路。

4.2.1　复合管

用两个晶体三极管构成的复合管有两类：一类是由两个同种类型晶体三极管（同为 NPN 型或者 PNP 型）构成的复合管，如图 4.2.1（a）、（b）所示；另一类是由两个不同类型晶体三极管构成的复合管，如图 4.2.1（c）、（d）所示。它们的等效晶体三极管的管型与 VT_1 管相同。

下面以图 4.2.1（a）所示为例，计算复合管的输出电流与输入电流之间的关系为

$$i_C = i_{C1} + i_{C2} = \beta_1 i_{B1} + \beta_2(\beta_1 + 1) i_{B1} = (\beta_1 + \beta_2 + \beta_1\beta_2) i_{B1} = (\beta_1 + \beta_2 + \beta_1\beta_2) i_B$$

一般 β_1、β_2 的值为 20～200，则有

$$\beta_1\beta_2 \gg \beta_1 + \beta_2$$

$$i_C \approx \beta_1\beta_2 i_B$$

用相同的方法能够推出 4.2.1（b）、（c）、（d）具有相同的结论，即复合管的电流放大系数为单只晶体三极管电流放大系数的乘积（$\beta = \beta_1\beta_2$），其中 VT_1 只需小功率管即可。因此，在需要相同的输出电流时，复合管需要的输入电流明显减小，这样可以大幅减轻小功率管的负担。

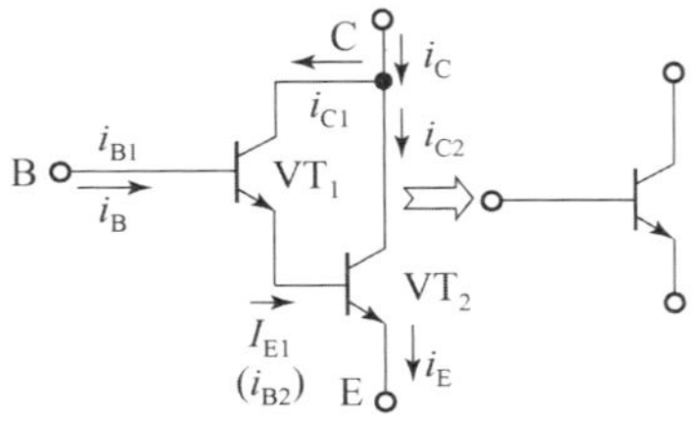

(a) 两只NPN管构成NPN复合管

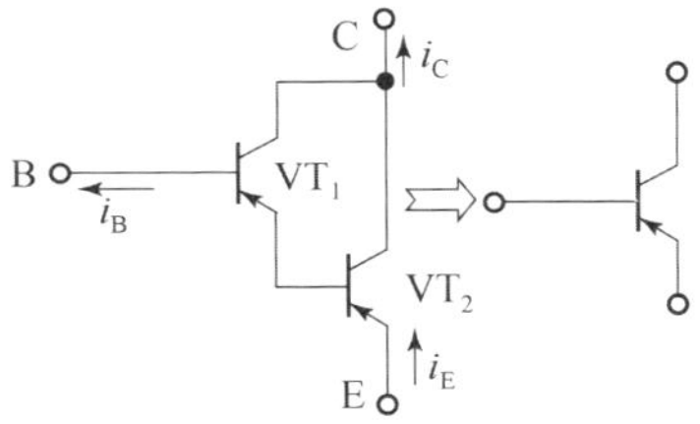

(b) 两只PNP管构成PNP复合管

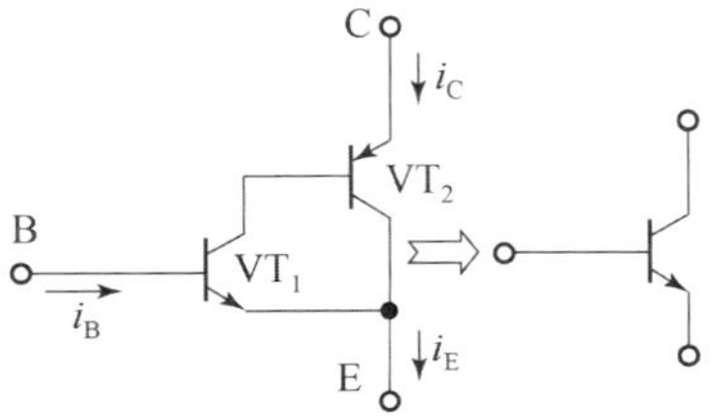

(c) NPN和PNP构成NPN复合管

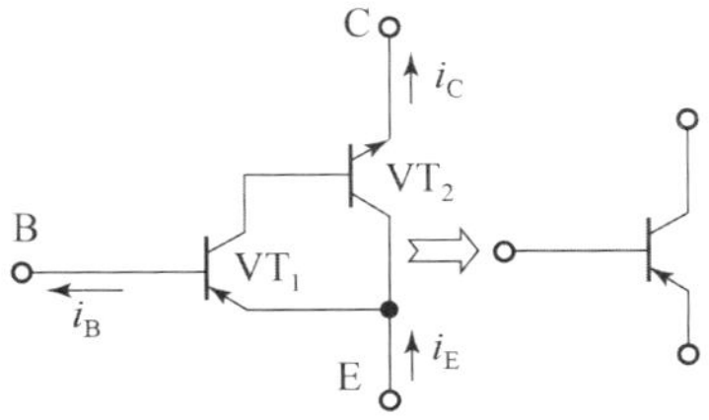

(d) PNP和NPN构成PNP复合管

图 4.2.1　复合管及其等效器件

4.2.2　阻容耦合复合管共射放大电路

将图 4.2.2（a）中阻容耦合共射放大电路单个晶体三极管用复合管取代，得如图 4.2.2（b）所示复合管共射放大电路，其微变等效电路如图 4.2.2（c）所示。

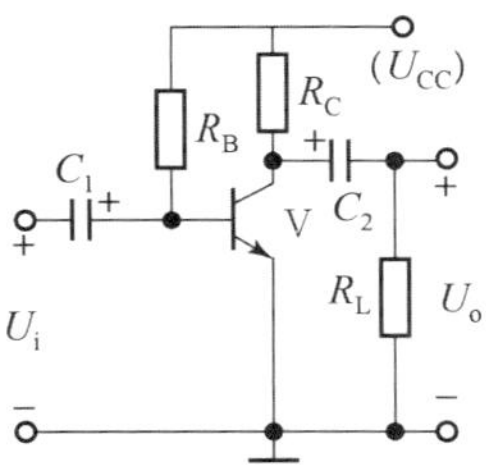

(a) 单管共射放大电路

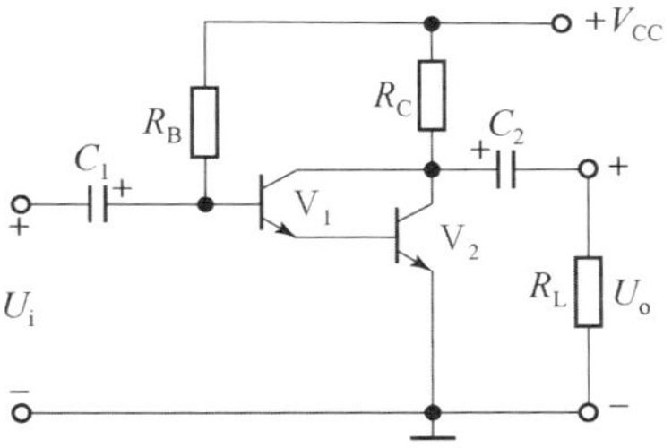

(b) 复合管共射放大电路

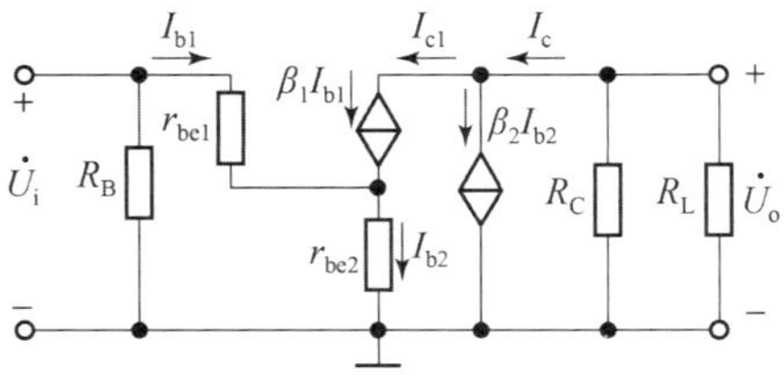

(c) 复合管共射微变等效电路

图 4.2.2　阻容耦合复合管共射放大电路

由图 4.2.2（c）所示微变等效电路可知

$$I_c = \beta_1 I_{b1} + \beta_2 I_{b2} \approx \beta_1 \beta_2 I_{b1}$$

电流增益为

$$A_i = \beta_1 \beta_2$$

$$U_i = I_{b1}r_{be1} + I_{b2}r_{be2} = I_{b1}r_{be1} + (1+\beta_1)I_{b1}r_{be2} = [r_{be1} + (1+\beta_1)r_{be2}]I_{b1}$$

$$U_o = -I_c(R_C /\!/ R_L) = -\beta_1\beta_2 I_{b1}(R_C /\!/ R_L)$$

电压增益为

$$A_u = \frac{U_o}{U_i} = -\frac{\beta_1\beta_2 I_{b1}(R_C /\!/ R_L)}{[r_{be1} + (1+\beta_1)r_{be2}]I_{b1}} = -\frac{\beta_1\beta_2(R_C /\!/ R_L)}{r_{be1} + (1+\beta_1)r_{be2}}$$

输入电阻为

$$R_i = R_B /\!/ [r_{be1} + (1+\beta_1)r_{be2}]$$

输出电阻为

$$R_o = R_C$$

4.3　集成运算放大电路概述

集成放大电路是高增益的直接耦合放大电路，习惯上称为集成运算放大电路。它是采用集成工艺把将场效应管、晶体三极管、二极管、电阻、电容等，以及它们之间的连线集成在一块硅基片上被封装起来，构成的具有特定功能的电路。从外部看，可以认为集成运算放大电路是一个双端输入、单端输出，以及具有高差模增益、高输入电阻、低输出电阻、抗干扰能力强、可靠性高、体积小、成本低、能耗小、能较好地抑制温漂的差动放大电路。

4.3.1　集成运算放大电路的特点

与传统的分立元件放大电路相比，集成运算放大电路有如下特点：

（1）级间采用直接耦合方式。由于集成工艺不适合在硅片上制作大电容和大电感，所以集成运放采用直接耦合方式。

（2）尽可能用有源器件取代无源器件。由于在集成电路中不易制作大电阻，所以用有源器件取代无源器件。

（3）采用对称性良好的元件。由于集成电路中相邻元件的对称性良好，受温度和干扰的影响后变化相同，所以集成电路中大量采用对称性良好的差动放大电路。

（4）采用复合形式的制作工艺。集成晶体三极管和场效应管的制作工艺不同，性能也有较大差异，所以采用复合形式，满足不同的要求。

4.3.2　集成运算放大电路的组成

集成运算放大电路形式多样，各具特色。但从电路的组成结构看，一般是由输入级、中间级、输出级和偏置电路四部分组成，如图 4.3.1 所示。它有两个输入端、一个输出端，图 4.3.1 中所标 u_+、u_-、u_o 分别代表同相输入端、反相输入端和输出端，它们均以地为公共端，这里的“反相”和“同相”是指运放的输入电压与输出电压的相位关系。

（1）输入级。通常采用对称结构的高性能差动放大电路组成，以获得尽可能低的零点漂移和尽可能高的共模抑制比。

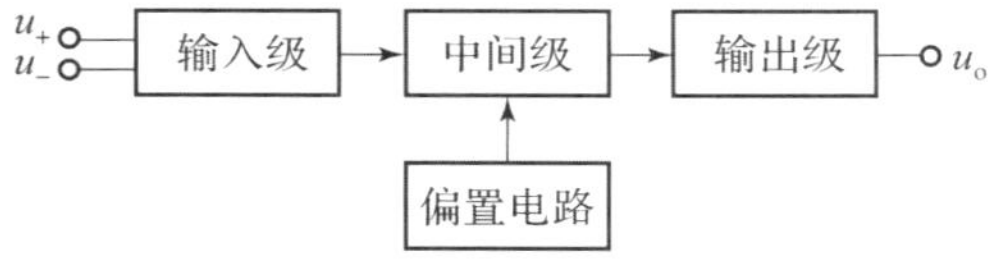

图 4.3.1 集成运算放大电路方框图

（2）中间级。作用是使集成运算放大电路具有较强的放大能力，多采用共射（或共源）放大电路；而且为了提高电压放大倍数，经常采用复合管做放大管，以恒流源做集电极负载。其电压放大倍数可达千倍。

（3）输出级。要求输出电阻低，带负载能力强，输出电压线性范围宽，非线性失真小等特点，一般由互补对称电路或射极输出器构成，也就是功率放大电路构成。

（4）偏置电路。主要用于设置各级放大电路的静态工作点，集成运算放大电路中一般采用的是电流源电路。

常见的集成运放的外形有双列直插式、扁平式和管壳式 3 种，如图 4.3.2 所示。

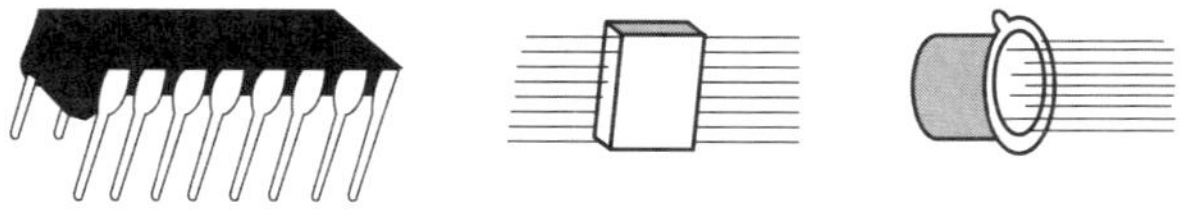

(a) 双列直插式　(b) 扁平式　(c) 管壳式

图 4.3.2 常见集成电路外形

4.4 集成运算放大电路中电流源电路

4.4.1 电流源电路

电流源电路是提供恒定电流的一类电子线路，是组成集成运算放大电路的基本单元电路，主要作用是为放大电路提供稳定的偏置电流，或作为放大电路的有源负载。常见的形式主要如下。

1. 镜像电流源

基本镜像电流源电路如图 4.4.1（a）所示，VT_1 和 VT_2 应该选取参数完全匹配的晶体三极管（$\beta_1=\beta_2, I_{S1}=I_{S2}$）。

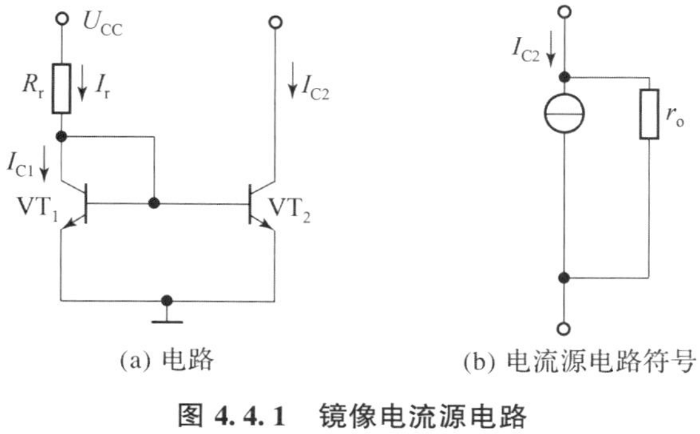

(a) 电路　(b) 电流源电路符号

图 4.4.1 镜像电流源电路

基本镜像电流源的原理：因为 $U_{BE1}=U_{BE2}$，所以 $I_{C1}=I_{C2}$，故参考电流为

$$I_r=I_{C1}+2I_B=I_{C1}+2\frac{I_{C1}}{\beta}$$

$$I_{C1}=\frac{\beta}{\beta+2}I_r=I_{C2} \tag{4.4.1}$$

推导出，当 $\beta\gg2$ 时，有

$$I_{C2}=I_{C1}\approx I_r=\frac{U_{CC}-U_{BE}}{R_r}\approx\frac{U_{CC}}{R_r} \tag{4.4.2}$$

可见，只要 U_{CC} 和 R_r 确定，那么 I_{C2} 就确定，且 $I_{C2}\approx I_r$，就像一面镜子，称为镜像电流源。

在集成运算放大电路中常需要多路电流源给各级提供合适的静态的电流。图 4.4.2 所示电路是在镜像电流源的基础上得到的多路电流源的。

$$I_{C1}=I_r-\frac{4I_{B1}}{(1+\beta_5)}$$

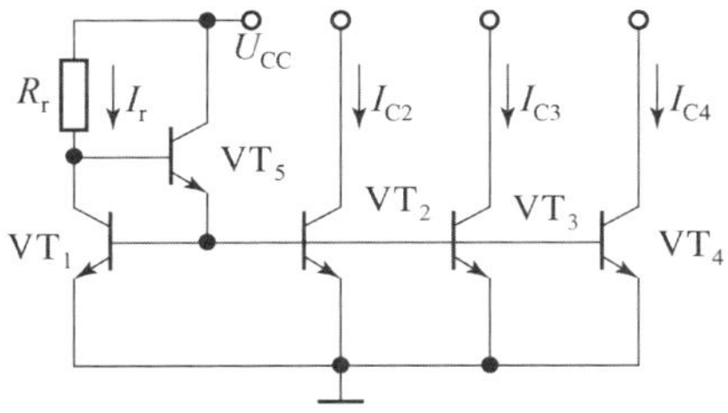

图 4.4.2　基于镜像电流源的多路电流源

此时，有

$$I_{C2}=I_{C3}=I_{C4}=\frac{\beta_1(1+\beta_5)I_r}{\beta_1(1+\beta_5)+4} \tag{4.4.3}$$

因 $\beta_1(1+\beta_5)\gg4$ 容易满足，所以各路电流更接近 I_r，并且受 β 温度的影响也小。

电流源电路的电路符号如图 4.4.1（b）所示，其中 r_o 为交流输出电阻，镜像电流源的 $r_o=r_{ce2}$，由于 r_{ce2} 的值很大，因此镜像电流源输出电流恒定。

图 4.4.3（a）所示电路为三集电极晶体管构成的多路镜像电流。它利用一个三集电极横向 PNP 管组成双路电流源，其等价电路如图 4.4.3（b）所示。

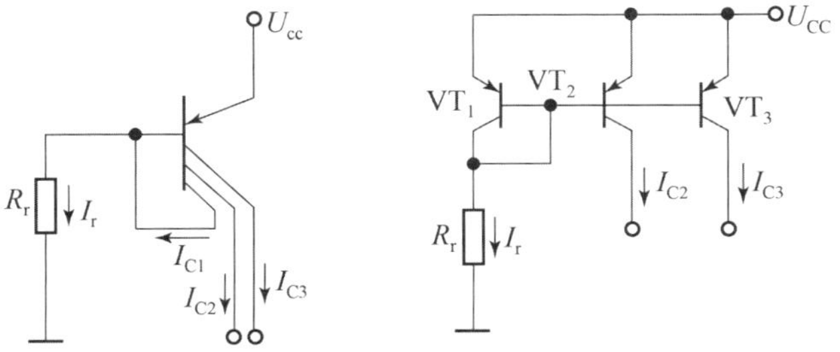

(a) 三集电极横向PNP管电路　　(b) 等价电路

图 4.4.3　三集电极晶体管镜像电流源

2. 比例电流源

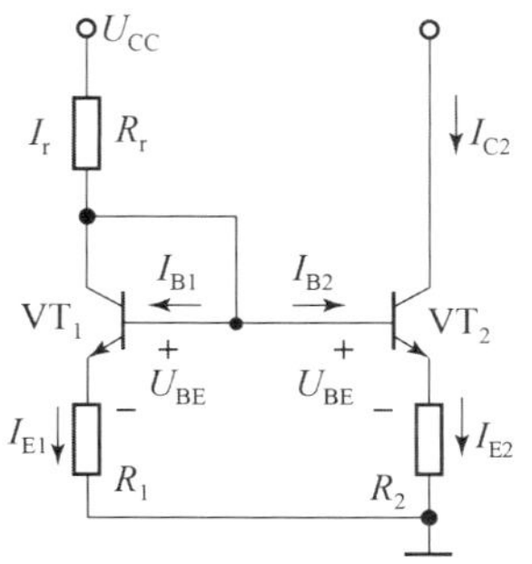

图 4.4.4　比例电流源电路

在实际应用中，经常需要输出电流与参考电流 I_r 成特定比例关系，可采用比例电流源。比例电流源是在镜像电流源的两管的发射极上串接不同阻值的电阻，其电路如图 4.4.4 所示。

由图 4.4.4 可知

$$U_{BE1}+I_{E1}R_1=U_{BE2}+I_{E2}R_2 \tag{4.4.4}$$

则

$$I_{E2}=\frac{(U_{BE1}-U_{BE2})+I_{E1}R_1}{R_2}$$

参数对称的两管在 I_C 相差 10 倍以内时，$|U_{BE1}-U_{BE1}|<60\text{mV}$。
所以，ΔU_{BE}可忽略不计，则有

$$I_{E2}\approx\frac{R_1}{R_2}I_{E1} \tag{4.4.5}$$

若 $\beta\gg2$，则 $I_{E1}\approx I_{C1}\approx I_r$，$I_{E2}\approx I_{C2}$，由此可得

$$I_{C2}\approx\frac{R_1}{R_2}I_r \tag{4.4.6}$$

即只要合理选择两管发射极电阻的比例，可得合适的 I_{C2}。

因此，此电流源又称为比例电流源。

3. 微电流源

有些情况下，要求得到极其微小的输出电流 I_{C2}，若采用镜像电流源，R_r 势必过大，这时可令比例电流源中的 $R_1=0$，如图 4.4.5 即可以在 R_2不大的情况下得到微电流 I_{C2}。

微电流源的原理：当 I_R的值一定时，I_o 可确定为

$$U_{BE1}-U_{BE2}=I_{E2}R_2=\Delta U_{BE} \tag{4.4.7}$$

$$I_{E2}=\frac{U_{BE1}-U_{BE2}}{R_2}=\frac{\Delta U_{BE}}{R_2}=\frac{U_T}{R_2}\ln\frac{I_{E1}}{I_{E2}} \tag{4.4.8}$$

式中：$U_{BE1}-U_{BE2}$的值只有几十毫伏，甚至更小，因此只要几千欧的 R_2就可以得到几微安的 I_{C2}。若 $\beta\gg2$，则 $I_{E1}\approx I_{C1}\approx I_r$，$I_{E2}\approx I_{C2}$，由式（4.3.8）可得

$$R_2=\frac{U_T}{I_{C2}}\ln\frac{I_r}{I_{C2}} \tag{4.4.9}$$

其中

$$I_r=\frac{U_{CC}-U_{BE1}}{R_r}\approx\frac{U_{CC}}{R_r} \tag{4.4.10}$$

由此可见，若已知 $I_r=1\text{mA}$，要求 $I_{C2}=10\mu\text{A}$，采用图 4.4.5 所示的微电流源，取 $U_{CC}=15\text{V}$ 时，则根据式（4.4.9）得 $R_2=12\text{k}\Omega$，根据式（4.4.10）得 $R_r=15\text{k}\Omega$。对于上述指标，如果采用镜像电流源，则 R_r 需要大于 1.5MΩ。

4. 威尔逊电流源

以上介绍的几种电流源，虽然电流简单，但有两个共同的缺点：一是动态内阻不够大，二是受 β 变化的影响比较大。解决的办法是在电路中引入电流负反馈。如图 4.4.6

电路就是一种常用的负反馈电流源，又称威尔逊电流源（wilson current source）。镜像电流源接在 VT_3 管的基极和发射极之间形成负反馈，稳定 I_{C3}。

由图 4.4.6 可知，参考电流为

$$I_r = \frac{U_{CC} - U_{BE3} - U_{BE2}}{R_r} = \frac{U_{CC} - 2U_{BE}}{R_r} \tag{4.4.11}$$

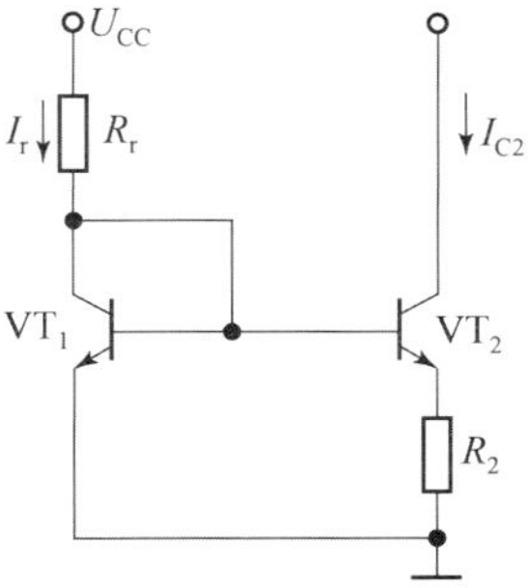

图 4.4.5　微电流源电路

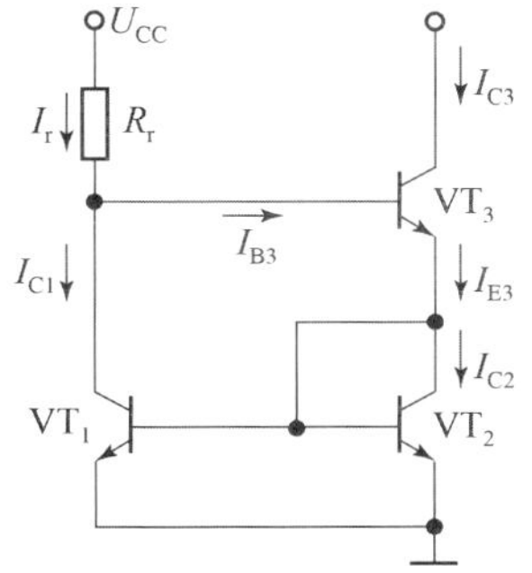

图 4.4.6　威尔逊电流源电路

设图 4.4.6 中三个管子特性相同，则 $\beta_1 = \beta_2 = \beta_3 = \beta$，由镜像电流源可知 $I_{C1} = I_{C2} = I_C$，下面分析输出电流 I_{C3} 与 I_r 的关系为

$$I_{C3} = \frac{\beta}{1+\beta} I_{E3} = \frac{\beta}{1+\beta}\left(I_{C2} + \frac{I_{C1}}{\beta_1} + \frac{I_{C2}}{\beta_2}\right) = \frac{\beta}{1+\beta}\left(I_C + 2\frac{I_C}{\beta}\right) \tag{4.4.12}$$

$$I_r = I_{C1} + I_{B3} = I_C + \frac{I_{C3}}{\beta} \tag{4.4.13}$$

整理可得

$$I_{C3} = \left(1 - \frac{2}{\beta^2 + 2\beta + 2}\right) I_r \approx I_r \tag{4.4.14}$$

由式（4.4.14）可知，当 β 很小时，也可认为 $I_{C3} \approx I_r$，即 I_{C3} 受 β 的影响比较小。

4.4.2　以电流源为有源负载的放大电路

集成运算放大电路要有极高的电压增益，可以通过多级放大电路级联实现。在电压增益一定时，为了减少级数，必须要提高单级电压增益。因此，在集成运算放大电路中，放大电路多采用电流源作为负载。典型的有源负载共射放大电路如图 4.4.7 所示。图 4.4.7 中的 VT_2、VT_3 管构成镜像电流源，作为 VT_1 管的集电极负载，因为电流源的动态内阻为 r_{ce2}，所以此时 VT_1 管的电压增益只需将原来的 R_C 用 r_{ce2} 代替就可以了，这样极大地提高了电压增益。图 4.4.7（c）为有源负载共射放大电路的交流等效电路，其电压增益为

$$A_u = -\frac{\beta_1 (r_{ce1} /\!/ r_{ce2})}{r_{be1}}$$

由于 r_{ce1}、r_{ce2} 都比较大，所以与无源负载的共射放大电路 $\left(\text{电压增益 } A_u = -\frac{\beta R_C}{r_{be}}\right)$ 相比，此电路有很高的电压增益。

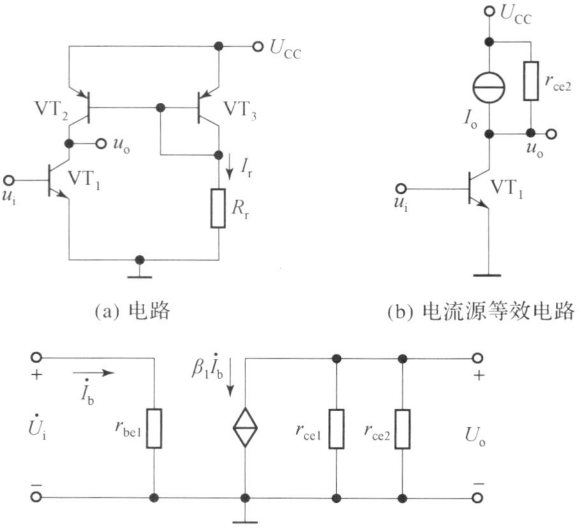

(a) 电路　　(b) 电流源等效电路

(c) 交流等效电路

图 4.4.7　有源负载共射放大电路

4.5　集成电路中差动放大电路

4.5.1　零点漂移现象

集成运算放大电路采用的是直接耦合方式，直接耦合放大电路是级间不用耦合元件的级联放大电路，前级输出端直接与后级输入端相连。由于它实现了从输入端到输出端直流信号的传递，因此前级工作点的微小变化会直达后级继续放大，以致放大到十分可观的程度，甚至破坏放大电路的正常工作。零点漂移指的是当无信号输入时，由于工作点不稳定被逐级放大，因此在输出端出现静态电位偏离固定值而上下飘动的现象，如图 4.5.1 所示。从图 4.5.1 可以看出，放大电路级数越多、放大倍数越大，输出端的漂移现象越严重。严重时，有可能使输入的微弱信号淹没在漂移之中，无法分辨，从而达不到预期的传输效果，因此克服零点漂移是直接耦合放大电路的主要问题。

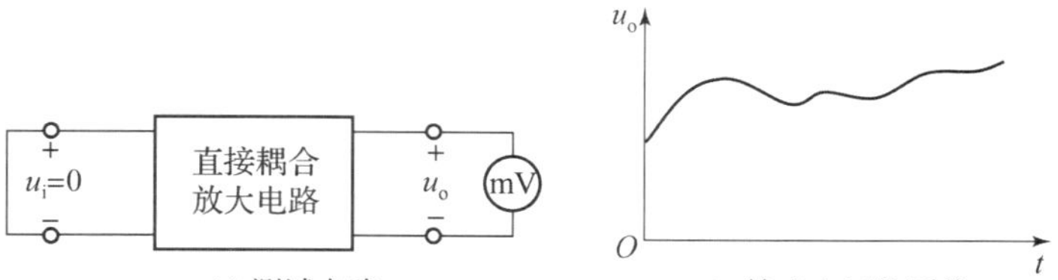

(a) 测试电路　　(b) 输出电压的漂移

图 4.5.1　零点漂移现象

产生零点漂移的原因很多，如电源电压的波动、元件的老化，以及半导体元件参数随温度变化等。若采用高质量的电源和经过老化实验的元件就可以大幅减小由此产生的漂移，此时温度就成为影响零点漂移的主要因素。也可以采用负反馈、稳压等措施补偿，而有效的方法，是采用差动式放大电路，其通常作为集成运算放大电路的输入级。

4.5.2　差动放大电路的工作原理及性能分析

1. 差动放大电路的工作原理

差动放大电路如图 4.5.2 所示，两个电路的参数完全对称，两个三极管的温度特性也完全对称。它的工作原理：当输入信号 $U_i=0$ 时，则两管的电流相等，两管的集点极电位也相等，所以输出电压 $U_o=U_{C1}-U_{C2}=0$。当温度上升时，两管电流均增加，则集电极电位均下降，由于它们处于同一温度环境，因此两管的电流和电压变化量均相等，其输出电压仍然为零。

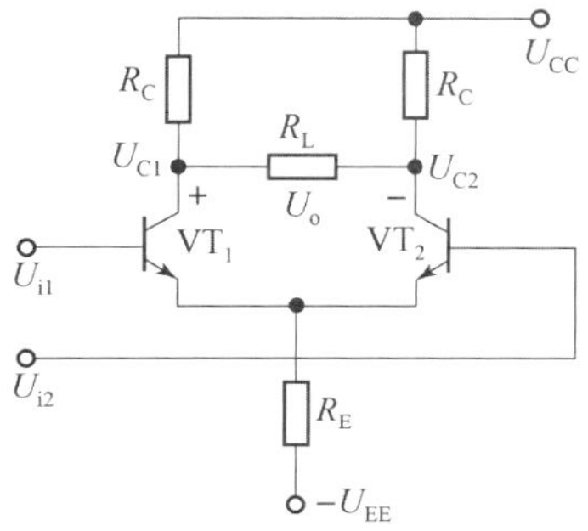

图 4.5.2　长尾式差动放大电路

2. 差动放大电路的静态分析

如图 4.5.3（a）所示，VT_1 和 VT_2 管的特性参数相同，$\beta_1=\beta_2=\beta$，$r_{be1}=r_{be2}=r_{be}$，R_E 为公共的发射极电阻，电路由双向电源 $+U_{CC}$ 和 $-U_{EE}$ 供电。

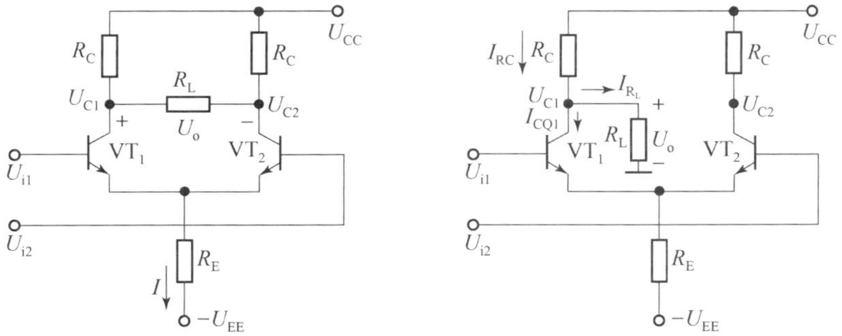

(a) 双端输出　　(b) 单端输出

图 4.5.3　长尾式差动放大电路

当输入信号 $U_{i1}=U_{i2}=0$ 时，两管发射极电位 $U_E=-U_{BE}\approx-0.7V$，则流过 R_E 的电流 I 为

$$I=\frac{U_E-(-U_{EE})}{R_E}=\frac{U_{EE}-0.7}{R_E} \tag{4.5.1}$$

由于两管电路完全对称，因此

$$I_{CQ1}=I_{CQ2}\approx I_{EQ1}=I_{EQ2}=I/2 \tag{4.5.2}$$

$$U_{CQ1}=U_{CQ2}=U_{CC}-I_{CQ1}R_C \tag{4.5.3}$$

$$U_{CEQ1}=U_{CEQ2}\approx U_{CC}+0.7-I_{CQ1}R_C \tag{4.5.4}$$

$$U_o=U_{CQ1}-U_{CQ2}=0 \tag{4.5.5}$$

静态时，差动放大电路两输出端之间的直流电压为零。

实际应用中，为了防止干扰或者负载的安全，常将负载电阻的一端接地，这种输出方式称为单端输出，如图 4.5.3（b）所示。输出端可以取 U_{C1}，也可以取 U_{C2}。静态时，由于输入回路参数对称，使静态电流 $I_{BQ1}=I_{BQ2}$，从而 $I_{CQ1}=I_{CQ2}$，但是由于输出回路的不对称性，使得两管 U_{CEQ} 各不相同，此时 $U_{CEQ2}\approx U_{CC}+0.7-I_{CQ1}R_C$ 与双端输出时相同。对于 U_{CEQ1}，求解较复杂。

由节点 U_{C1}，根据基尔霍夫电流定律（流入节点电流等于流出节点电流）可列方程为

$$I_{R_C}=I_{CQ1}+I_{R_L}$$

即

$$\frac{(U_{CC}-U_{CQ1})}{R_C}=I_{CQ1}+\frac{U_{CQ1}}{R_L} \tag{4.5.6}$$

可得 U_{CQ1}，则

$$U_{CEQ1}\approx U_{CQ1}+0.7 \tag{4.5.7}$$

以上为差动电路的静态分析，下面讨论加入输入信号 U_{i1} 和 U_{i2} 时，差动放大电路的动态特性。

3. 差动放大电路的动态分析

1）输入信号的类型

（1）差模信号。在放大电路两输入端分别输入大小相等、相位相反的信号，即当 $u_{i1}=-u_{i2}$ 时，差模输入电压用 u_{id} 来表示（$u_{id}=u_{i1}-u_{i2}$），即 $u_{i1}=-u_{i2}=u_{id}/2$。

（2）共模信号。在放大电路两输入端分别输入大小相等、相位相同的信号，即当 $u_{i1}=u_{i2}$ 时，共模输入电压常用 u_{ic} 来表示，即 $u_{i1}=u_{i2}=u_{ic}$。

（3）输入任意大小信号。放大电路两输入端输入大小不相等时，将其分解成一对差模信号和一对共模信号，即 $u_{id}=u_{i1}-u_{i2}, u_{ic}=(u_{i1}+u_{i2})/2$。

2）对差模信号的放大作用

当输入差模信号时，这时一支管的集电极电流增大，另一支管的集电极电流减小，并且增大量和减小量时时相等，即 $\Delta U_{c1}=-\Delta U_{c2}$，这时得到的输出电压 $\Delta U_o=\Delta U_{c1}-(-\Delta U_{c2})=2\Delta U_{c1}$，从而实现电压放大。可见，差动电路对差模信号具有放大能力。

在图 4.5.2 所示差动电路的两个输入端加上差模信号时，由于两个三极管的输入电压大小相等方向相反，流过两个三极管的电流方向也相反，在电路完全对称的条件下，必有 $\Delta I_{e1}=-\Delta I_{e2}$，所以流过 R_E 的差模电流为零，则 $u_{R_E}=0$。所以对差模信号而言，公共射极端可视为差模地端，即 R_E 相当于对地短路（正是因为 R_E 对差模信号短路，才使得差模信号放大倍数增大）。另外，在输入差模信号时，两管集电极电位的变化等值反相。因此，当双端输出时，负载电阻 R_L 的中点是交流地电位。

通过上述分析，得到差模等效通路如图 4.5.4 所示。图中还画出了输入为差模正弦

信号时，输出端的波形。利用图 4.5.4 所示等效通路，可以计算差动放大电路的各项差模性能指标。

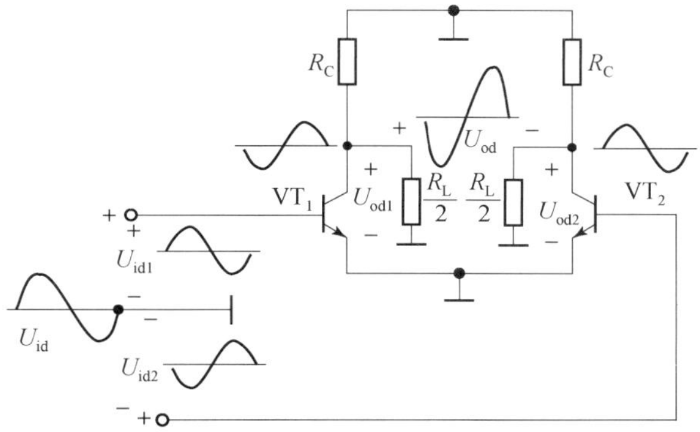

图 4.5.4　长尾式差动放大电路的差模等效电路

（1）差模电压放大倍数。

输入差模信号的电压放大倍数称为差模电压放大倍数 A_{ud}，表示差模输出电压 U_{od}与差模输入电压 U_{id}之比。

双端输出时，差模输出电压为

$$U_{od}=U_{od1}-U_{od2}=2U_{od1}=-2U_{od2}$$

差模输入电压为

$$U_{id}=U_{id1}-U_{id2}=2U_{id1}=-2U_{id2}$$

所以有

$$A_{ud}=\frac{U_{od}}{U_{id}}=\frac{U_{od1}}{U_{id1}}=\frac{U_{od2}}{U_{id2}}=-\frac{\beta\left(R_C /\!/ \frac{R_L}{2}\right)}{r_{be}} \tag{4.5.8}$$

由此可见，双端输入、双端输出时的差模电压放大倍数与单管共射放大电路的电压放大倍数相同。

当单端输出时，输出端取自 VT_1管，则

$$A_{ud(单)}=\frac{U_{od1}}{U_{id}}=\frac{U_{od1}}{2U_{id1}}=\frac{1}{2}A_{ud}=-\frac{1}{2}\frac{\beta(R_C /\!/ R_L)}{r_{be}} \tag{4.5.9}$$

若输出端取自 VT_2管，则

$$A_{ud(单)}=\frac{U_{od2}}{U_{id}}=\frac{-U_{od1}}{2U_{id1}}=-\frac{1}{2}A_{ud}=\frac{1}{2}\frac{\beta(R_C /\!/ R_L)}{r_{be}} \tag{4.5.10}$$

这时的差模电压放大倍数为单管共射放大电路的电压放大倍数的 1/2，并且两输出端信号的相位相反。

可见，差动电路能够放大差模信号。

（2）差模输入电阻。

由图 4.5.4 可知，输入电阻为

$$R_{id}=\frac{U_{id}}{I_{id}}=\frac{2U_{id1}}{I_{id}}=2r_{be} \tag{4.5.11}$$

是单管共射放大电路输入电阻的两倍。

(3) 差模输出电阻。

当双端输出时，有

$$R_{od}=2R_C \tag{4.5.12}$$

是单管共射放大电路输出电阻的两倍。

当单端输出时，有

$$R_{od(单)}=R_C \tag{4.5.13}$$

3) 对共模信号的抑制作用

由于当输入共模信号时，由于电路参数对称，VT_1 管和 VT_2 管所产生的基极变化电流相等，即 $I_{b1}=I_{b2}$，同时 $I_{c1}=I_{c2}$，因此集电极电位的变化也相等，即 $\Delta U_{c1}=\Delta U_{c2}$。由于输出电压取自两个集电极电位差，所以输出电压 $U_o=0$。这说明差动放大电路对共模信号有很强的抑制作用。

当共模输入时，由于两个三极管输入电压相同，在电路完全对称的条件下，两管发射极电流变化量相等，即 $\Delta i_{E1}=\Delta i_{E2}$，使得流过 R_E 的电流变化量为 $2\Delta i_E$，从而引起两管发射极电位变化量为 $2\Delta i_E R_E$。在输出端，由于共模输入信号引起两管集电极的电位变化相同，流过负载 R_L 上的电流为零，相当于 R_L 开路，所以图 4.5.2 所示电路的共模等效通路如图 4.5.5 所示。利用该电路，现在来分析它的共模指标。

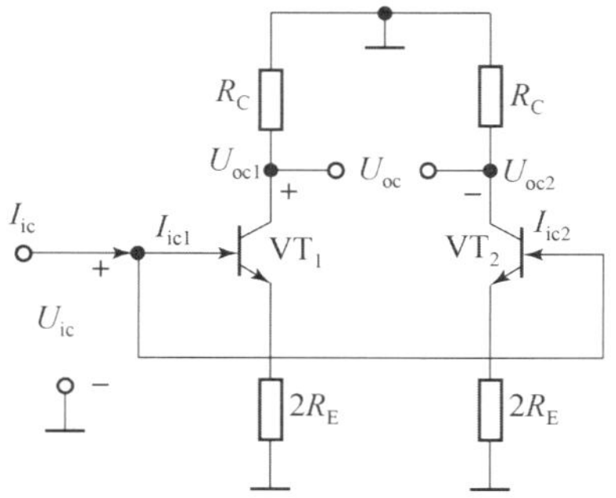

图 4.5.5　长尾式差动电路的共模等效通路

(1) 共模电压放大倍数。

共模电压放大倍数 A_{uc} 定义为共模输出电压与共模输入电压之比，即

$$A_{uc}=\frac{U_{oc}}{U_{ic}}=\frac{U_{oc1}-U_{oc2}}{U_{ic}} \tag{4.5.14}$$

当电路完全对称时，$U_{oc1}=U_{oc2}$，所以双端输入、双端输出共模电压放大倍数为零，即 $A_{uc}=0$。可见，差动放大电路对共模信号起抑制作用。

(2) 共模输入电阻。

共模输入电阻 R_{ic} 定义为共模输入电压和共模输入电流之比，由图 4.2.4 可知

$$R_{ic}=\frac{U_{ic}}{I_{ic}}=\frac{U_{ic}}{2I_{ic1}}=\frac{1}{2}[r_{be}+(1+\beta)2R_E] \tag{4.5.15}$$

可以看出共模输入电阻 R_{ic} 为单管共射电路输入电阻的一半。

(3) 共模输出电阻。

共模输出电阻 R_{oc} 定义为在输出端加电压 U_o 除以输出电流，因此

$$R_{oc(双)}=2R_C \tag{4.5.16}$$

（4）单端输出时的共模指标为

$$A_{uc(单)}=\frac{U_{oc}}{U_{ic}}=\frac{U_{oc1}}{U_{ic}}=-\frac{\beta(R_C/\!/R_L)}{r_{be}+(1+\beta)2R_E}\approx-\frac{R_C/\!/R_L}{2R_E} \tag{4.5.17}$$

由式（4.5 17）可见，R_E 越大，$|A_{uc(单)}|$越小。

输出端的改变对输入电阻没有影响，因此单端输出时的输入电阻仍然为

$$R_{ic(单)}=\frac{U_{ic}}{I_{ic}}=\frac{U_{ic}}{2I_{ic1}}=\frac{1}{2}[r_{be}+(1+\beta)2R_E]$$

单端输出时的输出电阻为

$$R_{oc(单)}=R_C \tag{4.5.18}$$

由上面分析的结果说明，差分放大电路对共模信号具有很强的抑制能力：当差分放大电路中的两个放大电路完全对称时，双端输出共模电压增益为零，单端输出、R_E 很大时，$|A_{uc(单)}|$远小于 1。

综上分析，放大差模信号，抑制共模信号是差动放大电路的基本特征。通常情况下，关注的是差模输入信号，对于这部分有用信号，应尽可能放大倍数；而共模输入信号可能反映由于温度变化而产生的漂移信号或随输入信号一起进入放大电路的某种干扰信号，对于这样的共模输入信号，应尽量地加以抑制，不予放大传送。

4. 共模抑制比

共模抑制比 K_{CMR}定义为差模放大倍数与共模放大倍数之比的绝对值，即

$$K_{CMR}=\left|\frac{A_{ud}}{A_{uc}}\right| \tag{4.5.19}$$

主要用于衡量差动放大电路对差模信号的放大和对共模信号的抑制能力，共模抑制比有时也用分贝（dB）来表示，即

$$K_{CMR}=20\lg\left|\frac{A_{ud}}{A_{uc}}\right|(\text{dB}) \tag{4.5.20}$$

在双端输出时，若电路完全对称，因 $A_{uc}=0$，所以 $K_{CMR}\to\infty$，表明对称性越高，共模抑制比越高。

在单端输出时，根据式（4.5.9）和式（4.5.17），设负载 R_L 开路，可得

$$K_{CMR(单)}=\left|\frac{A_{ud(单)}}{A_{uc(单)}}\right|\approx\beta\frac{R_E}{r_{be}} \tag{4.5.21}$$

表明 R_E 越大，共模抑制比越高。

例 4.2：对称差动放大电路如题图 4.5.6 所示。已知晶体三极管 VT_1和 VT_2的 $\beta=50$，并设 $U_{BE(on)}=0.7V$，$r_{bb'}=0$，$r_{ce}=\infty$。

（1）求 VT_1和 VT_2的静态集电极电流 I_{CQ}、U_{CQ}和晶体三极管的输入电阻 r_{be}。

（2）求双端输出时的差模电压增益 A_{ud}，差模输入电阻 R_{id}和差模输出电阻 R_{od}。

（3）若 R_L 接 VT_2集电极的一端改接地时，求差模电压增益 $A_{ud(单)}$，共模电压增益 A_{uc}和共模抑制比 K_{CMR}，任一输入端输入的共模输入电阻 R_{ic}，任一输出端呈现的共模输出电阻 R_{oc}。

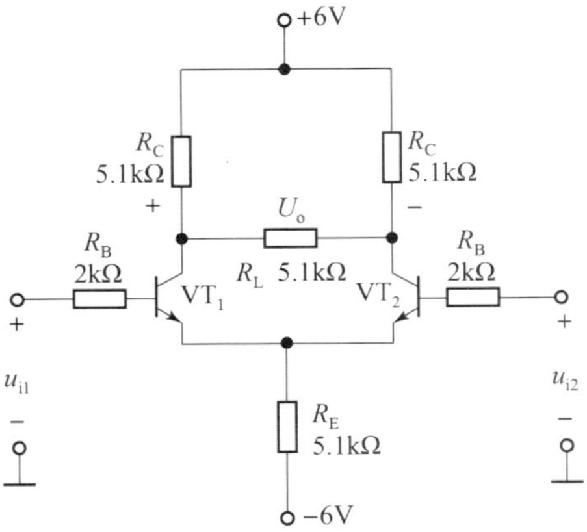

图 4.5.6　例 4.2

解：（1）因为电路对称，由输入回路方程 $I_{BQ}R_B+0.7+2I_{EQ}R_E=6V$，得

$$I_{CQ1}=I_{CQ2}=\frac{U_{EE}-0.7}{2\times R_E+\frac{R_B}{\beta}}=\frac{6-0.7}{2\times 5.1+\frac{2}{50}}=0.52\text{mA}$$

$$U_{CQ1}=U_{CQ2}=6-0.52\times 5.1=3.35\text{V}$$

$$r_{be}=\beta\cdot\frac{U_T}{I_{CQ1}}=50\times\frac{26}{0.52}=2.5\text{k}\Omega$$

（2）差模电压增益为

$$A_{ud}=-\beta\frac{R_C /\!/ \frac{1}{2}R_L}{R_b+r_{be}}=-50\times\frac{5.1 /\!/ \left(\frac{1}{2}\times 5.1\right)}{2+2.5}\approx -19$$

差模输入电阻为

$$R_{id}=2(R_B+r_{be})=2(2+2.5)\text{k}\Omega=9\text{k}\Omega$$

差模输出电阻为

$$R_{od}=2R_C=2\times 5.1\text{k}\Omega=10.2\text{k}\Omega$$

（3）单端输出差模电压增益为

$$A_{ud(单)}=-\frac{1}{2}\beta\frac{R_C /\!/ R_L}{R_B+r_{b'e}}=-\frac{1}{2}\times 50\times\frac{5.1 /\!/ 5.1}{2+2.5}\approx -14.2$$

共模电压增益为

$$A_{uc}=-\beta\frac{R_C /\!/ R_L}{R_B+r_{be}+(1+\beta)2R_E}=-50\frac{5.1 /\!/ 5.1}{2+2.5+51\times 2\times 5.1}=-0.24$$

共模抑制比为

$$K_{CMR}=\left|\frac{A_{ud}}{A_{uc}}\right|=\frac{14.2}{0.24}=59.2(A_{ud}为单)$$

共模输入电阻为

$$R_{ic}=[R_B+r_{be}+(1+\beta)2R_E]/2=262\text{k}\Omega$$

共模输出电阻为

$$R_{oc}=R_C=5.1\text{k}\Omega$$

5. 任意输入信号放大作用分析

如果差动放大电路的输入信号 U_{i1} 和 U_{i2} 既不是差模信号，也不是共模信号，则将其分解成一对差模信号和一对共模信号，它们共同作用在差动放大电路的输入端。

差模输入电压为

$$U_{id}=U_{i1}-U_{i2} \tag{4.5.22}$$

每个输入端的差模信号为

$$U_{id1}=-U_{id2}=\frac{1}{2}U_{id}=\frac{1}{2}(U_{i1}-U_{i2}) \tag{4.5.23}$$

共模信号为

$$U_{ic}=\frac{U_{i1}+U_{i2}}{2} \tag{4.5.24}$$

根据叠加原理可得，输出电压为共模输出电压 U_{od} 和差模输出电压 U_{oc} 之和，即

$$U_o=U_{od}+U_{oc}=A_{ud}U_{id}+A_{uc}U_{ic} \tag{4.5.25}$$

6. 放大电路的 4 种接法

差动放大电路有 2 个输入端和 2 个输出端，所以信号的输入端和输出端有 4 种连接方式，即：①单端输入、单端输出；②双端输入、双端输出；③单端输入、双端输出；④双端输入、单端输出。图 4.5.7 所示为差动电路的 4 种接法。

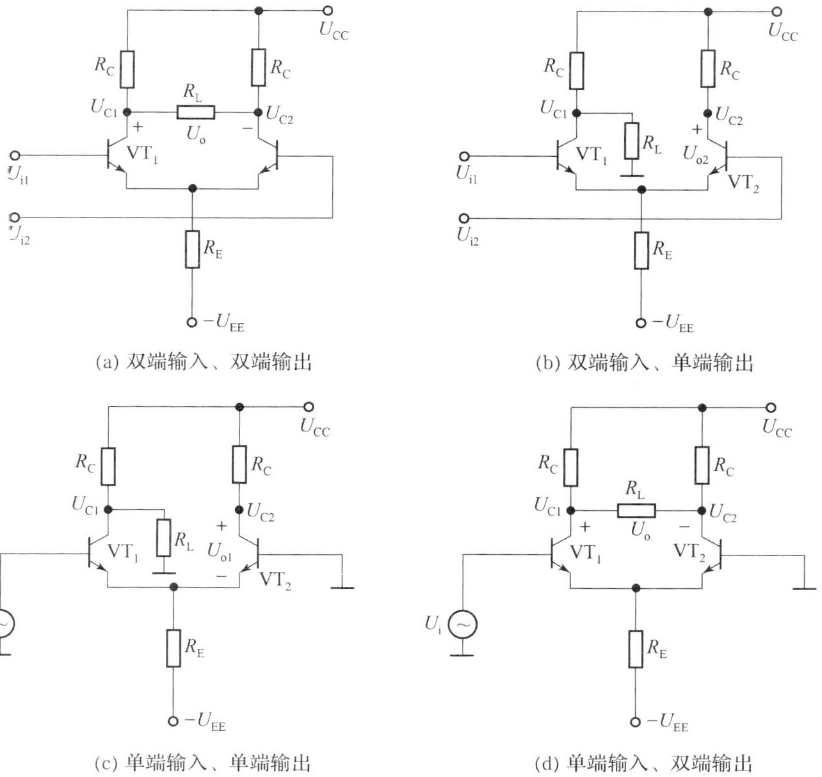

图 4.5.7 差动电路的 4 种接法

双端输入前面已经介绍过，单端输入时相当于 $U_{i1}=U_i, U_{i2}=0$。显然，单端输入是双端任意输入时的特例，其分析过程与任意输入时完全一样。此时差模信号为 U_i，共

模信号为 $U_i/2$。无论是双端输入还是单端输入，差动放大电路只放大两输入端之差，而抑制共模信号。

例 4.3：一差分放大电路输入端的两个信号分别为 12mV 和 2mV，$A_{ud}=-70$，$A_{ud(单)}=-50$，$A_{uc(单)}=-0.3$，试求双端输出时和单端输出（取自 VT_2输出端）时的输出电压为多少？

解：先求出相应的差模输入电压和共模输入电压：

$$U_{id}=U_{i1}-U_{i2}=12-2=10\text{mV}$$

$$U_{ic}=\frac{U_{i1}+U_{i2}}{2}=\frac{12+2}{2}=7\text{mV}$$

当双端输出时，输出电压没有共模分量，只有差模分量，所以

$$U_o=A_{ud}U_{id}=-70\times10=-700\text{mV}$$

当单端输出时，应考虑共模输出电压和差模输出电压，由于输出端取自 VT_2，差模电压增益为正，即同相放大，共模电压增益仍然为负，因此

$$U_{o(单)}=A_{ud(单)}U_{id}+A_{uc(单)}U_{ic}=50\times10+(-0.3)\times7=497.9\text{mV}$$

4.5.3 具有电流源的差动放大电路

为了提高差分放大电路的共模抑制比 K_{CMR}，应增大 R_E；但 R_E 增大后，为保证静态工作点不变，必须增加负电源电压的数值，这是不经济的。此外，由于集成电路难以制造大电阻，所以在集成电路中常采用直流电阻小、交流电阻大的电流源电路取代长尾式差动电路中的 R_E。

一种具有恒流源的差动放大电路如图 4.5.8 所示，VT_3、R_1、R_2、R_3构成单管电流源。由图 4.5.8 可见，VT_3的基极电位由电阻 R_1、R_2分压后取得，可以认为基本恒定，其集电极电流 I_{CQ3}具有恒流特性。此时 VT_3的动态电阻 r_{o3}非常大，其压降 U_{CEQ3}不是很大，从而解决了 R_E 太大所需 U_{EE}数值高的问题。

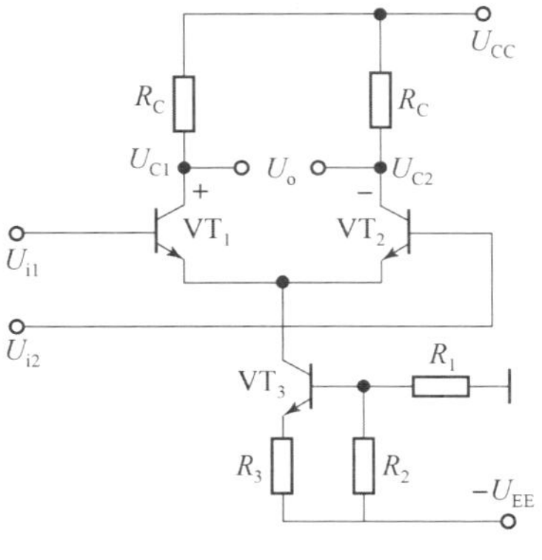

(a) 具有单管电流源的差动电路

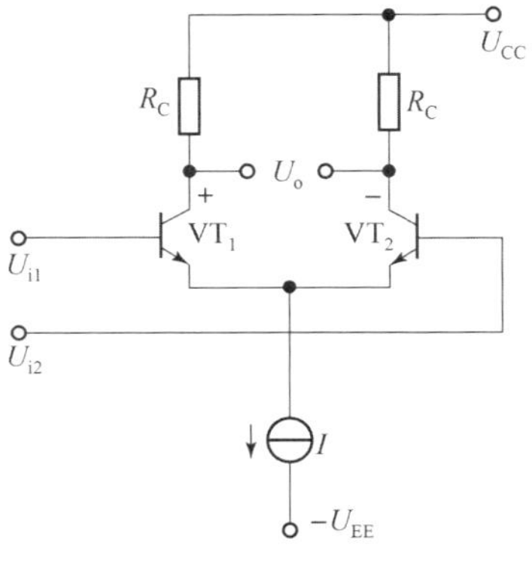

(b) 简化电路图

图 4.5.8 具有电流源的差动放大电路

可见，具有恒流源的差动电路在电源电压 U_{EE}较低的情况下，大大提高了电路对共模信号的抑制能力，因此恒流源差动电路得到广泛应用。

图 4.5.8（a）所示电路的静态工作点可按以下方法估算：

$$U_{R_2}=\frac{R_2}{R_1+R_2}U_{EE} \tag{4.5.26}$$

$$I_{C3}\approx I_{E3}=\frac{U_{R_2}-U_{BE}}{R_3} \tag{4.5.27}$$

$$I_{CQ1}=I_{CQ2}=\frac{1}{2}I_{C3} \tag{4.5.28}$$

$$U_{CEQ1}=U_{CEQ2}=U_{CC}+0.7-I_{CQ1}R_C \tag{4.5.29}$$

有时为简化起见，常常不把恒流源差动放大电路中恒流源部分具体画出，而用一个恒流源符号来表示，如图 4.5.8（b）所示。VT_1、VT_2的静态电流为

$$I_{CQ1}=I_{CQ2}=\frac{1}{2}I_{CQ3}=\frac{1}{2}I \tag{4.5.30}$$

具有电流源的差动放大电路的动态分析，与前面的分析完全相同，有关差模指标的计算公式，对电流源的差动电路同样适用。

为了获得输入电阻大的差动放大电路，采用场效应管取代差动电路中的晶体三极管，如图 4.5.9 所示。这种电路适用于多级直接耦合放大电路的输入级。一般情况下，认为其输入电阻无穷大。与晶体三极管差动放大电路相同，场效应管也有四种接法，可以采用前面的方法对这 4 种接法进行分析。

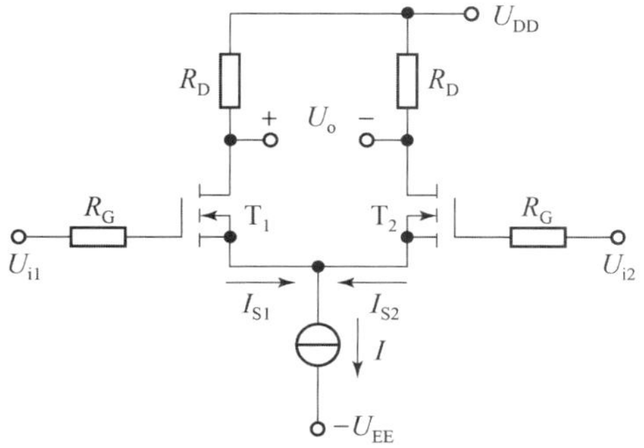

图 4.5.9　场效应管放大电路

4.6　集成运算放大电路的主要技术指标

集成运算放大电路的符号如图 4.6.1 所示。它有两个输入端，其电位分别用 u_+ 和 u_- 表示，标有“+”的一端为同相输入端，表示该端输入信号后，输出信号与输入信号同相；标有“−”的一端为反相输入端，该端输入信号后，输出信号与输入信号反相；一个输出端信号用 u_o 表示；u_{id}是集成运算放大电路的输入电压，“▷”符号表示传输方向，“∞”符号表示理想运算放大电路。

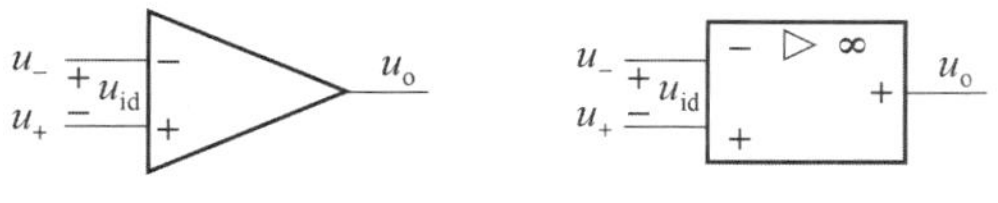

(a) 旧符号　　(b) 新符号

图 4.6.1　集成运算放大电路符号

若要正确、合理地选择和使用集成运放，就要了解表征其性能的一些参数的意义和大小范围。集成运放的主要参数及其意义如下：

（1）开环差模电压放大倍数 A_{ud}：在集成运算放大电路无外加反馈回路时，输出电压与输入差模电压之比。通用型集成运算放大电路的 A_{ud} 通常在 100dB 左右。

（2）差模输入电阻 R_{id}：输入差模信号时，运放的输入电阻。

（3）开环输出电阻 R_o：在集成运算放大电路无外加反馈回路时，输出级的输出电阻。反映集成运算放大电路带负载的能力，其阻值越小越好，一般在 600Ω 以下。

（4）输入失调电压 U_{IO}：由于电路参数的不完全对称，当输入电压为零时，输出电压并不为零。U_{IO} 是为使输出电压为零在输入端加的补偿电压。将输出电压除以电压增益，即折算到输入端的失调电压。

（5）输入失调电流 I_{IO}：在零输入时，运放电路输入级差分对管基极电流之差，反映输入级差分对管输入电流不对称的程度。

（6）输入偏置电流 I_{IB}：输入级差放管两个输入端偏置电流的平均值，用于衡量差分放大对管输入电流的大小，即

$$I_{IB}=\frac{I_{B1}+I_{B2}}{2}$$

式中：I_{IB} 越小，信号源内阻对集成运算放大电路静态工作点的影响就越小；而且通常 I_{IB} 越小，往往 I_{IO} 也越小。

（7）输入失调电压温漂 $\frac{dU_{IO}}{dT}$：输入失调电压的温度系数，要求越小越好。

（8）输入失调电流温漂 $\frac{dI_{IO}}{dT}$：输入失调电流的温度系数，要求越小越好。

（9）共模抑制比 K_{CMR}：差模电压放大倍数 A_{ud} 与共模电压放大倍数 A_{uc} 之比的绝对值，常用分贝来表示，其数值为 $20\lg|A_{ud}/A_{uc}|$，单位为 dB。

（10）−3dB 带宽 BW：集成运算放大电路的开环差模电压放大倍数 A_{ud} 在高频段下降 3dB $\left(\text{下降到约为原来的}\frac{1}{\sqrt{2}}\right)$ 时所定义的频带宽度。

集成运算放大电路具有开环电压放大倍数高、输入电阻高、输出电阻低、零点漂移小、可靠性高、体积小等主要特点。它已经成为一种通用器件，广泛应用于各种技术领域中。在具体应用中选用集成运放的时候，要根据它的参数说明，确定合适的型号。

4.7 理想集成运算放大电路

4.7.1 理想集成运算放大电路的技术指标

由集成运算放大电路的参数可知，若使其工作在最佳状态，应选择开环电压放大倍数、开环差模输入电阻、共模抑制比尽量大些，而开环输出电阻尽量小些。在分析实际集成运放的各种应用电路时，常常将这些参数理想化。理想运算放大电路具有如下主要特性。

（1）开环差模电压增益趋于无穷大，即 $A_{ud}\to\infty$ 。

（2）差模输入电阻趋于无穷大，即 $R_{id}\to\infty$ 。

（3）差模输出电阻 $R_{od}=0$。

（4）频带宽度 $BW\to\infty$ 。

（5）共模抑制比 $K_{CMR}\to\infty$ 。

（6）输入失调电压 $U_{IO}=0$。

（7）输入失调电流 $I_{IO}=0$。

（8）输入失调电压温漂$\frac{dU_{IO}}{dT}=0$。

（9）输入失调电流温漂$\frac{dI_{IO}}{dT}=0$。

（10）输入偏置电流 $I_{IB}=0$。

实际的集成运算放大电路不可能达到理想指标。随着集成工艺水平的提高，集成运算放大电路的各项性能指标越来越好，实际集成运算放大电路与理想集成运算放大电路之间的差异，在工程上是允许的。为了大大简化电路，在后面的分析、设计中，把实际集成运算放大电路看成理想集成运算放大电路进行讨论。

4.7.2　集成运算放大电路的电压传输特性

电压传输特性表示输出电压随输入电压变化的规律，即输出电压与输入电压之间关系的特性曲线，如图 4.7.1 所示。图 4.7.1（a）中虚线表示实际的电压传输特性，表明当输入电压在较小的范围内变化时，输出电压与输入电压之间呈线性关系。由于半导体元件的非线性特性和较大的开环电压放大倍数，因此当输入电压 $|u_i|$ 进一步增大时，输出电压不再线性增加，会出现饱和。所以，电压传输特性有两个工作区：线性工作区和非线性工作区。对于理想集成运算放大电路，由于电压增益无穷大，输入电压稍有变化，输出电压即已进入饱和状态。图 4.7.1（b）中实线表示理想的电压传输特性。实际集成运算放大电路的电压增益很大，故实际特性很接近理想特性，线性范围较小。

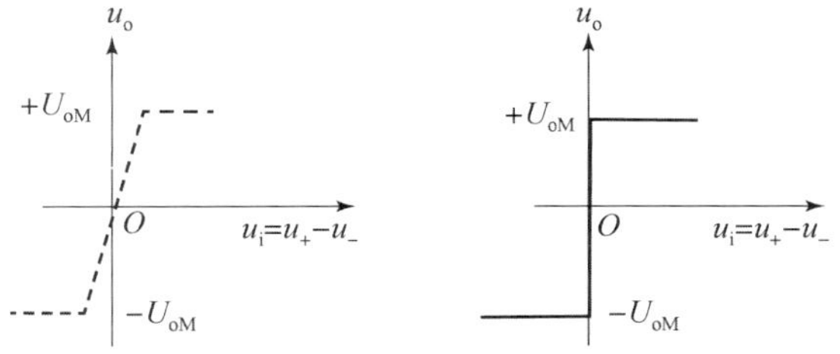

(a) 实际的电压传输特性　(b) 理想的电压传输特性

图 4.7.1　集成运算放大电路的传输特性曲线

集成运算放大电路工作在线性区和非线性区时，表现出来的特性是不一样的，具体如下。

1. 集成运算放大电路线性状态下的特性

集成运算放大电路工作在线性状态时，呈现两个很独特的特性：“虚短”和“虚断”特性，这对分析和设计由集成运算放大电路构成的线性应用电路带来了极大的方便。

（1）虚短特性（$u_+ = u_-$）。由于理想集成运算放大电路的电压放大倍数 $A_{ud} \to \infty$，而集成运算放大电路的输出电压 u_o 是有限值，一般在 10 ~ 14V 以下，故从式 $u_o = A_{ud}(u_- - u_+)$ 可知 $u_- - u_+ = 0$，即 $u_+ = u_-$，相当于两输入端之间短路，但又未真正短路，故称为“虚短”。

（2）虚断特性（$i_+ = i_- = 0$）。由于理想集成运算放大电路的差模输入电阻 $R_{id} \to \infty$，则流入集成运算放大电路输入端的电流为 0，相当于两输入端之间断路，但又未真正断路，故称为“虚断”。设流入集成运算放大电路两输入端的电流分别用 i_+ 和 i_- 表示，该特性可表示为 $i_+ = i_- = 0$。

2. 集成运算放大电路非线性状态下的特性

由于集成运算放大电路线性区的范围很小，只要在输入端输入很小的电压变化量，输出电压即达到饱和，而进入非线性区。集成运算放大电路工作在非线性区也有两个特性，如下：

（1）集成运算放大电路工作在非线性区的输出电压 u_o 只有高电平和低电平两个稳定状态。

当 $u_- < u_+$ 时，有

$$u_o = U_{OH}$$

当 $u_- > u_+$ 时，有

$$u_o = U_{OL}$$

（2）虚断特性仍然成立，由于理想集成运算放大电路的差模输入电阻为无穷大，所以不管是线性工作区还是非线性工作区，流入集成运算放大电路输入端的电流都为零，所以虚断特性（$i_+ = i_- = 0$）仍成立。

总之，为了保证集成运算放大电路工作在线性区，一般情况下，需在电路中引入深度负反馈，以减小直接加在集成运算放大电路两个输入端的净输入电压，从而增大线性工作区间；当集成运算放大电路处于开环或正反馈时，一般工作在非线性区。在分析集成运算放大电路的应用电路时，通常先判断电路有无反馈，以及引入了什么类型的反馈，从而确定电路是工作在线性区间还是非线性区间，再分析电路的工作原理和输入输出关系。

4.8 Multisim 仿真软件应用举例

差动放大电路单端输出共模和差模电压增益测试：

差动放大电路单端输出共模和差模电压增益测试视频

差动放大电路双入双出增益测试：

差动放大电路双入双出增益测试视频

小　结

（1）多级放大电路的耦合方式主要有阻容耦合、变压器耦合和直接耦合，阻容耦合与变压器耦合各级静态工作点相互独立，但电容、电感的影响使电路的频率特性变差；直接耦合具有频带宽、信号损耗小、易于集成等优点，但静态工作点相互影响且存在零点漂移的问题，需另外采取措施克服。此外，还介绍了多级放大电路技术指标的求解方法。

（2）复合管有两类：一类是由两个同种类型晶体三极管构成的复合管；另一类是由两个不同类型晶体三极管构成的复合管。它们的等效晶体三极管的管型与第一级管相同。阻容耦合复合管共射放大电路中主要技术指标有电流增益、电压增益、输入电阻和输出电阻。

（3）集成运算放大电路一般是由输入级、中间级、输出级和偏置电路 4 部分组成的，级间采用直接耦合方式。电流源对提高集成运放的性能有重要作用，电流源是根据晶体三极管工作在放大状态下具有恒流特性来实现的，主要有镜像电流源、比例电流源、微电流源，以及威尔逊电流源等。

（4）差动放大电路是模拟集成电路中的基本单元电路。它由 2 个对称放大电路经公共电阻或电流源耦合而成，因而有 2 个输入端和 2 个相位相反的输出端。差动放大电路只放大量输入端的差模信号，而抑制了两输入端的共模信号。由于 2 个对称放大电路的漂移可视为共模信号，因而差动放大电路能有效克服零点漂移。利用电流源可以提高差动电路的共模抑制比。

（5）理想集成运算放大电路具有开环差模电压放大倍数 $A_{ud}\to\infty$，差模输入电阻 $R_{id}\to\infty$，差模输出电阻 $R_{od}=0$ 等特点，电压传输特性有 2 个工作区：线性工作区和非线性工作区。集成运算放大电路工作在线性状态时，具有“虚短”和“虚断”特性；集成运算放大电路工作在非线性区也有 2 个特性：输出电压 u_o 只有高电平和低电平两个稳定状态、虚断特性仍然成立。

习　题

一、填空题

1. 多级放大电路由输入级、________和输出级组成；其耦合方式有________和直接耦合、变压器耦合等；集成运算放大电路运用的是________耦合方式。

2. 多级放大电路的电压放大倍数为各级电压放大倍数的________。输入电阻约等于________电阻，而输出电阻约等于________电阻。

3. 复合管的管型决定________的管型，复合管的β近似等于两管的________。

4. 差动放大电路中的差模输入是指两输入端各加大小_______、相位_______的信号。

5. 在双端输入、单端输出的差动放大电路中，发射极公共电阻 R_E 对________信号无影响，对________信号有很强的抑制作用。

6. 设差放电路的两个输入端对地的电压分别为 u_{i1} 和 u_{i2}，差模输入电压为 u_{id}，共模输入电压为 u_{ic}，则当 $u_{i1}=50\text{mV}$，$u_{i2}=50\text{mV}$ 时，$u_{id}=$________，$u_{ic}=$________；当 $u_{i1}=50\text{mV}$，$u_{i2}=-50\text{mV}$ 时，$u_{id}=$________，$u_{ic}=$________。

7. 电流源常用于放大电路，作为________（A. 有源负载，B. 电源，C. 信号源），使得放大倍________（A. 提高，B. 稳定）

8. 理想集成运算放大电路的开环放大倍数 A_u 为____________，输入电阻 R_i 为________，输出电阻为 R_o 为________。

9、集成运算放大电路有两个工作区间，分别为________和________。

二、选择题

1. 为了放大变化缓慢的微弱信号，放大电路应该采用（　　）耦合方式；为了实现阻抗变换，放大电路应采用（　　）耦合方式。

A. 直接　　B. 阻容　　C. 变压器　　D. 光电

2. 若三级放大电路中，$A_{u1}=20\text{dB}$、$A_{u2}=30\text{dB}$、$A_{u3}=10\text{dB}$，则总电压增益为________ dB，折合________倍。

3. 阻容耦合和直接耦合多级器之间的主要不同是（　　）。

A. 所放大的信号不同　　B. 交流通路不同　　C. 直接通路不同

4. 直接耦合多级放大电路与阻容耦合多级放大电路相比，低频特性（　　）。

A. 好　　B. 差　　C. 差不多

5. 选用差分放大电路的原因是________。

A. 克服温漂　　B. 提高输入电阻　　C. 稳定放入倍数

6. 用恒流源取代长尾式差分放大电路中的发射极电阻 R_E，将使电路的________。

A. 差模放大倍数数值增大　　B. 抑制共模信号能力增强　　C. 差模输入电阻增大

三、分析题

1. 组合放大电路如题图 4.1 所示。已知两个晶体三极管的参数相同：$r_{be}=1\text{k}\Omega$，$\beta=50$，$R_C=R_L=5\text{k}\Omega$，$R_E=1\text{k}\Omega$，$R_B=150\text{k}\Omega$，$r_{ce}=\infty$。

（1）画出该电路的交流通路。

（2）求该电路的输入电阻 R_i、$A_u=U_o/U_i$ 电压增益和输出电阻 R_o。

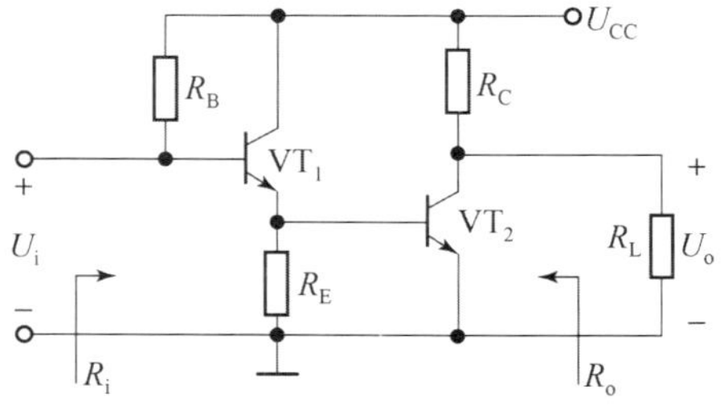

题图 4.1

2. 电路如题图 4.2 所示，试求各支路电流值。设各晶体管 $\beta \gg 1$，$U_{BE(on)}=0.7V$。

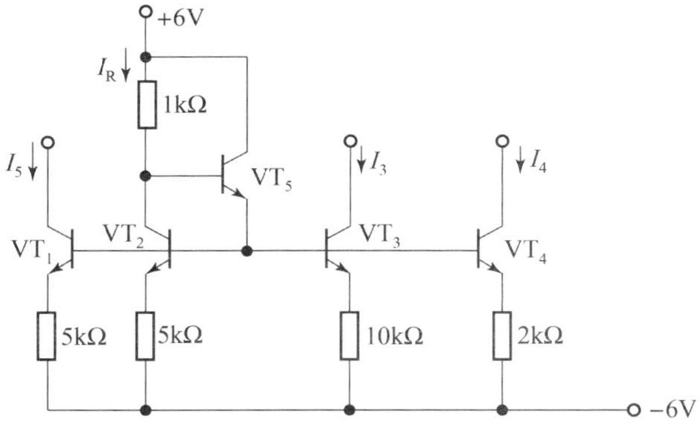

题图 4.2

3. 对称差动放大电路如题图 4.3 所示。已知晶体三极管 VT_1 和 VT_2 的 $\beta=50$，并设 $U_{BE(on)}=0.7V$，$r_{bb'}=0$，$r_{ce}=\infty$。

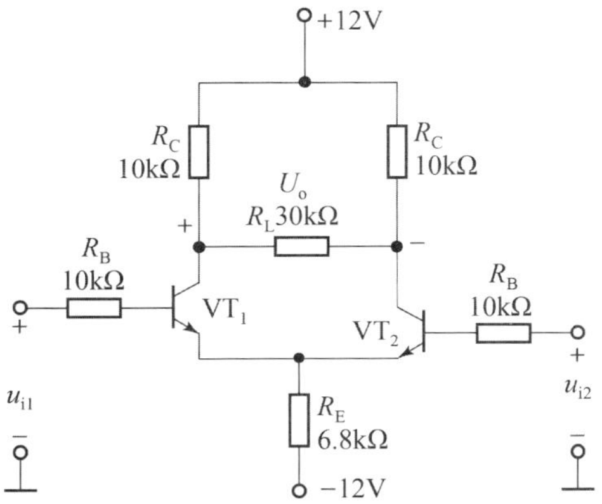

题图 4.3

（1）求 VT_1 和 VT_2 的静态集电极电流 I_{CQ}、U_{CQ} 和晶体三极管的输入电阻 r_{be}。

（2）求双端输出时的差模电压增益 A_{ud}、差模输入电阻 R_{id} 和差模输出电阻 R_{od}。

（3）若 R_L 接 VT_2 集电极的一端改接地时，求差模电压增益 $A_{ud(单)}$，共模电压增益 A_{uc} 和共模抑制比 K_{CMR}，任一输入端输入的共模输入电阻 R_{ic}，任一输出端呈现的共模输出电阻 R_{oc}。

4. 电路如题图 4.4 所示，已知 VT_1、VT_2、VT_3 管的 $\beta=50$，$r_{bb'}=200\Omega$，$U_{CC}=U_{EE}=15V$，$R_C=6k\Omega$，$R_1=20k\Omega$，$R_2=10k\Omega$，$R_3=2.1k\Omega$。

（1）若 $u_{i1}=0$，$u_{i2}=10\sin\omega t(mV)$，试求 u_o 的值。

（2）若 $u_{i1}=10\sin\omega t(mV)$，$u_{i2}=5mV$，试画出 u_o 的波形图。

（3）当 R_1 增大时，A_{ud}、R_{id} 将如何变化？

5. 场效应管差动放大电路如图题 4.5 所示。已知 VT_1、VT_2 管的跨导 g_m 均为 10mS，$R_D=20k\Omega$，试求差模电压放大倍数、输入电阻和输出电阻。

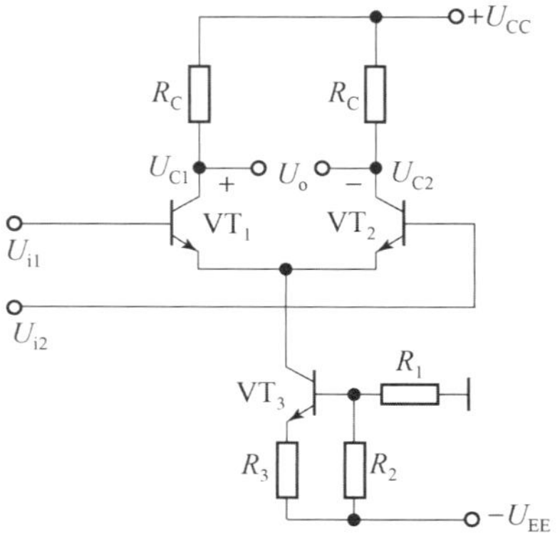

题图 4.4

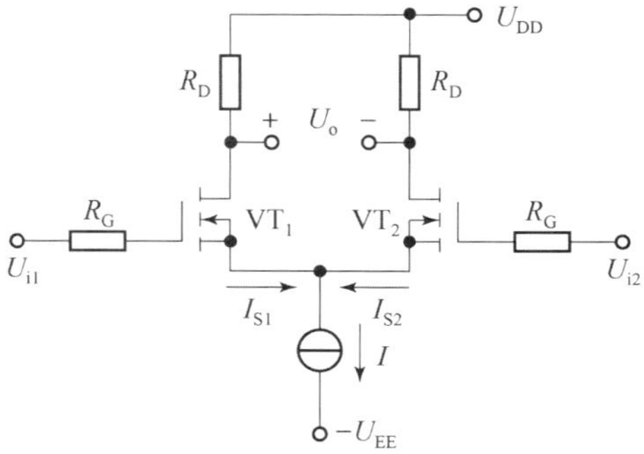

题图 4.5

6. 差动放大电路如题图 4.6 所示，三极管的 $\beta = 200$，$r_{bb'} = 200\Omega$，$U_{BE(on)} = 0.7V$，试求：

（1）当 $U_{i1} = U_{i2} = 0$ 时，求 I_C；

（2）VT_1 管集电极取输出时的单端输出 $A_{ud(单)}$、$A_{uc(单)}$ 和 K_{CMR}。

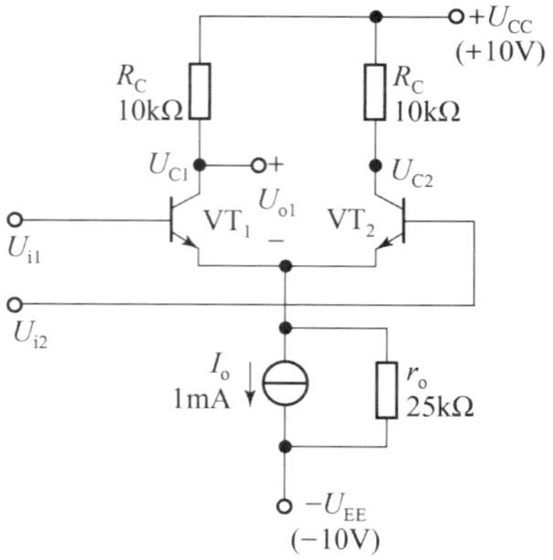

题图 4.6

7. 差放电路两管特性相同，如题图 4.7 所示，$\beta = 100$，$r_{bb'} = 300\Omega$。求：

（1）差模电压放大倍数 $A_{ud} = U_{o1}/U_i$；

（2）差模输出电阻 R_{od}；

（3）共模抑制比 K_{CMR}。

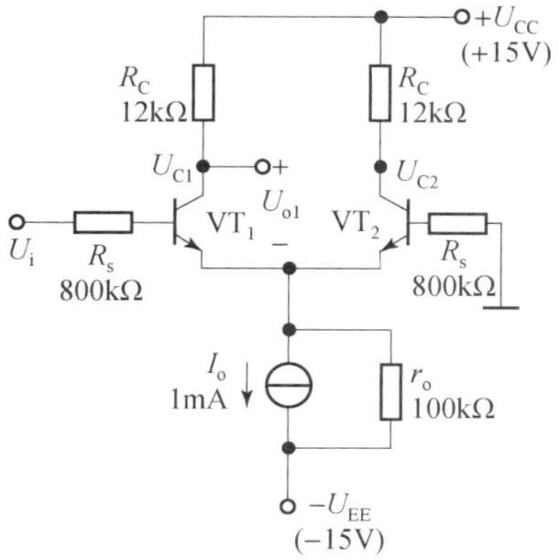

题图 4.7

8. 如题图 4.8 所示的差分放大电路中，各管 $\beta=50$，$U_{BE(on)}=0.7V$，$U_{CC}=U_{EE}=12V$，$r_{bb'}=200\Omega$。

（1）当 $U_i=0$ 时，求输出端电位 U_o；

（2）求电压放大倍数 $A_u=\dfrac{U_o}{U_i}$，输入电阻 R_i 及输出电阻 R_o。

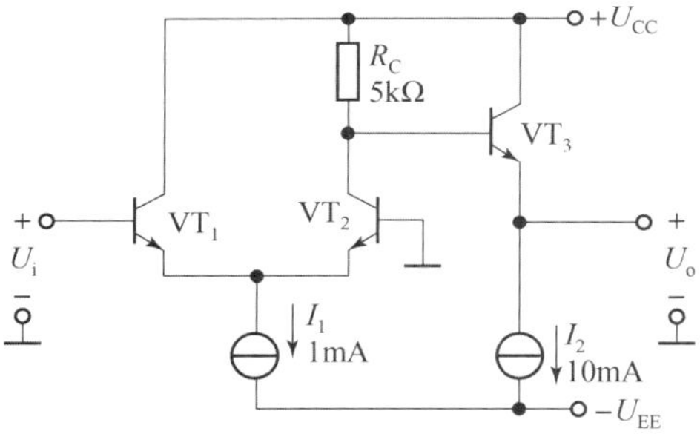

题图 4.8

9. 如题图 4.9 所示的电路参数理想对称，晶体三极管的 β 值均为 100，$r_{bb'}=100\Omega$，$U_{BE(on)}\approx0.7V$。试计算 R_W 滑动到中点时 VT_1 管和 VT_2 管的发射极静态 I_{EQ}，以及动态参数 A_{ud} 和 R_{id}。

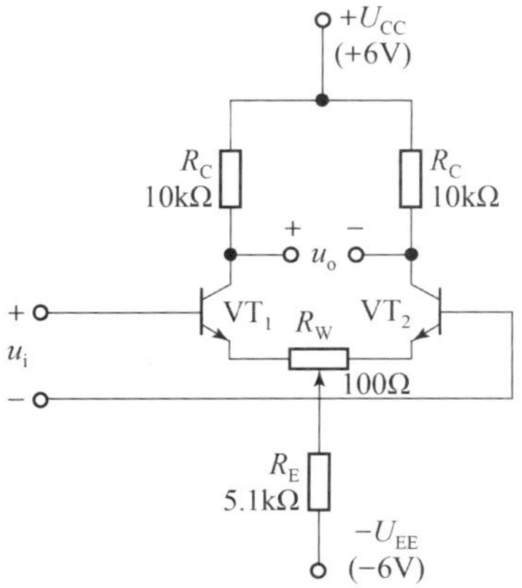

题图 4.9

第 5 章　放大电路的频率响应

本章问题：

（1）为什么要研究放大电路的频率响应；

（2）如何分析 *RC* 电路的频率响应？怎样画出其波特图？

（3）晶体三极管高频小信号等效模型是怎么构造的？

（4）单管放大电路的频率响应波特图是怎么画出来的？

（5）如何分析放大电路的上限频率、下限频率和通频带宽？哪些因素能影响通频带？

5.1　频率特性的一般概念

前面分析放大电路性能时，为了便于讨论，把输入信号看作单一频率的正弦信号。在实际应用中，放大电路所要放大的信号，都是有一定频率范围的。例如：语音信号的频率范围为 300～3400Hz；电视信号的频率范围是 25Hz～6MHz。而放大电路中一般都有电容元件，如耦合电容、旁路电容、晶体三极管极间电容和连线分布电容等，它们的容抗都将随着频率的变化而变化，使放大电路对不同频率的信号具有不同的放大能力，因此把电路的放大倍数与频率之间的关系称为放大电路的频率特性或频率响应。频率特性是衡量放大电路对不同频率信号放大能力的一项技术指标。

频率特性分为幅频特性和相频特性。幅频特性表示放大倍数的模 $|A_u|$ 与频率的关系；相频特性表示输出电压与输入电压的相位差与频率的关系。在分析放大电路的频率特性时，通常采用频率分段法进行分析，即将放大电路的工作频率范围划分为低频、中频和高频三个频段，先分别分析各频段的频率特性，然后综合求得完整的频率特性。频率特性的分析计算和绘制比较复杂，通常借助仿真软件进行分析。

图 5.1.1 为阻容耦合共发射极放大电路的频率特性，可以看出，$|A_u(j\omega)|$只在中间一段频率范围内基本上不变，其中 A_{uI} 为中频放大倍数。在信号频率下降到一定程度时，放大倍数的数值明显下降，放大倍数下降到 A_{uI} 的 $1/\sqrt{2}$ 时所对应的频率，称为下限频率 f_L。当信号频率上升到一定程度时，放大倍数也将减小，放大倍数下降为 A_{uI} 的 $1/\sqrt{2}$ 时所对应的频率，称为上限频率 f_H。

因此，把频率小于 f_L 的部分称为低频区；频率大于 f_H 的部分称为高频区；定义 f_L 与 f_H 之间形成的频带为中频区，中频区的频带宽度称为放大电路的通频带，即

$$BW = f_H - f_L \tag{5.1.1}$$

从图 5.1.1 可以看出，在中频段电压放大倍数与频率几乎无关，在中频段之外，随着频率的降低或升高，电压放大倍数逐渐下降。这种放大倍数随频率变化而引起的失真称为幅频失真。如果放大电路对各频率分量信号的放大倍数虽然相同，但延迟时间不

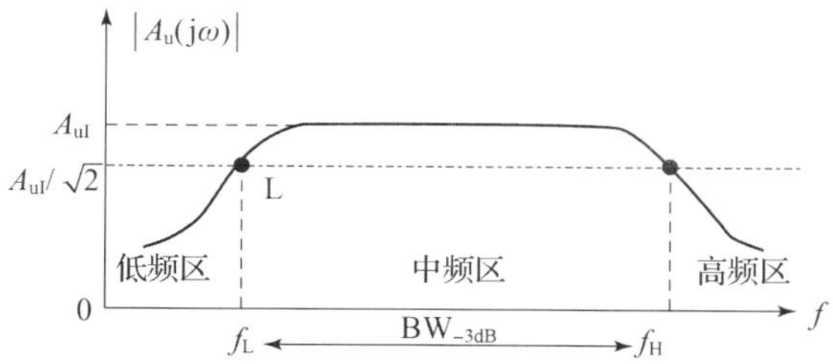

图 5.1.1　阻容耦合共发射极放大电路的频率特性

同，那么放大后的信号也将产生失真，这种失真为相频失真。幅频失真和相频失真统称为频率失真。

需要指出：频率失真不同于晶体三极管的饱和失真和截止失真，尽管两者都使输出信号的波形产生畸变，但频率失真是由放大电路中线性电抗元件引起，其输出信号不会产生输入信号所没有的频率成分。所以，频率失真属于线性失真，饱和失真和截止失真属于非线性失真。

5.2　*RC* 电路的频率响应

为了研究放大电路的频率响应，本节先对无源单级 *RC* 电路的频率响应进行分析。

5.2.1　*RC* 高通电路的频率响应

1. 频率响应

RC 高通电路如图 5.2.1（a）所示，其输出电压 $\dot{U}_o$ 与输入电压 $\dot{U}_i$ 之比 $\dot{A}_u$ 为

$$\dot{A}_u=\frac{\dot{U}_o}{\dot{U}_i}=\frac{R}{\frac{1}{j\omega C}+R}=\frac{1}{1+\frac{1}{j\omega RC}}=\frac{1}{1-j\frac{1}{\omega RC}} \tag{5.2.1}$$

式中：ω 为输入信号的角频率；RC 为回路的时间常数 τ。令 $\omega_L=\frac{1}{RC}=\frac{1}{\tau}$，则

$$f_L=\frac{\omega_L}{2\pi}=\frac{1}{2\pi RC}=\frac{1}{2\pi\tau} \tag{5.2.2}$$

$$\dot{A}_u=\frac{1}{1-j\frac{\omega_L}{\omega}}=\frac{1}{1-j\frac{f_L}{f}} \tag{5.2.3}$$

式中：$\dot{A}_u$ 的幅值和相位与频率之间的关系分别为

$$|\dot{A}_u|=\frac{1}{\sqrt{1+\left(\frac{f_L}{f}\right)^2}} \tag{5.2.4}$$

$$\varphi=\arctan\frac{f_L}{f} \tag{5.2.5}$$

式（5.2.4）和式（5.2.5）分别为无源 *RC* 高通电路电压增益 $\dot{A}_u$ 的幅频特性和相频特性。

由式（5.2.4）和式（5.2.5）可知，当$f \gg f_L$时，$|\dot{A}_u|=1$，$\varphi \approx 0$没有相移；当$f=f_L$时，$|\dot{A}_u|=1/\sqrt{2}\approx 0.707$，$\varphi=45°$；当$f \ll f_L$时，$|\dot{A}_u|\approx f/f_L$，表明$f$每下降1/10，$|\dot{A}_u|$下降1/10；当$f$趋于0时，$|\dot{A}_u|$也趋于0，$\varphi$趋于90°。由此可见，对于RC高通电路，随着频率的下降，增益幅度衰减增大，相移增大；当信号频率远大于f_L时，$\dot{U}_o=\dot{U}_i$。所以f_L称为下限频率，通频带f_{BW}为从$f_L \to \infty$。画出的幅频特性曲线和相频特性曲线如图5.2.1（b）所示。

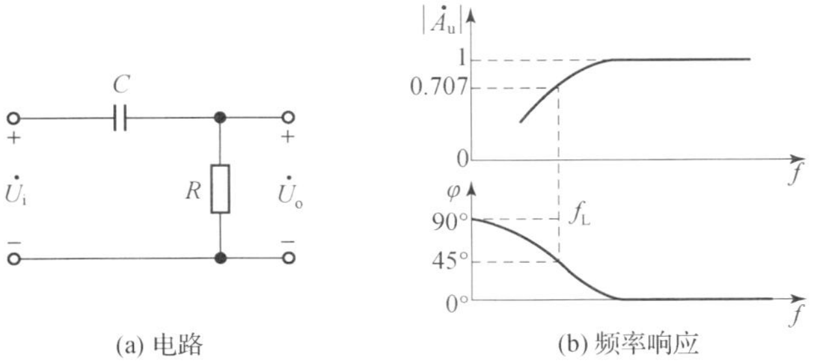

图5.2.1　RC高通电路和频率响应

2. 波特图

在放大电路中，输入信号的频率一般为几赫到百兆赫，甚至更宽；而放大电路的放大倍数可以从几倍到百万倍。为了在同一坐标系中绘出如此宽的变化范围，在画频率特性曲线时常用对数坐标，这种对数频率特性又称为波特图。

波特图由对数幅频特性和对数相频特性两部分构成，它们的横坐标均为对数刻度$\lg f$，幅频特性的纵坐标为$20\lg|\dot{A}_u|$，单位为分贝（dB），相频特性的纵坐标仍用φ表示。

对数频率特性的主要优点是拓宽了视野，放大倍数的乘除运算转换成了加减运算。

根据式（5.2.4），高通RC电路的对数幅频特性为

$$20\lg|\dot{A}_u| = -20\lg\sqrt{1+\left(\frac{f_L}{f}\right)^2} \tag{5.2.6}$$

根据式（5.2.5）和式（5.2.6）可知，当$f \gg f_L$时，$20\lg|\dot{A}_u|\approx 0\text{dB}$，$\varphi \approx 0$没有相移；当$f=f_L$时，$20\lg|\dot{A}_u|\approx -20\lg\sqrt{2}\approx -3dB$，$\varphi=45°$，并具有−45°/十倍频的斜率；当$f \ll f_L$时，$20\lg|\dot{A}_u|\approx -20\lg\dfrac{f_L}{f}$，表明$f$每下降1/10，增益下降20dB，即对数幅频特性在此区间可等效成斜率为20dB/十倍频的直线，其波特图如图5.2.2所示。

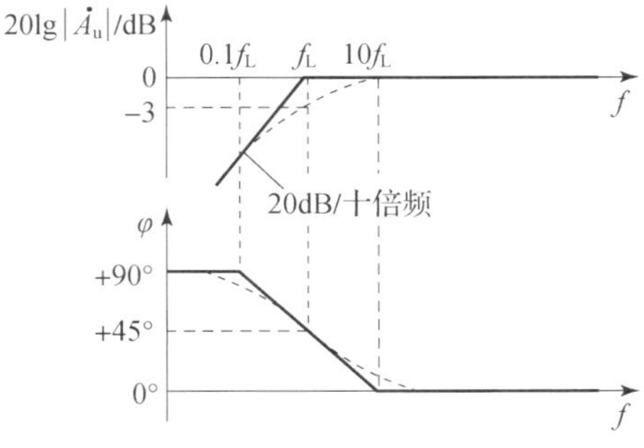

图5.2.2　RC高通电路波特图

5.2.2　*RC* 低通电路的频率响应

RC 低通电路如图 5.2.3（a）所示，其输出电压 $\dot{U}_o$ 与输入电压 $\dot{U}_i$ 比 $\dot{A}_u$ 为

$$\dot{A}_u=\frac{\dot{U}_o}{\dot{U}_i}=\frac{\frac{1}{j\omega C}}{\frac{1}{j\omega C}+R}=\frac{1}{1+j\omega RC} \tag{5.2.7}$$

式中：ω 为输入信号的角频率；RC 为回路的时间常数 τ。令 $\omega_H=\frac{1}{RC}=\frac{1}{\tau}$，则

$$f_H=\frac{\omega_H}{2\pi}=\frac{1}{2\pi RC}=\frac{1}{2\pi\tau} \tag{5.2.8}$$

$$\dot{A}_u=\frac{1}{1+j\frac{\omega}{\omega_H}}=\frac{1}{1+j\frac{f}{f_H}} \tag{5.2.9}$$

式中：$\dot{A}_u$ 的幅值和相位与频率之间的关系分别为

$$|\dot{A}_u|=\frac{1}{\sqrt{1+\left(\frac{f}{f_H}\right)^2}} \tag{5.2.10}$$

$$\varphi=-\arctan\frac{f}{f_H} \tag{5.2.11}$$

其对数幅频特性为

$$20\lg|\dot{A}_u|=-20\lg\sqrt{1+\left(\frac{f}{f_H}\right)^2} \tag{5.2.12}$$

对式（5.2.10）~式（5.2.12）分析可得，当 $f \ll f_H$ 时，$|\dot{A}_u|\approx 1$，$20\lg|\dot{A}_u|\approx 0\text{dB}$，$\varphi\approx 0$ 没有相移；当 $f=f_H$ 时，$|\dot{A}_u|=1/\sqrt{2}\approx 0.707$，$20\lg|\dot{A}_u|\approx -20\lg\sqrt{2}\approx -3\text{dB}$，$\varphi=-45°$；当 $f \gg f_H$ 时，$|\dot{A}_u|\approx f_H/f$，$20\lg|\dot{A}_u|\approx -20\lg\frac{f}{f_H}$，表明 f 每升高 10 倍，$|\dot{A}_u|$ 下降 1/10，$20\lg|\dot{A}_u|$ 下降 20dB，对数幅频特性在此区间可等效成斜率为 −20dB/十倍频的直线；当 f 趋于无穷时，$|\dot{A}_u|$ 也趋于 0，φ 趋于 −90°。由此可见，对于 *RC* 低通电路，随着频率的上升，增益幅度衰减增大，相移增大；当信号频率远低于 f_H 时，$\dot{U}_o=\dot{U}_i$。所以，f_H 称为上限频率，通频带 $f_{BW}=f_H-f_L$。画出的幅频特性曲线和相频特性曲线如图 5.2.3（b）所示。

低通电路的对数幅频特性曲线近似为 f_H 为拐点的两段直线；对数相频特性曲线近似为 $0.1f_H$ 和 $10f_H$ 为拐点的三段直线，其波特图如图 5.2.3（c）所示。

根据以上分析，可得

（1）电路的截止频率决定于电容所在回路的时间常数；

（2）当信号频率等于下限频率 f_L 或上限频率 f_H 时，放大电路的增益下降 3dB，且产生 +45°或 −45°相移；

（3）近似分析中，可以用折线化的近似波特图描述放大电路的频率特性。

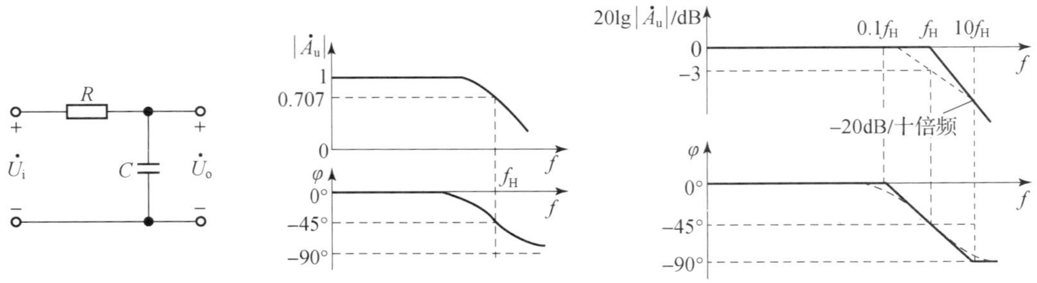

(a) 电路　　(b) 频率响应　　(c) 波特图

图 5. 2. 3　*RC* 低通电路和频率响应

5. 3　晶体三极管高频小信号等效模型

在研究放大电路高频响应时，由于晶体三极管的极间电容的影响，其等效电路中的参数不再是常数，如电流放大系数 $\beta(\omega)$ 是与频率有关的参数。所以，在电路分析中低频等效模型不再适用，需采用高频混合 π 模型。

5. 3. 1　高频混合 π 模型

晶体三极管高频混合 π 模型如图 5. 3. 1 所示。$C_{b'e}$、$C_{b'c}$分别为发射结等效电容和集电结等效电容，$r_{bb'}$为基区体电阻，$r_{b'e}$为发射结电阻，g_m 为跨导，描述 $\dot{U}_{b'e}$对 $\dot{I}_c$ 的控制作用，即 $\dot{I}_c = g_m\dot{U}_{b'e}$。

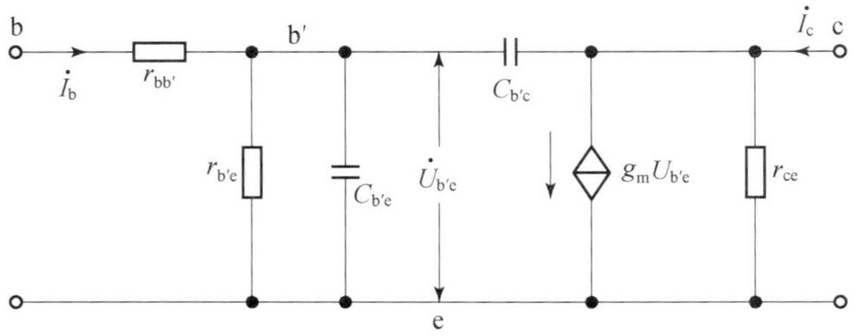

图 5. 3. 1　晶体三极管高频混合 π 模型

5. 3. 2　晶体三极管参数的频率响应

1. 共射电路放大系数 $\dot{\beta}$ 和上限频率 f_β

由于极间电容 $C_{b'e}$、$C_{b'c}$的存在，在高频段，当信号频率发生变化时，$\dot{I}_c$ 和 $\dot{I}_b$ 之间关系随之变化，电路放大系数不再是常量，而是频率的函数。

$\dot{\beta}$ 为晶体三极管共射组态下输出端交流短路时的电流系数，即

$$\beta(j\omega) = \left.\frac{\dot{I}_c}{\dot{I}_b}\right|_Q = \left.\frac{\dot{I}_c}{\dot{I}_b}\right|_{c,e短路}$$

由于电流 $\dot{I}_c = g_m\dot{U}_{b'e}$，$g_m = \dfrac{\beta_0}{r_{b'e}}$，其中 β_0 为共射直流电流放大系数。因为 $C_{b'c}$很小，忽略它对 $\dot{I}_b$ 的分流作用，则

$$\dot{\beta}=\frac{\dot{I}_{c}}{\dot{I}_{r_{b'e}}+\dot{I}_{C_{b'e}}}=\frac{g_{m}\dot{U}_{b'e}}{\dfrac{\dot{U}_{b'e}}{r_{b'e}}+\dfrac{\dot{U}_{b'e}}{1/j\omega C_{b'e}}}=\frac{\beta_{0}}{1+j\omega r_{b'e}C_{b'e}} \tag{5.3.1}$$

与式（5.2.7）形式相同，说明 $\dot{\beta}$ 的频率响应与低通电路相似。令 f_β 为三极管的电流放大系数下降到 $\beta_0/\sqrt{2}$ 时所对应的频率，即为 $\dot{\beta}$ 的上限频率，则

$$f_{\beta}=\frac{\omega_{\beta}}{2\pi}=\frac{1}{2\pi r_{b'e}C_{b'e}} \tag{5.3.2}$$

将其代入式（5.3.1），得出

$$\dot{\beta}=\frac{\beta_{0}}{1+j\dfrac{\omega}{\omega_{\beta}}}=\frac{\beta_{0}}{1+j\dfrac{f}{f_{\beta}}}=\frac{\beta_{0}}{\sqrt{1+\left(\dfrac{f}{f_{\beta}}\right)^{2}}}\angle-\arctan\frac{f}{f_{\beta}} \tag{5.3.3}$$

则 $\dot{\beta}$ 的对数幅频特性和对数相频特性为

$$20\lg|\dot{\beta}|=20\lg\beta_{0}-20\lg\sqrt{1+\left(\frac{f}{f_{\beta}}\right)^{2}} \tag{5.3.4}$$

$$\varphi_{\beta}=-\arctan\frac{f}{f_{\beta}} \tag{5.3.5}$$

画出的 $\dot{\beta}$ 折线近似波特图如图 5.3.2 所示。

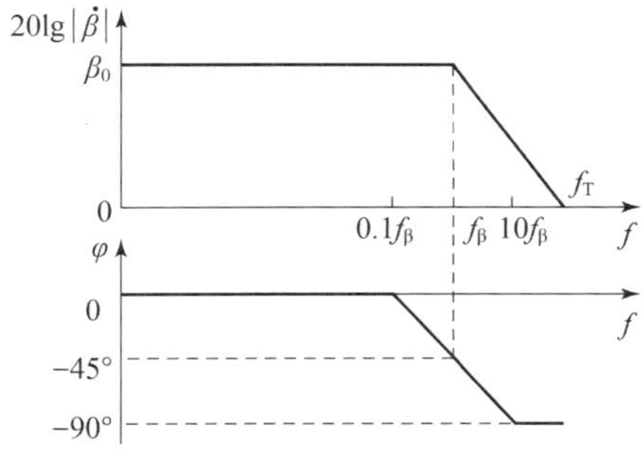

图 5.3.2　$\dot{\beta}$ 的波特图

图 5.3.2 中 f_T 为 $|\dot{\beta}|$ 下降到 1（0dB）时的频率，定义为特征频率，则

$$20\lg\beta_{0}-20\lg\sqrt{1+\left(\frac{f_{T}}{f_{\beta}}\right)^{2}}=0$$

因为 $f_T \gg f_\beta$，所以

$$f_{T}\approx\beta_{0}f_{\beta} \tag{5.3.6}$$

2. 共基电路放大系数 $\dot{\alpha}$ 和上限频率 f_α

由 $\dot{\alpha}$ 的定义和 $\dot{\beta}$ 的表达式，可以求出 $\dot{\alpha}$ 和上限频率 f_α 为

$$\dot{\alpha}=\frac{\dot{\beta}}{1+\dot{\beta}}=\frac{\dfrac{\beta_{0}}{1+j\dfrac{f}{f_{\beta}}}}{1+\dfrac{\beta_{0}}{1+j\dfrac{f}{f_{\beta}}}}=\frac{\beta_{0}}{\beta_{0}+1+j\dfrac{f}{f_{\beta}}}=\frac{\dfrac{\beta_{0}}{1+\beta_{0}}}{1+j\dfrac{f}{f_{\beta}(1+\beta_{0})}}=\frac{\alpha_{0}}{1+j\dfrac{f}{f_{\alpha}}}$$

式中：$\alpha_0=\dfrac{\beta_0}{1+\beta_0}$，$f_\alpha$ 为 $|\dot{\alpha}|$ 下降到 $\alpha_0/\sqrt{2}$ 时所对应的频率，即 $\dot{\alpha}$ 的上限频率为

$$f_\alpha=(1+\beta_0)f_\beta\approx f_T \tag{5.3.7}$$

可见，共基电路的上限频率远高于共射电路的上限频率，所以共基放大电路可作为宽频带放大电路。

5.4 单管放大电路的频率响应

输入信号的频率范围分为高频区、中频区和低频区。在中频区，由于耦合电容 C_1、C_2 和旁路电容 C_E 对中频段信号可视作短路，晶体三极管的极间电容视为交流开路。因此，在中频段可认为电容不影响交流信号的传递，放大电路中的中频段电压放大倍数与频率无关。前面章节所讨论的各种放大电路的指标，实际上都是中频区的；在低频区，晶体三极管的极间电容仍视为开路，但耦合电容和旁路电容的容抗增大，使信号在这些电容上的分压随之增加，导致电压放大倍数下降。在高频区，耦合电容和旁路电容仍视为交流短路，晶体三极管的极间电容的不能视为交流开路，导致放大倍数下降。

5.4.1 共射放大电路的频率响应

1. 中频段

共射放大电路如图 5.4.1（a）所示，在中频段，耦合电容 C_1、C_2 可视作交流短路，晶体三极管的极间电容视为交流开路，假设 $R_B\gg r_{b'e}$，则其中频等效电路如图 5.4.1（b）所示。

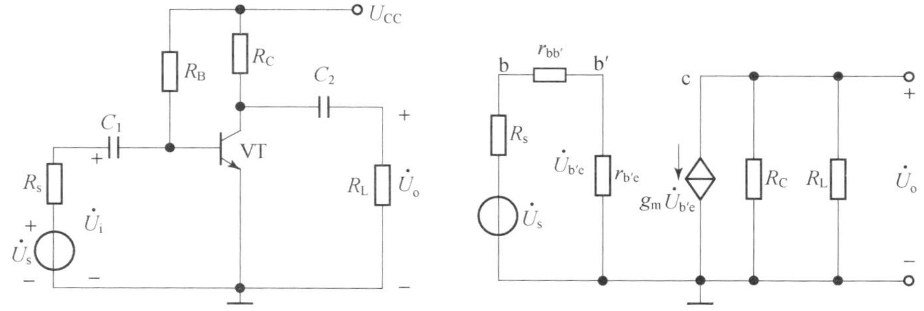

(a) 电路　　　　(b) 中频等效电路（$R_B\gg r_{b'e}$）

图 5.4.1　共射放大电路及其高频等效电路

中频电压放大倍数为

$$\dot{A}_{usM}=\frac{\dot{U}_o}{\dot{U}_s}=\frac{\dot{U}_o}{\dot{U}_{b'e}}\frac{\dot{U}_{b'e}}{\dot{U}_s}=-g_m(R_C/\!/R_L)\frac{r_{b'e}}{R_s+r_{be}} \tag{5.4.1}$$

2. 高频段

图 5.4.1（a）共射放大电路的高频等效电路如图 5.4.2（a）所示。由于 $C_{b'c}$ 跨接在输入回路和输出回路之间，使得高频响应的估算变得复杂。为简单起见，使用密勒定理将 $C_{b'c}$ 等效到输入回路和输出回路中。设 $C_{b'c}$ 折合到 b′—e 间的电容为 C_M，折合到 c—e 间的电容为 $C_{M'}$，则通过密勒定理单向化之后的电路如图 5.4.2（b）所示。

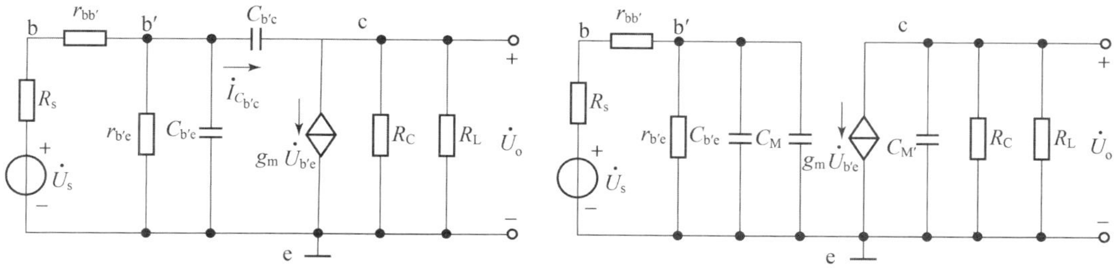

(a) 高频等效电路（$R_B >> r_{b'e}$）　　(b) 单向化后高频等效电路

图 5.4.2　共射放大电路及其高频等效电路

在图 5.4.2（a）中，从 b′看进去，流过 $C_{b'c}$ 的电流为

$$\dot{I}_{C_{b'c}} = \frac{\dot{U}_{b'e} - \dot{U}_{ce}}{\dfrac{1}{j\omega C_{b'c}}} = \frac{\dot{U}_{b'e}(1 - \dot{A}'_u)}{\dfrac{1}{j\omega C_{b'c}}}$$

式中：$\dot{A}'_u = \dfrac{\dot{U}_{ce}}{\dot{U}_{b'e}} = \dfrac{\dot{U}_o}{\dot{U}_{b'e}} \approx -g_m(R_C /\!/ R_L)$。为了保证变换的等效性，要求流过 C_M 的电流仍为 $\dot{I}_{C_{b'c}}$，由于其两端电压为 $\dot{U}_{b'e}$，因此 C_M 的容抗为

$$\frac{1}{j\omega C_M} = \frac{\dot{U}_{b'e}}{\dot{I}_{C_{b'c}}} = \frac{1}{j\omega C_{b'c}(1 - \dot{A}'_u)}$$

所以

$$C_M = (1 - \dot{A}'_u)C_{b'c} \approx (1 + g_m(R_C /\!/ R_L))C_{b'c} \gg C_{b'c} \tag{5.4.2}$$

b′—e 之间总电容为

$$C_i = C_{b'e} + C_M = C_{b'e} + (1 + g_m(R_C /\!/ R_L))C_{b'c} \tag{5.4.3}$$

用同样的方法求得

$$C_{M'} = \left(\frac{A'_u - 1}{A'_u}\right)C_{b'c} \approx C_{b'c} \tag{5.4.4}$$

因为 $C_i \gg C_{M'}$，一般情况下 $C_{M'}$ 的容抗值远大于 $R_C /\!/ R_L$，所以流过 $C_{M'}$ 的电流忽略不计，则单一化模型进一步简化，如图 5.4.3（a）所示。利用戴维南定理，从 C_i 往左看过去，输入端电路等效于一个电源 $\dot{U}'_s$ 和内阻 R'_s，其等效电路如图 5.4.3（b）所示。

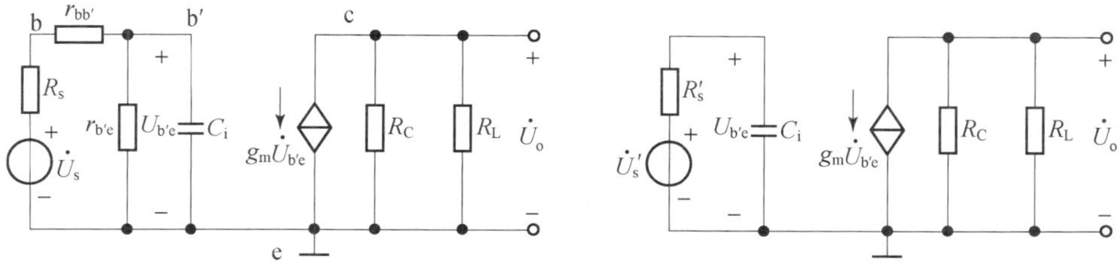

(a) 简化后　　(b) 输入回路等效后

图 5.4.3　高频等效电路

$$\dot{U}'_s = \frac{r_{b'e}}{R_s + r_{bb'} + r_{b'e}}\dot{U}_s = \frac{r_{b'e}}{R_s + r_{be}}\dot{U}_s \tag{5.4.5}$$

$$R'_s = r_{b'e} \parallel (R_s + r_{bb'}) \tag{5.4.6}$$

则高频电压放大倍数为

$$\dot{A}_{usH} = \frac{\dot{U}_o}{\dot{U}_s} = \frac{\dot{U}_o}{\dot{U}_{b'e}}\frac{\dot{U}_{b'e}}{\dot{U}'_s}\frac{\dot{U}'_s}{\dot{U}_s} = -g_m(R_C /\!/ R_L)\frac{\frac{1}{j\omega C_i}}{R'_s + \frac{1}{j\omega C_i}}\frac{r_{b'e}}{R_s + r_{be}}$$

$$= -\left(g_m(R_C /\!/ R_L)\frac{r_{b'e}}{R_s + r_{be}}\right)\frac{1}{1 + j\omega R'_s C_i} = \frac{A_{usM}}{1 + j\frac{\omega}{\omega_H}} = \frac{A_{usM}}{1 + j\frac{f}{f_H}} \tag{5.4.7}$$

式中：A_{usM}为中频增益；$f_H = \frac{1}{2\pi R'_s C_i}$为上限频率。

$\dot{A}_{usH}$对数幅频特性和对数相频特性分别为

$$20\lg|\dot{A}_{usH}| = 20\lg\frac{|A_{usM}|}{\sqrt{1 + \left(\frac{f}{f_H}\right)^2}} = 20\lg|A_{usM}| - 20\lg\sqrt{1 + \left(\frac{f}{f_H}\right)^2} \tag{5.4.8}$$

$$\varphi = -180° - \arctan\left(\frac{f}{f_H}\right) \tag{5.4.9}$$

3. 低频段

在低频段，图 5.4.1（a）所示电路中的耦合电容 C_1、C_2阻抗增大，不能视作交流短路；而晶体三极管的极间电容 $C_{b'e}$、$C_{b'c}$视作交流开路，则低频等效电路如图 5.4.4（a）所示，将受控电流源 $g_m U_{b'e}$和 R_C 电路等效后的电路如图 5.4.4（b）所示。

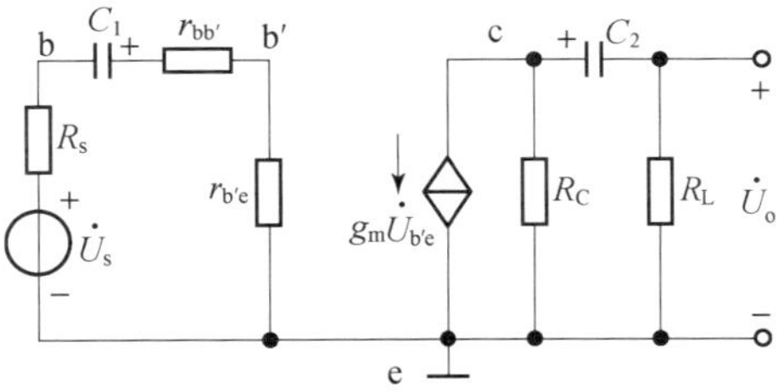

(a) 低频等效电路

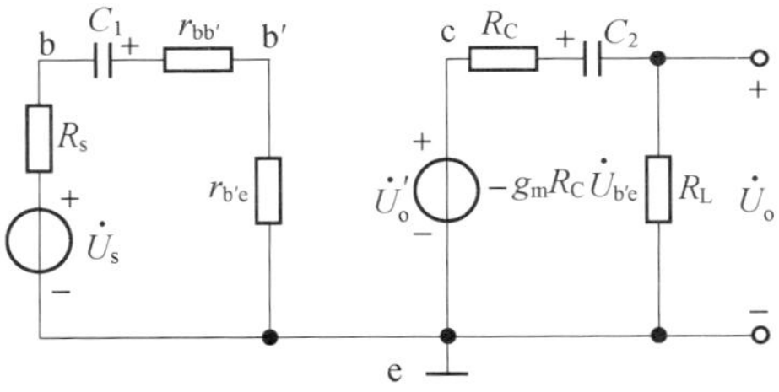

(b) 输出回路等效后电路

图 5.4.4　低频等效电路

低频电压放大倍数为

$$\dot{A}_{usL} = \frac{\dot{U}_o}{\dot{U}_s} = \frac{\dot{U}_o}{\dot{U}'_o}\frac{\dot{U}'_o}{\dot{U}_{b'e}}\frac{\dot{U}_{b'e}}{\dot{U}_s} = \frac{R_L}{R_C + R_L + \frac{1}{j\omega C_2}}(-g_m R_C)\frac{r_{b'e}}{R_s + r_{be} + \frac{1}{j\omega C_1}}$$

$$= -\left(g_m R_C\frac{R_L}{R_C + R_L}\right)\frac{1}{1 + \frac{1}{j\omega(R_C + R_L)C_2}}\left(\frac{r_{b'e}}{R_s + r_{be}}\right)\frac{1}{1 + \frac{1}{j\omega(R_s + r_{be})C_1}}$$

$$= -\left[g_m(R_C /\!/ R_L)\frac{r_{b'e}}{R_s + r_{be}}\right]\frac{1}{\left(1 - j\frac{\omega_{L2}}{\omega}\right)}\frac{1}{\left(1 - j\frac{\omega_{L1}}{\omega}\right)}$$

$$= \frac{A_{usM}}{\left(1 - j\frac{f_{L1}}{f}\right)\left(1 - j\frac{f_{L2}}{f}\right)} \tag{5.4.10}$$

式中：A_{usM} 为中频增益；$f_{L1} = \frac{1}{2\pi(R_s + r_{be})C_1}$，$f_{L2} = \frac{1}{2\pi(R_C + R_L)C_2}$。

总的下限频率为

$$f_L \approx \sqrt{f_{L1}^2 + f_{L2}^2} = \sqrt{\left(\frac{1}{2\pi(R_s + r_{be})C_1}\right)^2 + \left(\frac{1}{2\pi(R_C + R_L)C_2}\right)^2} \tag{5.4.11}$$

则式（5.4.9）整理为

$$\dot{A}_{usL} = \frac{\dot{U}_o}{\dot{U}_s} = \frac{A_{usM}}{\left(1 - j\frac{f_L}{f}\right)} \tag{5.4.12}$$

其对数幅频特性和对数相频特性分别为

$$20\lg|\dot{A}_{usL}| = 20\lg\frac{|A_{usM}|}{\sqrt{1 + \left(\frac{f_L}{f}\right)^2}} = 20\lg|A_{usM}| - 20\lg\sqrt{1 + \left(\frac{f_L}{f}\right)^2} \tag{5.4.13}$$

$$\varphi = -180° + \arctan\left(\frac{f_L}{f}\right) \tag{5.4.14}$$

综上所述，考虑耦合电容和极间电容的影响，当输入信号的频率从零到无穷大范围内，共射放大电路的电压放大倍数表达式可为

$$\dot{A}_{us} = \frac{\dot{U}_o}{\dot{U}_s} = \frac{A_{usM}}{\left(1 - j\frac{f_L}{f}\right)\left(1 + j\frac{f}{f_H}\right)} \tag{5.4.15}$$

当 $f_L \ll f \ll f_H$ 时，f_L/f、f/f_H 均趋于 0，$\dot{A}_{us}$ 为中频区电压放大倍数，表达式近似为式（5.4.1）；当 f 接近 f_H 时，f_L/f 趋于 0，$\dot{A}_{us}$ 为高频区电压放大倍数，表达式近似为式（5.4.7）；当 f 接近 f_L 时，f/f_H 均趋于 0，$\dot{A}_{us}$ 为低频区电压放大倍数，表达式近似为式（5.4.12）。所以，共射放大电路完整的频率响应波特图如图 5.4.5 所示。

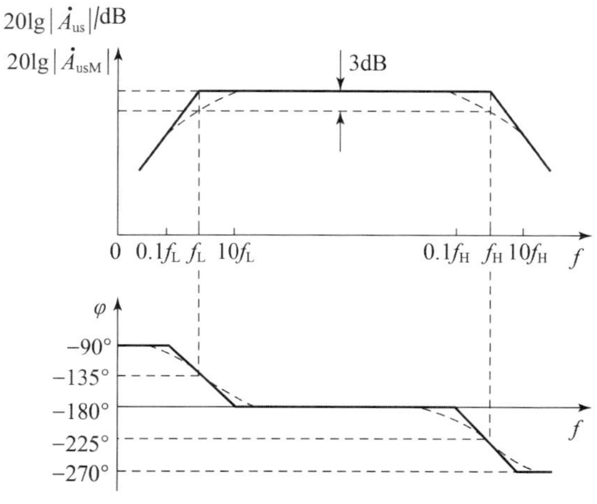

图 5.4.5　共射放大电路的波特图

5.4.2 场效应管放大电路的频率响应

1. 场效应管高频等效模型

与晶体三极管相似，场效应管各极之间同样存在电容，其高频等效模型如图 5.4.6 所示。图中，C_{gs}为栅—源间电容，C_{ds}为漏—源间电容，C_{gd}为栅—漏间电容。

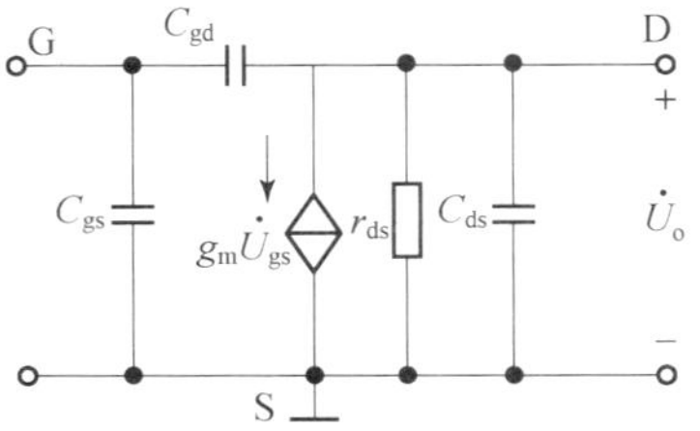

图 5.4.6 场效应管的高频等效模型

2. 共源放大电路的高频响应

图 5.4.7（a）所示为共源放大电路，其高频等效电路如图 5.4.7（b）所示。一般情况下，r_{ds}比外接电阻大得多，在近似计算中，视作开路。电容 C_{gd}跨接在输入回路和输出回路之间，使用密勒定理将 C_{gd}等效到输入回路和输出回路中，等效后的电路如图 5.4.7（c）所示。

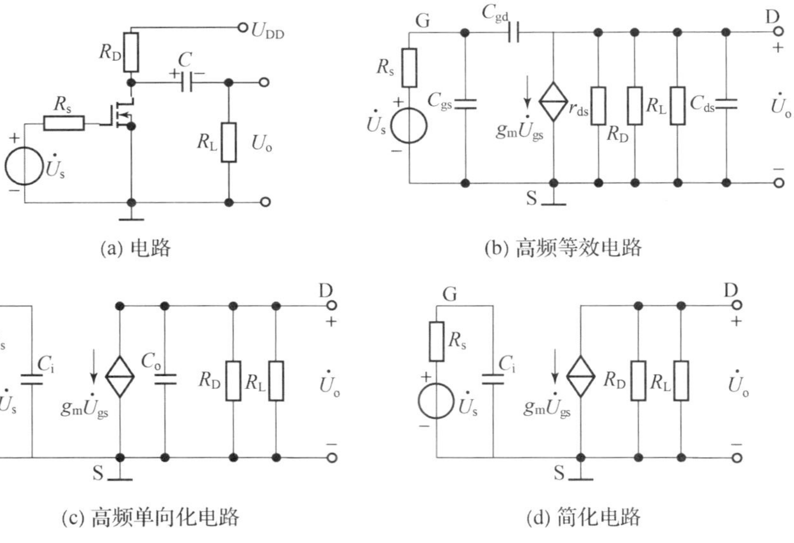

(a) 电路　(b) 高频等效电路

(c) 高频单向化电路　(d) 简化电路

图 5.4.7 共源放大电路

$$C_i = C_{gs} + C_{gd}[1 + g_m(R_D // R_L)]$$
$$C_o \approx C_{ds} + C_{gd}$$

由于 $C_i \gg C_o$，所以在分析频率特性时，忽略 C_o 的影响，则简化电路图如图 5.4.7（d）所示。根据简化电路，共源放大电路的高频电压放大倍数为

$$\dot{A}_u = \frac{\dot{U}_o}{\dot{U}_s} = \frac{\dot{U}_o}{\dot{U}_{gs}}\frac{\dot{U}_{gs}}{\dot{U}_s} = [-g_m(R_D // R_L)]\frac{\dfrac{1}{j\omega C_i}}{R_s + \dfrac{1}{j\omega C_i}} = \frac{-g_m(R_D // R_L)}{1 + j\omega R_s C_i}$$

$$= \frac{A_{uM}}{\left(1 + j\dfrac{\omega}{\omega_H}\right)} = \frac{A_{uM}}{\left(1 + j\dfrac{f}{f_H}\right)} \tag{5.4.16}$$

式中：A_{uM}为中频增益；f_H 为上限频率。

$$A_{uM} = -g_m(R_D /\!/ R_L) \tag{5.4.17}$$

$$f_H = \frac{\omega_H}{2\pi} = \frac{1}{2\pi R_s C_i} \tag{5.4.18}$$

3. 共源放大电路的低频响应

在低频区，极间电容 C_{gs}、C_{ds}和 C_{gd}视作交流开路，考虑耦合电容 C 的影响。图 5.4.7(a) 所示电路的低频等效电路如图 5.4.8 所示。与共射放大电路低频段频率响应分析方法类似，则共源电路低频电压放大倍数为

$$A_{uL} = \frac{\dot{U}_o}{\dot{U}_s} = \frac{A_{uM}}{1 - j\dfrac{\omega_L}{\omega}} = \frac{A_{uM}}{1 - j\dfrac{f_L}{f}} \tag{5.4.19}$$

式中：A_{uM}为中频增益；f_L 为下限频率。

$$f_L = \frac{1}{2\pi(R_D + R_L)C} \tag{5.4.20}$$

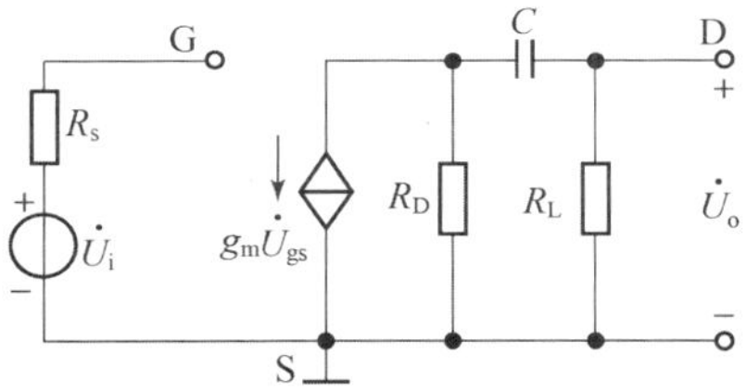

图 5.4.8　共源电路的低频等效电路

共源放大电路输入信号频率从零到无穷大时，电压放大倍数的表达式形式上与式 (5.4.15) 相同，其波特图与图 5.4.5 所示类似。

5.5　多级放大电路的频率响应

在多级放大电路中含有多个放大管，因此在高频等效电路中就含有多个低通电路。在阻容耦合放大电路中，如有多个耦合电容或旁路电容，则在低频等效电路中就含有多个高通电路。本节主要讨论对于含有多个电容回路的电路，如何求解上、下限频率。

设一个 n 级的放大电路各级电压增益分别为 $\dot{A}_{u1}, \dot{A}_{u2}, \cdots, \dot{A}_{un}$，则总的电压增益为

$$\dot{A}_u = \dot{A}_{u1}\dot{A}_{u2}\cdots\dot{A}_{un}$$

其对数幅频特性和对数相频特性分别为

$$20\lg|\dot{A}_u| = 20\lg|\dot{A}_{u1}| + 20\lg|\dot{A}_{u2}| + \cdots + 20\lg|\dot{A}_{un}| = \sum_{k=1}^{n} 20\lg|\dot{A}_{uk}|$$

$$\varphi = \varphi_1 + \varphi_2 + \cdots + \varphi_n = \sum_{k=1}^{n} \varphi_k$$

设一个两级放大电路的两个共射电路具有相同的频率响应 $\dot{A}_{u1}=\dot{A}_{u2}$，即它们的中频增益 $\dot{A}_{uM1}=\dot{A}_{uM2}$，上限频率 $f_{H1}=f_{H2}$，下限频率 $f_{L1}=f_{L2}$，整个电路的中频增益为 $\dot{A}_{uM}=\dot{A}_{uM1}\dot{A}_{uM2}$，在当 $f=f_{L1}$ 时，$\dot{A}_u=(\dot{A}_{u1}/\sqrt{2})(\dot{A}_{u2}/\sqrt{2})=0.5\dot{A}_{u1}\dot{A}_{u2}$，如图 5.5.1 所示。

由图 5.5.1 可知，$f_L>f_{L1}$，$f_H<f_{H1}$，即两级放大电路的通频带比组成它的任何一级单频带窄。

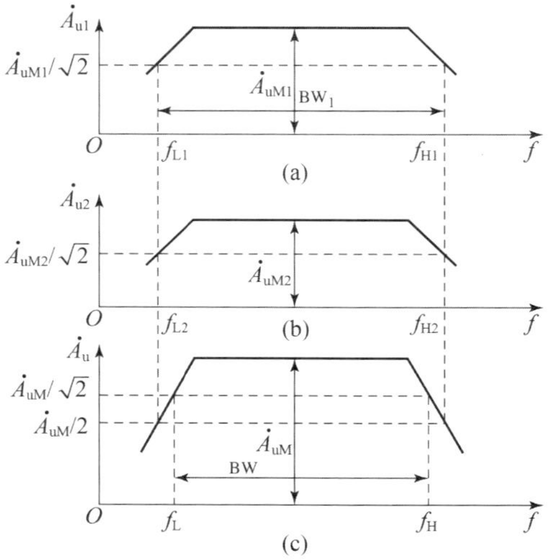

图 5.5.1　两级放大电路的频率特性

5.5.1　下限频率 f_L 的估算

设单级放大电路低频电压增益表达式为

$$\dot{A}_{uLk}=\frac{A_{uMk}}{\left(1-j\frac{f_{Lk}}{f}\right)}$$

则多级放大电路低频电压增益表达式为

$$\dot{A}_{uL}=\prod_{k=1}^{n}\frac{A_{uMk}}{1-j\frac{f_{Lk}}{f}}$$

模值为

$$|\dot{A}_{uL}|=\prod_{k=1}^{n}\frac{|A_{uMk}|}{\sqrt{1+\left(\frac{f_{Lk}}{f}\right)^2}}$$

根据 f_L 的定义，当 $f=f_L$ 时，$|\dot{A}_{uL}|=\frac{|A_{uM}|}{\sqrt{2}}$得

$$|\dot{A}_{uL}|=\frac{\prod_{k=1}^{n}|A_{uMk}|}{\sqrt{2}}$$

则

$$\prod_{k=1}^{n}\sqrt{1+\left(\frac{f_{\mathrm{L}k}}{f_{\mathrm{L}}}\right)^2}=\sqrt{2}$$

等式两边平方得

$$\prod_{k=1}^{n}\left[1+\left(\frac{f_{\mathrm{L}k}}{f_{\mathrm{L}}}\right)^2\right]=2$$

展开得

$$1+\left(\frac{f_{\mathrm{L1}}}{f_{\mathrm{L}}}\right)^2+\left(\frac{f_{\mathrm{L2}}}{f_{\mathrm{L}}}\right)^2+\cdots+\left(\frac{f_{\mathrm{L}n}}{f_{\mathrm{L}}}\right)^2+\text{高次项}=2$$

由于 $f_{\mathrm{L}}>f_{\mathrm{L}k}$，忽略高次项影响，得

$$f_{\mathrm{L}}=\sqrt{f_{\mathrm{L1}}^2+f_{\mathrm{L2}}^2+\cdots+f_{\mathrm{L}n}^2}$$

5.5.2　上限频率 f_{H} 的估算

设单级放大电路高频电压增益表达式为

$$\dot{A}_{\mathrm{uH}k}=\frac{A_{\mathrm{uM}k}}{1+\mathrm{j}\dfrac{f}{f_{\mathrm{H}k}}}$$

则多级放大电路高频电压增益表达式为

$$\dot{A}_{\mathrm{uH}}=\prod_{k=1}^{n}\frac{A_{\mathrm{uM}k}}{1+\mathrm{j}\dfrac{f}{f_{\mathrm{H}k}}}$$

类似 5.5.1 小节推导方法得

$$1+\left(\frac{f_{\mathrm{H}}}{f_{\mathrm{H1}}}\right)^2+\left(\frac{f_{\mathrm{H}}}{f_{\mathrm{H2}}}\right)^2+\cdots+\left(\frac{f_{\mathrm{H}}}{f_{\mathrm{H}n}}\right)^2+\text{高次项}=2$$

由于 $f_{\mathrm{H}}<f_{\mathrm{H}k}$，忽略高次项影响，得

$$\frac{1}{f_{\mathrm{H}}}=\sqrt{\left(\frac{1}{f_{\mathrm{H1}}}\right)^2+\left(\frac{1}{f_{\mathrm{H2}}}\right)^2+\cdots+\left(\frac{1}{f_{\mathrm{H}n}}\right)^2}$$

由以上分析可得

（1）多级放大电路总的上限频率 f_{H} 比其中任何一级的上限频率 $f_{\mathrm{H}k}$ 都要低，总的下限频率 f_{L} 比其中任何一级的下限频率 $f_{\mathrm{L}k}$ 都要高，所以总的通频带（$f_{\mathrm{H}}-f_{\mathrm{L}}$）比每一级都要窄。

（2）如果各级通频带不同，则近似认为各级上限频率中最低的频率为总的上限频率，而各级下限频率中最高的频率为总的下限频率。

5.6　Multisim 仿真软件应用举例

单管分压偏置放大电路频率特性测试：

单管分压偏置放大电路频率特性测试视频

小 结

本章主要介绍了频率响应的概念，*RC* 电路的频率响应，晶体三极管和场效应管的高频等效模型，单管放大电路和多级放大电路的频率响应，并阐述了分析方法。

（1）频率响应描述放大电路对不同频率信号的适应能力。在低频段，由于耦合电容和旁路电容的存在，电压增益下降，且产生超前相移，因此主要存在于高通电路中；在高频段，由于极间电容的存在，电压增益下降，且产生滞后相移，因此主要存在于低通电路中。

（2）在研究单管高频响应时，应采用单管的高频等效模型。晶体三极管高频等效模型中，极间电容 $C_{b'c}$跨接在 b—c；场效应管高频等效模型中，极间电容 C_{gd}跨接在 g—d。在分析时均使用密勒定理进行单向化处理。

（3）电路的上限频率 f_H 和下限频率 f_L 均取决于电容所在回路的时间常数 τ，带宽 $f_{BW}=f_H-f_L$。

（4）电路的输入信号频率从零到无穷大情况下电压增益的表达式为

$$\dot{A}_{us}=\frac{\dot{U}_o}{\dot{U}_s}=\frac{A_{usM}}{\left(1-j\dfrac{f_L}{f}\right)\left(1+j\dfrac{f}{f_H}\right)}$$

根据上下限频率和中频增益，可以画出波特图，在上下限频率点处，增益下降 3dB，附加相移为 $+45°$或者 $-45°$。

（5）频率响应与带宽是晶体三极管放大电路的一个重要指标。晶体三极管的耦合电容和旁路电容是影响低频特性的主要因素，结电容和电路分布电容是影响高频特性的主要因素。

（6）多级放大电路的波特图是已考虑了前后级相互影响的各级波特图的代数和，并阐述了多级放大的上下限频率的分析方法。

习 题

一、填空题

1. 频率失真属于__________。

2. 若使放大电路不产生频率失真，则要求其________频率响应和________频率响应均不产生失真。

3. 晶体三极管的内部结电容和负载电容主要影响放大电路的________特性，而耦合电容和旁路电容主要影响放大电路的________特性。

4. 多级放大电路总的上限频率比其中任何一级的上限频率都要________（高/低），而下限频率比任何一级的下限频率都要________（高/低）。

5. 已知某放大电路中频增益为 40dB，$f_H=10^6$ Hz，$f_L=10$Hz，当 $u_i=10\sin(4\pi\cdot10^6t)(mV)+20\sin(2\pi\cdot10^4t)$(mV)时输出信号产生________失真。

二、选择题

1. 具有相同参数和相同放大倍数的两级放大电路，在组成它的各个单极放大电路的截止频率处，总的电压放大倍数下降（　　）。

A. 3dB　　B. 6dB　　C. 9dB　　D. 20dB

2. 多级放大电路与单极放大电路相比，总的通频带一定比它的任何一级都（　　）。

A. 大　　B. 小　　C. 宽　　D. 窄

3. 放大电路在高频信号作用时放大倍数数值下降的原因是（　　），而低频信号作用时放大倍数下降的原因是（　　）。

A. 耦合电容和旁路电容存在

B. 半导体极间电容和分布电容的存在

C. 半导体管的非线性特性

D. 放大电路的静态工作点不合适

4. 当信号频率等于放大电路的下限频率时，放大倍数的值约下降到中频时的 7/10，即增益下降了（　　）。

A. 3dB　　B. 1dB　　C. 5dB　　D. 0dB

5. 在画含有晶体三极管的电路的高频等效电路时，极间电容和耦合旁路电容的正确处理方法分别是（　　）。

A. 保留，开路　　B. 开路，保留

C. 保留，短路　　D. 短路，保留

三、分析与计算题

1. 已知某一放大电路的幅频响应波特图如题图 5.1 所示，输出不失真的动态范围 $U_{opp}=10V$。

（1）试求放大电路的中频增益、上限频率并说明增益下降的原因；

（2）当 $u_i=10\sin(2\pi\times300t)+10\sin(2\pi\times10^6 t)$（mV），输出信号有无失真？是何种性质的失真？

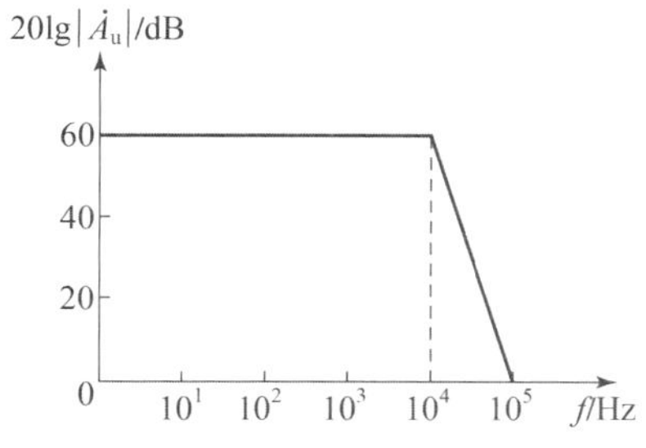

题图 5.1

2. 已知某放大电路电压增益的幅频特性如题图 5.2 所示。

（1）试求该放大电路的中频增益、上限频率 f_H、下限频率 f_L 和通频带 BW。

（2）当 $u_i=8\sin(2\pi\times6t)$（mV）$+20\sin(2\pi\times10^3 t)$（mV）时，输出信号有无失真？是何种性质的失真？

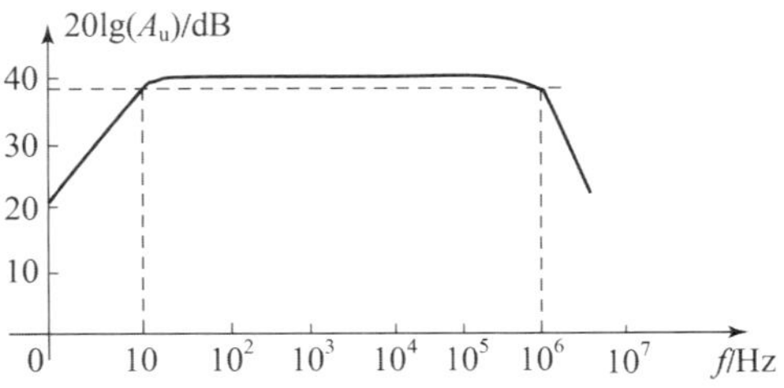

题图 5.2

3. 已知某阻容耦合单级共射放大电路的中频电压放大倍数为 $|A_{UI}|=1000$，$f_L=10\text{Hz}$，$f_H=1\text{MHz}$（题图 5.3），请画出该放大电路的对数幅频特性波特图。

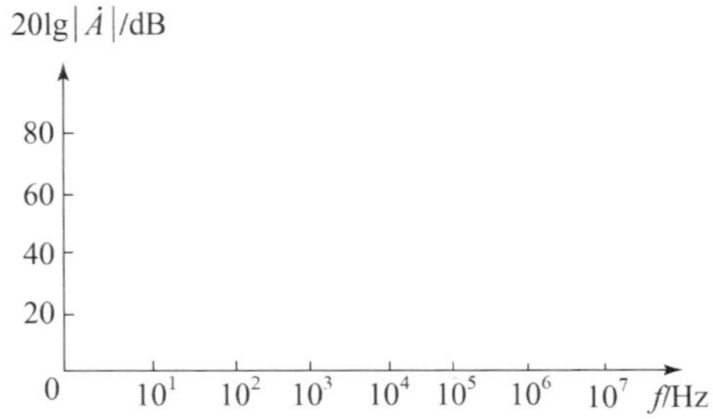

题图 5.3

4. 某一放大电路的中频增益为 40dB，上限频率为 $f_H=2\text{MHz}$，下限频率 $f_L=100\text{Hz}$，输出不失真的动态范围为 $U_{opp}=10\text{V}$。输入下列信号时是否会产生线性失真或者非线性失真，分别说明原因。

（1）$u_i(t)=0.1\sin(2\pi\times10^4t)(\text{V})$；

（2）$u_i(t)=10\sin(2\pi\times3\times10^6t)(\text{mV})$；

（3）$u_i(t)=10\sin(2\pi\times400t)+10\sin(2\pi\times10^6t)(\text{mV})$；

（4）$u_i(t)=10\sin(2\pi\times10t)+10\sin(2\pi\times5\times10^4t)(\text{mV})$；

（5）$u_i(t)=10\sin(2\pi\times10^3t)+10\sin(2\pi\times10^7t)(\text{mV})$。

5. 电路如题图 5.4 所示，已知晶体三极管的 $\beta=50$，$r_{bb'}=100\Omega$，$C_{b'c}=4\text{pF}$，$C_{b'e}=4\text{pF}$，$r_e=10\Omega$。

（1）试画出电路的高频小信号等效电路；

（2）利用密勒近似求上限频率 f_H。

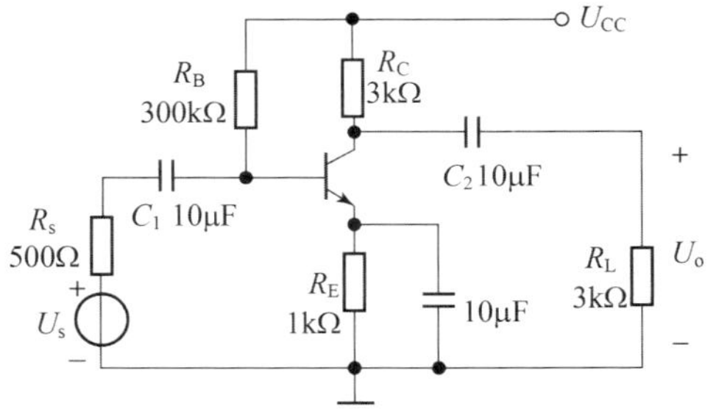

题图 5.4

6. 共源电路的交流通路如题图 5.5 所示。

（1）画出该电路的高频等效电路；

（2）求电路的上限频率。

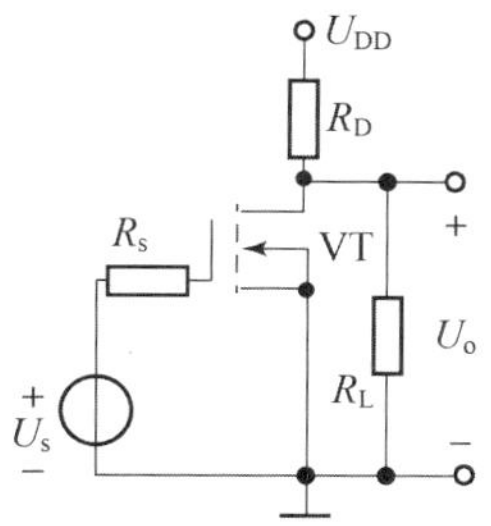

题图 5.5

7. 已知某放大电路的幅频特性波特图如题图 5.6 所示，试问：

（1）该电路的耦合方式是什么？

（2）该电路由几级放大电路组成？

（3）求中频增益、下限频率 f_L 和上限频率 f_H。

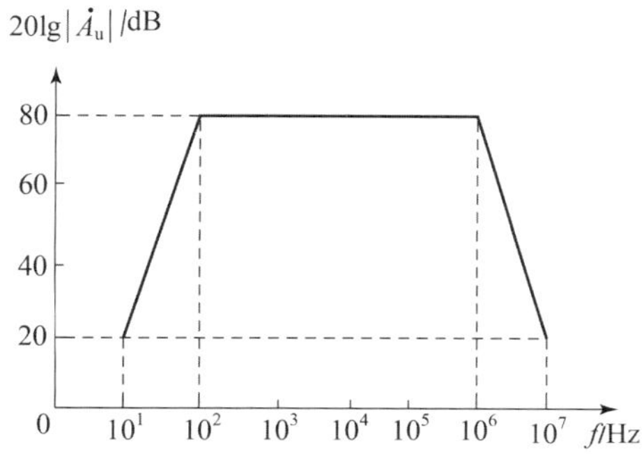

题图 5.6

8. 已知电路由四级放大电路组成，其波特图如题图 5.7 所示，写出该电路的耦合方式，并在纵坐标上标出中频增益的分贝值。

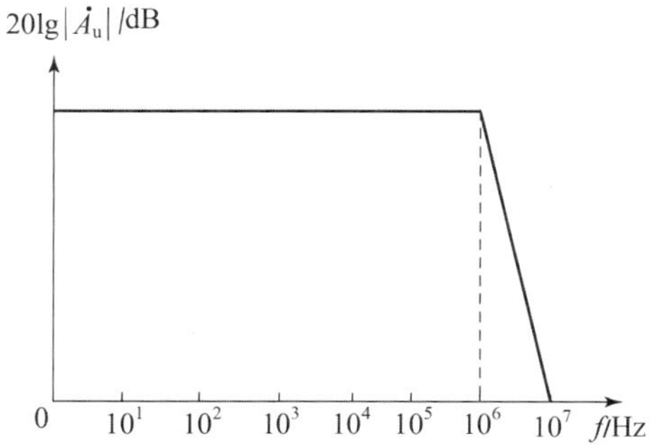

题图 5.7

9. 已知一个多级放大电路的电压增益函数为

$$A_u(jf)=\frac{-100}{\left(1+\frac{10}{jf}\right)\left(1+\frac{100}{jf}\right)\left(1+j\frac{f}{10^5}\right)^3}$$

（1）试画出放大电路的幅频响应波特图；

（2）求中频增益和近似的上限频率和下限频率。

第 6 章　功率放大电路

本章问题：

（1）为什么需要功率放大电路？功率放大电路有哪些特点？如何提高功率放大电路的效率？

（2）甲类、乙类和甲乙类功率放大电路有什么特点？

（3）大信号情况下如何分析乙类功率放大电路？

（4）集成功率放大电路有什么特点？

（5）集成运算放大电路由哪几部分组成？

一个电子设备中通常包含多级放大电路，除了对小信号进行电压放大的前级放大电路，其输出级一般还要带动一定的负载，如扬声器、继电器、电动机、仪表、偏转线圈等，驱动这些负载（执行机构）都需要一定的功率，因此需要能放大信号的功率放大电路，以高效地把直流电能转化为按输入信号变化的交流电能。由于功率放大电路通常是在大信号状态下工作，小信号模型分析方法已经不再适用，所以从组成、元器件选择和分析方法看，功率放大电路都与小信号放大电路有明显的区别。

6.1　功率放大电路的特点和分类

1. 功率放大电路的特点

功率放大电路简称为功放电路，主要任务是向负载提供较大的信号功率，因此必须具备较大的电压、电流输出幅度，即能够输出足够大的功率，故功率放大电路应具有以下主要特点。

1）输出功率要足够大

为了获得尽可能大的输出功率，要求功率放大电路中的功放管的电压和电流应有尽可能大的幅度，因此功放管通常工作在极限运用状态。

2）效率要高

从能量控制的观点看，功率放大电路和电压放大电路一样，都是利用有源器件将直流电源的直流能量转换为负载所需的信号能量。能量转换效率定义为电路输出功率与电源供给的直流功率之比，由于功放输出的功率较大，因此能量转换效率也是功放的一个重要技术参数。

3）非线性失真要小

功率放大电路工作在大信号的情况时，非线性失真是必须考虑的问题。因此，功率放大电路不能用小信号的等效电路进行分析，而只能用图解法进行分析。

4）功放管散热和保护问题

在功率放大电路中，有相当大的功率消耗在管子的集电结上，使结温和管壳温度升高。为了充分利用允许的管耗而使管子输出足够大的功率，放大电路的散热就成为一个重要问题。

5）图解分析方法

因为功放电路通常是在大信号状态下工作，前面章节讲的小信号等效模型分析方法不再适用，而应采用图解分析法。

综上所述，功率放大电路在大信号工作状态下，确保晶体三极管安全工作（在不超过管子的极限参数 I_{CM}、$U_{(BR)CEO}$、P_{CM}）的情况下，获得尽可能大的输出功率、尽可能高的效率和尽可能小的非线性失真。

2. 功率放大电路与电压放大电路的区别

1）本质相同

电压放大电路或电流放大电路：主要用于增强电压幅度或电流幅度。

功率放大电路：主要输出较大的功率。

但无论哪种放大电路，在负载上都同时存在输出电压、电流和功率，从能量控制的观点来看，放大电路实质上都是能量转换电路。

因此，功率放大电路和电压放大电路没有本质的区别，只是强调的输出量不同而已。

2）任务不同

电压放大电路：主要任务是使负载得到不失真的电压信号。输出的功率并不一定大，在小信号状态下工作。

功率放大电路：主要任务是使负载得到不失真（或失真较小）的输出功率。在大信号状态下工作。

3）指标不同

电压放大电路：主要指标是电压增益、输入和输出阻抗。

功率放大电路：主要指标是功率、效率、非线性失真。

4）研究方法不同

电压放大电路：图解法、等效电路法。

功率放大电路：图解法。

3. 功率放大电路的分类

根据功率放大电路中三极管静态工作点设置的不同，可将功放分为甲类、乙类、甲乙类，如图 6.1.1 所示。

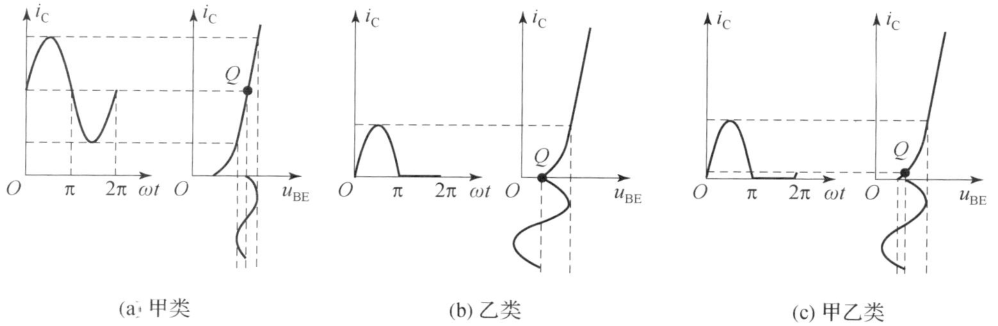

(a) 甲类　　(b) 乙类　　(c) 甲乙类

图 6.1.1　功率放大电路的工作情况

1）甲类

甲类功放中三极管的工作点 Q 位于放大区，在输入正弦信号的整个周期内，管子均导通，导通角为 2π。工作于甲类时，由于在整个周期内晶体三极管都导通，电源不断地输出功率，在没有信号输入时，这些功率全部消耗管子（和电阻）上；在有信号输入时，其中一部分转化为有用的输出功率，信号越大，输出的功率也越大。但是，即使在理想情况下，效率最大只能达到50%，所以，甲类功放的缺点是效率低、功耗大。

2）乙类

为了提高效率，减小功耗，将静态工作点 Q 设置在截止区，此时管子只有在信号的半个周期内导通，导通角为 π，称为乙类。在没有信号输入时，电源输出的功率为零，随着信号的增大，电源输出的功率增大，从而提高了效率，最大效率为78.5%。

3）甲乙类

甲乙类中，静态工作点 Q 设置在放大区且接近截止区，管子在半个周期以上的时间内导通，导通角为 $\pi \sim 2\pi$，最大效率介于甲类和乙类。由于甲乙类工作在 $I_c \approx 0$ 处，所以分析计算时仍可视其为乙类工作状态。

6.2 互补对称乙类功率放大电路

互补对称功率放大电路有两种形式：一是采用双电源不需要耦合电容的直接耦合互补对称电路，又称为OCL（output capacitorless）电路；二是采用单电源及大电容与负载和前级耦合的互补对称电路，称为OTL（output transformerless）电路。这两种工作原理基本相同。

6.2.1 双电源互补对称乙类功率放大电路

1. 电路组成和工作原理

双电源互补对称乙类功率放大电路的原理电路如图6.2.1所示。图中 VT_1 是NPN管，与 R_L 组成射极输出器；VT_2 是PNP管，与 R_L 也组成射极输出器，两管都工作在乙类，采用 $\pm U_{CC}$ 电源供电。

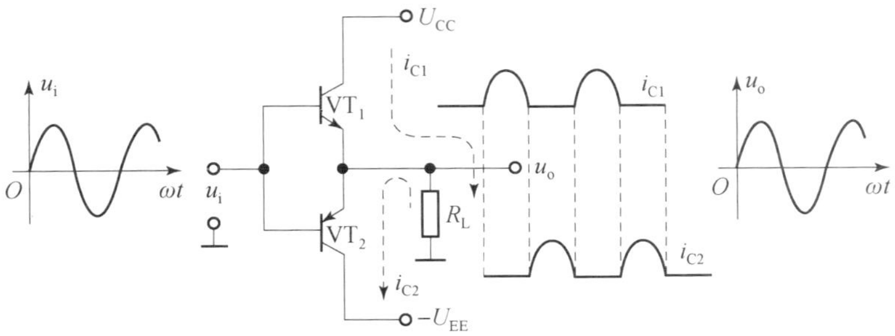

图6.2.1 互补推挽乙类功率放大电路的原理电路

电路工作原理：在 $u_i = 0$ 时，两管基极的静态电位为零，所以 VT_1、VT_2 都不能导通，处于截止状态，静态工作电流 $I_{CQ1} = I_{CQ2} = 0$，$u_o = 0$。假设两管发射结导通电压为零

（假设晶体三极管的转移特性是理想的），则当 $u_i>0$ 时，VT_1 管导通、VT_2 管截止，在 R_L 上给出上半周信号；当 $u_i<0$ 时，VT_1 管截止、VT_2 管导通，在 R_L 上给出下半周信号。这样输入信号一个周期内，VT_1、VT_2 交替工作，在负载 R_L 上合成一个完整的输出波形，为了使负载上得到的波形正、负半周大小相同，还要求两个管子的特性必须完全一致，即工作性能对称，如图6.2.1所示。

2. 双电源互补对称乙类功率放大电路指标计算

1）输出交流功率 P_o

当输入、输出为正弦信号时，由于负载电压、电流是完整的正弦波，故电路输出的功率为

$$P_o=\frac{1}{T}\int_0^T U_{om}\sin\omega t\cdot I_{cm}\sin\omega t\mathrm{d}t$$

$$=\frac{1}{2}I_{cm}\cdot U_{om}=\frac{1}{2}\frac{U_{om}^2}{R_L} \tag{6.2.1}$$

当 $U_{om}=U_{CC}-U_{CE(sat)}\approx U_{CC}$ 时（$U_{CE(sat)}$ 为晶体三极管饱和电压），输出交流功率达到最大值，则

$$P_{om}=\frac{1}{2}\frac{(U_{CC}-U_{CE(sat)})^2}{R_L}\approx\frac{1}{2}\frac{U_{CC}^2}{R_L} \tag{6.2.2}$$

2）电源提供的功率 P_E

乙类放大电路中，每个晶体三极管的集电极电流为半个周期的非正弦波，其电流平均值为

$$I_{c(av)}=\frac{1}{2\pi}\int_0^{\pi}I_{cm}\sin\omega t\mathrm{d}\omega t=\frac{1}{\pi}I_{cm} \tag{6.2.3}$$

由于每个电源只提供半个周期的电流，所以两组电源供给的总功率为

$$P_E=2U_{CC}I_{c(av)}=\frac{2}{\pi}U_{CC}I_{cm}=\frac{2U_{om}}{\pi R_L}U_{CC} \tag{6.2.4}$$

式（6.2.4）表明：当 $U_{om}=0$ 时，即没有信号输出时，电源不供给功率。随着 U_{om} 的增大，输出功率 P_o 增大，电源提供的功率也增加。当 $U_{om}=U_{CC}-U_{CE(sat)}\approx U_{CC}$ 时，电源输出的功率达到最大，则

$$P_{Em}=\frac{2U_{CC}^2}{\pi R_L} \tag{6.2.5}$$

3）每管转换能量的效率 η

$$\eta=\frac{\frac{P_o}{2}}{\frac{P_E}{2}}=\frac{P_o}{P_E}=\frac{\frac{1}{2}\frac{U_{om}^2}{R_L}}{\frac{2U_{CC}\cdot U_{om}}{\pi R_L}}=\frac{\pi}{4}\frac{U_{om}}{U_{CC}} \tag{6.2.6}$$

当 $U_{om}=U_{CC}-U_{CE(sat)}\approx U_{CC}$ 时，效率达到最大，则

$$\eta_m=\frac{\pi}{4}=78.5\% \tag{6.2.7}$$

4）每根管子损耗 P_T

晶体三极管的集电极功耗指电源供给功率与输出功率之差。对一根管子而言，应为

$$P_T=\frac{P_E}{2}-\frac{P_o}{2}=\frac{U_{CC}}{\pi}\frac{U_{om}}{R_L}-\frac{1}{4}\frac{U_{om}^2}{R_L} \tag{6.2.8}$$

式（6.2.8）表明：P_T 是输出电压振幅 U_{om} 的二次函数，无信号时，管子损耗为零。对 U_{om} 求导并令其为零，可得 P_T 的最大值。

当

$$U_{om}=\frac{2}{\pi}U_{CC}=0.64U_{CC} \tag{6.2.9}$$

时，达到最大管耗，即

$$P_{Tm}=\frac{1}{\pi^2}\frac{U_{CC}^2}{R_L}=\frac{2}{\pi^2}P_{om}\approx 0.2P_{om} \tag{6.2.10}$$

例 6.1：理想乙类互补推挽功放电路如图 6.2.2 所示，设 $U_{CC}=U_{EE}=15\text{V}$，$R_L=4\Omega$，$U_{CE(sat)}=0$，输入为正弦信号。试求：

（1）输出信号的最大功率；

（2）输出最大信号功率时电源的功率、集电极功耗（单管）和效率；

（3）每个晶体三极管的最大耗散功率 P_{Tm} 是多少？在此条件下的效率是多少？

解：（1）$P_{om}=\frac{1}{2}\frac{U_{CC}^2}{R_L}=\frac{1}{2}\times\frac{15^2}{4}=28.13\text{W}$。

（2）$P_{Em}=2U_{CC}\cdot\frac{U_{CC}}{\pi R_L}=\frac{2}{\pi}\times\frac{15^2}{4}=35.83\text{W}$；

$P_T=\frac{1}{2}(P_E-P_o)=\frac{1}{2}\times(35.83-28.13)=3.85\text{W}$；

$\eta=\frac{\pi}{4}\xi=\frac{\pi}{4}=78.5\%$。

（3）$P_{Tm}=0.2P_{om}=0.2\times 28.13=5.63\text{W}$；

$\eta=\frac{\pi}{4}\xi=\frac{\pi}{4}\times\frac{2}{\pi}=50\%$。

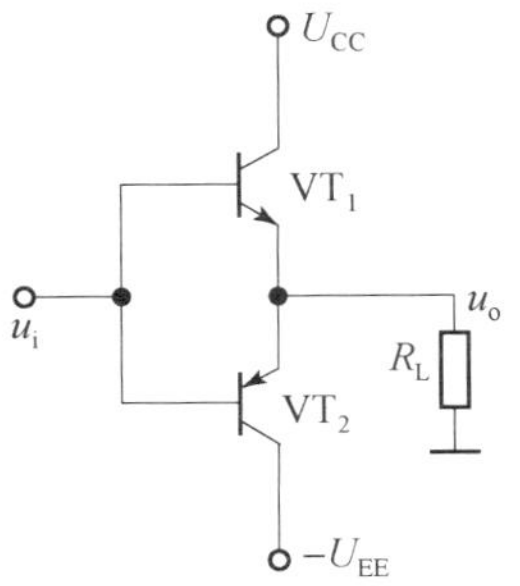

图 6.2.2　例 6.1 图

3. 对管子的要求

在功率放大电路中，为了输出较大的信号功率，管子承受的电压要高，通过的电流要大，功率管损坏的可能性也就比较大，所以功率管的参数选择不容忽视。当选择管子时，一般应考虑 BJT 的三个极限参数，即集电极最大允许功率损耗 P_{Tm}，集电极最大允许电流 I_{CM} 和集电极—发射极间的反向击穿电压 $U_{(BR)CEO}$。

由前面知识点的分析可知，若想得到最大输出功率，又要使功率 BJT 安全工作，则 BJT 的参数必须满足下列条件：

（1）每只 BJT 的最大管耗 $P_{Tm}\geqslant 0.2P_{om}$；

（2）通过 BJT 的最大集电极电流为 $I_{CM}>\frac{U_{CC}}{R_L}$；

（3）考虑到当 VT_2 导通时，$-u_{CE2}=U_{CE(sat)}\approx 0$，此时 u_{CE1} 具有最大值，且等于 $2U_{CC}$，因此，应选用反向击穿电压 $|U_{(BR)CEO}|>2U_{CC}$ 的管子。

例 6.2：电路如图 6.2.1 所示，乙类双电源互补对称功率放大电路，$U_{CC}=20\text{V}$，$R_L=8\Omega$，输入信号为正弦波，求对功率管的参数的要求。

解：（1）最大输出功率：$P_{om}=\frac{1}{2}\frac{U_{CC}^2}{R_L}=25\text{W}$。

所以 $P_{Tm} \geq 0.2P_{om} = 0.2 \times 25W = 5W$。

（2）$|U_{(BR)CEO}| > 2U_{CC} = 40V$。

（3）$I_{CM} > \dfrac{U_{CC}}{R_L} = \dfrac{20}{8}A = 2.5A$。

注意：在实际选择管子时，其极限参数还要留有充分的余地。

4. 乙类互补对称功率放大电路的交越失真及其消除

在分析乙类互补对称电路时，是把三极管的门限电压看作为零，但实际中，门限电压不能为零，且电压和电流的关系不是线性的，只有当输入信号 u_i 大于管子的门限电压（NPN 硅管约为 0.7V，PNP 锗管约为 0.2V）时，管子才能导通。当输入信号 u_i 低于这个数值时，VT_1 和 VT_2 都截止，i_{C1} 和 i_{C2} 基本为零，负载 R_L 上无电流通过，出现一段死区。这种现象称为交越失真，如图 6.2.3 所示。

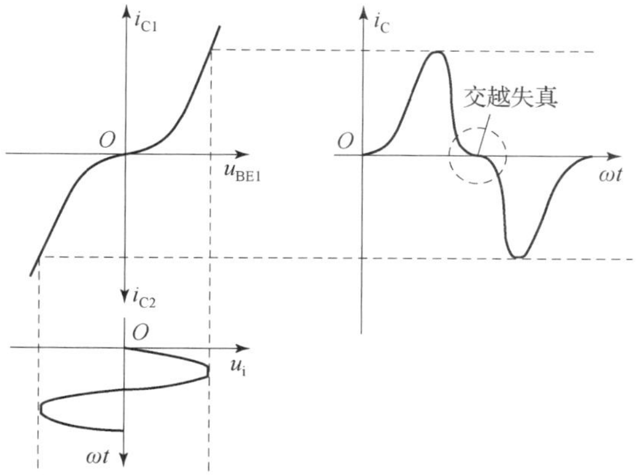

图 6.2.3　交越失真

克服交越失真的措施如下：

避开死区电压区，需要给电路设置偏置，让每一晶体三极管处于微导通状态，使之工作在甲乙类状态，其电路如图 6.2.4 所示。当输入信号一旦加入，晶体三极管立即进入线性放大区。而当静态时，虽然每一个晶体三极管处于微导通状态，由于电路对称，而两管静态电流相等，流过负载电流为零，从而消除了交越失真。

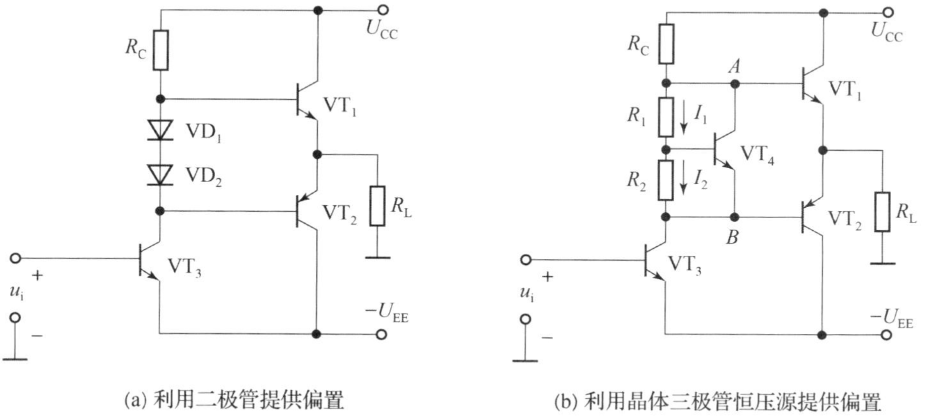

(a) 利用二极管提供偏置　　(b) 利用晶体三极管恒压源提供偏置

图 6.2.4　消除交越失真的互补推挽电路

在实际应用中，为提高电路的能量转换效率，设置的偏压较小，所以分析计算时仍可视其为乙类工作状态。

6.2.2 单电源互补对称电路

双电源互补对称电路需要两个正负独立电源，因此有时很不方便。当仅有一路电源时，则可采用单电源互补对称电路，有时又称为无输出变压器电路，即 OTL（output transformerless）电路。单电源互补推挽乙类功率放大电路如图 6.2.5 所示。静态时，VT_1、VT_2管的基极电位设置为$\frac{U_{CC}}{2}$，如果电路理想对称，则发射极的电位为$\frac{U_{CC}}{2}$。电容器的容量由放大电路的下限频率f_L确定，即

$$C \geqslant \frac{1}{2\pi R_L f_L} \tag{6.2.11}$$

电容 C 的容量很大，需满足 $\tau = R_L C$ 比信号的周期大得多。

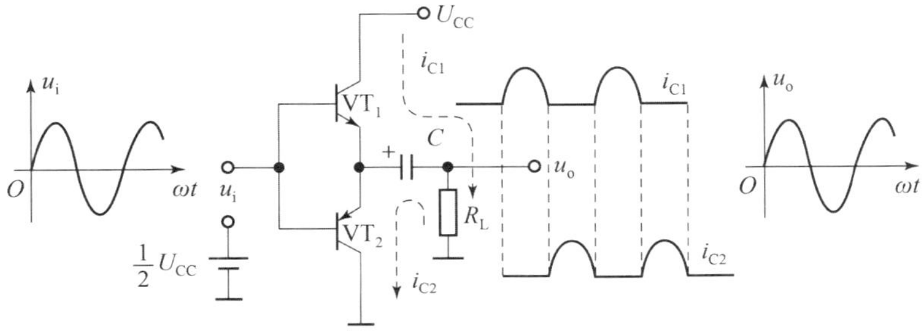

图 6.2.5 单电源互补推挽乙类功率放大电路

当 $u_i>0$ 时，VT_1导通，VT_2截止，电流从正电源 U_{CC} 出发经过 VT_1 管流入负载 R_L，同时对电容 C 充电，由于电容两端电压为$\frac{U_{CC}}{2}$，故回路的等效电源电压为 $U_{CC}-\frac{U_{CC}}{2}=\frac{U_{CC}}{2}$，$VT_1$管和 R_L 组成射极输出电路，$u_o \approx u_i$。当 $u_i<0$ 时，VT_2导通，VT_1截止，电容 C 充当电源，通过 VT_2管给负载 R_L 提供电流，回路的等效电源电压为$\frac{U_{CC}}{2}$，VT_2管和 R_L 组成射极输出电路，$u_o \approx u_i$。需要注意的是，OTL 电路的性能指标的计算公式与 OCL 电路一致，只需用$\frac{U_{CC}}{2}$取代原公式中的 U_{CC} 即可。

例如：电路输出的交流电压振幅的最大值为

$$U_{om}=\frac{U_{CC}}{2} \tag{6.2.12}$$

电路最大输出功率为

$$P_{om}=\frac{1}{2}\frac{\left(\frac{1}{2}U_{CC}\right)^2}{R_L}=\frac{1}{8}\frac{U_{CC}^2}{R_L} \tag{6.2.13}$$

电源提供的功率为

$$P_E = 2\frac{U_{CC}}{2}I_{c(av)} = \frac{1}{\pi}U_{CC}I_{cm} \tag{6.2.14}$$

例 6.3：OTL 电路如图 6.2.6 所示，已知 $U_{CC} = 35V$，$R_L = 35\Omega$，流过负载电阻 R_L 的电流为 $i_L = 0.45\cos\omega t(A)$，求：

（1）负载所获得的功率 P_o；

（2）电源提供的平均功率 P_E；

（3）每管的管耗 P_T。

解：（1）负载获得功率：$P_o = \frac{1}{2}I_{om}^2 R_L = \frac{1}{2}\times 0.45^2\times 35\approx 3.5(W)$。

（2）电源提供的直流功率：$P_E = 2\frac{U_{CC}}{2}I_{c(av)} = \frac{1}{\pi}U_{CC}I_{cm} = \frac{1}{\pi}\times 35\times 0.45\approx 5(W)$。

（3）每管的管耗：$P_T = \frac{1}{2}(P_E - P_o) = \frac{1}{2}(5-3.5) = 0.75(W)$。

6.2.3　采用复合管的互补对称功率放大电路

前面的功率放大电路存在如下问题：

（1）当要求输出功率较大时，要求推动功率管的基极电流也要很大，而由于功放管的 β 不会很大，所以难以做到提供大的基极驱动电流。

（2）两只大功率异型管的配对比较困难，难以做到特性对称。

为解决上述问题，用复合管组成互补对称功率放大电路。图 6.2.7 是由复合管组成的互补对称功率放大电路。图中 VT_1、VT_3组成的复合管等效为一个 NPN 型管；VT_2、VT_4组成的复合管等效为一个 PNP 型管，其中输出管 VT_3、VT_4是同类型管，特性一致，解决了采用单管结构难以实现管子特性对称的问题，由于互补是由 VT_1、VT_2实现的，故称为准互补。由于复合管的电流放大系数高，因此解决了驱动电流需求大的问题，前级供给的电流可以减少。

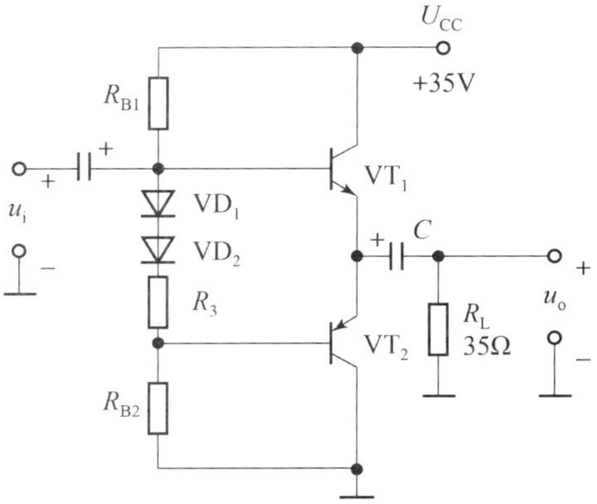

图 6.2.6　例 6.3 图

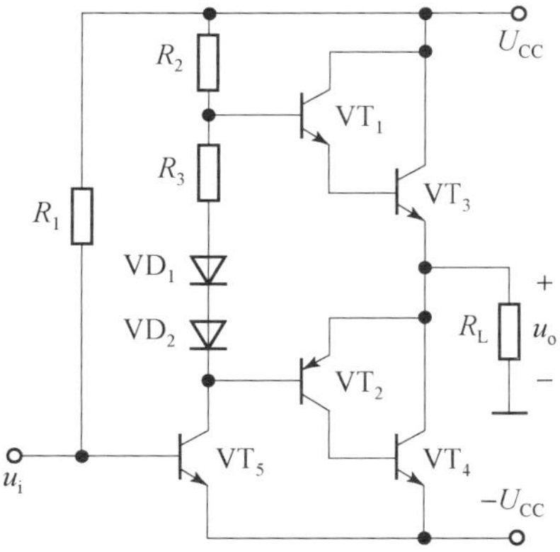

图 6.2.7　复合管组成的互补对称功率放大电路

6.3　集成功率放大电路

集成功率放大电路具有输出功率大、外围连接元件少、使用方便等优点，目前使用越来越广泛。它的品种很多，本节主要介绍常用的集成功率放大电路是 LM386。

LM386 是专为低电压应用而设计的一个音频集成功率放大电路。它的主要特点是频带宽、典型值可达 300kHz、低功耗、额定输出功率为 660mW、电源电压适用范围为 4～12V。它可应用于收音机、对讲机、电视机声音系统、超声波驱动器、小型伺服系统驱动器、电源转换等领域。

LM386 的外形及引脚排列如图 6.3.1 所示。其采用双列直插塑封结构，具体如下：

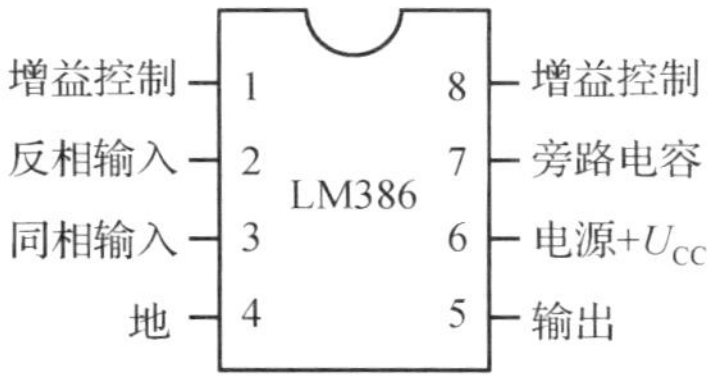

图 6.3.1　LM386 的外形及引脚排列

（1）输入端：2 脚为反相输入端；3 脚为同相输入端。

（2）输出端：5 脚。

（3）增益控制端：1 脚、8 脚。

①1 脚、8 脚断开时，$A_u \approx 20$；

②1 脚、8 脚之间接入旁路电容，$A_u > 200$；

③1 脚、8 脚之间接入 R（可调）C 串联网络，A_u 为 20～200。

（4）旁路电容端：7 脚消除通过电源的干扰。

（5）电源端：6 脚接 $+U_{CC}$，4 脚接地。

LM386 最大输出功率表达式为

$$P_{om} = \frac{U_{CC}^2}{8R_L}$$

此时输入电压有效值的表达式为

$$U_i = \frac{U_{CC}/2\sqrt{2}}{A_u} = \frac{\sqrt{2}U_{CC}}{4A_u}$$

LM386 应用于调幅收音机的典型电路如图 6.3.2 所示。

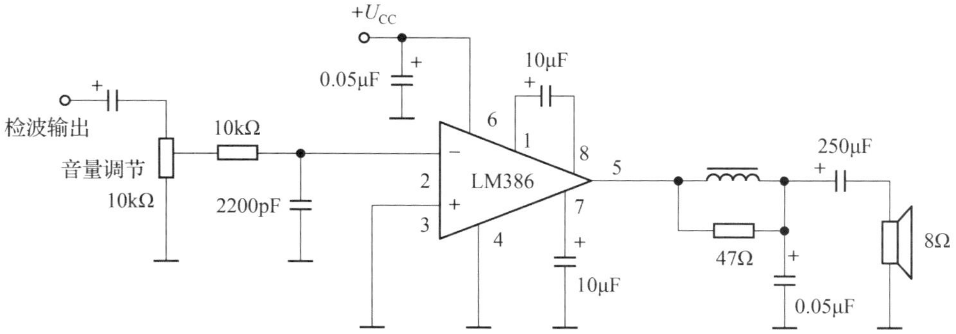

图 6.3.2　LM386 的典型应用接线图

6.4　Multisim 仿真软件应用举例

交越失真及其消除的研究：

交越失真及其消除的研究视频

小　结

（1）功率放大电路是在大信号下工作的，采用图解法进行分析，要求在不失真的前提下，获得尽可能大的功率，尽可能高的效率。

（2）功率放大电路的分类，甲类、乙类、甲乙类电路的特点。从提高效率的观点看，主要介绍了乙类互补跟随功率放大电路及单电源互补对称功率放大电路的工作原理，并对其功放电路的输出功率、电源提供的功率、效率和管耗等指标进行了分析计算。同时，为了使功率管安全工作，对其极限参数作了限制。

（3）复合管组成的功率放大电路解决了采用单管结构难以实现管子特性对称的问题，也解决了驱动电流需求大的问题。

（4）集成功率放大电路具有温度稳定性好、电源利用率高、功耗较低等优点，已经得到了广泛应用，本章以 LM386 为例介绍了集成功率放大电路。

习　题

一、填空题

1. 电压放大电路主要研究的指标是________、________、________；功率放大电路主要研究的指标是________、________、________、________（A. 电压放大倍数　B. 输入电阻　C. 输出电阻　D. 输出功率　E. 电源提供的功率　F. 效率　G. 管耗）。

2. 功率放大电路中，________功率放大电路导通角最大；________功率放大电路效率较高（甲类、乙类、甲乙类）。

3. 功率管选择时一般应考虑 BJT 的三个极限参数，即________、________和________。

4. 功率放大电路通常处于集成运放的________（输入级、中间级、输出级）。

5. 为了消除乙类互补功率放大电路输出波形的________失真，而采用________类互补功率放大电路。

6. 甲类功放效率低是因为________（A. 只有一个功放管　B. 静态电流过大　C. 管压降过大）。

7. 与甲类功率放大方式相比，OCL 互补对称功放的主要优点是________（A. 不用输出变压器　B. 不用输出端大电容　C. 效率高　D. 无交越失真）。

二、分析与计算题

1. 题图 6.1 为理想乙类互补推挽功放电路，设 $U_{CC}=15V$，$U_{EE}=-15V$，$R_L=5\Omega$，$U_{CE(sat)}=0$，输入为正弦信号。试求：

（1）输出信号的最大功率；

（2）输出最大信号功率时电源的功率、集电极功耗（单管）和效率；

（3）每个晶体三极管的最大耗散功率 P_{Tm} 是多少？

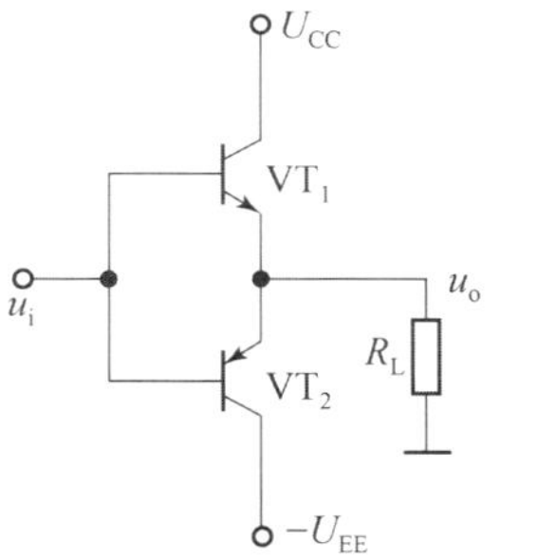

题图 6.1

2. 在题图 6.2 所示电路中，已知 $U_{CC}=U_{EE}=16V$，$R_L=4\Omega$，VT_1 和 VT_2 管的饱和管压降 $|U_{CE(sat)}|=1V$，输入电压足够大。试问：

（1）电路中两个二极管的作用是什么？

（2）静态时，晶体三极管发射极电位为多少？

（3）输出信号的最大功率：①输出最大信号功率时电源的功率、集电极功耗（单管）和效率；②每个晶体三极管的最大耗散功率 P_{Tm} 是多少？在此条件下的效率是多少？

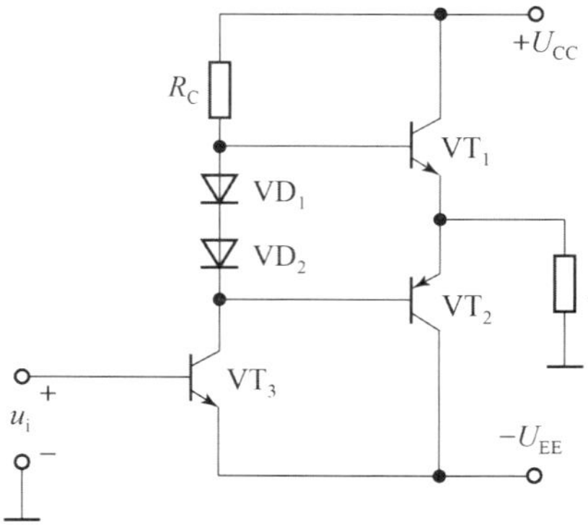

题图 6.2

3. OCL 功放电路如题图 6.3 所示，$U_{CC}=U_{EE}=12V$，$R_L=4\Omega$，设晶体三极管的饱和压降可以忽略不计，试问

（1）VT_4、R_1、R_2 在电路中的作用是什么？

（2）负载电阻 R_L 上电流的最大值 i_{Lm} 为多少？

（3）最大输出功率 P_{om} 为多少？此时的效率是多少？

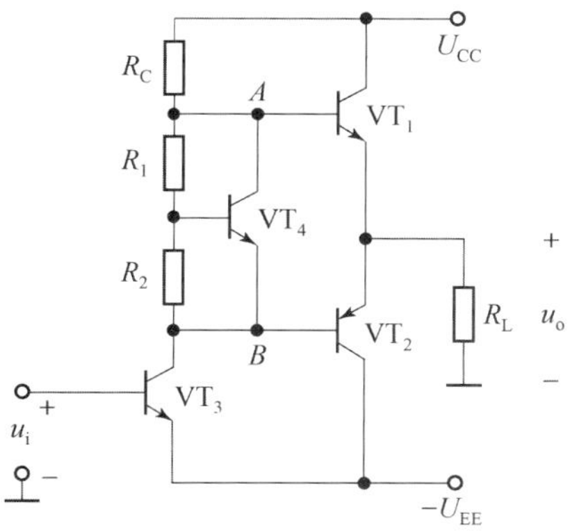

题图 6.3

4. 电路如题图 6.4 所示，乙类双电源互补对称功率放大电路，输入信号为正弦波，饱和管压降 $|U_{CE(sat)}|=1V$，求对功率管的参数 I_{CM}、P_{CM}、$U_{(BR)CEO}$的要求。

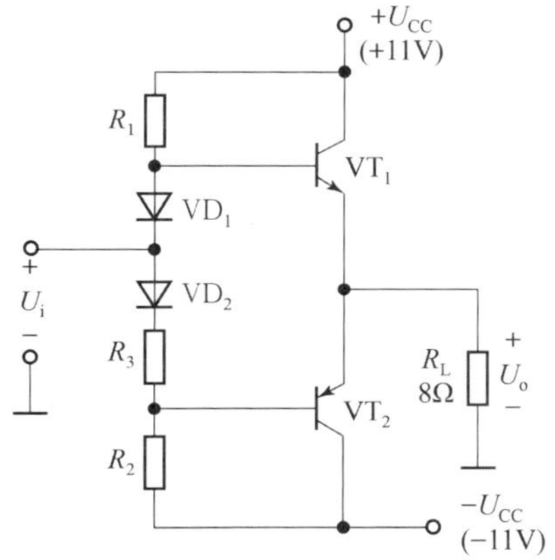

题图 6.4

5. 电路如题图 6.5 所示，二极管的导通电压和三极管导通电压均为 0.7V，$U_{CC}=16V$，三极管的饱和管压降 $|U_{CE(sat)}|=1V$，$R_L=8\Omega$，试求：

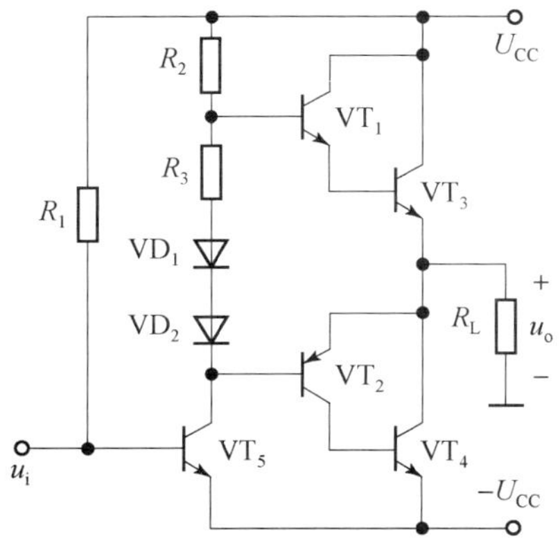

题图 6.5

（1）复合管 VT_1 和 VT_3、VT_2 和 VT_4 分别等效为哪种类型管子？

（2）静态时 VT_1 和 VT_2 基极电位是多少？VT_3 发射极电位为多少？

（3）如 VT_1 的基极电流大于 VT_2 的基极电流，如何调节？

（4）最大输出功率 P_{om} 为多少？此时的效率是多少？

6. 互补推挽功放电路如题图 6.6 所示，设 $U_{CC}=12V$，$R_L=8\Omega$，$U_{CE(sat)}=0$，输入为正弦信号。

（1）指出 R_4，VD_1，VD_2 的作用；

（2）求输出信号的最大功率；

（3）求输出最大信号功率时电源的功率、集电极功耗（单管）和效率。

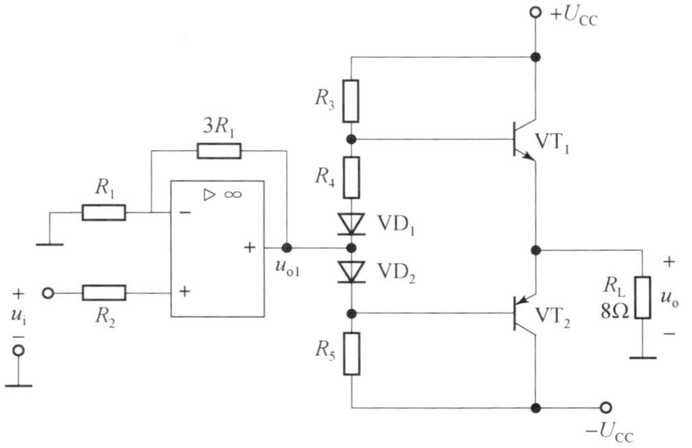

题图 6.6

7. 互补推挽功放电路如题图 6.7 所示，其中负载电流 $i_L=0.45\cos\omega t(A)$，试求：

（1）负载上获得的功率 P_o；

（2）电源供给的平均功率 P_E；

（3）每管的管耗 P_T；

（4）每管的最大管耗 P_{Tm}；

（5）放大电路效率 η。

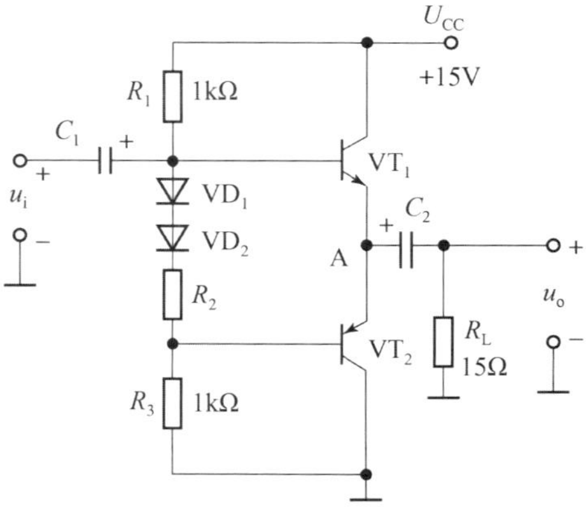

题图 6.7

第7章　放大电路中的反馈

本章问题：

（1）什么是负反馈？引入负反馈的目的是什么？

（2）负反馈的类型有哪些？如何判断？

（3）负反馈对放大电路的性能有哪些影响？

（4）什么是深度负反馈？如何分析深度负反馈放大电路？

（5）负反馈放大电路应注意的问题有哪些？

前面介绍的放大电路大多属于基本放大电路，他们虽然都具有放大的功能，但其性能指标往往不能满足实际需要，所以通常在放大电路中引入负反馈以改善放大电路的性能。目前几乎所有的实际放大电路都是带有反馈的放大电路。

7.1　反馈的基本概念与判断方法

7.1.1　反馈的基本概念

1. 什么是反馈

反馈是指在将放大电路中，将输出量（电压或电流）的一部分或全部，通过某种电路（称为反馈网络）送回到输入回路来影响输入量（电压或电流）的过程。引入反馈后，放大电路成为一个闭合环路，称为闭环放大电路；无反馈通路的放大电路称为开环放大电路。

根据放大电路中各部分的主要功能，可将其分为基本放大电路和反馈网络两部分，如图7.1.1所示。整个放大电路的输入信号称为输入量 X_i，输出信号称为输出量 X_o；反馈网络的输入信号是电路的输出量 X_f，输出信号是反馈量基本放大电路的输入信号是净输入量 X_i'，它是输入量和反馈量叠加的结果。

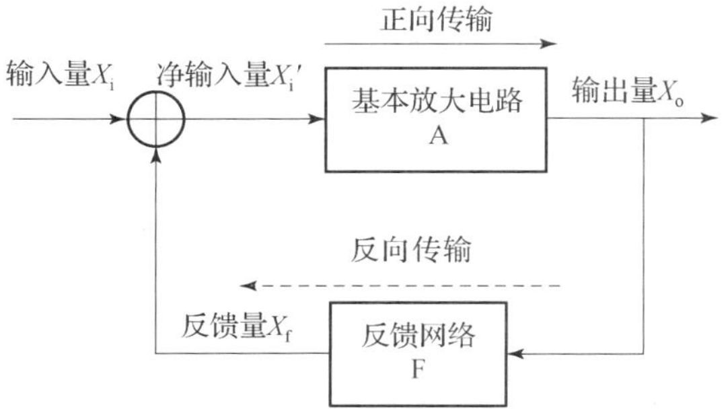

图7.1.1　负反馈放大电路基本框图

2. 反馈的极性

若反馈信号使净输入量大于输入量的反馈称为正反馈；反之，反馈信号使净输入量小于输入量的反馈称为负反馈，净输入量的变化必然引起输出量的相应变化。正反馈的结果使输出量的变化增大，负反馈的结果使输出量的变化减小；带有负反馈的放大电路称为负反馈放大电路，本章主要介绍负反馈放大电路。

3. 直流反馈和交流反馈

如果反馈量只有直流量，则称为直流反馈；如果反馈量只有交流量，则称为交流反馈；如果反馈量既有直流量，又有交流量，则称为交直流反馈。直流反馈主要用于稳定放大电路的静态工作点，交流反馈主要用于改善放大电路的动态性能，本章重点介绍交流反馈。

4. 本级反馈和级间反馈

通常，在多级放大电路中每级放大电路有各自的反馈称为本级反馈，而从多级放大电路的输出引回输入的反馈称为级间反馈。本章的重点介绍是级间反馈。

7.1.2 反馈的判断

1. 有无反馈的判断

通常在放大电路中，若输出回路与输入回路间有电阻，电容等元件相连构成通路，则说明电路中引入了反馈，否则无反馈。

例 7.1：分别判断图 7.1.2 中各电路是否引入反馈。

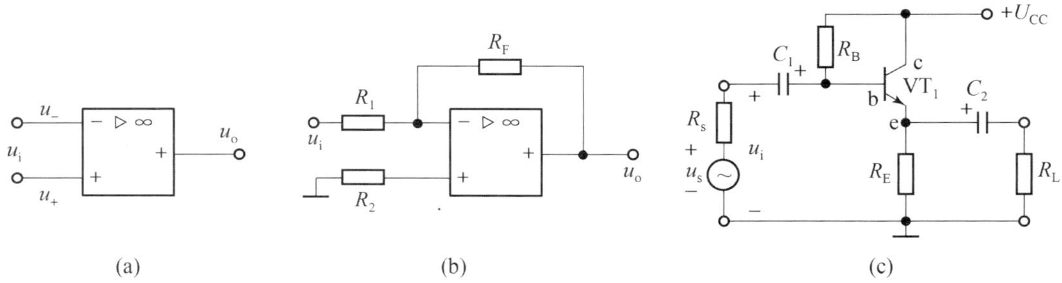

图 7.1.2 例 7.1 图

解：首先观察电路，寻找输出回路和输入回路中有无直接联系的元件来判断电路中有无反馈。图 7.1.2（a）中没有元件连接输入和输出回路，故没有反馈；图 7.1.2（b）中电阻 R_F 将运放的输出端和输入端连接起来，构成反馈回路，故引入了反馈；图 7.1.2（c）中电阻 R_E 既在输入回路又在输出回路，故引入了反馈。

2. 直流反馈和交流反馈

判断直流反馈与交流反馈，只要画出放大电路的直流通路和交流通路即可。

例 7.2：判断如图 7.1.3 所示电路中存在的交流与直流反馈，设图中各电容对交流信号均视为短路。

解：在放大电路的直流通路中引入的反馈为直流反馈，而在交流通路中引入的反馈为交流反馈。

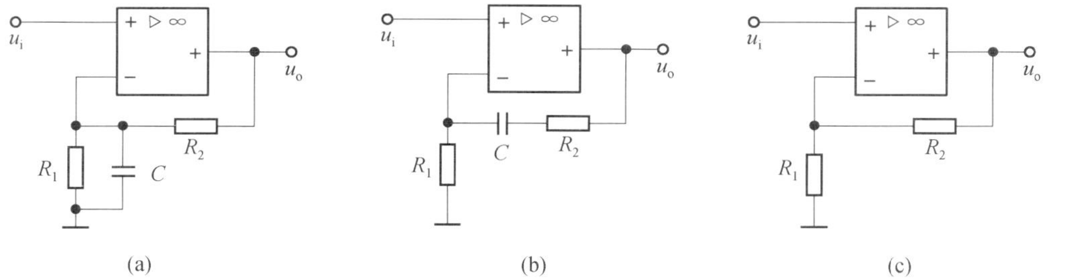

图 7.1.3　例 7.2 电路图

图 7.1.3（a）所示电路的直流通路如图 7.1.4（a）所示，R_2形成反馈通路，故电路引入了直流反馈。交流通路如图 7.1.4（b）所示，R_1被 C 短路，使得 R_2成为电路的负载，故电路中没有交流反馈。

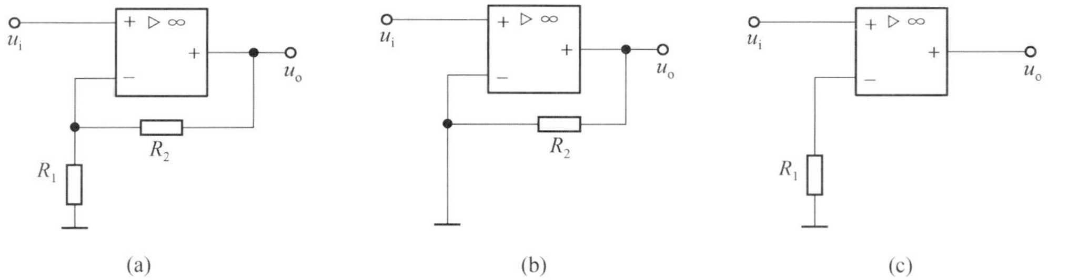

图 7.1.4　例 7.2 解答电路图

图 7.1.3（b）所示电路的直流通路如图 7.1.4（c）所示，由于 C 在直流通路中开路，使输出回路与输入回路没有反馈通路，故电路中没有直流反馈。交流通路如图 7.1.4（a）所示，由于 C 短路，R_2形成反馈通路，故电路中引入了交流反馈。

图 7.1.3（c）所示电路的直流通路和交流通路均与原电路相通，R_2构成反馈通路，故电路中既引入了直流反馈，又引入了交流反馈。

3. 反馈极性的判断

判断电路的反馈极性常采用瞬时极性法。

瞬时极性法，具体如下：先假设输入信号在某一时刻的瞬时极性为正；然后在电路中，从输入端开始，沿着信号流向（基本放大电路中信号正向传输，反馈通路中信号反向传输），根据放大电路输入/输出的相位关系，逐级标出该时刻有关节点电压的瞬时极性；最后判断信号反馈到输入端是削弱还是增强了净输入信号，如果是削弱，则为负反馈，反之则为正反馈。需要特别注意：瞬时极性不是电压的正负极性，而是电压变化的趋势。当电压向增加的方向变化时瞬时极性为“正”，用“+”表示；当电压向减小的方向变化时瞬时极性为“负”，用“-”表示。

依据上面瞬时极性判别方法，从放大电路的输入端开始用瞬时极性标识，沿放大电路、反馈回路再回到输入端。这时依据负反馈总是减小净输入信号，正反馈总是增大净输入信号的原则判断出反馈的正负。

例 7.3：试判断图 7.1.5 中各电路的反馈极性。

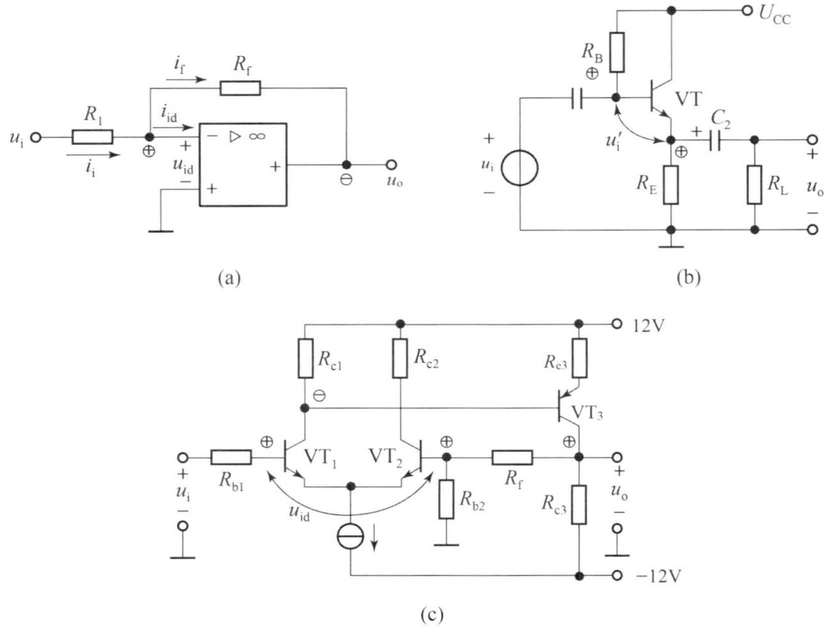

图 7.1.5　例 7.3 电路图

解：图 7.1.5（a）设输入电压的极性对“地”为“+”，输入电流流入集成运算放大电路，集成运算放大电路的反相输入端极性对地为“+”，因而输出电压的极性对“地”为“−”；输出电压作用于电阻 R_f 产生的反馈电流方向如图 7.1.5 所示。集成运算放大电路净输入电流的数值减小，说明电路引入了负反馈。

图 7.1.5（b）中电路为共集组态，即射极跟随器。当输入端 u_i 为正时，$u_o(=u_f)$ 也为正，于是净输入电压 $u_i'(=u_i-u_f)$ 减小，因此判定为负反馈。

图 7.1.5（c）中设输入电压对地极性为“+”，经差动放大 VT_1 管输出为“−”，经 VT_3 管到达输出端极性为“+”，经电阻 R_f 回送到 VT_2 管输入端极性为“+”，差动放大电路的净输入 u_{id} 减小，因而引入了负反馈。

在利用瞬时极性法判断反馈极性时，要注意以下几点：

（1）正确划分出基本放大电路和反馈网络。

（2）运用瞬时极性法时，一定要沿着信号传输方向依次标注极性，即在基本放大电路中从输入到输出，在反馈网络中从输出到输入。

（3）熟知各种基本放大电路（如共射、共基、共集、共源、共漏电路，以及差分放大电路和运算放大电路等）的输出信号与输入信号间的相位关系。

（4）正确确定净输入量的位置。净输入量可以是电压，也可以是电流。对于单管 BJT，电压净输入量在基极与发射极之间；对于差分放大电路和运算放大电路，电压净输入量在两个输入端之间。

7.1.3　交流反馈的四种组态

反馈是介于输出回路和输入回路之间，从输入端来看，反馈信号和输入信号可以以电压形式相叠加，也可以以电流形式相叠加；从输出端看，反馈信号取自输出端的电压从而稳定输出电压，或者反馈信号取自输出端电流从而稳定输出电流。因此，放大电路中的负反馈有四种基本的组合形态：电压串联负反馈、电压并联负反馈、电流串联负反馈、电流并联负反馈。

1. 串联反馈和并联反馈

根据反馈信号与输入信号的连接方式不同，反馈可分为串联反馈与并联反馈。反馈组态电路如图 7.1.6 所示，如果反馈信号与输入信号串联，即 $U_i = U_i' + U_f$，则称为串联反馈；如果反馈信号与输入信号并联，即 $I_i = I_i' + I_f$，则称为并联反馈。

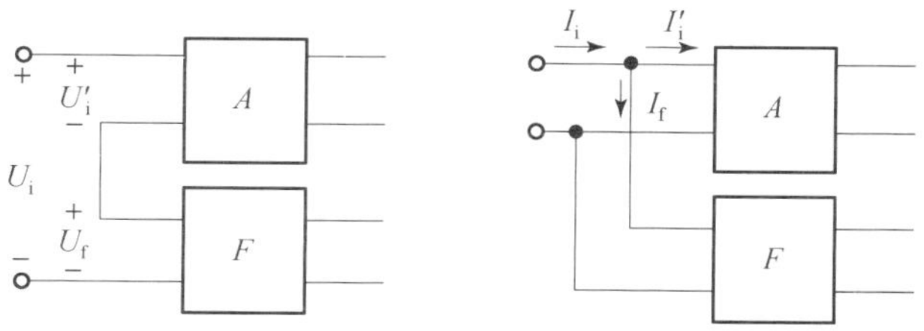

(a) 串联反馈　　(b) 并联反馈

图 7.1.6　串联反馈和并联反馈组态框图

实际上，判断放大电路中引入的反馈是串联反馈还是并联反馈，可采用直观判别法。例如：在放大电路的输入端，如果反馈信号和输入信号接于基本放大电路的不同输入端，则为串联反馈，如图 7.1.7 所示 。

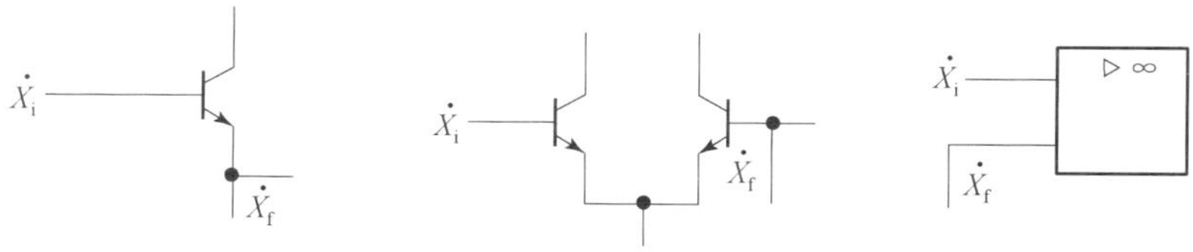

(a)　(b)　(c)

图 7.1.7　串联反馈的连接方式

若输入信号和反馈信号是加在放大电路的同一输入端或同一个电极上，则为并联反馈，如图 7.1.8 所示。

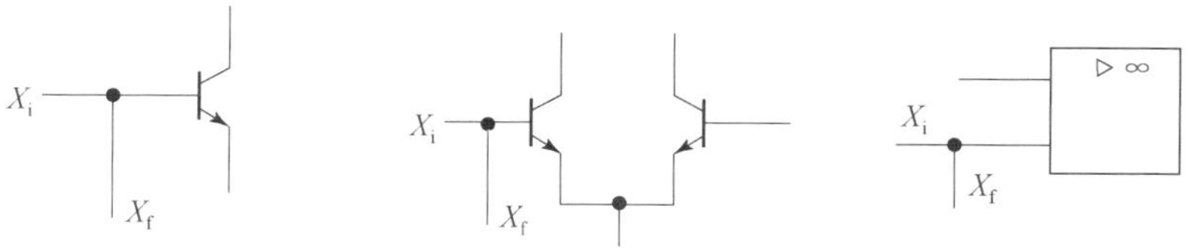

(a)　(b)　(c)

图 7.1.8　并联反馈的连接方式

2. 电压反馈和电流反馈

根据反馈信号与输出端的连接方式，反馈可分为电压反馈和电流反馈。

如果反馈网络与基本放大电路输出端并联连接，则称为电压反馈，此时反馈信号取自放大电路的输出电压，如图 7.1.9（a）所示；如果反馈网络与基本放大电路输出端串联连接，则称为电流反馈，此时反馈信号取自放大电路的输出电流，如图 7.1.9（b）所示。

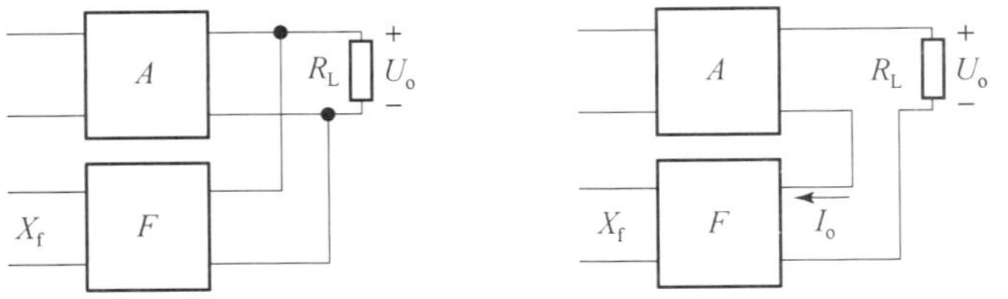

(a) 电压反馈　　(b) 电流反馈

图 7.1.9　电压反馈和电流反馈组态框图

通常采用负载短路法判断电压反馈与电流反馈。也就是将负载短路，若反馈量为零，则为电压反馈，否则为电流反馈。负载短路法只是一种分析方法，不是实测方法，不能用于电路实际测量中。

3. 四种组态负反馈放大电路举例

1）电压串联负反馈

图 7.1.10 中，信号加在集成运算放大电路的同相输入端，经过集成运算放大电路得到输出信号，反馈电阻 R_2 将输出信号回送到集成运算放大电路的反相输入端，因此存在反馈。反馈点 F 对地的电压，即电阻 R_1 上的电压为反馈电压 U_f。

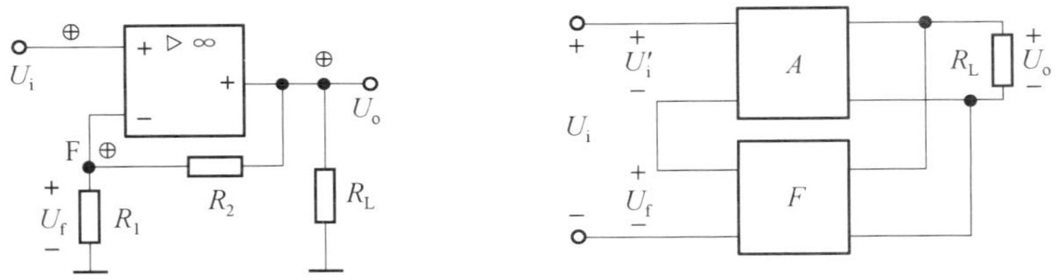

(a) 电路　　(b) 组态框图

图 7.1.10　电压串联负反馈

首先判断反馈的极性，即判断电路是正反馈还是负反馈。因为输入信号加在集成运算放大电路的同相端，所以当输入端 U_i 极性为正时，U_o 也为正，经过反馈电阻 R_2 后得到反馈信号 U_f 为正，于是净输入电压 $U_i'(U_i'=U_i-U_f)$ 减小，因此判定为负反馈。

然后判断这个电路的反馈组态。如果输出电压 U_o 为零，则反馈电压 $U_f=0$，可见为电压反馈。输入电压加在集成运算放大电路同相输入端，而反馈电压加在集成运算放大电路反相输入端，加在不同的端口，因此为串联反馈。该电路的反馈类型为电压串联负反馈。

2）电压并联负反馈

从图 7.1.11 所示电路可以看出，经过电阻 R_2，使输出信号返回到输入回路，实现反馈。同样用瞬时极性法判断反馈极性，假设输入电压 U_i 对地瞬时极性为正时，由于输入信号加在集成运放的反相端，则输出端 U_o 对地瞬时极性为负，电阻 R_2 左端为正、右端为负，因此反馈电流 I_f 是从左端流向右端，使净输入电流 $I_i'(I_i'=I_i-I_f)$ 减小，即负反馈。

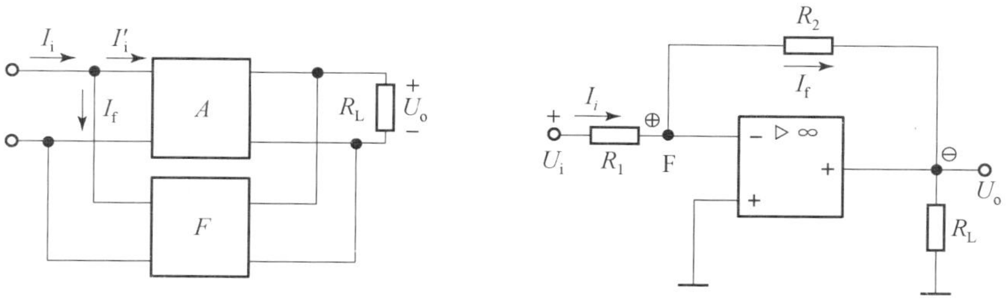

(a) 电路　　　　(b) 组态框图

图 7.1.11　电压并联负反馈电路

下面判断反馈组态，假设输出电压 U_o 为零，反馈电流 I_f 不复存在，虽然仍有电流流过电阻 R_2，但该电流由输入电流产生，不能认为是反馈电流，因此该电路反馈类型属于电压反馈。对于输入端，输入电压和反馈电压均作用在集成运算放大电路的反相输入端，因此可以得出并联反馈的结论。

3）电流串联负反馈

在图 7. 1. 12 电路中，若负载 R_L 短路，由于输出电流依然存在，在 R_1 上产生的反馈电压 U_f 依然存在，因此该电路是电流反馈。所以，容易判断该输入端是串联反馈。

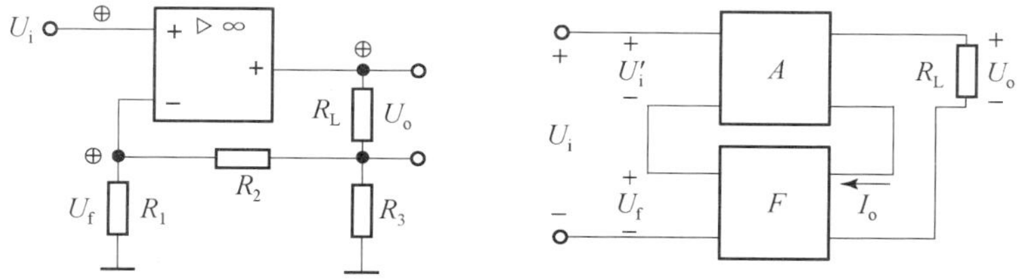

(a) 电路　　　　(b) 组态框图

图 7.1.12　电流串联负反馈电路

4）电流并联负反馈

在图 7. 1. 13 电路中，假设输入电压 U_i 对地瞬时极性为正，由于输入信号接反相输入端，则输出端 U_o 为负，B 点也为负，则反馈电流 I_f 是从 R_1 左端流向右端，使净输入电流 I'_i（$I'_i = I_i - I_f$）减小，因此是负反馈。所以，判断该反馈组态为并联电流反馈。

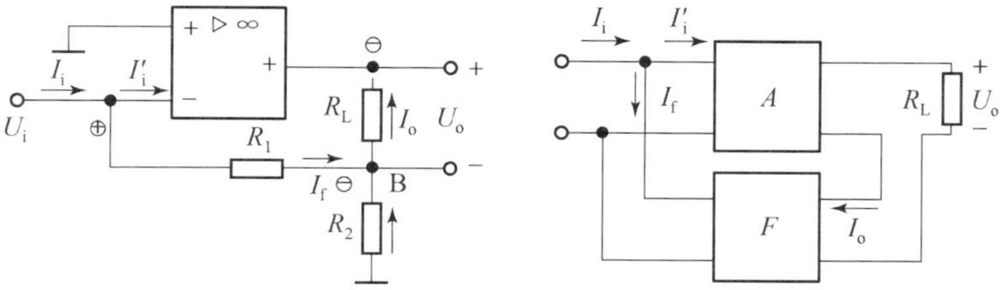

(a) 电路　　　　(b) 组态框图

图 7.1.13　电流并联负反馈

7.2 反馈放大电路的方框图及一般表达式

负反馈放大电路不但有四种组态，而且每一种组态的电路也多种多样。为了便于研究负反馈放大电路的共同规律，可以利用反馈放大电路的方框图来描述所有的电路，并根据反馈放大电路的方框图给出反馈放大电路的一般表达式。

7.2.1 四种组态反馈放大电路的方框图及一般表达式

四种组态反馈放大电路如图 7.2.1 所示，上面一个方框为基本放大电路，下面一个方框为反馈网络，图中箭头表示信号流通的方向。图中信号是单向流通的，即输入信号只通过基本放大电路传递到输出，而输出信号只通过反馈网络传递到输入。

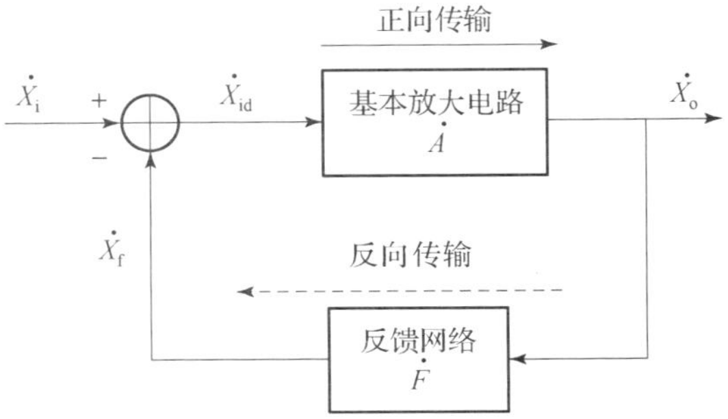

图 7.2.1 反馈放大电路的方框图

由图 7.2.1 所示反馈放大电路的组成框图，作如下定义：

开环增益：

$$\dot{A}=\frac{\dot{X}_o}{\dot{X}_{id}}$$

反馈系数：

$$\dot{F}=\frac{\dot{X}_f}{\dot{X}_o}$$

求和环节：

$$\dot{X}_{id}=\dot{X}_i-\dot{X}_f$$

闭环增益：

$$\dot{A}_f=\frac{\dot{X}_o}{\dot{X}_i}$$

由上述四个关系式，可以推导出：

$$\dot{A}_f=\frac{\dot{X}_o}{\dot{X}_i}=\frac{\dot{X}_o}{\dot{X}_{id}+\dot{X}_f}=\frac{\dot{X}_o}{\frac{\dot{X}_o}{\dot{A}}+\dot{F}\dot{X}_o}=\frac{\dot{A}}{1+\dot{A}\dot{F}}$$

定义 $|1+\dot{A}\dot{F}|$ 为反馈深度 D，其值越大，反馈程度越深。下面简单讨论不同反馈深度情况下对放大电路的影响。

（1）当 $|1+\dot{A}\dot{F}|>1$，$|\dot{A}_f|<|\dot{A}|$，即引入反馈后，增益下降了，这种反馈为负反馈。

（2）当 $|1+\dot{A}\dot{F}|\gg1$，$\dot{A}_f\approx\dfrac{1}{\dot{F}}$，说明在深度负反馈条件下，闭环增益只取决于反馈系数，几乎与基本放大电路无关。

（3）当 $|1+\dot{A}\dot{F}|<1$，$|\dot{A}_f|>|\dot{A}|$，引入的反馈为正反馈。

（4）当 $|1+\dot{A}\dot{F}|=0$，$|\dot{A}_f|\to\infty$，$\dot{A}_f=\dfrac{\dot{X}_o}{\dot{X}_i}\Rightarrow\dot{X}_i=0$，但 $\dot{X}_o\neq0$，此时意味着放大电路在没有输入信号的情况下也会有信号输出，这种情况称为放大电路的自激。

7.2.2 四种组态负反馈放大电路放大倍数和反馈系数的量纲

由前述分析可知，图7.2.1中对于不同组态的负反馈放大电路输入量、反馈量、净输入量和输出量的量纲各不相同，X 可能表示的是电压也可能是电流，相应的 A、F 和 A_f 的表达式和量纲也就各不相同。它可能是通常意义的电压、电流放大倍数，也可能表示电流—电压转换关系或电压—电流转换关系，表7.2.1列出了四种组态负反馈放大电路各参数的意义。

表7.2.1　四种组态负反馈放大电路各参数的意义

参数	类型			
	电压串联	电压并联	电流串联	电流并联
$\dot{A}$	开环电压增益：$\dot{A}_u=\dfrac{\dot{U}_o}{\dot{U}_i'}$	开环互阻增益：$\dot{A}_r=\dfrac{\dot{U}_o}{\dot{I}_i'}(\Omega)$	开环互导增益：$\dot{A}_g=\dfrac{\dot{I}_o}{\dot{U}_i'}(S)$	开环电流增益：$\dot{A}_i=\dfrac{\dot{I}_o}{\dot{I}_i'}$
$\dot{F}$	电压反馈系数：$\dot{F}_u=\dfrac{\dot{U}_f}{\dot{U}_o}$	互导反馈系数：$\dot{F}_g=\dfrac{\dot{I}_f}{\dot{U}_o}(S)$	互阻反馈系数：$\dot{F}_r=\dfrac{\dot{U}_f}{\dot{I}_o}(\Omega)$	电流反馈系数：$\dot{F}_i=\dfrac{\dot{I}_f}{\dot{I}_o}$
$\dot{A}_f$	闭环电压增益：$\dot{A}_{uf}=\dfrac{\dot{U}_o}{\dot{U}_i}=\dfrac{\dot{A}_u}{1+\dot{A}_u\dot{F}_u}$	闭环互阻增益：$\dot{A}_{rf}=\dfrac{\dot{U}_o}{\dot{I}_i}=\dfrac{\dot{A}_r}{1+\dot{A}_r\dot{F}_g}(\Omega)$	闭环互导增益：$A_{gf}=\dfrac{\dot{I}_o}{\dot{U}_i}=\dfrac{\dot{A}_g}{1+\dot{A}_g\dot{F}_r}(S)$	闭环电流增益：$\dot{A}_{if}=\dfrac{\dot{I}_o}{\dot{I}_i}=\dfrac{\dot{A}_i}{1+\dot{A}_i\dot{F}_i}$

7.3 深度负反馈放大电路放大倍数的分析

由于放大电路中引入负反馈后，电路变得复杂了，其分析和计算也比较困难。实用的放大电路多引入深度负反馈，分析电路的重点将是从电路中分离出反馈网络，并求出反馈系数 F，进而确定电路的放大倍数。

7.3.1 深度负反馈的特点

在负反馈放大电路中，当$|1+\dot{A}\dot{F}|\gg 1$时的反馈，称为深度负反馈。一般在$D=1+\dot{A}\dot{F}=10$时，就可以认为是深度负反馈。此时，由于$|1+\dot{A}\dot{F}|\approx\dot{A}\dot{F}$，因此有

$$\dot{A}_f=\frac{\dot{A}}{1+\dot{A}\dot{F}}\approx\frac{\dot{A}}{\dot{A}\dot{F}}=\frac{1}{\dot{F}} \tag{7.3.1}$$

由式（7.3.1）可以得出以下结论：

（1）深度负反馈的闭环增益由反馈系数F决定，与开环增益A几乎无关。所以，在深度负反馈的情况下，闭环放大倍数仅与反馈网络的参数有关，基本上不受开环放大倍数的影响，因此放大电路的工作非常稳定。

（2）反馈深度为

$$D=1+\dot{A}\dot{F}=1+\frac{\dot{X}_f}{\dot{X}_i'}=\frac{\dot{X}_i}{\dot{X}_i'} \tag{7.3.2}$$

当$D\gg 1$时，$\dot{X}_i\gg\dot{X}'$，而$\dot{X}_f=\dot{X}_i-\dot{X}'\approx\dot{X}_i$，即反馈信号近似等于输入信号。

对于串联负反馈，有

$$\dot{U}_f\approx\dot{U}_i \tag{7.3.3}$$

对于并联负反馈，有

$$\dot{I}_f\approx\dot{I}_i \tag{7.3.4}$$

式（7.3.3）和式（7.3.4）是估算深度负反馈放大电路增益的理论基础。

7.3.2 负反馈放大电路的参数估算

下面以多级放大电路为例，介绍深度负反馈下，闭环电压放大倍数的求解方法。

1. 电压串联负反馈

图7.3.1为两级共源－共射放大电路，R_4和R_7组成反馈网络，电阻R_7将第二级的输出信号反馈到第一级的源极，U_o作用于反馈网络，在电阻R_4上的分压为反馈电压U_f。

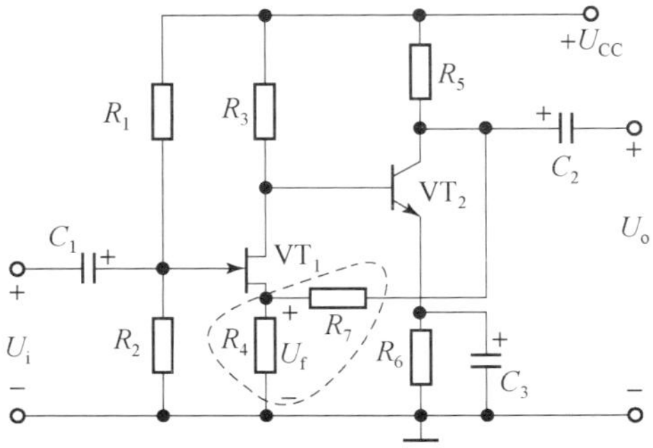

图7.3.1 电压串联负反馈

根据前面介绍的方法可以判断出该电路的反馈类型为电压串联负反馈。计算反馈系数为

$$F_u=\frac{U_f}{U_o}=\frac{R_4}{R_4+R_7}$$

由于输入端是串联反馈，因此在深负反馈下满足

$$U_i \approx U_f$$

所以闭环电压放大倍数 A_{uf} 为

$$A_{uf}=\frac{U_o}{U_i}\approx\frac{U_o}{U_f}=\frac{1}{F_u}=\frac{R_4+R_7}{R_4}$$

可以看出，闭环电压增益只与 R_4 和 R_7 有关，受外界的影响很小，电压增益稳定，验证了电压串联负反馈可以稳定电压增益的结论。

2. 电压并联负反馈

图 7.3.2 所示的反馈类型为电压并联负反馈。由于输入端是并联反馈，因此在深度负反馈时满足

$$I_f \approx I_i$$

根据图 7.3.2，可知

$$I_i=\frac{U_i-U_i'}{R_1}\approx\frac{U_i}{R_1},\ I_f=\frac{U_i'-U_o}{R_8}\approx -\frac{U_o}{R_8}$$

则电压放大倍数为

$$A_{uf}=\frac{U_o}{U_i}=-\frac{R_8}{R_1}$$

式中：“－”说明输出电压与输入电压的相位相反；R_1 通常为信号源内阻。可以看出，并联电压负反馈的闭环电压随着信号源内阻的变化而变化，电路并不能稳定电压增益。

反馈系数 F_r 为

$$F_r=\frac{I_f}{U_o}=\frac{-\dfrac{U_o}{R_8}}{U_o}=-\frac{1}{R_8}$$

闭环互阻增益 A_{rf} 为

$$A_{rf}=\frac{U_o}{I_i}\approx\frac{U_o}{I_f}=-R_8$$

可以看出，闭环互阻增益 A_{rf} 只与电阻 R_8 有关，说明电压并联负反馈稳定了闭环互阻增益 A_{rf}。

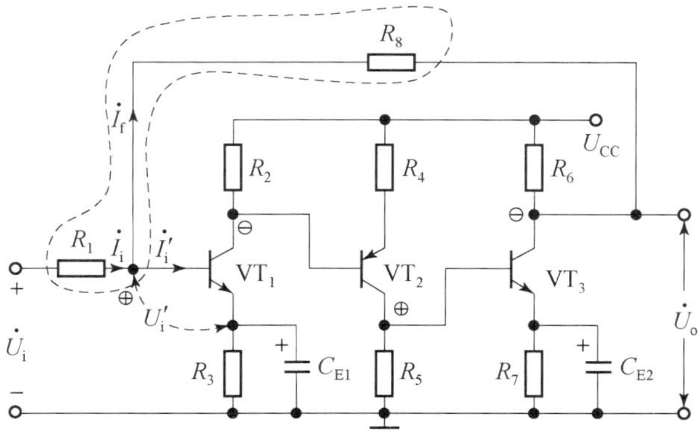

图 7.3.2　电压并联负反馈

3. 电流串联负反馈

图 7.3.3 所示的反馈类型为电流串联负反馈。在深度负反馈下，闭环电压增益为

$$A_{uf}=\frac{U_o}{U_i}\approx\frac{U_o}{U_f}$$

反馈电压 U_f 为

$$U_f=I_{e3}\frac{R_6}{R_2+R_6+R_7}\cdot R_2$$

输出电压 U_o 为

$$U_o=-I_{c3}(R_5/\!/R_L)\approx -I_{e3}(R_5/\!/R_L)$$

则电压放大倍数

$$A_{uf}=-\frac{R_2+R_6+R_7}{R_2}\cdot\frac{R_5/\!/R_L}{R_6}$$

表明电压放大倍数与负载 R_L 有关，也就是说随着外接负载的改变，闭环电压增益也跟着改变。

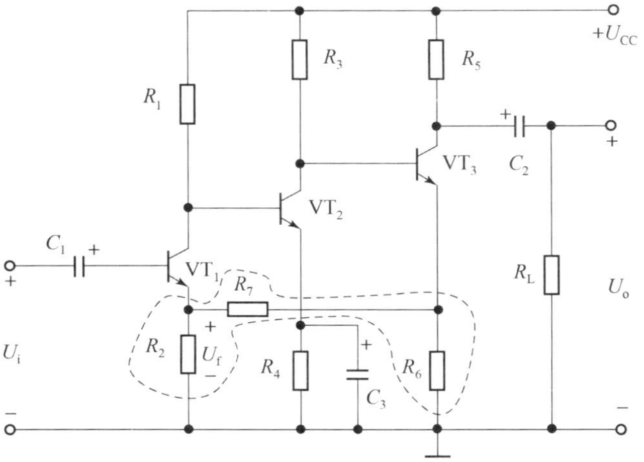

图 7.3.3　电流串联负反馈

4. 电流并联负反馈

图 7.3.4 所示的反馈类型为电流并联负反馈。利用并联反馈在深负反馈下的等式为

$$I_i=I_f$$

求解 A_{uf}，可由电路图得

$$I_i=\frac{U_i-U_i'}{R_1}\approx\frac{U_i}{R_1}$$

$$I_f\approx -I_{e2}\frac{R_4}{R_4+R_5}\approx -I_{c2}\frac{R_4}{R_4+R_5}=\frac{U_o}{R_3/\!/R_L}\cdot\frac{R_4}{R_4+R_5}$$

由于并联反馈在深度负反馈时满足 $I_i=I_f$，因此电压增益为

$$A_{uf}=\frac{\dot{U}_o}{\dot{U}_i}=\frac{R_4+R_5}{R_1}\cdot\frac{R_3/\!/R_L}{R_4}$$

与负载 R_L 有关，反映了电流并联负反馈并不能稳定 A_{uf}。

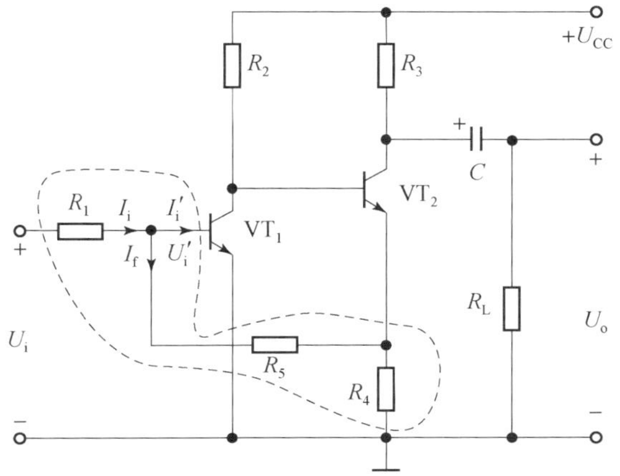

图 7.3.4　电流并联负反馈

7.4　负反馈对放大电路性能的影响

放大电路中引入交流负反馈后，虽然放大倍数下降了，但其他性能得到改善。例如：稳定放大倍数、展宽通频带、改变输入电阻和输出电阻、减小非线性失真以及抑制反馈环内的干扰和噪声等性能得到改善。

7.4.1　提高放大倍数的稳定性

由于环境的变化、器件的老化或者负载的变化等，使得放大电路的开环放大倍数 A 发生变化，闭环放大倍数 A_f 也随之发生变化。放大电路中引入深度负反馈时，$A_f \approx 1/F$，闭环放大倍数几乎只取决于反馈网络，而反馈网络是由电阻和电容构成，所以其放大倍数的稳定很好。为了说明放大倍数稳定的程度，可将开环放大倍数 A 与闭环放大倍数 A_f 的相对变化量进行比较。

负反馈放大电路的基本方程为

$$A_f = \frac{A}{1+AF} \tag{7.4.1}$$

对式（7.4.1）微分得

$$dA_f = \frac{(1+AF)dA + AFdA}{(1+AF)^2} = \frac{A}{1+AF}\frac{1}{1+AF}\frac{dA}{A} = A_f\frac{1}{1+AF}\frac{dA}{A}$$

当变化量较小时，可以用增量代替微分，则有

$$\frac{dA_f}{A_f} = \frac{1}{1+AF}\frac{dA}{A} \tag{7.4.2}$$

式中：dA_f/A_f 和 dA/A 分别表示 A_f 和 A 的相对变化量。式（7.4.2）说明：A_f 的相对变化量，仅为 A 的相对变化量的 $1/(1+AF)$，即 A_f 的稳定性是 A 的 $1+AF$ 倍。设 A 相对变化 10%，如果 $1+AF$ 是 100，那么 A_f 相对变化量 dA_f/A_f 为 0.1%。由此可见，引入负反馈后，稳定性的提高是以增益的下降为代价的，即闭环放大倍数下降到开环时的 $1/(1+AF)$ 倍。但稳定性却提高到开环时的 $(1+AF)$ 倍。

7.4.2 展宽通频带

放大电路中引入交流负反馈后，减小了各种原因造成的放大倍数的变化，也包括信号频率变化造成的放大倍数的变化。所以，对频率升高或降低而引起的放大倍数的下降也将得到改善，频率响应将变得平坦，频带变宽。引入交流反馈后对频带的影响如图7.4.1所示。

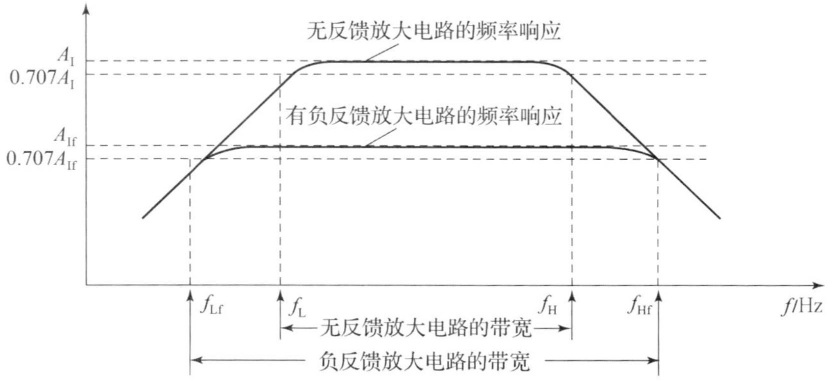

图7.4.1 引入交流反馈后对频带的影响

在图7.4.1中，若A和A_f的上限频率、下限频率和通频带分别为f_H和f_{Hf}、f_L和f_{Lf}、f_{BW}和f_{BWf}，可以证明它们的关系为

$$f_{Hf}=(1+AF)f_H \tag{7.4.3}$$

$$f_{Lf}=\frac{1}{1+AF}f_L \tag{7.4.4}$$

$$f_{BWf}=(1+AF)f_{BW} \tag{7.4.5}$$

7.4.3 对输入电阻和输出电阻的影响

在放大电路中引入不同组态的交流负反馈，将对输入电阻和输出电阻产生不同的影响。

1. 对输入电阻的影响

由于输入电阻是从放大电路输入端看进去的等效电阻，因此负反馈对输入电阻的影响仅取决于反馈网络与基本放大电路在输入端的连接方式，即取决于电路引入的是串联反馈还是并联反馈。

1）引入串联负反馈，增大输入电阻

在图7.4.2（a）所示串联负反馈放大电路的输入回路中，根据输入电阻的定义，基本放大电路的输入电阻为

$$R_i=\frac{U_i'}{I_i}$$

而负反馈放大电路的输入电阻为

$$R_{if}=\frac{U_i}{I_i}=\frac{U_i'+U_f}{I_i}=\frac{U_i'+AFU_i'}{I_i}$$

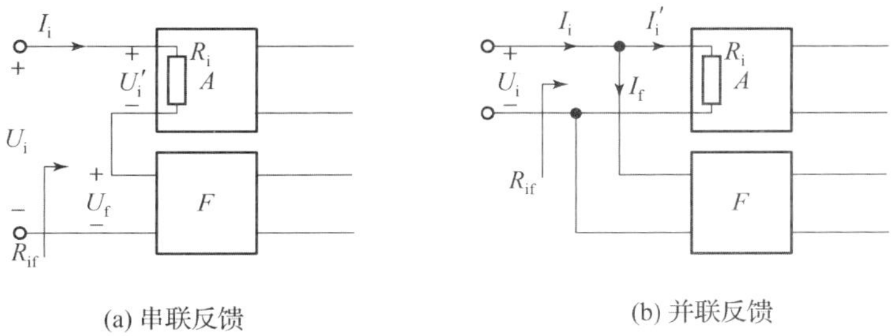

图 7.4.2　交流负反馈电路输入电阻

则串联负反馈放大电路输入电阻 R_{if}表达式为

$$R_{if} = (1 + AF)R_i \tag{7.4.6}$$

可见，引入串联负反馈后，输入电阻将增大到原来的$(1+AF)$倍。

2）引入并联负反馈，减小输入电阻

在图 7.4.2（b）所示的并联负反馈放大电路的输入回路中，根据输入电阻的定义，基本放大电路的输入电阻为

$$R_i = \frac{U_i}{I_i'}$$

整个负反馈电路的输入电阻为

$$R_{if} = \frac{U_i}{I_i} = \frac{U_i}{I_i' + I_f} = \frac{U_i}{I_i' + AFI_i'}$$

则并联负反馈放大电路输入电阻 R_{if}的表达式为

$$R_{if} = \frac{R_i}{1 + AF} \tag{7.4.7}$$

可见，引入并联负反馈后，输入电阻减小到原来的 $1/(1+AF)$。

2. 对输出电阻影响

由于输出电阻是从放大电路输出端看进去的等效电阻，因此负反馈对输出电阻的影响仅取决于反馈网络与基本放大电路在输出端的连接方式，即取决于电路引入的是电压反馈还是电流反馈。

1）引入电压负反馈，减小输出电阻

如果电路引入电压负反馈，则稳定输出电压，使输出电压趋于恒压源，因而输出电阻减小。电路如图 7.4.3（a）所示，可以证明：电压负反馈放大电路的输出电阻与基本放大电路输出电阻的关系为

$$R_{of} = \frac{U_o}{I_o} = \frac{R_o}{1 + AF} \tag{7.4.8}$$

在理想情况下，即$(1+AF)$趋于无穷大时，电压负反馈放大电路的输出电阻趋于 0。

2）引入电流负反馈，增大输出电阻

如果电路引入电流负反馈，则稳定输出电流，使输出电流趋于恒流源，因而输出电阻增大。电路如图 7.4.3（b）所示，可以证明：电流负反馈放大电路的输出电阻与基本放大电路输出电阻的关系为

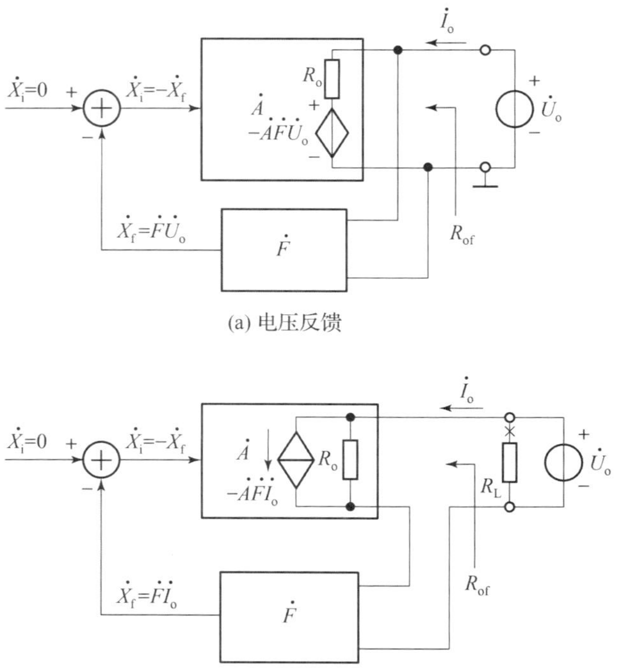

(a) 电压反馈

(b) 电流反馈

图 7.4.3　交流负反馈电路输出电阻

$$R_{of} = (1 + AF)R_o \tag{7.4.9}$$

在理想情况下，即$(1 + AF)$趋于无穷大时，电流负反馈放大电路的输出电阻趋于∞。

7.4.4　减小非线性失真

因晶体三极管的非线性特性使输出波形产生的失真，所以称为非线性失真。负反馈减小非线性失真的原理可以用图 7.4.4 简要说明。若输入信号 X_i 为单一频率的正弦波，由于放大电路内部非线性器件影响，使开环输出信号产生了非线性失真，如图 7.4.4（a）所示，将输出信号形象地描述为“上瘦下胖”的非正弦波。引入负反馈后（图 7.4.4（b）），输出信号 X_o 的这种失真被反馈网络取样后，得反馈信号 X_f 波形也是“上瘦下胖”，使净输入信号$(X_i - X_f)$变成了“上胖下瘦”。净输入信号经过基本放大器 A 之后的输出信号正半周幅度减小，负半周幅度增大，从而减小了输出信号的非线性失真。

综上所述，可以证明：在输出信号基波不变的情况下，负反馈放大电路输出信号的非线性失真是其开环时的$1/(1 + AF)$。

需要强调的是，负反馈只能抑制闭环以内的非线性失真。因此，当非线性失真来自输入量，引入负反馈无法改善放大电路性能时，必须采用信号处理或屏蔽等方法解决。

7.4.5　减少反馈环内的干扰和噪声

有时放大电路没有输入信号，也会有杂乱无章的波形输出，这就是放大电路内部的干扰和噪声。这主要是晶体三极管、电阻中有载流子随机性不规则的热运动，以及电源电压的波动等原因造成的电路内部的干扰。

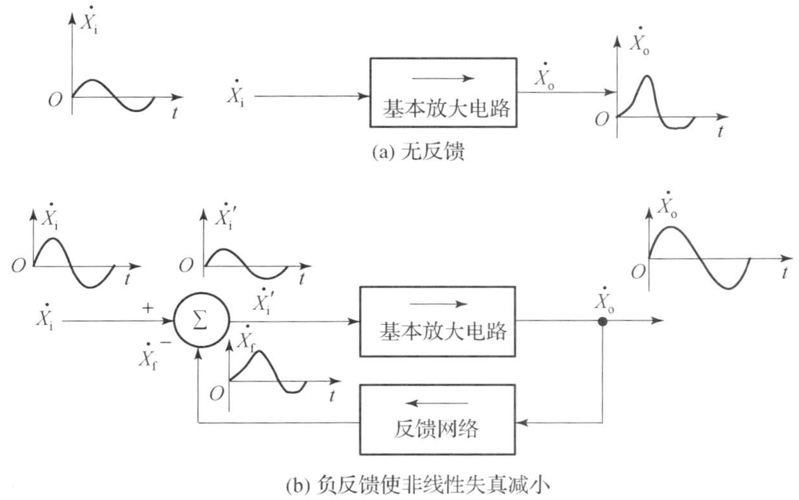

图 7.4.4　负反馈改善非线性失真的工作原理示意图

引入负反馈之后，输入信号和内部噪声均被减小。信号的减小可以通过提高输入信号的幅度来弥补，而内部噪声是固定的，从而提高了信噪比。噪声和干扰减小的程度也与反馈深度$(1+AF)$有关。引入负反馈可以减小反馈环内的干扰和噪声，但对于外部的干扰，以及混入输入信号的噪声是不能抑制的。

7.4.6　引入负反馈的一般原则

实用放大电路引入负反馈的目的是稳定静态工作点和改善动态性能。不同组态的交流负反馈，对放大电路的性能将产生不同的影响。因而，应根据不同的需求引入合适的反馈，引入负反馈的一般原则总结如下：

（1）若要稳定直流量（静态工作点），应引入直流负反馈；若要改善交流性能，应引入交流负反馈。

（2）从负载的需求出发决定引入反馈的类型。当负载需要稳定的电压信号时，应引入电压负反馈；当负载需要稳定的电流信号时，应引入电流负反馈。

（3）根据信号源的性质决定引入串联或者并联负反馈。当信号源为恒压源时，应引入串联负反馈，这样可以增大放大电路的输入电阻，使电路从信号源获得较大的输入电压。当信号源为电流源时，应引入并联负反馈，这样可以减小放大电路的输入电阻，从而使电路从信号源获得更大的输入电流。

（4）根据输入信号对输出信号的控制关系决定引入交流反馈的类型。若用输入电压控制输出电压，应引入电压串联负反馈；若用输入电流控制输出电压，应引入电压并联负反馈；若用输入电流控制输出电流，应引入电流并联负反馈；若用输入电压控制输出电流，应引入电流串联负反馈。

7.5　负反馈放大电路的稳定性

从 7.4 节可知，放大电路中引入负反馈，可改善放大电路的多方面性能，而且改善和提高的程度都取决于反馈深度 $D(D=1+AF)$ 的大小。一般情况下，反馈深度 D 越大，性能改善越好。但是，如果电路的组成不合理，反馈过深，则会使电路产生自激振荡而不能正常工作。因此，为保证放大电路稳定工作，必须避免由负反馈引起的放大电路的振荡。

7.5.1 产生自激振荡的原因及条件

1. 自激振荡的定义

当放大电路的输入信号为零时，若在放大电路的输出端存在一定频率和一定幅值的交流信号，则称电路产生了自激振荡。

2. 产生自激振荡的原因

产生自激的原因是由于在放大电路中存在耦合电容、旁路电容、晶体三极管结电容等电抗因素，在低频段和高频段的闭环环路上的基本放大电路和反馈网络产生附加相移。其可能在某一频率下，基本放大电路和反馈回路的总附加相移 $\varphi_A+\varphi_F=(2n+1)\pi$，其中 n 为整数。此时，反馈极性由负反馈变成了正反馈，从而引起自激振荡。

3. 影响自激振荡的因素

（1）对于同一基本放大电路，系数越大，反馈深度越深，越容易自激。

（2）放大电路中耦合电容、旁路电容等越多引入负反馈后，就越容易产生低频自激振荡。

（3）放大电路的级数越多，尤其超过三级以后，引入负反馈后越容易产生高频自激振荡。因此，采用直接耦合方式的现代通用运放多采用三级放大电路结构。

值得注意的是，电路的自激振荡是由其自身条件决定的，不因输入信号的改变而消除。要消除自激振荡，只能通过破坏产生振荡的条件来消除自激振荡。

在工程中，常采用波特图的方法分析负反馈放大电路能否稳定工作。

7.5.2 消除自激振荡的方法

放大电路中产生的自激振荡是有害的，为此在放大电路中必须消除。最简单的方法是减小反馈深度，但这样不利于负反馈对放大电路其他性能的改善。实际中常采用相位补偿的方法，相位补偿的实质是在反馈环路中增加一些含电抗的元件，改善放大电路的频率特性（改变附加相移），从而破坏自激产生的条件。

1. 电容补偿方法

对于多级放大电路，可在级间接入一个小容量电容 C，如图 7.5.1（a）所示。对于实际的集成运算放大电路，只需在其补偿端外接一个电容就可以消除自激振荡现象，如图 7.5.1（b）所示。另外有些集成运算放大电路在制作的过程中采用了内部补偿，如 F007 型通用集成运算放大电路。

2. 电阻－电容补偿方法

为了弥补电容补偿方法的缺点，可在分离电路的极间插入 RC 补偿网络；对于集成运算放大电路，只需要在其补偿端外接 RC 补偿网络，如图 7.5.2 所示。

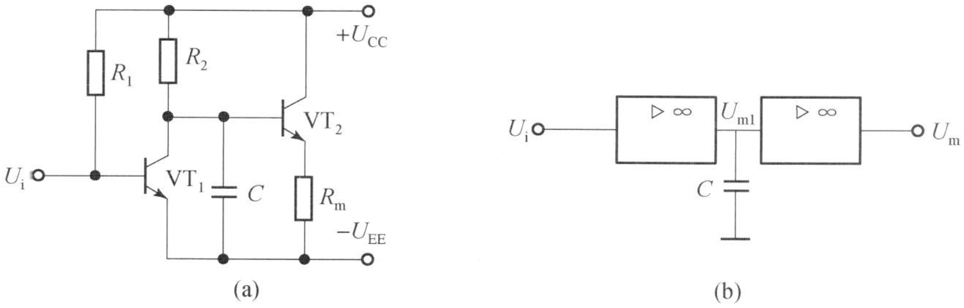

图 7.5.1　电容补偿电路

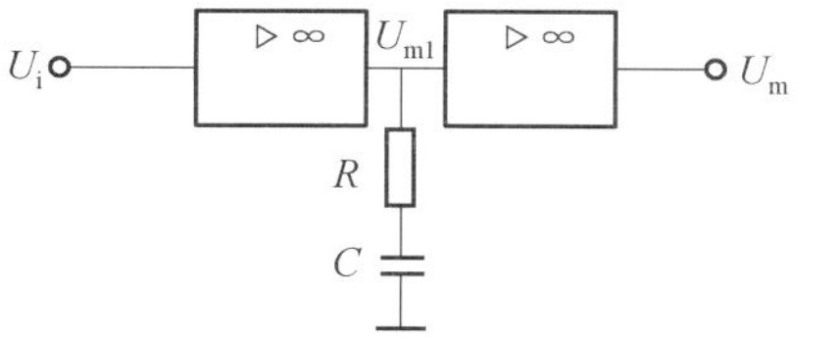

图 7.5.2　电阻、电容补偿电路

3. 密勒效应补偿

以上两种补偿电路中所用电容和电阻都较大，不易在集成电路中实现，而利用密勒电容效应可以得到满意的补偿效果，即：用较小的电容（几皮法至几十皮法）跨接在放大电路某些级的输入输出之间，就可以获得满意的补偿效果，补偿方式如图 7.5.3 所示。

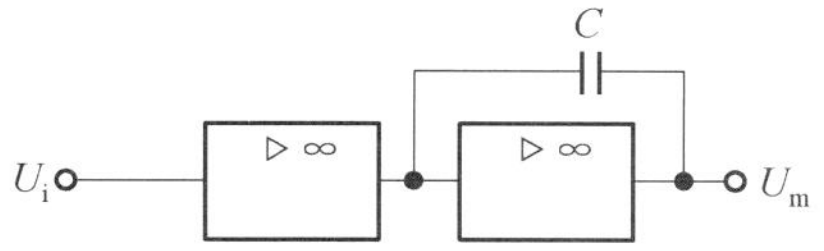

图 7.5.3　密勒效应补偿电路

7.6　Multisim 仿真软件应用举例

电压串联负反馈对放大电路性能的影响：

电压串联负反馈对放大电路性能的影响视频

小　结

放大电路中的反馈是模拟电子技术的重要内容之一。本章从反馈的概念出发，主要介绍了反馈的类型、反馈的判断、各种负反馈电路的特点、负反馈对放大电路性能的影响，以及深度负反馈放大电路的分析计算方法。本章最后简要介绍了负反馈放大电路的自激振荡问题。

（1）放大电路中的反馈可分为正反馈和负反馈正反馈使晶体三极管的净输入增大，放大倍数得到提高；负反馈使晶体三极管的净输入减小，放大倍数降低，但同时改善了放大电路的各种性能。

（2）直流反馈的作用是稳定静态工作点，交流反馈的作用是可以改变放大电路的动态性能指标。

（3）根据反馈信号在输出端的连接方式不同，可分为电压反馈和电流反馈。电压反馈稳定输出电压，降低输出电阻；电流反馈稳定输出电流，提高输出电阻。

（4）根据反馈信号在输入端的连接方式不同，可分为串联反馈和并联反馈。串联反馈使输入电阻提高，并联反馈使输入电阻减小。

（5）交流负反馈的四种组态分别为电压串联负反馈、电压并联负反馈、电流串联负反馈、电流并联负反馈。

（6）负反馈的特点如下：

①负反馈使放大电路的放大倍数下降，但增益稳定度提高，频带展宽，非线性失真减小，内部噪声干扰得到抑制，且所有性能改善的程度均与反馈深度$(1+AF)$有关。②被改善的对象就是被取样的对象。例如：若反馈取样的是输出电流，则有关输出电流的性能得到改善；反之，若取样对象是输出电压，则有关输出电压的性能得到改善。③负反馈只能改善包含在负反馈环节以内的放大电路性能；对反馈环以外的放大电路，与输入信号一起进来的失真、干扰、噪声及其他不稳定因素是无能为力的。

（7）放大电路引入负反馈的一般原理，如下：

①反馈深度要适当，反馈深度越大，放大电路性能改善越好。但是，反馈深度太大时，可能产生自激振荡（放大电路在无外加输入信号时也能输出一定频率和幅度信号的现象），使放大电路工作不稳定。②根据不同的目的，确定引入不同类型的负反馈。③在需要进行信号变换时，应根据四种类型的负反馈放大电路的功能选择合适的组态。如：要求实现电流—电压信号的转换时，应在放大电路中引入电压并联负反馈。要求实现电压—电流信号的转换时，应在放大电路中引入电流串联负反馈。

（8）当负反馈放大电路满足深度负反馈条件$(1+AF)\gg 1$时，闭环放大倍数近似等于反馈系数的倒数，即$A_f\approx\dfrac{1}{F}$，此时放大倍数主要由反馈网络决定。

（9）在反馈深度比较深的情况下，多级负反馈放大电路可能产生自激振荡，使放大电路不能正常工作。为了消除自激振荡，可在负反馈放大电路中接入补偿电路。

习　题

一、填空题

1. 一放大电路输入电压为1mV，输出电压为1V。加入反馈后，为达到同样输出时需要的输入电压为10mV，该电路的反馈深度为________，反馈系数为________。

2. 电压串联负反馈稳定的________放大倍数；电流串联负反馈稳定________放大

倍数；电压并联负反馈稳定________放大倍数；电流串联负反馈倍数________放大倍数。

3. 串联负反馈只有在信号源内阻________时，其反馈效果才显著；并联负反馈只有在信号源内阻________时，其反馈效果才显著。

4. 已知负反馈放大电路的闭环增益为 40dB，基本放大电路的开环增益变化 10%，闭环增益相应变化 1%，则电路的开环增益为________ dB。

5. 为了稳定输出电流，应引入________反馈；为了稳定输出电压，应引入________反馈；为了降低输出电压，应引入________反馈；为了稳定静态工作点，应引入________反馈；为了提高输入电阻，应引入________反馈；为了降低输出电阻，应引入________反馈。

6. 直流负反馈的作用是________，交流负反馈的作用是________，交流电压负反馈的作用是________，交流电流负反馈的作用是________。

7. 某传感器产生的电压信号，经过放大电路后希望输出电压与电流信号成正比，这个放大电路应选用________反馈。

8. 在反馈深度比较深的情况下，多级负反馈放大电路可能产生________，为了消除这种影响，可在负反馈放大电路中接入________电路。

二、选择题

1. 负反馈所能抑制的干扰和噪声是（　　）。

A. 输入信号所包含的干扰和噪声　　B. 反馈环内的干扰和噪声

C. 反馈环外的干扰和噪声　　D. 输出信号中的干扰和噪声

2. 多级负反馈放大电路容易产生自激振荡的原因是（　　）。

A. 各级电路的参数很分散　　B. 环路增益大

C. 闭环增益大　　D. 放大电路的级数多

3. 一个单管共射放大电路如果通过电阻引入负反馈，则（　　）。

A. 一定会产生高频自激　　B. 可能产生高频自激

C. 一般不会产生高频自激　　D. 一定不会产生高频自激

4. 为了实现下列目的，分别引入以下两种反馈的一种：

A. 直流负反馈　　B. 交流负反馈

（1）为了稳定静态工作点，应引入（　　）；

（2）为了稳定放大倍数，应引入（　　）；

（3）为了改变输入电阻和输出电阻，应引入（　　）；

（4）为了展宽频带，应引入（　　）。

5. 交流负反馈有以下几种情况：

A. 电压　　B. 电流　　C. 串联　　D. 并联

（1）为了稳定放大电路的输出电压，应引入（　　）负反馈。

（2）为了稳定放大电路的输出电流，应引入（　　）负反馈。

（3）为了增大放大电路的输入电阻，应引入（　　）负反馈。

（4）为了减小放大电路的输入电阻，应引入（　　）负反馈。

（5）为了增大放大电路的输出电阻，应引入（　　）负反馈。

6. 已知交流负反馈有四种组态：

A. 电压串联负反馈　　　　　　　　B. 电压并联负反馈

C. 电流串联负反馈　　　　　　　　D. 电流并联负反馈

（1）欲得到电流—电压转换电路，应在放大电路中引入（　　）；

（2）欲将电压信号转换成与之成比例的电流信号，应在放大电路中引入（　　）；

（3）欲减小电路从信号源索取的电源，增大带负载能力，应在放大电路中引入（　　）；

（4）欲从信号源获得更大的电流，并稳定输出电流，应在放大电路中引入（　　）。

三、分析与计算题

1. 题图 7.1 所示各电路中是否引入了反馈；若引入了反馈，则判断是正反馈还是负反馈；若引入了交流负反馈，则判断是哪种组态的负反馈，并求出反馈系数和深度负反馈条件下的电压放大倍数 A_{uf} 或 A_{usf}。设题图 7.1 中所有电容对交流信号均可视为短路。

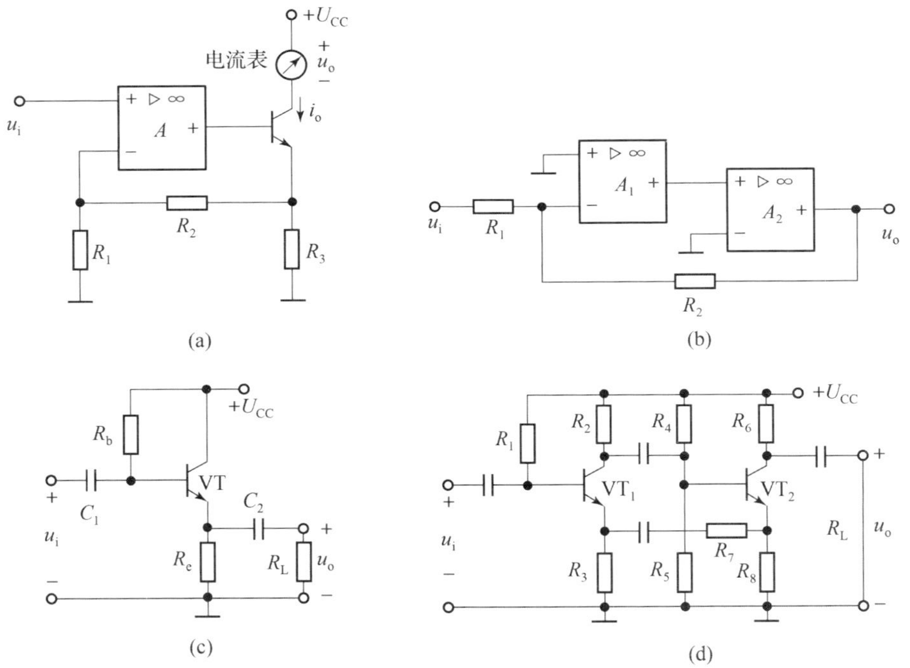

题图 7.1

2. 试判断题图 7.2 所示各电路中是否引入了反馈，是直流反馈还是交流反馈？是正反馈还是负反馈？设题图 7.2 中所有电容对交流信号均可视为短路。

3. 一个电压串联负反馈放大电路，其基本放大电路的电压增益 $A_u = 100$，反馈网络的反馈系数 $f_u = 0.1$。由于温度变化，A_u 增大到 120，试求负反馈放大电路的电压增益变化率 $\Delta \frac{A_{uf}}{A_{uf}}$。

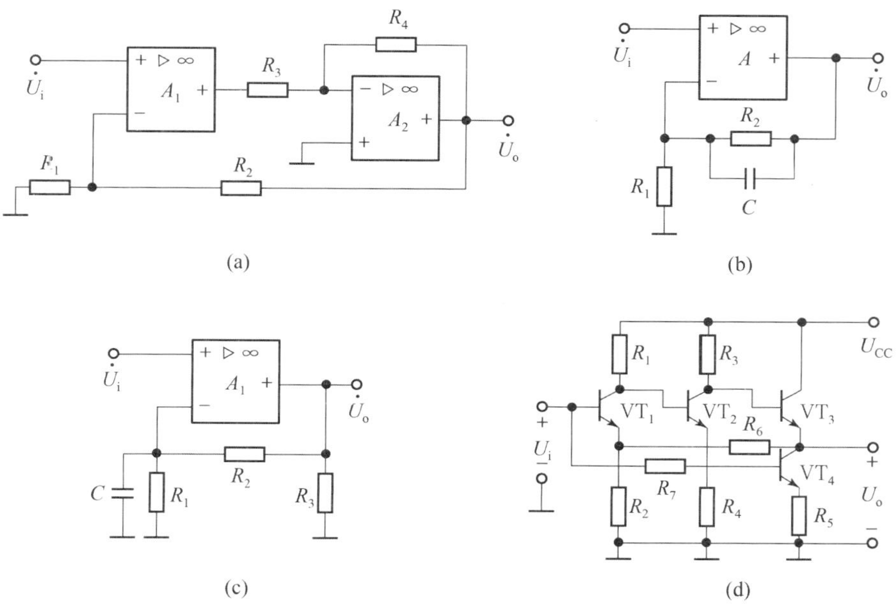

题图 7.2

4. 反馈放大电路如题图 7.3 所示，试回答：

（1）判断该电路引入了何种反馈？反馈网络包括哪些元件？工作点的稳定主要依靠哪些反馈？

（2）该电路的输入输出电阻如何变化，是增大了还是减少了？

（3）在深反馈条件下，交流电压增益 A_{uf} 等于多少？

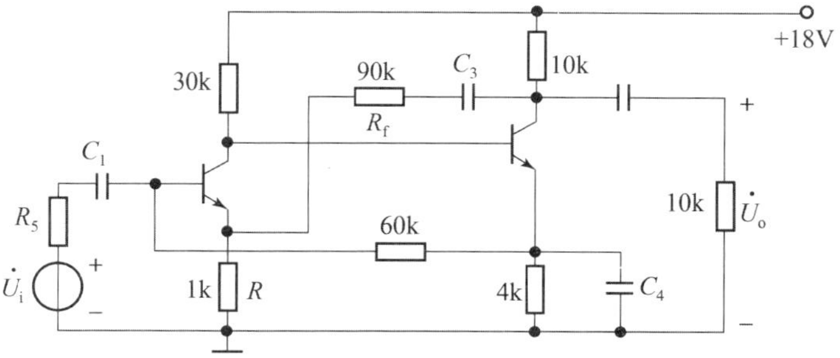

题图 7.3

5. 负反馈放大电路如题图 7.4 所示。

（1）试判别电路中引入了何种反馈？

（2）为获得低输入电阻和低输出电阻的放大电路，应采用何种类型的负反馈？电路应如何改接？

6. 电路如题图 7.5 所示，试回答：

（1）集成运算放大电路 A_1 和 A_2 各引进什么反馈？

（2）求闭环增益 $A_{uf}=\dfrac{U_o}{U_i}$。

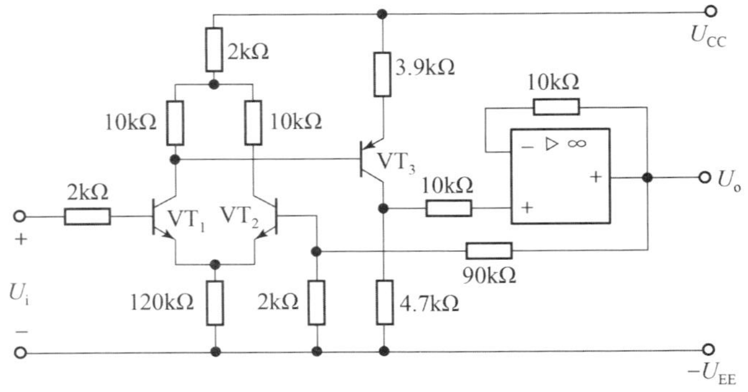

题图 7.4

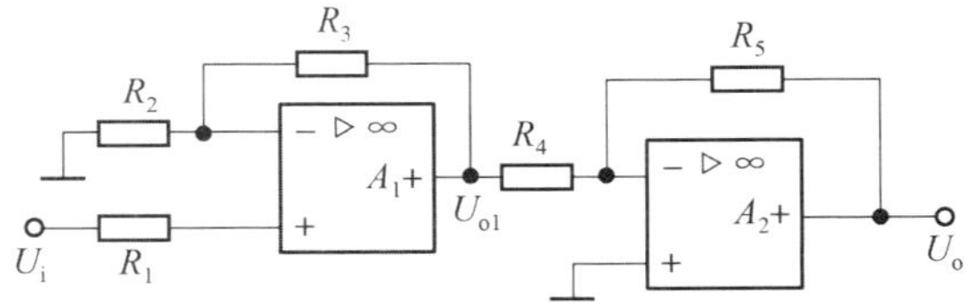

题图 7.5

7. 电路如题图 7.6（a）、（b）所示，各电容对信号可视为短路。

（1）试分别判断电路级间交流反馈的极性和类型。

（2）分别写出反馈系数的表达式。

（3）分别估算满足深度反馈条件下的源电压增益 A_{usf} 的表达式或数值。

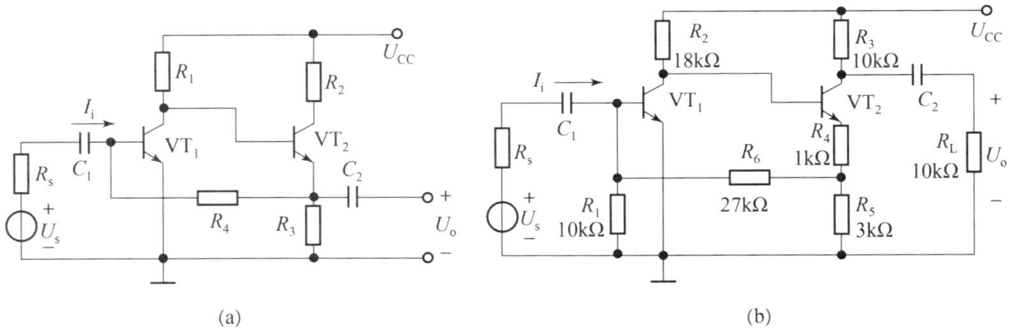

题图 7.6

8. 放大电路如题图 7.7 所示。

（1）判断负反馈类型；

（2）指出电路稳定什么量；

（3）计算电压放大倍数 A_{uf} 等于多少？

9. 设计一个负反馈放大电路，要求闭环放大倍数 $A_f = 100$，当开环放大倍数 A 变化在 $\pm 10\%$ 时，A_f 的相对变化量在 $\pm 0.5\%$ 以内，试确定开环放大倍数 A 及反馈系数 F 值。

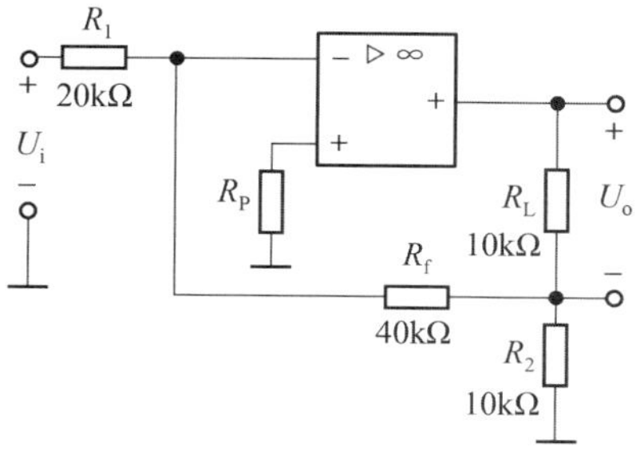

题图 7.7

第 8 章　集成运算放大电路的基本应用

本章问题：

（1）集成运算放大电路工作在线性状态和非线性状态时，其电路结构有何特点？

（2）集成运算放大电路线性应用和非线性应用分别有哪些？

（3）什么是有源滤波？有哪些类型？有哪些主要性能指标？

（4）集成运算放大电路组成的比较器电路，其结构有何特点？

（5）使用集成运算放大电路时需要注意哪些事项？

集成运算放大电路是模拟集成电路中的一个重要分支，它是一种多级直接耦合放大电路，性能理想的运算放大电路应该具有电压增益高、输入电阻大、输出电阻小、工作点漂移小等特点。集成运算放大电路早期用于模拟电子计算机中，完成对信号的数学运算（如比例、求和、求差、积分、微分……）。目前其除了仍保留数字运算功能外，已经广泛应用于信号的处理、波形的产生及自动检测等各个模拟电子领域。因其高性能、低价位，在大多数情况下，已经取代了分立元件放大电路。

集成运算放大电路的工作区间分为线性和非线性两个区，因此其应用就分为线性应用和非线性应用两部分。

从电路连接形式上看，如果集成运算放大电路引入了深度负反馈，就工作在线性区间，对应的线性应用包括信号运算电路、有源滤波器等；如果集成运算放大电路处于开环状态或引入了正反馈，就工作在非线性工作区，对应的非线性应用包括比较器、弛张振荡器等。

8.1　集成运算放大电路的线性应用

集成运算放大电路是高增益的直接耦合放大电路，在模拟信号的运算、处理及产生等领域广泛应用。

集成运算放大电路与外部电阻、电容、半导体元器件等一起构成闭环的信号传输电路，能够实现对各种模拟信号的比例、加法、减法、微分与积分、对数与指数等运算和对信号的处理。在这些电路中通常引入深度负反馈，使得集成运算放大电路工作在线性区间，因此集成运算放大电路具有“虚短”和“虚断”的特性。

8.1.1　比例运算电路

比例运算电路有两种基本形式：反相比例放大电路和同相比例放大电路。它们是最基本的运算电路，在此基础上，进行适当的演变就可以得到其他电路，如求和电路、积分与微分电路、对数与指数电路等。下面将分析它们的电路组成和主要功能。

1. 反相比例放大电路

反相比例放大电路如图 8.1.1（a）所示，其特点是输入信号和反馈信号均加在集成运算放大电路的反相输入端。电路中引入了电压并联负反馈，当输入信号 u_i 较小时，集成运算放大电路工作于线性状态，可运用理想集成运算放大电路的“虚短”（$u_+ = u_-$）和“虚断”（$i_- = i_- = 0$）特性分析。为了集成运算放大电路输入级差分放大电路外接电阻的对称性，避免集成运算放大电路输入偏置电流在两输入端之间产生附加的差模输入电压，在同相输入端和地之间接平衡电阻 R_p（$R_p = R_1 /\!/ R_f$）。为简化分析，将电路中的集成运算放大电路视为理想集成运算放大电路，后面内容，若无特殊说明，均将涉及的集成运算放大电路视为理想集成运算放大电路。

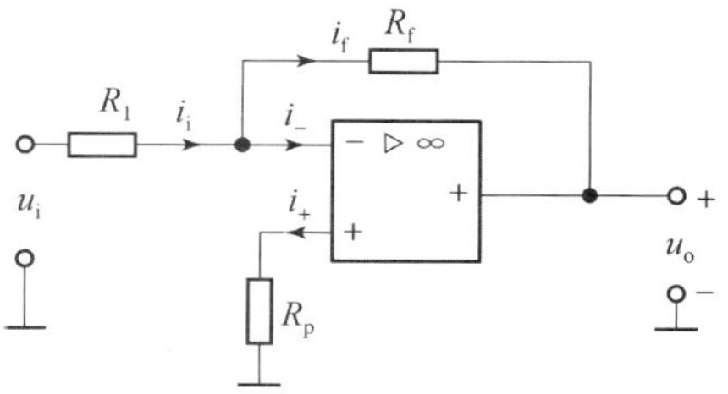

(a) 电路

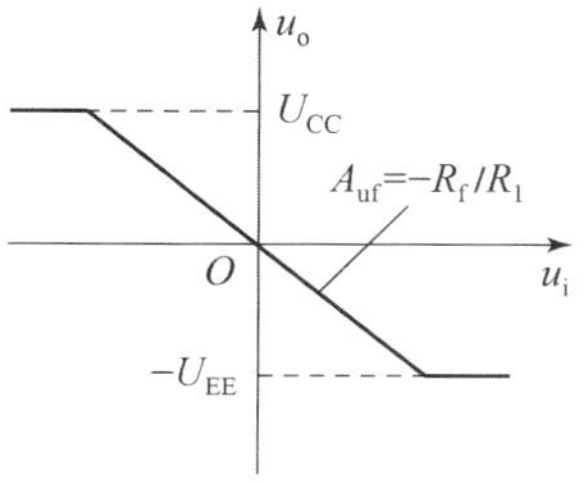

(b) 闭环传输特性

图 8.1.1　反相比例放大电路

根据“虚断”特性 $i_+ = i_- = 0$，R_p 上的电压为 0，则同相端电位 $u_+ = 0$；根据“虚短”特性 $u_+ = u_-$，所以反向端电位 $u_- = 0$。这表明：集成运算放大电路的反相输入端的电位为零，但又不是真正接地，故称这种现象为“虚地”。

由于 $i_- = i_- = 0$，则由图 8.1.1（a）可得

$$i_i = i_f + i_- = i_f$$

$$i_i = \frac{u_i - u_-}{R_1} = \frac{u_i}{R_1}, i_f = \frac{u_- - u_o}{R_f} = -\frac{u_o}{R_f}$$

$$u_o = -\frac{R_f}{R_1}u_i$$

$$A_{uf} = \frac{u_o}{u_i} = -\frac{R_f}{R_1} \tag{8.1.1}$$

u_o 与 u_i 之比是一个负常数，故该电路称为反相比例放大电路，“－”表示输出电压与输入电压反相。

当输入电压增加至某个值时，输出电压基本恒定，此时集成运算放大电路进入非线性工作区间，则电路的电压传输特性曲线 $u_o = f(u_i)$，如图 8.1.1（b）所示。

由于反相输入端“虚地”，即 $u_- = 0$，所以反相比例放大电路的输入电阻为

$$R_{if} = R_1 \tag{8.1.2}$$

由于理想集成运算放大电路的输出电阻为零，电路引入的是电压反馈，故反相比例放大电路的输出电阻为

$$R_{of} = 0 \tag{8.1.3}$$

2. 同相比例放大电路

同相比例放大电路如图 8.1.2（a）所示，电路中引入了电压串联负反馈，当输入信号 u_i 较小时，集成运算放大电路工作在线性区间，具有“虚短”和“虚断”两个特点。

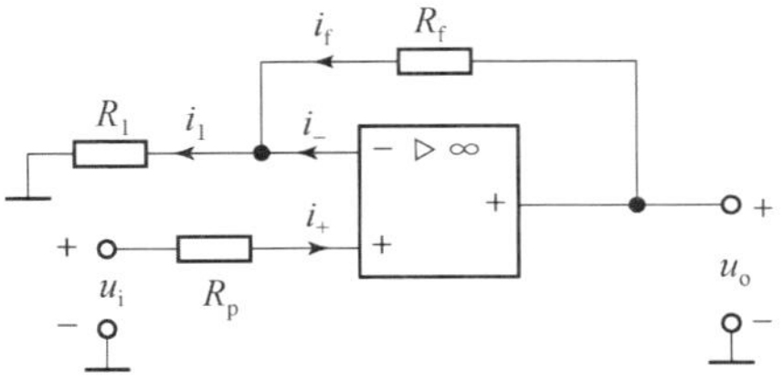

(a) 电路

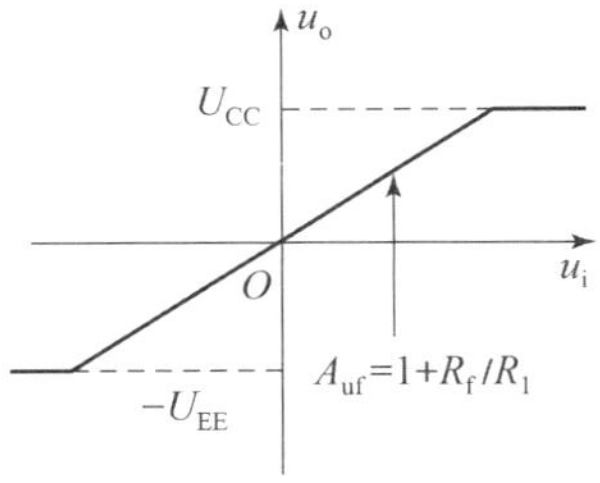

(b) 闭环传输特性

图 8.1.2　同相比例放大电路

根据“虚断”特性 $i_+=i_-=0$ 可得

$$u_+=u_i, u_-=\frac{R_1}{R_1+R_f}u_o$$

根据“虚短”特性 $u_+=u_-$ 可得

$$u_i=\frac{R_1}{R_1+R_f}u_o$$

$$A_{uf}=\frac{u_o}{u_i}=1+\frac{R_f}{R_1} \tag{8.1.4}$$

式（8.1.4）表明 u_o 与 u_i 同相，且 $u_o>u_i$，故该电路称为同相比例放大电路。

与反相比例放大电路类似，随着输入信号增大到一定值，输出电压不再增加，限定在某一值，进入非线性工作区间，则电路的电压传输特性曲线 $u_o=f(u_i)$，如图 8.1.2（b）所示。

由于理想集成运算放大电路的输入电阻为无穷大，所以同相比例放大电路的输入电阻为

$$R_{if}=\infty \tag{8.1.5}$$

由于理想集成运算放大电路的输出电阻为零，则同相比例放大电路的输出电阻为

$$R_{of}=0 \tag{8.1.6}$$

在图8.1.2（a）中，当 $R_f=0$，$R_1=\infty$ 时，$A_{uf}=1$，即 $u_o=u_i$，称为电压跟随器，如图 8.1.3 所示。因此，可以用此方法来检测运放的好坏。

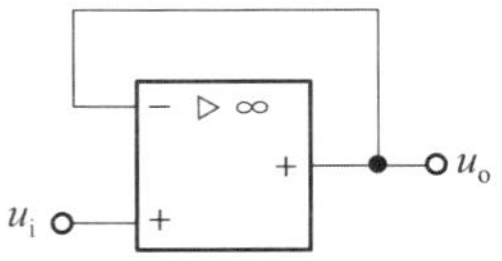

图 8.1.3　电压跟随器

8.1.2　加法运算电路

加法运算电路，即对多个输入信号进行求和。根据输出信号与求和信号反相还是同相，加法运算电路分为反相加法运算电路和同相加法运算电路。

1. 反相加法运算电路

反相加法运算电路的多个输入信号均作用于集成运算放大电路的反相输入端，它是在反相比例运算电路的基础上，增加输入支路构成的，如图 8.1.4 所示，直流平衡电阻 $R_p = R_1 // R_2 // R_f$。

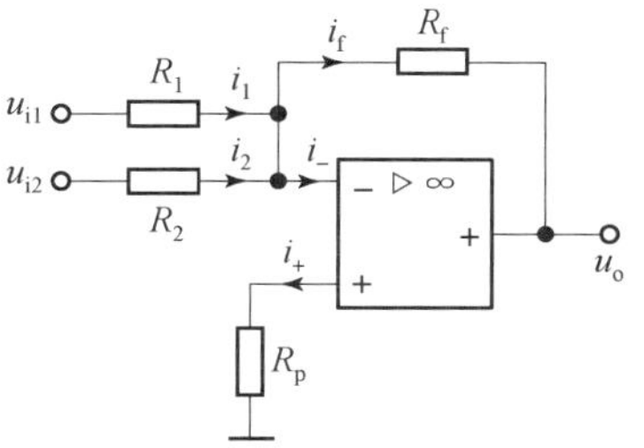

图 8.1.4　反相求和运算电路

根据理想集成运算放大电路的“虚短”和“虚断”特性，以及基尔霍夫定律可得

$$u_+ = u_- = 0$$

$$i_f = i_1 + i_2$$

$$i_1 = \frac{u_{i1} - u_-}{R_1} = \frac{u_{i1}}{R_1}$$

$$i_2 = \frac{u_{i2} - u_-}{R_2} = \frac{u_{i2}}{R_2}$$

$$i_f = \frac{u_- - u_o}{R_f} = -\frac{u_o}{R_f}$$

$$i_f = i_1 + i_2$$

$$u_o = -i_f R_f = -\left(\frac{R_f}{R_1}u_{i1} + \frac{R_f}{R_2}u_{i2}\right) \tag{8.1.7}$$

可以看出，电路实现了两个输入信号 u_{i1}、u_{i2} 的相加。$\frac{R_f}{R_1}$、$\frac{R_f}{R_2}$ 分别为 u_{i1}、u_{i2} 的加权系数，由于 u_o 与 u_{i1}、u_{i2} 的加权之和反相，故该电路称为反相相加器。

若 $R_1 = R_2 = R$，则

$$u_o = -\frac{R_f}{R}(u_{i1} + u_{i2}) \tag{8.1.8}$$

2. 同相加法运算电路

当多个输入信号同时作用于集成运算放大电路的同相输入端时，即构成同相加法运算电路。如图 8.1.5 所示，由 $i_+ = i_- = 0$ 可得运放反相输入端的电压为

$$u_- = \frac{R_4}{R_f + R_4}u_o$$

根据线性叠加定理，可得运放同相输入端的电压为

$$u_+ = \frac{R_2 // R_3}{R_1 + R_2 // R_3}u_{i1} + \frac{R_1 // R_3}{R_2 + R_1 // R_3}u_{i2}$$

由 $u_- = u_+$，得

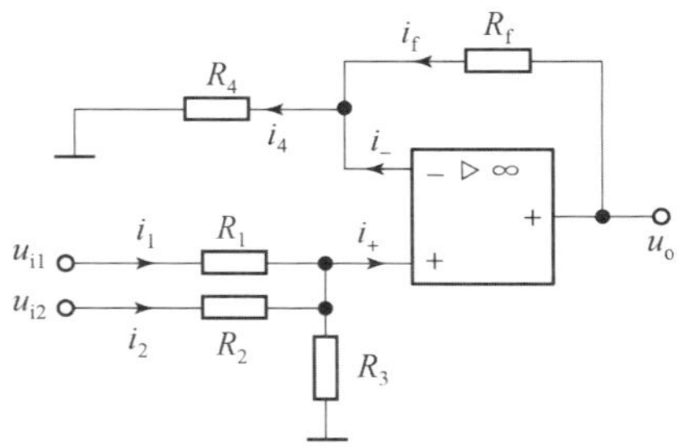

图 8.1.5　同相求和运算电路

$$u_o=\left(1+\frac{R_f}{R_4}\right)\left(\frac{R_2/\!/R_3}{R_1+R_2/\!/R_3}u_{i1}+\frac{R_1/\!/R_3}{R_2+R_1/\!/R_3}u_{i2}\right)\tag{8.1.9}$$

由于 u_o 与 u_{i1}、u_{i2}的加权之和同相，所以电路称为同相相加器。

当 $R_1=R_2=R$ 时，

$$u_o=\left(1+\frac{R_f}{R_4}\right)\frac{R/\!/R_3}{R+R/\!/R_3}(u_{i1}+u_{i2})\tag{8.1.10}$$

例 8.1： 试设计满足 $u_o=u_{i1}+2u_{i2}$的电路。

解： 要满足所给关系式，可用同相加法运算电路或用反相加法运算电路与反相比例放大电路实现。这里采用后一种设计方案，首先实现 u_{i1} 和 u_{i2} 的反相相加 $u_{o1}=-(u_{i1}+2u_{i2})$，再实现反相 $u_o=-u_{o1}$，电路如图 8.1.6 所示，若 $R_3=R_4=R_5=10\text{k}\Omega$，则

$$u_{o1}=-\left(\frac{R_3}{R_1}u_{i1}+\frac{R_3}{R_2}u_{i2}\right)=-\left(\frac{10}{R_1}u_{i1}+\frac{10}{R_2}u_{i2}\right)$$

$$u_o=-\frac{R_5}{R_4}u_{o1}=\frac{10}{R_1}u_{i1}+\frac{10}{R_2}u_{i2}$$

若 $R_1=10\text{k}\Omega$，$R_2=5\text{k}\Omega$，则

$$u_o=u_{i1}+2u_{i2}$$

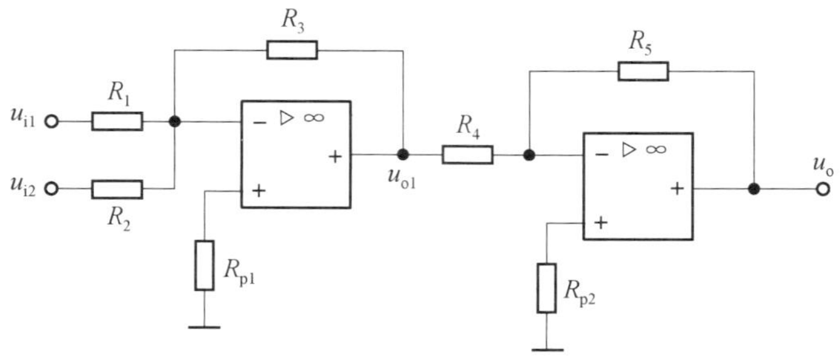

图 8.1.6　例 8.1 图

8.1.3　减法运算电路

从同相和反相放大电路及加法运算电路可以看出，输出电压与同相输入信号极性相同，与反相输入信号极性相反，所以如果将信号同时加到两个输入端则可实现减法运算。减法运算电路如图 8.1.7 所示。

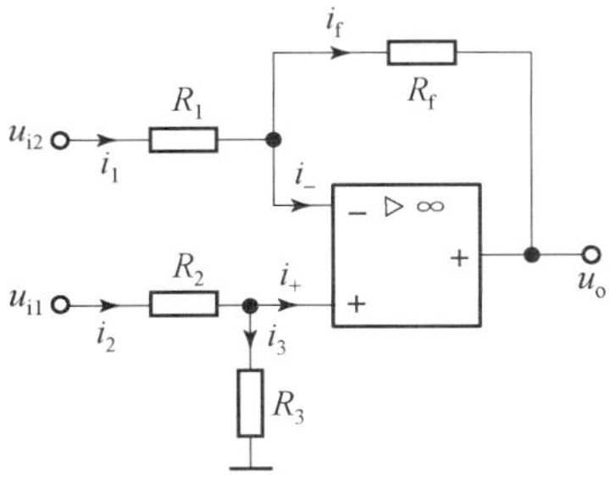

图 8.1.7　减法运算电路

用线性叠加定理，分别求出当 $u_{i2}=0$ 时，u_{i1} 单独作用时的输出电压 u_{o1}；当 $u_{i1}=0$ 时，u_{i2} 单独作用时的输出电压 u_{o2}，则总输出电压为

$$u_o = u_{o1} + u_{o2}$$

当 $u_{i2}=0$ 时，电路转化为同相比例放大电路如图 8.1.8 所示，则

$$u_{o1} = \left(1 + \frac{R_f}{R_1}\right)u_+ = \left(1 + \frac{R_f}{R_1}\right)\frac{R_3}{R_2 + R_3}u_{i1}$$

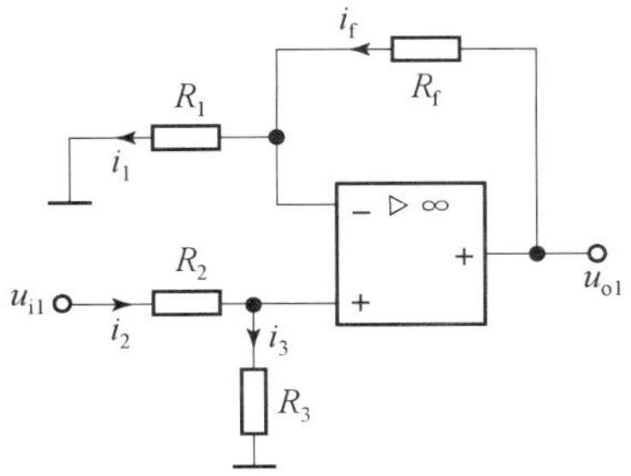

图 8.1.8　u_{i1} 单独作用时的电路

当 $u_{i1}=0$ 时，电路转化为反相比例放大电路如图 8.1.9 所示，则

$$u_{o2} = -\frac{R_f}{R_1}u_{i2}$$

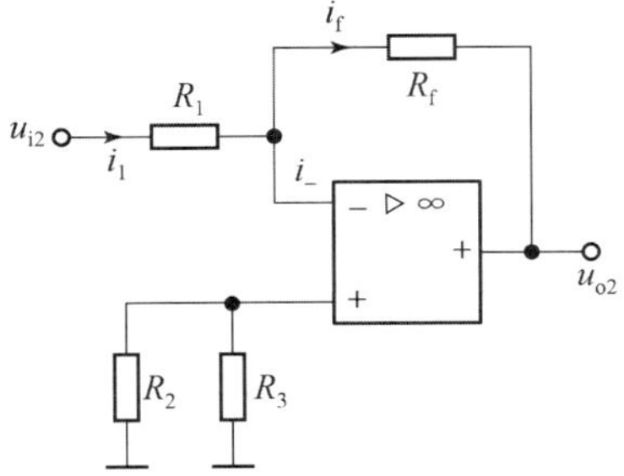

图 8.1.9　u_{i2} 单独作用时的电路

则总的输出电压为

$$u_o = u_{o1} + u_{o2} = \left(1 + \frac{R_f}{R_1}\right)\left(\frac{R_3}{R_2 + R_3}\right)u_{i1} - \frac{R_f}{R_1}u_{i2} \tag{8.1.11}$$

式（8.1.11）表明：双端输入情况下，总的输出电压 u_o 等于同相输入电压 u_{i1} 与反相输入电压 u_{i2} 的加权之差，当 $R_1=R_2, R_3=R_f$ 时，有

$$u_o=\frac{R_f}{R_1}(u_{i1}-u_{i2}) \tag{8.1.12}$$

8.1.4 积分和微分运算电路

1. 积分运算电路

积分运算电路的功能是完成积分运算，即输出电压与输入电压的积分成正比。它和反相比例放大电路的区别是用电容 C 代替反馈电阻 R_f，直流平衡电阻 $R_p=R$，如图 8.1.10 所示。积分运算电路的分析方法与比例运算电路相似。

由“虚地”的特点，得

$$i=\frac{u_i}{R}, i_C=-C\frac{du_o}{dt}$$

由 $i_-=i_+=0$ 得 $i=i_C$，则

$$u_o=-u_C=-\frac{1}{C}\int_{-\infty}^{t}i_C dt=U_{C(0)}-\frac{1}{RC}\int_0^t u_i dt \tag{8.1.13}$$

式中：$U_{C(0)}$ 为 $t=0$ 时电容器 C 两端的初始电压。设 $U_{C(0)}=0$，则

$$u_o=-\frac{1}{RC}\int_0^t u_i dt \tag{8.1.14}$$

2. 微分运算电路

将积分运算电路中电容和电阻的位置互换，就变成了微分运算电路，如图 8.1.11 所示。

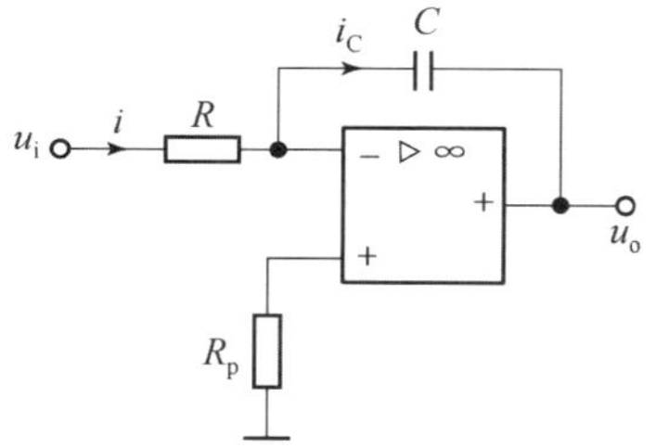

图 8.1.10 积分运算电路

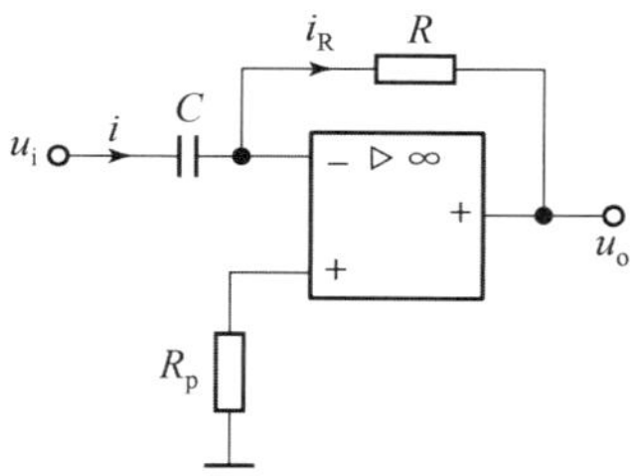

图 8.1.11 微分运算电路

由“虚地”的特点，得

$$i=\frac{dQ}{dt}=C\frac{du_c}{dt}=C\frac{du_i}{dt}, i_R=\frac{-u_o}{R}$$

由 $i_-=i_+=0$ 得 $i=i_R$，则

$$u_o=-i_R R=-iR=-RC\frac{du_i}{dt} \tag{8.1.15}$$

可见，输出电压与输入电压对时间的微分成正比。

积分和微分运算电路常用以实现波形变换，如积分运算电路可将矩形波电压变换为三角波电压，微分运算电路可将三角波变换为矩形波。

8.1.5　对数和指数运算电路

利用 PN 结的伏安特性所具有的指数规律，经二极管或者三极管分别接入集成运算放大电路的反馈回路和输入回路，可以实现对数运算和指数运算，而利用对数运算、指数运算和加减法运算电路相结合，便可实现乘法和除法等运算。

1. 对数运算电路

对数运算电路能对输入信号进行对数运算，即输出电压与输入电压的对数成线性关系。由二极管构成的基本对数运算电路，如图 8.1.12 所示。

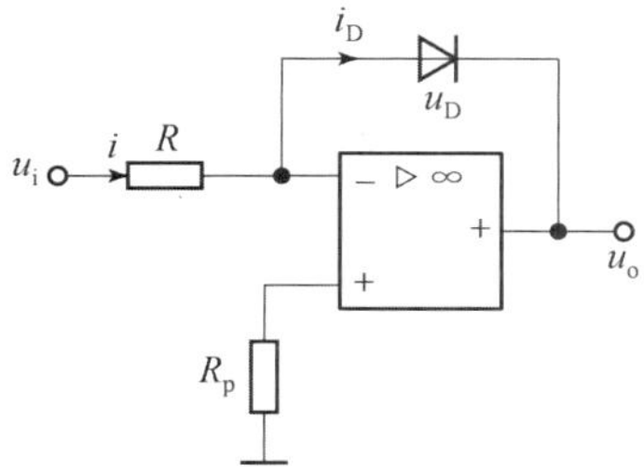

图 8.1.12　由二极管构成的基本对数运算电路

根据“虚短”的特性得 $u_o=-u_D$；根据“虚断”的特性得 $i=i_D$。输入电流 $i=\dfrac{u_i}{R}$，根据 PN 结的电流方程，可得 $i_D=I_S e^{\frac{u_D}{U_T}}$，则

$$u_o=-U_T\ln\frac{i_D}{I_S}=-U_T\ln\frac{u_i}{RI_S} \tag{8.1.16}$$

可见，输出电压与输入电压的对数呈线性关系。

当 NPN 型晶体三极管工作在放大区时，集电极电流 $i_C\approx i_E\approx I_{ES}e^{\frac{u_{BE}}{U_T}}$，由 NPN 型晶体三极管构成的基本对数运算电路如图 8.1.13 所示。

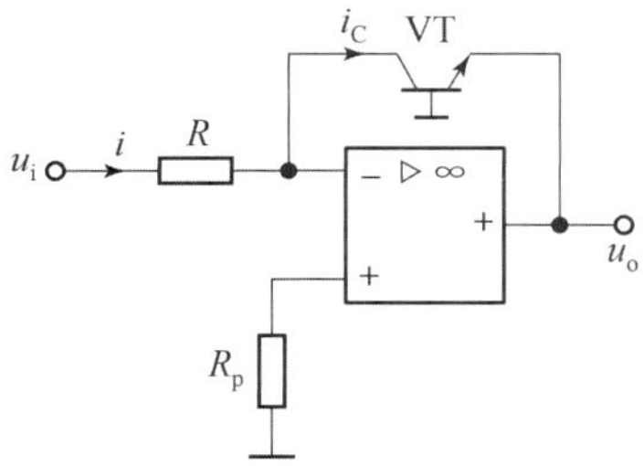

图 8.1.13　由 NPN 型晶体三极管构成的基本对数运算电路

根据“虚短”“虚断”特性，可得 $u_o=-u_{BE}$，$i=i_C$。输入电流 $i=\dfrac{u_i}{R}$，因三极管工作在放大区，所以有 $i_C\approx i_E\approx I_{ES}e^{\frac{u_{BE}}{U_T}}=I_{ES}e^{\frac{-u_o}{U_T}}$，从而可得

$$u_o=-U_T\ln\frac{i_C}{I_{ES}}=-U_T\ln\frac{u_i}{RI_{ES}} \tag{8.1.17}$$

由于 U_T 和 I_{ES} 是温度的函数，因此图 8.1.13 所示电路的运算精度受温度的影响很

大。一般的解决办法：利用对称三极管结构消除 I_{ES} 的影响，利用热敏电阻补偿 U_T 的影响。

2. 指数运算电路

将图 8.1.13 中的电阻 R 和二极管 VD 的位置互换，即可得到如图 8.1.14 所示的指数运算电路。

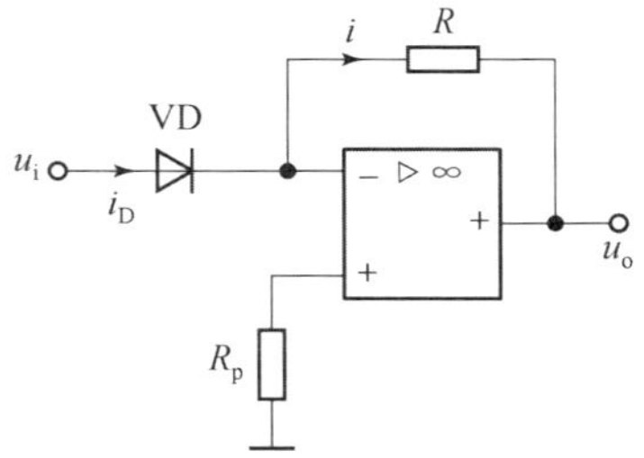

图 8.1.14　指数运算电路

根据集成运算放大电路线性工作区间的“虚短”“虚断”特性及 PN 结的电流方程，可得

$$u_o = -iR = -i_D R = -RI_S e^{\frac{u_i}{U_T}} \tag{8.1.18}$$

可见，输出电压与输入电压成指数关系。

8.1.6　有源滤波器

滤波器是一种能使有用频率信号顺利通过而同时抑制或衰减无用频率信号的电路或电子装置。工程上常用它进行信号处理、数据传送和抑制干扰等。传统的这种滤波器主要由无源元件 R、L 和 C 组成。目前大多数滤波器由集成运算放大电路、R 和 C 组成，常称为有源滤波器。由于有源滤波器输出阻抗很小，因此不用电感、体积小、重量轻等优点而获得广泛应用。有源滤波器按工作频率的不同，可分为低通滤波器（low pass filter，LPF）、高通滤波器（high pass filter，HPF）、带通滤波器（band－pass filter，BPF）、带阻滤波器（band elimination filter，BEF）滤波电路有低通、高通、带通和带阻等形式。

有源滤波器的理想幅度频率特性曲线，如图 8.1.15 所示。

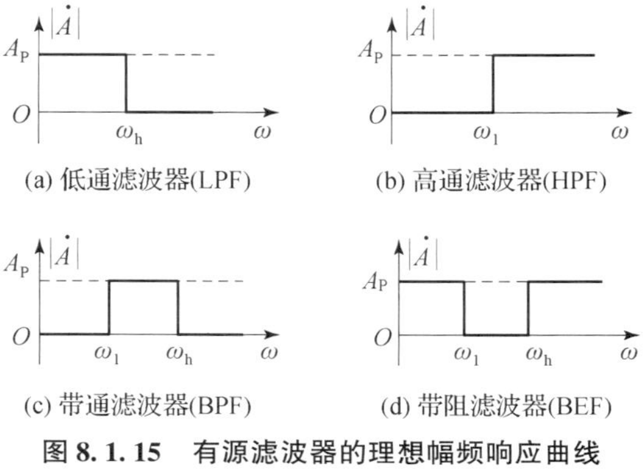

图 8.1.15　有源滤波器的理想幅频响应曲线

1. 有源低通滤波电路

图 8.1.16（a）所示为一阶有源低通滤波电路。

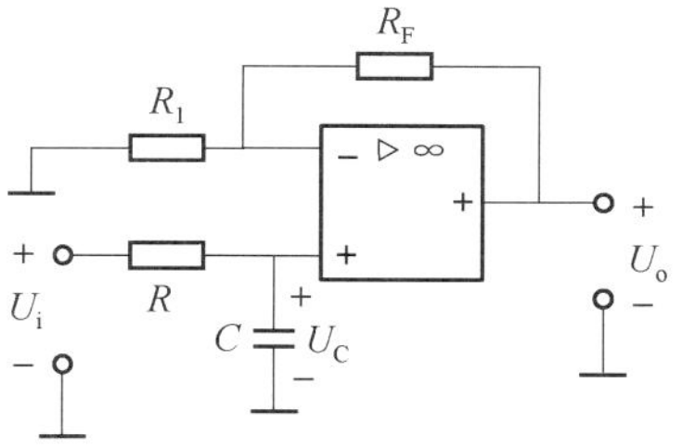

(a) 电路

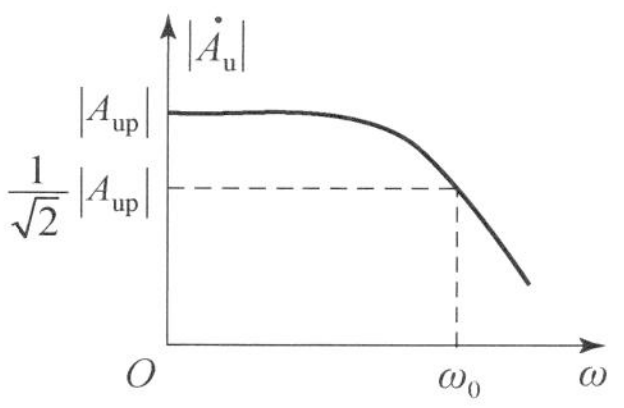

(b) 幅频特性

图 8.1.16　同相输入有源低通滤波器

设输入电压 $\dot{U}_i$ 为某一频率的正弦波信号，则集成运算放大电路同相端的电位为

$$\dot{U}_+ = \dot{U}_C = \frac{\frac{1}{j\omega C}}{R + \frac{1}{j\omega C}}\dot{U}_i = \frac{\dot{U}_i}{1 + j\omega RC} \tag{8.1.19}$$

根据同相比例运算电路，得

$$\dot{U}_o = \left(1 + \frac{R_F}{R_1}\right)\dot{U}_+ \tag{8.1.20}$$

则电路的电压增益为

$$\dot{A}_u = \frac{\dot{U}_o}{\dot{U}_i} = \frac{1 + \frac{R_F}{R_1}}{1 + j\omega RC} = \frac{1 + \frac{R_F}{R_1}}{1 + j\frac{\omega}{\omega_0}} = \frac{A_{up}}{1 + j\frac{\omega}{\omega_0}} \tag{8.1.21}$$

式中：$\omega_0 = \frac{1}{RC}$称为截止角频率；$A_{up} = 1 + \frac{R_F}{R_1}$为通带增益。

传递函数幅值和相位与角频率之间的关系为

$$|\dot{A}_u| = \frac{A_{up}}{\sqrt{1 + \left(\frac{\omega}{\omega_0}\right)^2}} \tag{8.1.22}$$

$$\varphi(\omega) = -\arctan\frac{\omega}{\omega_0} \tag{8.1.23}$$

当 $\omega = 0$ 时，$|\dot{A}_u| = A_{up}$；

当 $\omega = \omega_0$ 时，$|\dot{A}_u| = \frac{A_{up}}{\sqrt{2}}$；

当 $\omega = \infty$ 时，$|\dot{A}_u| = 0$。

由此可得：有源低通滤波器的幅频特性如图 8.1.16（b）所示。

由图 8.1.16 可见，当 $\omega > \omega_0$时，$|\dot{A}_u|$衰减很快，显然，电路能使角频率低于 ω_0的信号顺利通过，衰减很小，而使高于 ω_0的信号不易通过，衰减很大，称为一阶有源低通滤波器。

为了改善滤波效果，使当 $\omega > \omega_0$ 时信号衰减得更快些，常将两节 RC 滤波环节串接起来，组成二阶有源低通滤波器，如图 8.1.17（a）所示。其幅频特性，如图 8.1.17（b）所示。

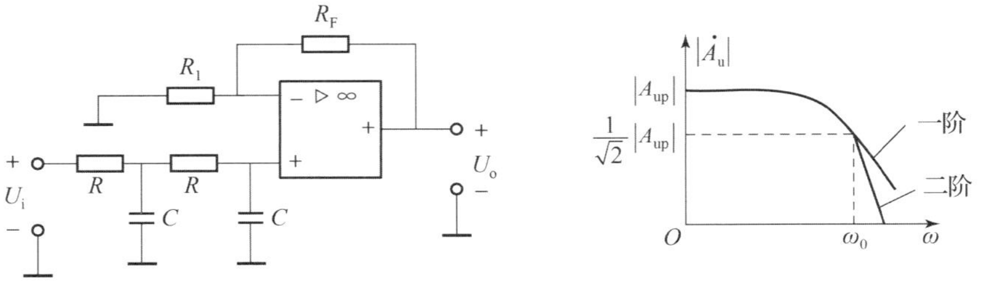

(a) 电路　　　　(b) 幅频特性

图 8.1.17　二阶有源低通滤波器

2. 有源高通滤波器

将低通滤波器中滤波作用的电阻、电容互换，即成为有源高通滤波器。其电路图与幅频特性如图 8.1.18 所示。

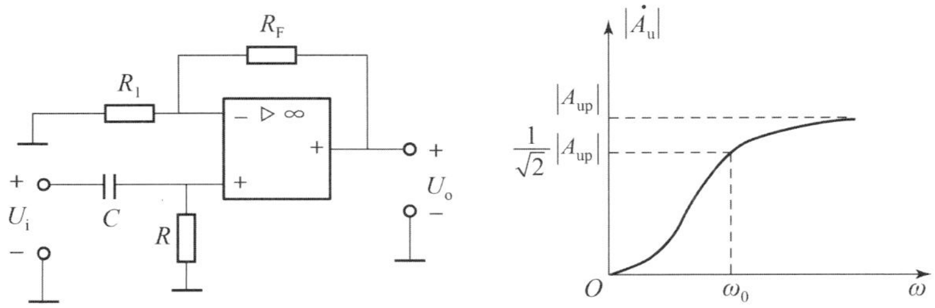

(a) 电路　　　　(b) 幅频特性

图 8.1.18　有源高通滤波器

电压增益为

$$\dot{A}_u = \frac{\dot{U}_o}{\dot{U}_i} = \frac{A_{up}}{1 - j\dfrac{\omega_0}{\omega}} \tag{8.1.24}$$

式中：$\omega_0 = \dfrac{1}{RC}$ 称为截止角频率；$A_{up} = 1 + \dfrac{R_F}{R_1}$ 为通带增益。

8.2　集成运算放大电路的非线性应用

8.1 节介绍的模拟信号各种运算电路和信号处理电路，都是通过引入负反馈使集成运算放大电路工作在线性区，此时电路的输出与输入的关系主要取决于外接电路的参数，与集成运算放大电路本身的参数无关。

当集成运算放大电路处于开环或者正反馈状态时，工作在非线性区间。这种电路广泛应用于信号比较、信号转换和信号发生，以及自动控制系统中。

电压比较电路，具体如下：

1. 概述

电压比较器的基本功能是将一个模拟电压与一个基准电压相比较，并根据比较的结果输出高电平或者低电平。由集成运算放大电路构成的电压比较器通常工作在开环或者正反馈，此时其工作在非线性区间，有两个特点：①输出不是高电平 U_{OH} 就是低电平 U_{OL}，即当 $u_+ > u_-$ 时，输出高电平，而当 $u_+ < u_-$ 时，输出低电平；②$i_+ = i_- = 0$。

一般用电压传输特性描述电压比较器的输出电压 u_o 与输入电压 u_i 之间的关系，为正确画出传输特性曲线，必须求出以下三要素：

（1）输出电压的高电平 U_{OH} 和低电平 U_{OL}。

（2）阈值电压 U_T。它表示输出电压 u_o 从高电平 U_{OH} 跃变为低电平 U_{OL}，或者从低电平 U_{OL} 跃变为高电平 U_{OH} 的输入电压。

（3）当输入电压 u_i 变化且经过 U_T 时，跃变的方向，即输出电压是从高电平 U_{OH} 跃变为低电平 U_{OL}，还是从低电平 U_{OL} 跃变为高电平 U_{OH}。

常用的电压比较器有单门限比较器、迟滞比较器、窗口比较器三种，单门限比较器只有一个阈值电压，迟滞比较器和窗口比较器具有两个阈值电压。

2. 单门限比较器

单门限比较器只有一个阈值电压。当输入电压单调变化过程中，经过阈值电压时，输出电压产生跃变。图 8.2.1（a）所示为反相输入的固定电压比较器的电路，两个输入量中，一个是基准电压 U_{REF}，另一个是输入电压 u_i。当 $u_i < U_{REF}$ 时，$u_- < u_+$，输出为高电平 U_{OH}；当 $u_i > U_{REF}$ 时，$u_- > u_+$ 输出为低电平 U_{OL}。其传输特性曲线如图 8.2.1（b）所示。调节 U_{REF} 可方便地改变阈值。当 $U_{REF} = 0$ 时，电压比较器可称为过零比较器。同相输入的电压比较器的电路和传输特性曲线与图 8.2.1 所示相似。

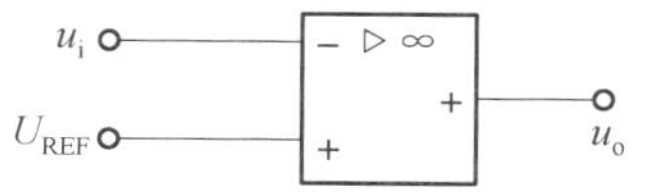

(a) 电路图

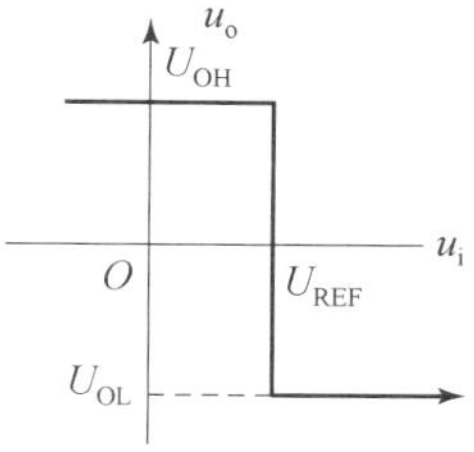

(b) 电压传输特性

图 8.2.1　反相输入固定电压比较器

单门限比较器主要用来对输入波形进行整形，可以将正弦波、三角波或任意不规则的输入波形整形为脉冲波输出。利用反相输入的单门限比较器（图 8.2.1（a））$U_{REF} = 0$ 和 U_{REF} 为任意值情况下实现的波形变换，如图 8.2.2 所示。有时为了满足某种需要，在输出端加限幅电路，获得合适的 U_{OH} 和 U_{OL}，如图 8.2.3 所示。此时输出高、低电平分别为 $(U_{VZ1} + U_{VD})$、$-(U_{VZ2} + U_{VD})$，其中：U_{VZ1}、U_{VZ2} 分别为稳压二极管 VZ_1、VZ_2 的稳定电压，U_{VD} 为稳压二极管的正向导通电压。

3. 迟滞比较器

单门限比较器具有结构简单，灵敏度高等特点，但在单门限比较器中，输入电压在门限电压 U_{REF} 附近的任何微小变化，都将引起输出电压的跃变。当输入信号中含有噪

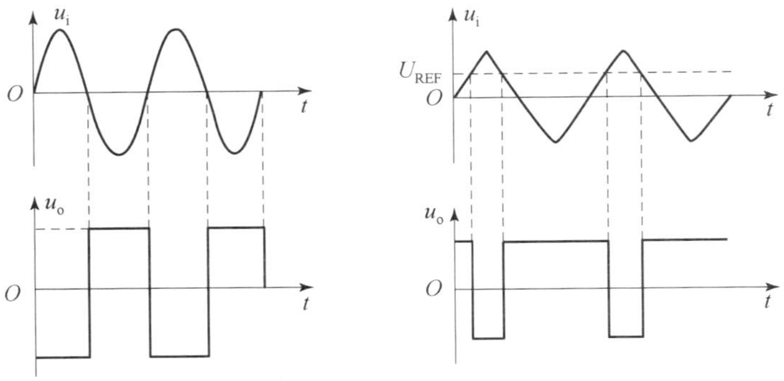

(a) 正弦波变换为方波　　(b) 三角波变换为矩形波

图 8. 2. 2　用单门限比较器实现波形变换

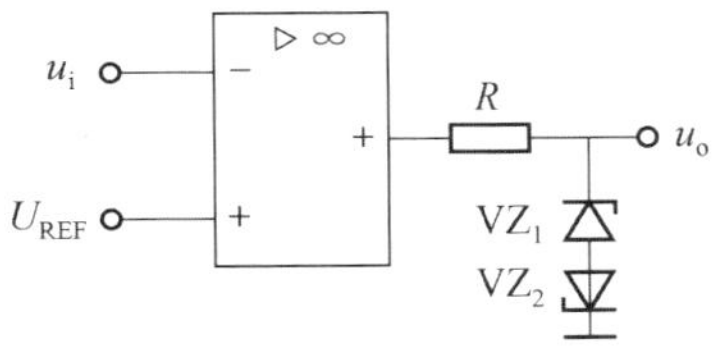

图 8. 2. 3　输出限幅的电压比较器

声或干扰时，将导致比较器输出不稳定，如图 8. 2. 4 所示。提高抗干扰能力的一种方案是采用迟滞比较器。

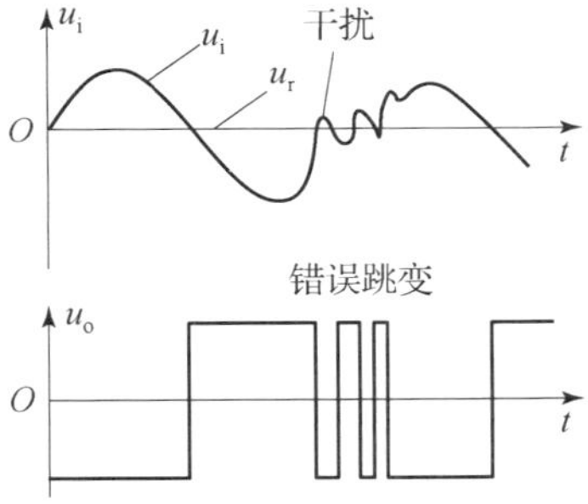

图 8. 2. 4　单门限电压比较器抗干扰能力波形图

1）反相输入迟滞比较器

在反相输入单门限电压比较器的基础上引入正反馈网络，就组成了具有双门限的反相迟滞比较器。它的特点是输入电压由大变小和由小变大时，有两种不同的阈值。其电路如图 8. 2. 5（a）所示。

由于比较器中的集成运算放大电路处于正反馈，故集成运算放大电路工作于非线性区间，即输出只有高电平和低电平两个稳定状态。正反馈加速了比较器的跃变过程，改善波形在跃变时的陡度。

当输入电压 u_i 的初始状态使得 $u_- < u_+$，则输出为高电平，即 $u_o = U_{OH}$。此时，同相输入端的电压称为上限阈值 U_{TH}，即

$$U_{TH}=\frac{R_2}{R_1+R_2}U_{OH} \tag{8.2.1}$$

逐渐增大 u_i，当 $u_i>U_{TH}$时，即 $u_->u_+$，则输出电压由高电平跃变为低电平，即 $u_o=U_{OL}$。此时，同相输入端的电压 u_+称为下限阈值 U_{TL}，即

$$U_{TL}=\frac{R_2}{R_1+R_2}U_{OL} \tag{8.2.2}$$

当输入电压 u_i 继续逐渐减小，在 $u_i=U_{TL}$时，输出电压由低电平跃变为高电平，因此该电路的电压传输特性曲线如图 8.2.5（b）所示，具有滞回特性。

上限阈值和下限阈值的差值称为回差电压 ΔU，即

$$\Delta U=U_{TH}-U_{TL}=\frac{R_2}{R_1+R_2}(U_{OH}-U_{OL}) \tag{8.2.3}$$

如果给反相输入迟滞比较器输入三角波，则输出矩形波，如图 8.2.5（c）所示。

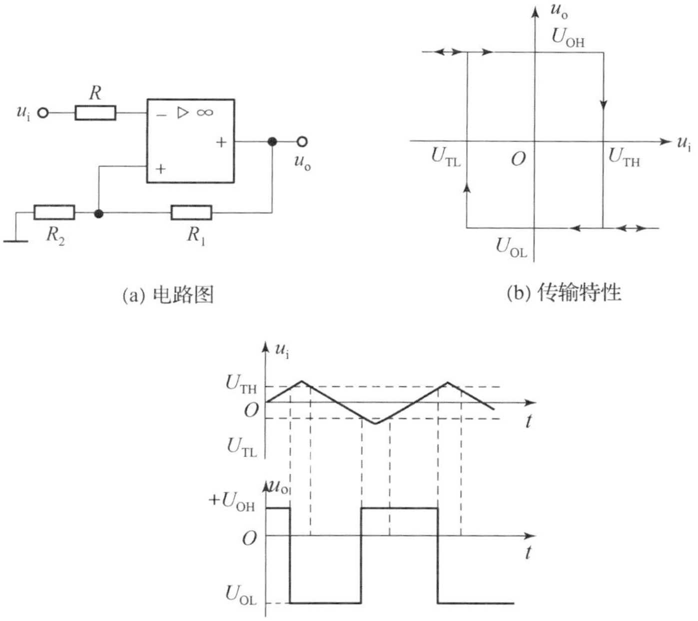

(a) 电路图　　(b) 传输特性

(c) 输入、输出波形

图 8.2.5　反相输入迟滞比较器电路图

2）同相输入迟滞比较器

同相输入的迟滞比较器的电路和传输特性曲线，如图 8.2.6 所示。其上限阈值和下限阈值分别为 $U_{TH}=-\frac{R_2}{R_1}U_{OL}$和 $U_{TL}=-\frac{R_2}{R_1}U_{OH}$，可参照反相输入迟滞比较器分析方法自行推导。

4. 窗口比较器

窗口比较器是一种用于判断输入电压是否处于两个已知电平之间的电压比较器。图 8.2.7（a）是其中的一种电路，由两个单门限比较电路、二极管和电阻构成。其外加两个参考电压 U_{RH}和 U_{RL}，且假定 $U_{RH}>U_{RL}$。

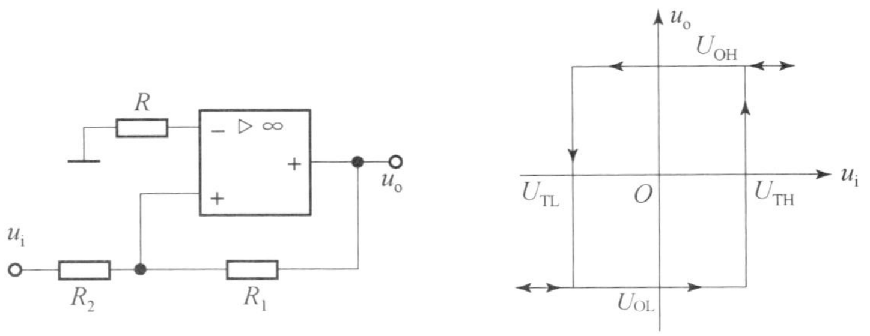

(a) 电路图　　(b) 传输特性

图 8.2.6　同相输入迟滞比较器电路图

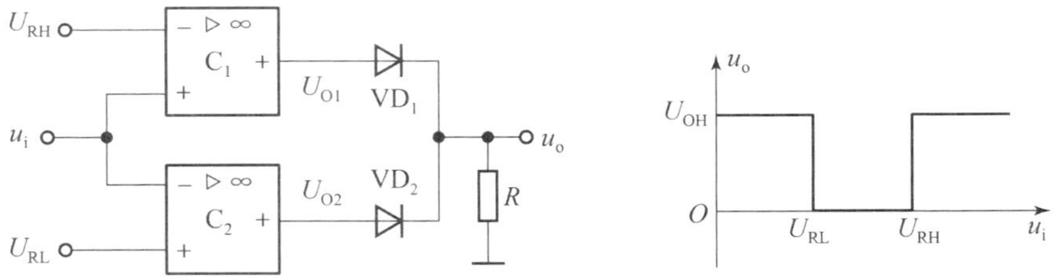

(a) 电路图　　(b) 传输特性

图 8.2.7　窗口比较器

当 $u_i < U_{RL}$时，$U_{O1} = U_{OL}$，VD_1截止；$U_{O2} = U_{OH}$，VD_2导通，$u_o \approx U_{OH}$。

当 $U_{RL} < u_i < U_{RH}$时，$U_{O1} = U_{O2} = U_{OL}$，VD_1、VD_2均截止，$u_o = 0$。

当 $u_i > U_{RH}$时，$U_{O1} = U_{OH}$，VD_1导通；$U_{O2} = U_{OL}$，VD_2截止，$u_o \approx U_{OH}$。

窗口比较器有两个阈值 U_{RH}和 U_{RL}，电压传输特性曲线如图 8.2.7（b）所示，曲线呈窗口状。

矩形波发生器也运用了集成运算放大电路的非线性特性，其由迟滞比较器和 R_fC 定时电路构成，具体分析详见 9.2 节。

8.3　集成运算放大电路的使用

1. 集成电路器件型号命名方法

《半导体集成电路文字符号　引出端功能符号》（GB/T 3431.2—1986）规定：集成电路的型号命名由五部分组成，各部分的含义如表 8.3.1 所列。

第一部分用字母“C”表示该集成电路为中国制造，符合国家标准。

第二部分用字母表示集成电路类型。

第三部分用数字表示集成电路系列和代号。

第四部分用字母表示电路温度范围。

第五部分用字母表示电路的封装形式。

表 8.3.1　集成电路型号命名及含义

第一部分：国家标准		第二部分：电路类型		第三部分：电路系列和代号	第四部分：温度范围		第五部分：封装形式	
字母	含义	字母	含义		字母	含义	字母	含义
C	中国制造	B	非线性电路	用数字（一般为 4 位）表示电路系列和代号	C	0 ~ 70℃	B	塑料扁平封装
		C	CMOS 电路					
		D	音响电视电路				D	陶瓷直插封装
		E	ECL 电路		E	-40 ~ 85℃		
		F	线性放大电路				F	全密封扁平封装
		H	HTL 电路					
		J	接口电路		R	-55 ~ 85℃	J	黑陶装直插封装
		M	存储器					
		T	TTL 电路				K	金属菱形封装
		W	稳压器		M	-55 ~ 125℃		
		μ	微处理器				T	金属圆形封装

2. 集成运算放大电路的外引线（管脚）

目前国产集成运算放大电路已有许多型号，封装外形主要采用圆壳式、双列直插式和扁平式三种，其中以双列直插式居多。双列直插式有 8、10、12、14、16 管脚等种类，使用前必须查阅相关手册，辨认管脚，以正确连线。

3. 调零消除失调误差

“调零”技术是使用集成运算放大电路时必须掌握的。特别是，在作直流放大电路用时，由于输入失调电压和失调电流的影响，当运放的输入为零时，输出不为零，将影响集成运算放大电路的精度，严重时会使集成运算放大电路不能正常工作。调零的原理：在集成运算放大电路的输入端外加一个补偿电压，以抵消集成运算放大电路本身的失调电压，达到调零的目的。如图 8.3.1 所示，调零电路由 $-U_{EE}$、R(1kΩ)、调零电位器（10kΩ）组成。调零方法：将两输入端接地，调节调零电位器使输出等于零。有些集成运算放大电路已经引出调零端，只需要按照器件的规定，接入调零电路进行调零即可。

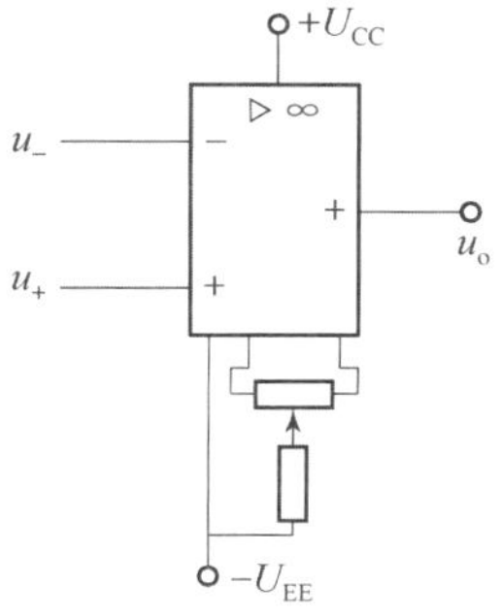

图 8.3.1　调零电路

值得指出的是，现在的一些集成运算放大电路 IC，其零漂系数已经很低了。在实际应用中，如果放大倍数不是很大，输出的信号在允许范围内的话，或可以在后续的数字信号处理中能够消除零漂，集成运算放大电路的“调零”也不一定是必需的。

4. 相位补偿消除高频自激振荡

由于集成运算放大电路是一个高增益的多级放大电路组件，应用时一般接成闭环负反馈电路。当工作频率升高时，放大电路会产生附加相移，可能使负反馈变成正反馈而引起自激，进行相位补偿可以消除高频自激。相位补偿的原理是，在具有高放大倍数的中间级，利用一小电容 C 构成电压并联负反馈电路。有些集成运算放大电路已经在内部进行了补偿，如 μA741 型集成运算放大电路。有些集成运算放大电路引出了补偿端，只需要按照器件手册的规定，外接补偿电路即可，如国产 5G24 型集成运算放大电路。

5. 集成运放的保护措施

当集成运算放大电路的电源极性接反、输入过大、输出负载过重等原因都可能损坏集成运算放大电路，因此必须在电路中采取一定的保护措施。

（1）电源保护。为了防止电源极性接反而造成集成运算放大电路组件的损坏，可以利用二极管的单向导电性原理，在电源连接线中串接二极管，以阻止电流倒流，如图 8.3.2 所示。当电源极性接反时，二极管 VD_1、VD_2不导通，相当于电源开路。

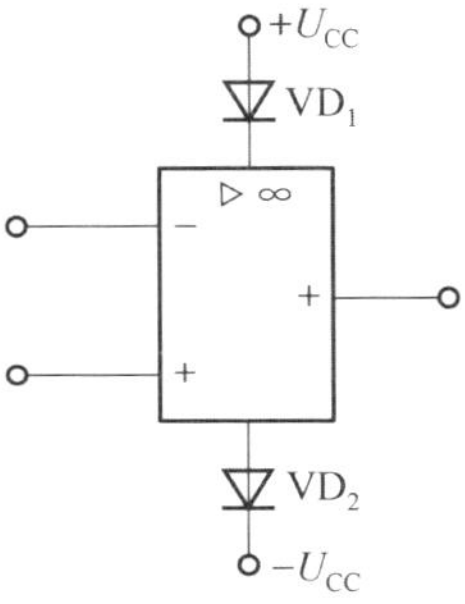

图 8.3.2 集成运算放大电路电源端保护电路

（2）输入保护。集成运算放大电路的差模或共模信号电压过高会引起输入级损坏。因此，可在集成运放输入端并接极性相反的两只二极管，将输入电压的幅度钳制在二极管的正向导通压降内，如图 8.3.3 所示。

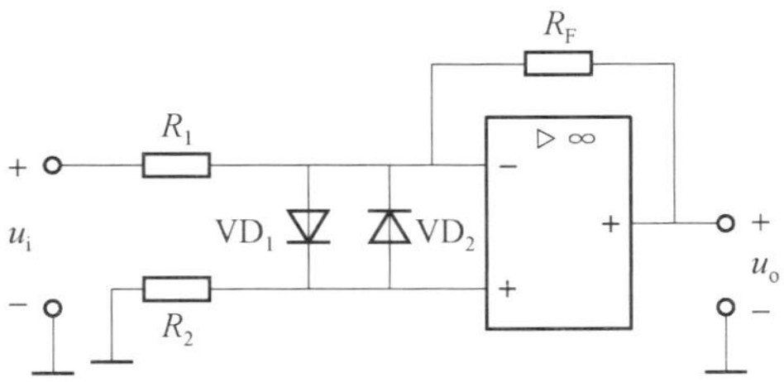

图 8.3.3 输入保护电路

（3）输出保护。为了防止集成运算放大电路的输出电压过高，可用两只稳压管反向串联后，并联在负载两端或并联在反馈电阻 R_f 两端，如图 8.3.4 所示。当输出电压小于稳压管稳定电压 U_Z时，稳压管不导通，保护电路不工作；当输出电压大于 U_Z时，稳压管工作，将输出端的最大电压幅度限制在 $\pm(U_Z+0.7V)$。

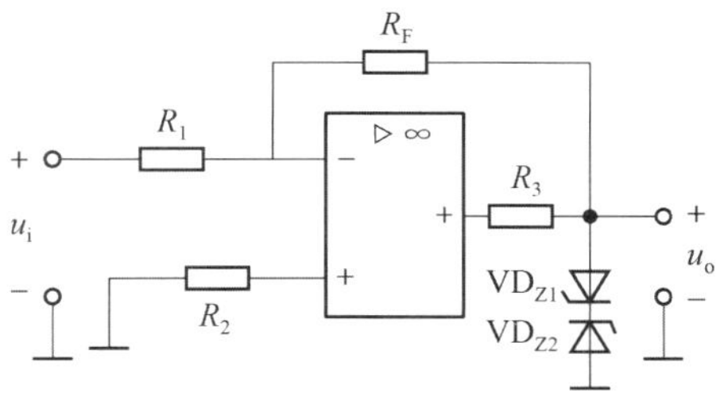

图 8.3.4　输出保护电路

6. 使用时的注意事项

(1) 电极接地端应良好接地。

(2) 在更换元件时，应先切断电源。

(3) 在加信号前后，应先调零和消振。

在使用集成运算放大电路时应注意以上问题，否则会引起器件的损坏或电路工作不正常。

8.4　Multisim 仿真软件应用举例

积分运算电路仿真研究：

积分运算电路仿真研究视频

迟滞比较器仿真研究：

迟滞比较器仿真研究视频

小　结

(1) 集成运算放大电路应用时根据工作区域分为两类，即线性工作区和非线性工作区。

在线性工作区时，集成运算放大电路通常工作在深度负反馈状态，近似分析的依据是“虚断”和“虚短”。

在非线性工作区时，集成运算放大电路通常工作在开环或引入正反馈状态，此时集成运算放大电路的输出为正饱和电压和负饱和电压。

(2) 集成运算放大电路在线性应用时，可组成比例、加法、减法、积分与微分、指数与对数等信号运算电路。还可以组成有源滤波电路等。

（3）集成运算放大电路在非线性应用时，可组成电压比较器，用来比较两个输入电压信号的大小。单门限比较器结构简单但容易产生误翻，抗干扰能力差，而迟滞比较器具有一定的抗干扰能力，还可以组成驰张振荡器。

（4）集成运算放大电路在应用中会遇到具体问题，需要掌握一些基本使用方法来解决。

习　题

一、填空选择

1. 理想运放工作在线性区的条件下，有两个重要特性是________和________。

2. 单值电压比较器有________个门限电压，迟滞电压比较器有________个门限电压。

3. 电压传输特性如题图 8.1 所示，参考电压是________ V，输出电压是________ V；输入信号加在________输入端。

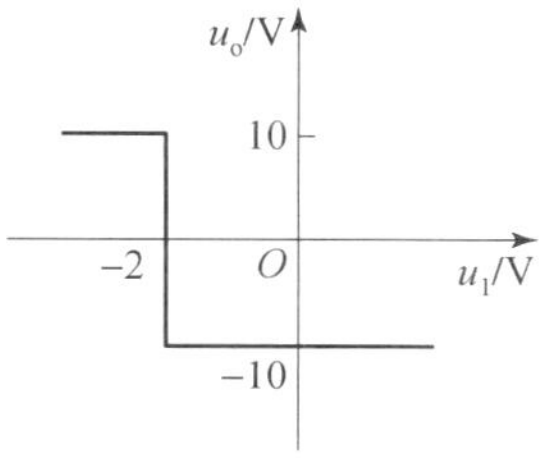

题图 8.1

4. 工作在线性区的集成运算放大电路应置于（　　）状态。

A. 虚断　　B. 虚短　　C. 虚断和虚短

5. 工作在非线性区的集成运算放大电路具有（　　）的特点。

A. 虚断　　B. 虚短　　C. 虚断和虚短

6. 下列关于迟滞电压比较器的说法，不正确的是（　　）。

A. 迟滞电压比较器有两个门限电压

B. 构成迟滞电压比较器的集成运算放大电路工作在线性区

C. 迟滞电压比较器一定外加正反馈

D. 迟滞电压比较器的输出电压只有两种可能

7. 能将矩形波转变成三角波的电路是（　　）。

A. 比例运算电路　　B. 微分运算电路

C. 积分运算电路　　D. 加法电路

8. 工作在开环状态下的电压比较器，其输出电压 U_o 的大小由（　　）决定。

A. 集成运算放大电路的开环放大倍数

B. 外电路参数

C. 集成运算放大电路的工作电源

二、分析与计算题

1. 如题图 8.2 所示，集成运放输出电压的最大幅值为 ±14V，试求输出电压与输入电压的关系式。

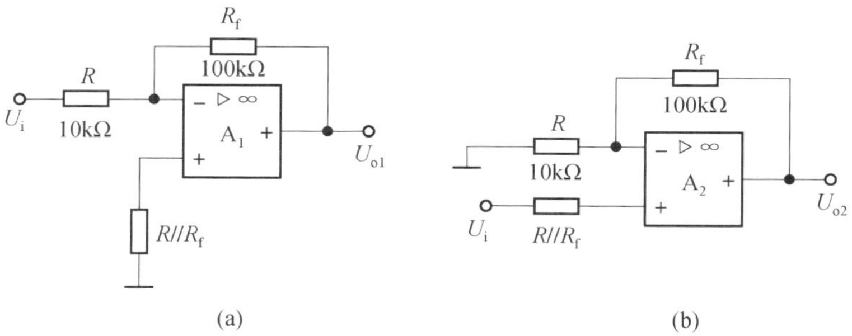

题图 8.2

2. 试求题图 8.3 各电路的输出电压与输入电压的关系式。

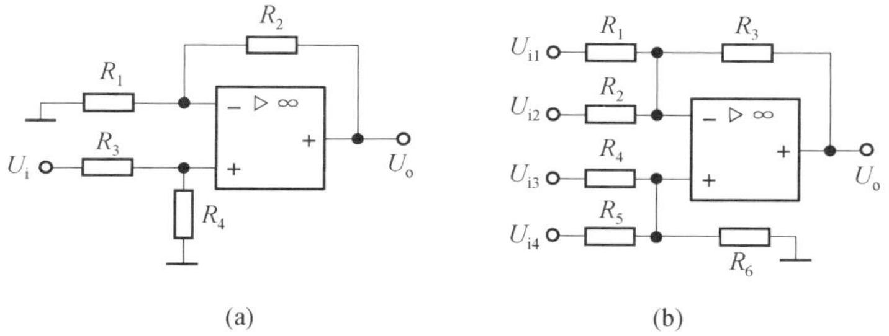

题图 8.3

3. 求如题图 8.4 所示电路中 U_o 与 U_i 的关系。

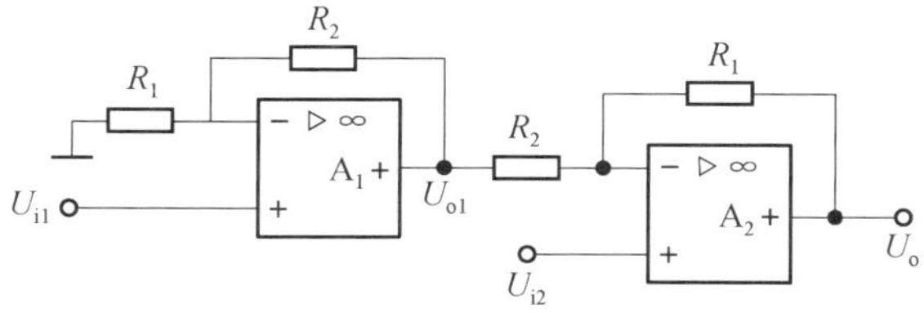

题图 8.4

4. 求如题图 8.5 所示电路中 U_o 与 U_i 的关系。

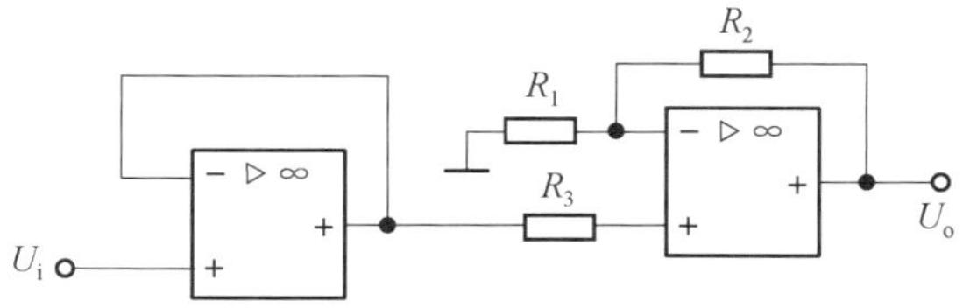

题图 8.5

5. 在自动控制系统中需要有调节器（或称校正电路），以保证系统的稳定性和控制的精度。如题图 8.6 所示的电路为比例－积分调节器（简称 PI 调节器），试求 PI 调节器的 U_o 与 U_i 的关系式。

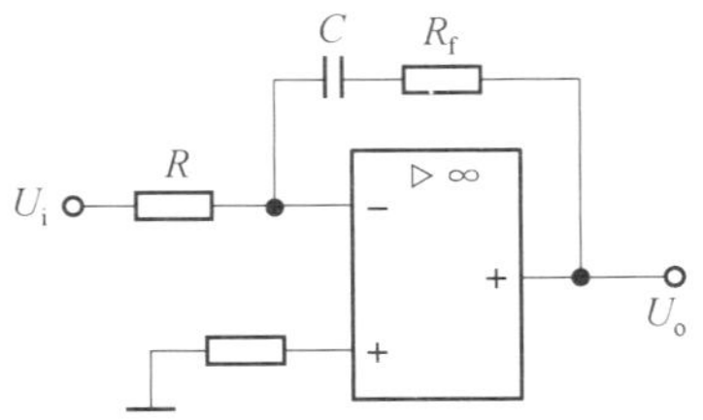

题图 8.6

6. 试求题图 8.7 所示电路的 u_o 与 u_i 的关系式。

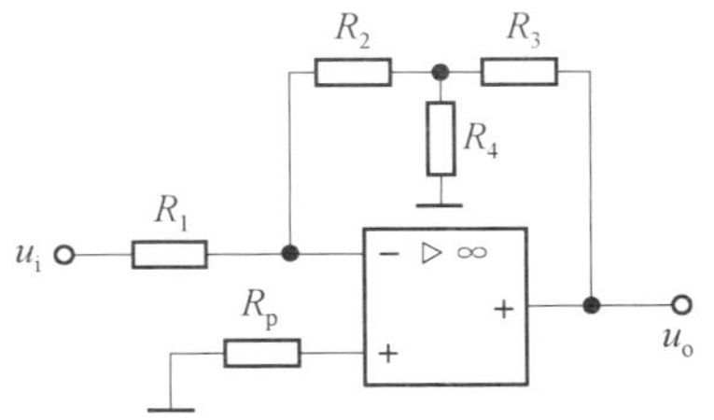

题图 8.7

7. 试求题图 8.8 所示同相积分器电路的 u_o 与 u_i 的关系式。

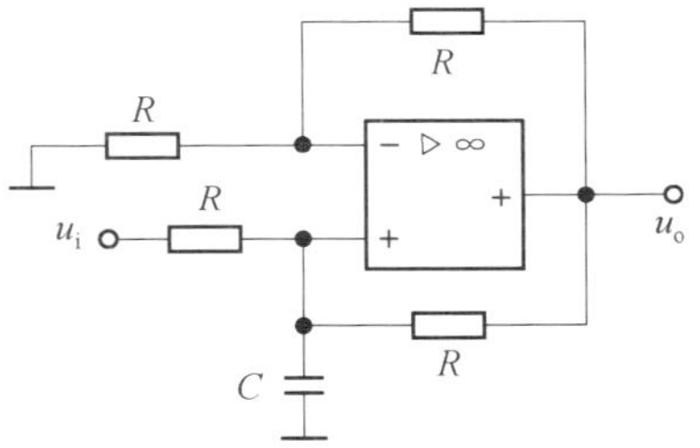

题图 8.8

8. 求如题图 8.9（a）、（b）所示有源滤波电路的频率特性，说明两个滤波电路各属于何种类型，并画出幅频特性曲线。

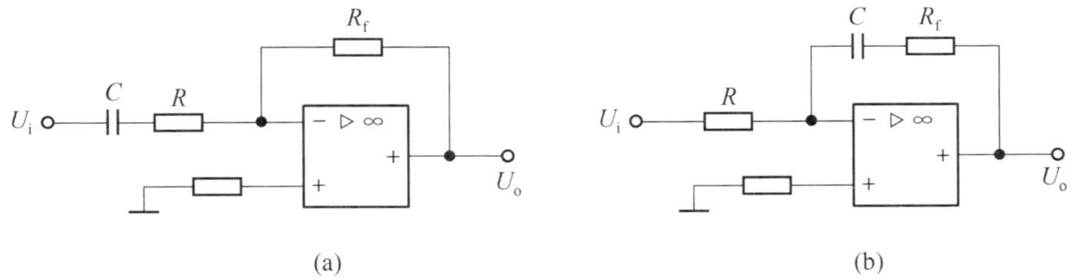

题图 8.9

9. 在如题图 8.10 所示的各电路中，集成运算放大电路的 $U_{OM}=\pm12V$，稳压管的稳定电压 U_Z为 6V，正向导通电压 U_D 为 0.7V，试画出各电路的电压传输特性曲线。

10. 在如题图 8.11（a）所示的电路中，集成运算放大电路的 $U_{OM}=\pm12V$，双向稳压管的稳定电压 U_Z为 6V，参考电压 U_R为 2V；已知输入电压 u_i 的波形如题图 8.11（b）所示，试对应画出输出电压 u_o 的波形及电路的电压传输特性曲线。

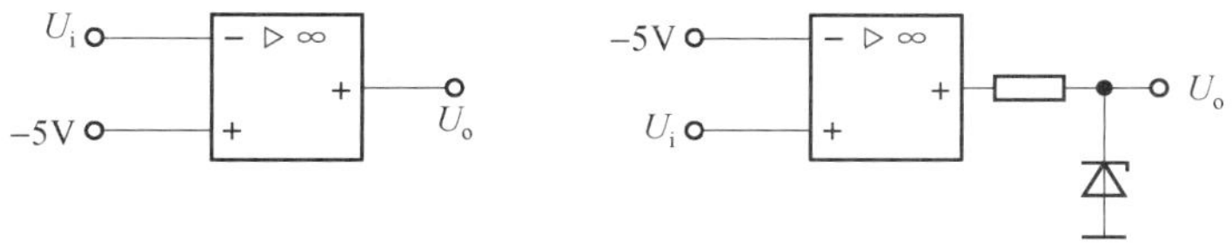

(a)　　(b)

题图 8.10

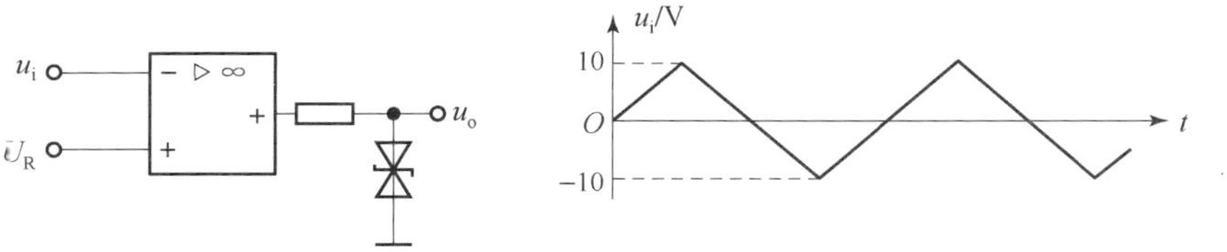

(a)　　(b)

题图 8.11

11. 迟滞电压比较器电路如题图 8.12 所示，试画出传输特性和输出波形。

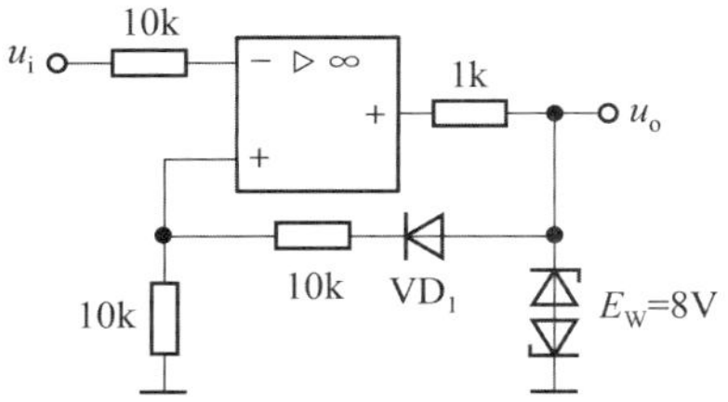

题图 8.12

12. 题图 8.13 所示为迟滞电压比较器电路，已知运放最大输出电压为 ±14V，稳压管的稳定电压 $U_Z = 6.3V$，稳压管的导通电压 $U_{D(on)} = 0.7V$，$U_R = 2V$。试分别画出它们的传输特性并求出回差电压 ΔU。

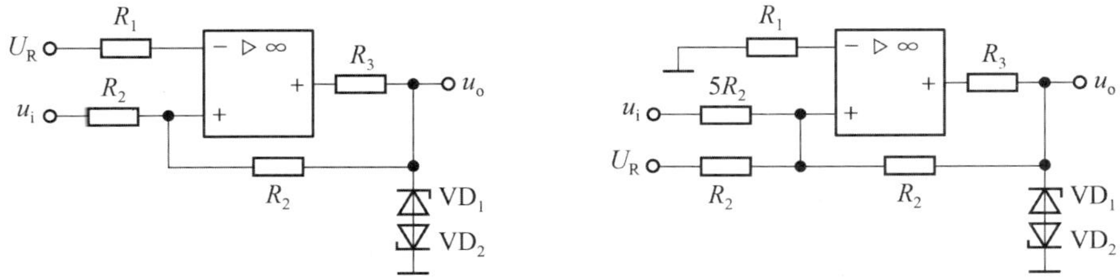

(a)　　(b)

题图 8.13

第 9 章　信号产生电路

本章问题：

（1）产生正弦波振荡的条件是什么？如何判断一个电路是否产生正弦波振荡？

（2）正弦波振荡电路有几种？各有什么优缺点？

（3）如何构成矩形波、三角波和锯齿波发生电路，如何确定这些电路所产生的频率和幅度？

在模拟电子电路中，常需要用到各种波形的信号，如正弦波、矩形波、三波和锯齿波等，作为测试信号或控制信号等。所以，把产生这些信号的电子电路统称为振荡电路或信号产生电路；根据产生的信号不同，把产生正弦波信号的电路称为正弦波振荡电路；产生矩形波、三角波和锯齿波信号的电路称为非正弦波振荡电路。这些波形的产生，常要使用正反馈电路，它们不需要输入信号便能产生各种周期性的波形。本章首先从产生正弦波振荡的条件出发，介绍正弦波振荡器的电路组成、工作原理和一般分析方法，然后介绍几种典型的 *RC* 振荡电路、*LC* 振荡电路，最后介绍非正弦波振荡器。

9.1　正弦波振荡电路

9.1.1　正弦波振荡电路的振荡条件

正弦波振荡电路是在没有外加输入信号的情况下，靠电路自激振荡而产生单一频率、固定幅值的正弦波输出的电路。它与负反馈放大电路的自激振荡不同。在负反馈放大电路中，由于电路在通频带以外产生附加相移，从而使负反馈变成正反馈，因而负反馈的自激振荡具有不可操作性，是有害的，必须设法消除。而正弦波振荡电路是在放大电路中引入正反馈，使之满足一定的振荡条件而产生稳定振荡的电路。这种电路不需外加激励信号，就能够将直流电能转变为交流电能的正反馈放大电路。从结构上看，正弦波振荡电路就是一个没有输入信号且带有选频网络的正反馈放大电路。正弦波振荡器一般由基本放大电路、反馈网络和选频网络三部分组成，通常情况下，反馈网络兼有选频的作用，其原理如图 9.1.1 所示。

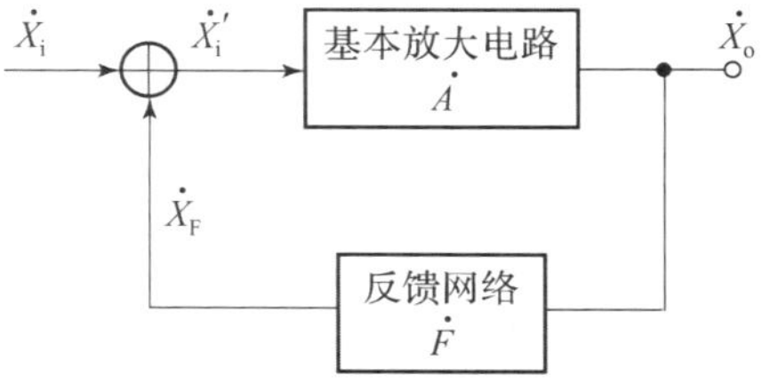

图 9.1.1　正弦波振荡器的方框图

由图 9.1.1 可知，若在放大电路的输入端加一个激励信号 $\dot{X}_i$，经基本放大电路和反馈网络构成的环路传输后，在反馈网络的输出端得到反馈信号 $\dot{X}_F$。如果净输入信号 $\dot{X}_i'$ 与反馈信号 $\dot{X}_F$ 的大小和相位都相同，那么反馈信号就可以代替原输入信号 $\dot{X}_i$，使放大电路的工作状态维持不变。此时，该放大电路不再需要外加信号的激励（$\dot{X}_i=0$），而是将它本身的输出信号通过反馈回路引至输入端，放大电路已变成了一个自激振荡器。

根据图 9.1.1 可得

$$\dot{X}_i' = \dot{X}_i + \dot{X}_F \tag{9.1.1}$$

振荡时有 $\dot{X}_i=0$，因而 $\dot{X}_i'=\dot{X}_F$，则

$$\frac{\dot{X}_F}{\dot{X}_i'} = \frac{\dot{X}_o}{\dot{X}_i'}\frac{\dot{X}_F}{\dot{X}_o} = \dot{A}\dot{F} \tag{9.1.2}$$

即

$$\dot{A}\dot{F} = |\dot{A}\dot{F}|\exp(\varphi_A + \varphi_F) = 1 \tag{9.1.3}$$

式中：φ_A 和 φ_F 分别是基本放大电路和反馈网络的附加相移。由式（9.1.3）可以得到产生持续正弦波振荡的两个基本条件：幅度平衡条件、相位平衡条件。

（1）幅度平衡条件：

$$|\dot{A}\dot{F}| = 1 \tag{9.1.4}$$

（2）相位平衡条件：

$$\varphi_A + \varphi_F = 2n\pi, n = 0, 1, \cdots \tag{9.1.5}$$

上面的幅度平衡条件是对已经进入稳定状态的正弦波振荡器而言的，要使正弦波振荡器能够自行建立振荡，则必须满足

$$|\dot{A}\dot{F}| > 1 \tag{9.1.6}$$

式（9.1.6）称为正弦波振荡器起振的幅度条件。这样，在接通电源后，振荡电路就有可能自行振荡，最后趋于稳态平衡。

一般情况下，幅度条件比较容易满足，因而相位平衡条件是判断电路能否产生振荡的关键因素。

正弦波振荡电路的振荡频率 f_0 是由相位平衡条件决定的。一个正弦波振荡器电路只在一个特定的频率下满足相位平衡条件，这个特定的频率是 f_0，因此要求振荡电路包含一个具有选频特性的网络，简称为选频网络。它可以设置在放大电路中，也可以设置在反馈网络中，该选频网络可以由 R、C 元件组成，也可以由 L、C 元件组成。用 R、C 元件组成选频网络的振荡电路称为 RC 振荡电路，一般用来产生 1Hz ~ 1MHz 的低频信号；用 L、C 元件组成选频网络的振荡电路称为 LC 振荡电路，一般用来产生 1MHz 以上的高频信号。

9.1.2　振荡器的分类

正弦波振荡器根据选频网络的不同，可分为 RC 振荡电路和 LC 振荡电路。下面分别介绍这两种电路。

1. *RC* 振荡电路

RC 桥式振荡电路是一种广泛使用的低频振荡器。其优点是波形好、振幅稳定及频

率调节方便。一般用于产生从 1Hz ~ 1MHz 范围的低频率信号。*RC* 振荡电路由选频网络、放大电路、正反馈等环节构成，电路形式有很多种，本小节主要介绍桥式 *RC* 振荡电路。

图 9.1.2 所示为 *RC* 桥式振荡电路最基本的形式，由集成运算放大电路和正、负两个反馈网络构成。R_1、C_1、R_2、C_2 构成 *RC* 串、并联选频网络作正反馈，这是产生振荡所必须具备的。R_{f1} 和 R_{f2} 组成负反馈网络，以提高振荡器的性能指标。正、负反馈网络正好构成电桥的四个臂，放大电路的输出电压同时加在正、负反馈网络的两端，而正、负反馈网络另一端分别接在放大电路的同相输入端和反相输入端，正好构成一个电桥，故称此振荡电路为 *RC* 桥式振荡电路。

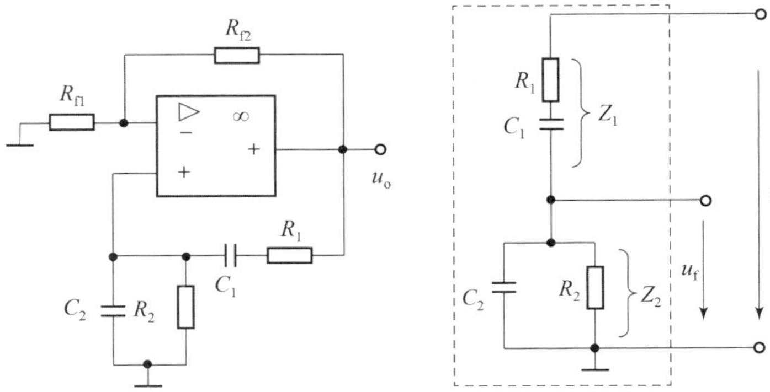

(a) *RC*桥式振荡电路　　(b) *RC*串、并联选频网络

图 9.1.2　*RC* 振荡电路

下面来分析正反馈网络。从图 9.1.2（a）可以看出，R_2、C_2 并联网络的两端的电压为集成运算放大电路的同相输入电压 u_i，R_1、C_1、R_2、C_2 的串、并联网络的两端电压为集成运算放大电路的输出电压 u_o。在图 9.1.2（b）中，设 $R_1 = R_2 = R, C_1 = C_2 = C$，则有

$$\dot{F} = \frac{\dot{U}_f}{\dot{U}_o} = \frac{R \parallel \frac{1}{j\omega C}}{R + \frac{1}{j\omega C} + R \parallel \frac{1}{j\omega C}} = \frac{\frac{R}{1 + j\omega RC}}{R + \frac{1}{j\omega C} + \frac{R}{1 + j\omega RC}}$$

$$= \frac{1}{3 + j\left(\omega RC - \frac{1}{\omega RC}\right)} \tag{9.1.7}$$

令 $\omega_0 = \frac{1}{RC}$，则幅频特性和相频特性分别为

$$|\dot{F}| = \frac{1}{\sqrt{9 + \left(\frac{\omega}{\omega_0} - \frac{\omega_0}{\omega}\right)^2}} \tag{9.1.8}$$

$$\varphi_F(\omega) = -\arctan \frac{1}{3}\left(\frac{\omega}{\omega_0} - \frac{\omega_0}{\omega}\right) \tag{9.1.9}$$

如果要使 $\dot{U}_f$ 与 $\dot{U}_o$ 同相，必须使 $\omega RC = \frac{1}{\omega RC}$，从而得到振荡频率为

$$f_o = \frac{1}{2\pi RC} \tag{9.1.10}$$

此时 $F = 1/3$，画出 $\dot{F}$ 的频率特性如图 9.1.3 所示。

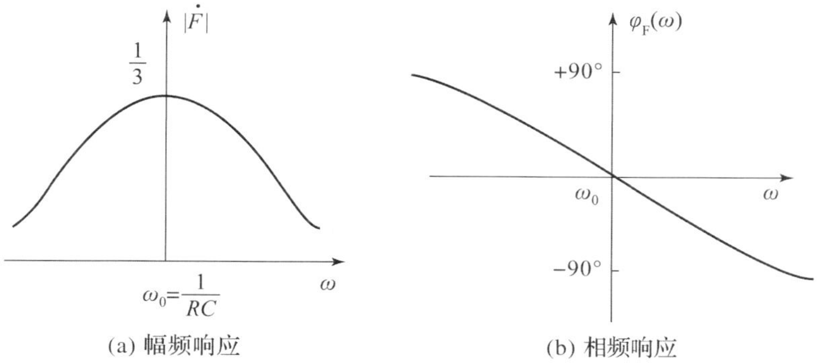

图 9.1.3　*RC* 串并联选频网络的频率特性

对图 9.1.2（a）中负反馈网络的分析，具体如下：

如果同相输入端的输入信号是 U_i，则同相比例运算电路的电压放大倍数为 $A_u = \frac{U_o}{U_i} = 1 + \frac{R_{f2}}{R_{f1}}$。可见，当 $R_{f2} = 2R_{f1}$ 时，$A_u = 3$，$A_uF = 1$，U_o 与 U_i 同相，也就是电路具有正反馈，满足起振的相位条件。起振时，使 $|A_uF| > 1$，即 $|A_u| > 3$，随着振荡幅度的增大，$|A_u|$ 能自动减小，直到满足 $|A_u| = 3$ 或 $|A_uF| = 1$ 时，振荡振幅达到稳定。

因此，任何原因使输出电压的幅度发生变化时，都将改变反馈支路电阻值，使振荡幅度趋于稳定。

2. *LC* 振荡电路

LC 振荡电路采用 *LC* 回路作为选频网络，或者采用具有 *LC* 特性的石英晶体作为选频回路（其特点是有很高的频率稳定性）。本小节主要介绍采用 *LC* 回路作为选频网络。在电路中一般按反馈耦合的方式分为三种：变压器反馈式、电感反馈式和电容反馈式。

1）变压器反馈式 *LC* 振荡电路

前面已经讲过，振荡电路由放大电路、选频网络、正反馈电路组成。放大电路一般采用单级晶体三极管放大电路，如图 9.1.4（a）所示是分压偏置式放大电路。如果在放大电路中加上选频网络，电路的工作情况将是什么样子的呢？

用 *LC* 并联回路担任选频网络，来代替分压偏置式放大电路中的集电极电阻 R_C，如图 9.1.4（b）所示。因为 *LC* 并联谐振回路具有选频特性，所以如果其谐振角频率为 ω_0，那么只有当角频率为 ω_0 的正弦交流电输入时，*LC* 并联谐振回路才发生谐振。此时，*LC* 两端电压最大，因此输出也就最大。当角频率偏离 ω_0 的正弦交流电输入时，*LC* 并联谐振回路不会发生谐振，*LC* 并联回路两端的电压较小，输出也就较小，从而抑制了偏离 ω_0 的正弦交流电压输出，偏离越大，抑制作用越强。这样就将角频率为 ω_0 的正弦交流电压选了出来。

振荡器的特点是没有输入信号就能有输出信号的产生。图 9.1.4（b）所示电路具有选频的特性，但还不具备振荡的条件，必须加入正反馈环路。

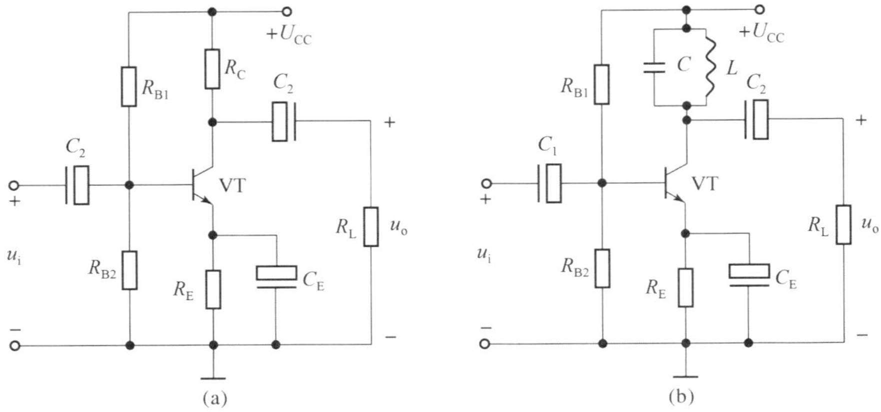

图 9.1.4　用于振荡器的分压偏置单级放大电路

图 9.1.5 所示为一种形式的反馈型正弦波振荡器。该电路称为变压器耦合反馈式正弦波振荡器。变压器的一次绕组 L_1 与 C 构成选频网络，二次绕组取出反馈信号送到放大电路的输入端。下面分析该电路的工作过程。

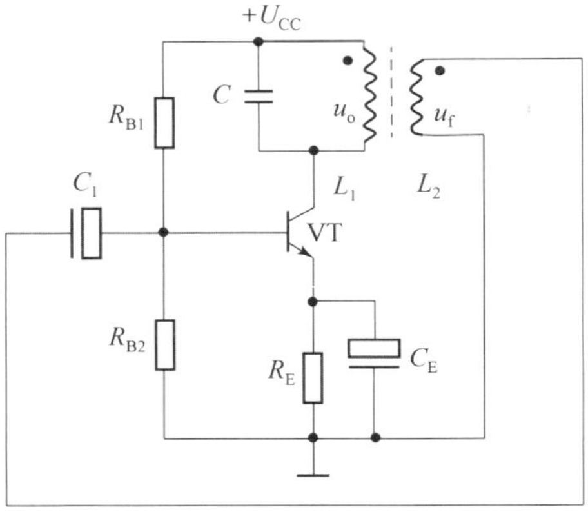

图 9.1.5　变压器耦合反馈式 *LC* 振荡电路

电源接通后，集电极电流含有各种频率分量正弦波（由噪声或电源突然接入引起）。集电极电流流过 L_1C 并联电路时，角频率为 $\omega_0=\dfrac{1}{\sqrt{L_1C}}$的频率分量产生最大电压（谐振）。经压器的二次绕组 L_2反馈到放大电路的输入端，再经放大电路角频率为 ω_0 的正弦波得到进一步的放大，从而形成了振荡，最终输出稳定的角频率为 ω_0 的电压。

通过调节变压器的一次、二次绕组匝数比，反馈系数可以做得较大，所以电路能否振荡主要看电路是否满足振荡的相位条件。下面分析图 9.1.5 所示的电路是否满足相位平衡条件。

首先画出电路的交流通路，如图 9.1.6 所示。

为了便于比较，把变压器一次绕组和二次绕组的同名端用“·”表示。信号 u_i 经过放大后，晶体三极管集电极输出电压 u_o 的相位与其相反，也就是说 $\varphi_A=\pi$。

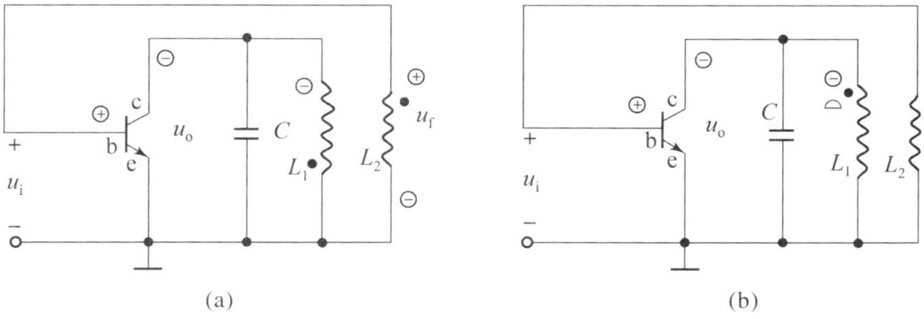

图 9.1.6　变压器耦合反馈式 LC 振荡交流通路

根据变压器同名端的连接方式的不同，反馈电路的相移（u_f 与 u_o 之间的相位差）有 0 和 π 两种可能性。图 9.1.6（a）中，u_f 与 u_o 的相位差 $\varphi_F=\pi$，故 $\varphi_A+\varphi_F=2\pi$，变压器输出电压 u_f 与放大电路输入电压 u_i 同相，电路是正反馈，符合自激振荡的相位平衡条件，能够产生振荡。图 9.1.6（b）中变压器同名端连接不正确，$\varphi_F=0$，$\varphi_A+\varphi_F=\pi$，变压器输出电压 u_f 与放大电路输入电压 u_i 反相，电路是负反馈，故不能产生振荡。

实际制作振荡器时，变压器引出线的同名端有时并不知道，这时可把变压器二次绕组（或一次绕组）的两个接头任意连接，若发现不振荡，再把接头对调一下即可。

例 9.1：试用自激振荡的相位条件判断图 9.1.7 所示电路能否产生正弦波振荡，并指出反馈电压取自哪一段。

解：该电路反馈取自 L_3。

用瞬时极性法判断电路是否是正反馈。如图 9.1.7 所示电路，给晶体三极管基极一个瞬时对地的正极性，晶体三极管集电极极性与之相反，所以 L_1 上端为正，L_3 的下端与 L_1 上端为同名端也为正，故 L_3 上端为负，反馈到晶体三极管使发射极为负。反馈信号使晶体三极管输入电压 U_{be} 增大，是正反馈，因此电路满足相位条件，能产生自激振荡。

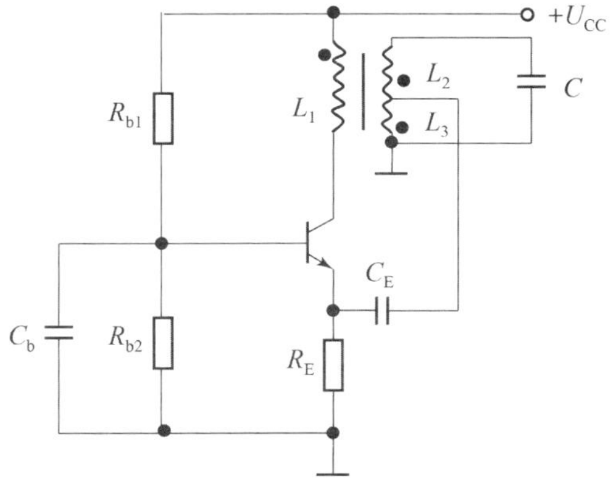

图 9.1.7　例 9.1 电路

例 9.2：图 9.1.8 所示为变压器反馈式振荡器，试问：

（1）C_1、C_2起什么作用？

（2）振荡频率 f 为多少？

（3）设变压器一次、二次绕组绕向如图所示，按这种接法，电路是否满足正反馈关系？如不满足，应该如何接？

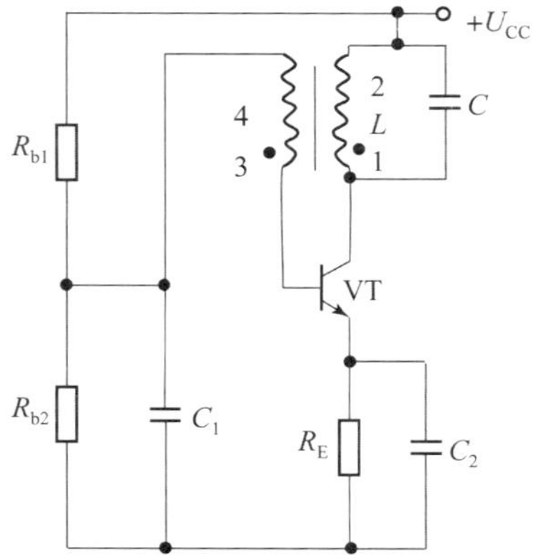

图 9.1.8　例 9.2

解：

（1）C_1、C_2起交流旁路作用。

（2）振荡频率为 $f=\dfrac{1}{2\pi\sqrt{CL}}$。

（3）用瞬时极性法可以判断出该电路不满足正反馈关系，所以不能起振。此时，应将 3、4 端对调，方能满足起振的相位条件。

2）电感反馈式振荡电路（电感三点式振荡器）

电感反馈式振荡电路称为电感三点式振荡器，又称为哈特莱（Hartely）振荡器。这种振荡器也是一种常见的 LC 正弦波振荡电路，其基本电路形式如图 9.1.9（a）所示。电感 L_1 和 L_2 一般是绕在同一骨架上，其间存在互感，但也可以是互感为零的两个独立线圈。

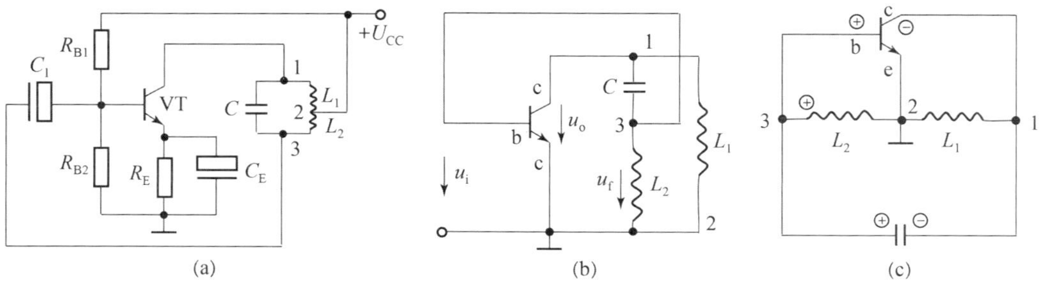

图 9.1.9　电感反馈式 LC 振荡电路

为了便于分析，忽略一切有功损耗，画出如图 9.1.9（b）、（c）所示的交流等效电路。由此可以看出，集电极负载实际上由电感 L_1 和 C、L_2 支路并联组成。L_1L_2C 构成并联谐振回路，L_1L_2对回路电压进行分压，形成反馈，所以这种电路称为电感反馈式 LC 振荡。因此，可以确定，对振荡频率来说，L_2C 支路必定是电容性的，否则就不能构成谐振电路。这种电路的振荡频率通过调节电容而改变，调频过程不改变反馈系数，调节方便。但在高频振荡时，晶体三极管的寄生电容将使振荡器停振。所以，其一般只用于几十兆赫以下的振荡。从图9.1.9（c）还可以看出，电感的三个端子（1、2、3）和三极管的三个极（c、e、b）直接相连，这就是电感三点式振荡器的由来。

由于电感反馈的反馈系数（电感分压系数）可以做得较大，所以电路振荡与否主要看是否构成正反馈。并联谐振时，电容、电感中的电流比总电流大 Q 倍，如果 Q 较大，则两电感中流过相同的电流。反馈电压由两电感分压产生。在图9.1.9（c）中，根据瞬时极性法，在晶体三极管基极加一个瞬时对地的正极性，在集电极得到瞬时对地的负极性，以及电容 C 和电感 L_2的极性。可见，反馈到晶体三极管的输入端的信号增强了原输入信号，所以可以判断该电路构成正反馈环，满足振荡的相位条件，能够起振。

反馈系数为

$$F=\frac{\dot{U}_\mathrm{f}}{\dot{U}_\mathrm{o}}=\frac{L_2+M}{L_1+M} \tag{9.1.11}$$

式中：M 为互感；F 一般取 1/5 ~ 1/2。

振荡频率由谐振回路的谐振频率决定，即

$$f_0=\frac{1}{2\pi\sqrt{(L_1+L_2+2M)C}} \tag{9.1.12}$$

3）电容反馈式振荡电路（电容三点式振荡器）

电容反馈式振荡电路称为电容三点式振荡器，也称为考毕兹（Colpitts）振荡器，其基本电路形式如图9.1.10（a）所示。图9.1.10（b）、（c）所示电路为基本电路的交流等效电路。

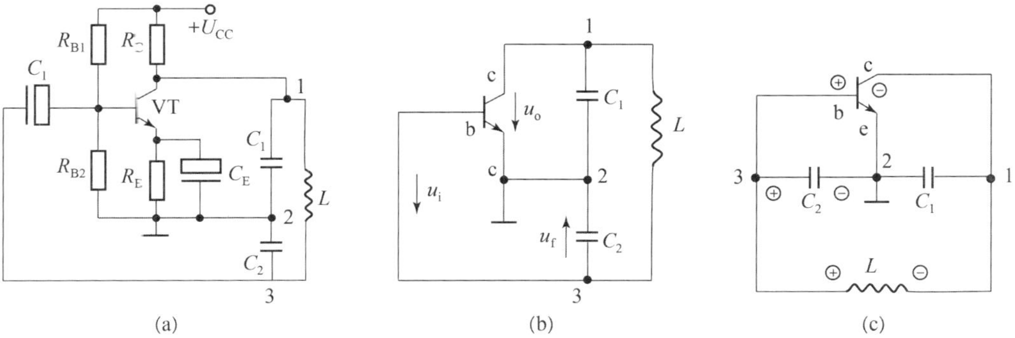

图9.1.10　电容反馈式 LC 振荡电路

从图9.1.10所示等效电路可以看出，C_1C_2L 构成并联谐振回路，C_1C_2对回路电压进行分压，形成反馈。所以，这种电路称为电容反馈式 LC 振荡。电路的振荡频率不能通过调节电容来改变，否则将改变反馈系数，而要靠调节电感来调节电路的频率，因此频率调节很不方便。在高频振荡时，晶体三极管的寄生电容和振荡电容并联，不会破坏振荡条件，所以电容反馈式振荡电路常用于高频固定频率振荡。

选频网络中的电容 C_1 和 C_2 的三个端子和三极管的三个极直接相连，故称电容三点式振荡器。可以采用与电感三点式振荡器相同的方法分析。由于电容反馈的反馈系数可以做得较大，所以振荡与否主要看是否构成正反馈。并联谐振时，电容、电感中的电流比总电流大 Q 倍，如果 Q 较大，则两电容中流过相同的电流。反馈电压由两电容分压产生。在图 9.1.10 中，根据瞬时极性法，在晶体三极管基极加一个瞬时对地的正极性，在集电极得到瞬时对地的负极性，以及电感 L 和电容 C_2 的极性。可见，反馈到晶体三极管输入端的信号增强了原输入信号，该电路构成正反馈环，满足振荡的相位条件，所以能够起振。

其反馈系数为

$$F=\frac{\dot{U}_{\mathrm{f}}}{\dot{U}_{\mathrm{o}}}=\frac{C_1}{C_2} \tag{9.1.13}$$

一般取值为 1/5 ~ 1/3。

振荡频率由谐振回路的谐振频率确定，即

$$f_0=\frac{1}{2\pi\sqrt{\dfrac{C_1C_2}{C_1+C_2}L}} \tag{9.1.14}$$

综上所述，三点式 LC 振荡电路的一般组成如图 9.1.11 所示，Z_{be}、Z_{ce} 为同种性质的电抗（感抗或容抗）。Z_{be} 为异种性质的电抗（容抗或感抗）。组成电抗的可以是单一电容或电感，也可以是由电容、电感组成的串联或并联电路。

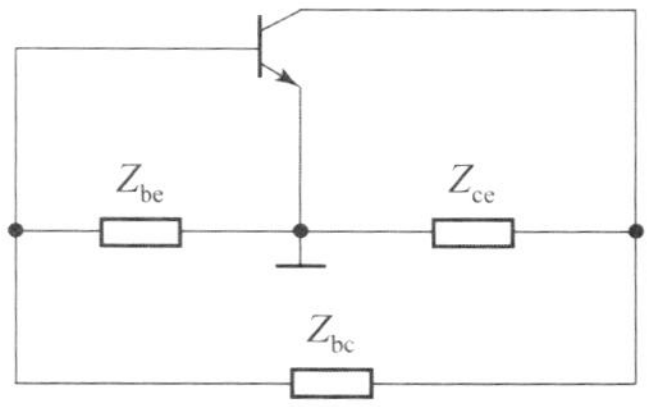

图 9.1.11　三点式 LC 振荡电路的一般组成

例 9.3：试用自激振荡的相位条件判断图 9.1.12 所示各电路能否产生正弦波振荡，并指出反馈电压取自哪一段？

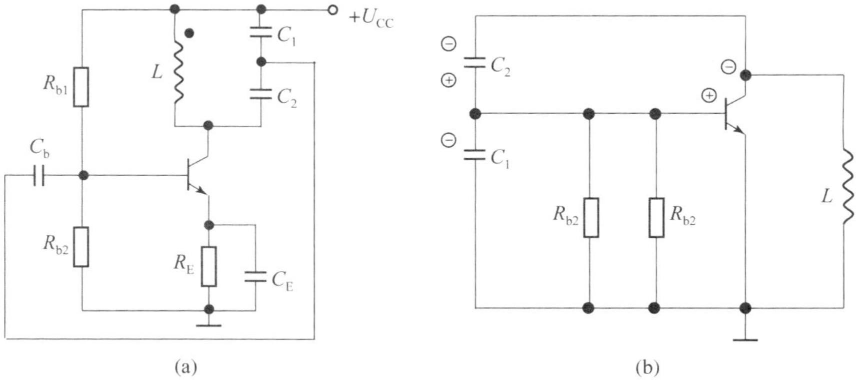

图 9.1.12　例 9.3 电路

解：为了便于分析，画出振荡电路的交流通路，如图 9.1.12（b）所示。可见，反馈取自 C_1，用瞬时极性法可以判断出该电路是负反馈，不满足相位条件，因此不能产生正弦波振荡。

9.2 矩形波（方波）发生器

工作实践中，除广泛应用正弦波发生电路外，在测量设备、数字系统及自动控制系统中，还常需要应用非正弦波发生电路。

矩形波发生器是一种能直接产生矩形波或方波的非正弦信号发生器。由于矩形波或方波包含极丰富的谐波，因此这种电路称为多谐振荡器。它是其他非正弦波发生电路的基础，由迟滞比较器和 R_fC 定时电路构成，如图 9.2.1 所示。电容电压 u_C 是比较器的输入电压，电阻 R_2 两端的电压 U_R 即是比较器的参考电压，双向稳压管 U_Z 构成限幅电路，使输出电压幅度限制在其稳压值 $\pm U_Z$。电路无需外加激励信号，接通电源后 RC 实现充放电，输出矩形波。

设 $t=0$ 时，输出电压 $u_O=+U_Z$，电容 C 两端的电压 $u_C=0$，则运放同相端电压 U_+ 为

$$U_+=\frac{R_2}{R_1+R_2}U_Z \tag{9.2.1}$$

输出电压 $u_O=+U_Z$ 通过 R_f 对电容 C 充电，u_C 逐渐增大，并趋向 $\frac{R_2}{R_1+R_2}U_Z$。一旦 $u_C=\frac{R_2}{R_1+R_2}U_Z$，再稍微增大时，则输出电压由高电平 $U_{OH}=+U_Z$ 跃变为低电平 $U_{OL}=-U_Z$。

当 $U_{OL}=-U_Z$ 时，则运放同相端电压 U_+ 变为

$$U_+=-\frac{R_2}{R_1+R_2}U_Z \tag{9.2.2}$$

电容 C 开始放电，u_C 逐渐下降，并趋向 $-\frac{R_2}{R_1+R_2}U_Z$。一旦 $u_C=-\frac{R_2}{R_1+R_2}U_Z$，再稍微减小时，则输出又变为高电平 $U_{OH}=+U_Z$，电容又重新正向充电。这个过程周而复始，由于电容正向充电和反向放电的时间常数均为 R_fC，且充放电的电压幅值相等，所以输出为方波信号。u_C、u_O 的波形如图 9.2.2 所示，$T_1=T_2$。

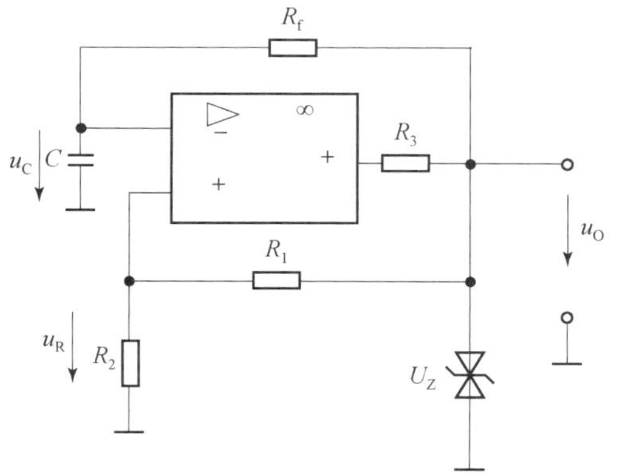

图 9.2.1 矩形波发生器

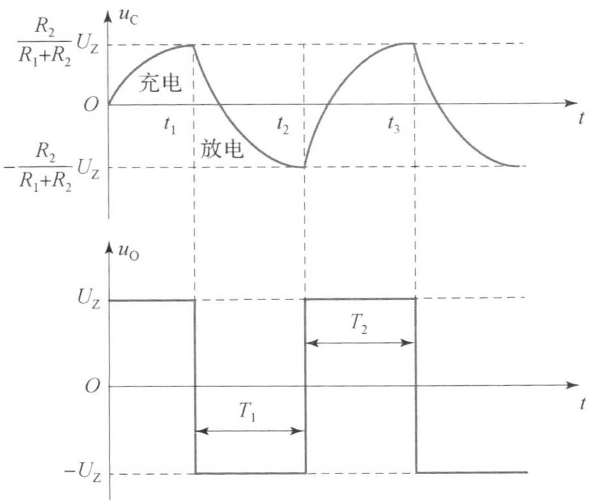

图 9.2.2　矩形波发生器波形图

R_fC 的乘积越大，充放电时间越长，矩形波的频率就越低，矩形波的周期为

$$T = 2R_fC\ln\left(1 + 2\frac{R_2}{R_1}\right) \tag{9.2.3}$$

则频率为

$$f_o = \frac{1}{T} = \frac{1}{2R_fC\ln\left(1 + 2\frac{R_2}{R_1}\right)} \tag{9.2.4}$$

可见，改变稳压管的稳压值可以改变输出电压的幅值，改变 R_f、C 和 R_2/R_1 可以改变矩形波的周期和频率。

如果希望正、负半周的时间不相等，则可使充电和放电的时间常数不等，如图 9.2.3 所示。正向充电经过电阻 R_{f1} 进行，放电经过电阻 R_{f2} 进行，只要充放电电阻不相等，正、负半周的时间就不会相等，因此调节电位器 R_W 可以对矩形波的占空比进行调节。

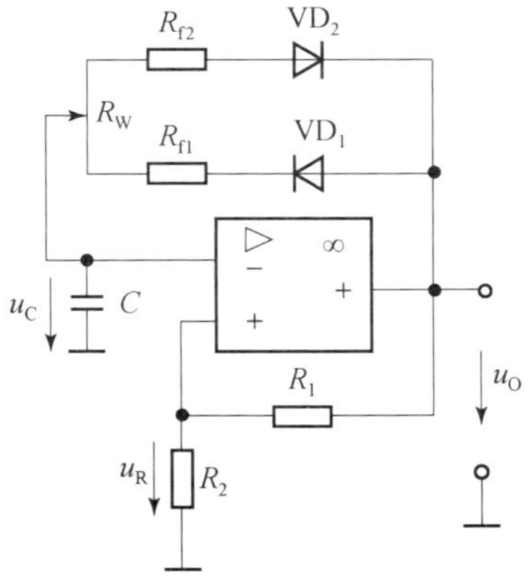

图 9.2.3　占空比可调的矩形波振荡电路

9.3 三角波和锯齿波发生器

锯齿波常用在示波器的扫描电路或数字电压表中，也可在自动控制电路中作定时信号。从9.2节可以知道，在图9.2.1所示的矩形波发生器中，R_f 和 C 所构成的是一个积分电路，矩形波电压经积分后得出三角波电压，如图9.2.2所示的 u_c 波形。如果将对电容 C 的充电时间和放电时间的常数人为有意地造成显著的差别，则在电容两端得到的电压波形是锯齿波。

另外，也可由图9.3.1（a）所示电路组成三角波发生器。集成运算放大电路 A_1 构成同相输入的电压比较器，集成运算放大电路 A_2 构成积分电路，比较器的输出 u_{o1} 作为积分电路的输入信号，而积分电路的输出信号 u_{o2} 又反馈作为比较器的输入信号，它们共同构成闭合环路。当分析该电路的工作原理时，关键是分析积分电路的输出如何使比较器的输出电平发生跳变。

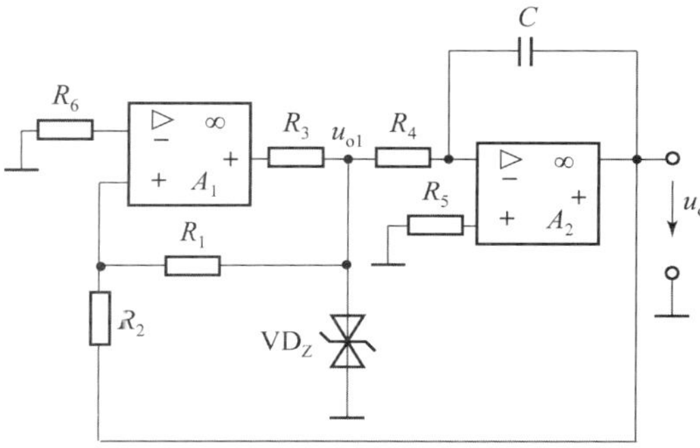

(a) 电路

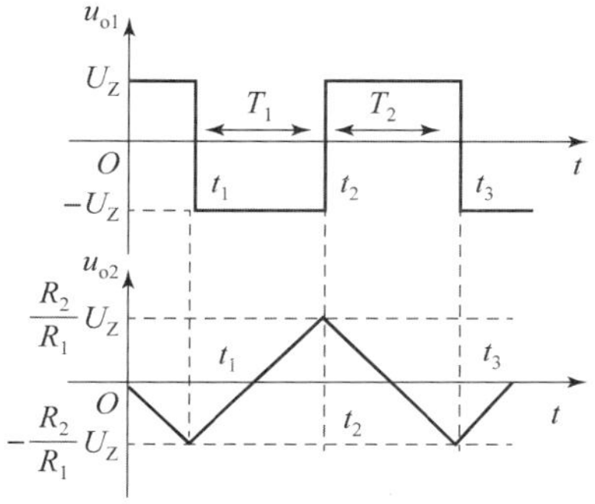

(b) 电压波形

图9.3.1　三角波－方波发生器

假设图9.3.1（a）所示电路接通电源后，比较器的输出电压 $u_{o1}=+U_Z$，如图9.3.1（b）所示，运放 A_2 的反相输入信号为 u_{o1}，此时电容 C 充电，使输出电压 u_{o2} 线性下降，如图9.3.1（b）所示 $0\sim t_1$ 段，从而使 A_1 的同相输入端的电位也下降。由叠加原理可以求出 A_1 的同相输入端的电位为

$$U_{i+}=\frac{R_2}{R_1+R_2}U_Z+\frac{R_1}{R_1+R_2}u_{o2} \tag{9.3.1}$$

式中：第一项是 A_1 的输出电压单独作用（A_2 的输出端接“地”短路，即 $U_{o2}=0$）的结果；第二项是 A_2 的输出电压单独作用（A_1 的输出端接“地”短路，即 $U_{o1}=0$）的结果。

要使 u_{o1} 从 $+U_Z$ 变到 $-U_Z$，必须在 $u_{i+1}=u_{i-1}=0$ 时，由式（9.3.1）可得 $u_{o2}=-\frac{R_2}{R_1}U_Z$，即当 u_{o2} 下降到 $-\frac{R_2}{R_1}U_Z$ 时，u_{o1} 才能从 $+U_Z$ 变到 $-U_Z$。此时，电容 C 开始放电，u_{o2} 按线性规律逐渐上升，当上升到零时，电容放电完毕，开始反向充电。

同理，当 u_{o1} 为 $-U_Z$ 时，A_1 的同相输入端的电位为

$$U_{i+}=\frac{R_2}{R_1+R_2}(-U_Z)+\frac{R_1}{R_1+R_2}u_{o2} \tag{9.3.2}$$

电容反向充电时，u_{o2}继续上升，直到上升到A_1的同相输入端电位近似等于反相输入端电位。此时，由式（9.3.2）可得$u_{o2}=\frac{R_2}{R_1}U_Z$，$u_{o1}$再次发生跳变，从$-U_Z$变为$+U_Z$。如此周而复始，就产生振荡，输出端$u_{o2}$输出三角形电压，其波形如图9.3.1（b）所示。

在图9.3.1（a）所示电路中，电容器C充、放电的时间常数相同，所以输出波形的线性上升时间与线性下降时间相同，波形为对称三角波。电路中如果电容器C的充电、放电的时间常数不同，则可使积分电路A_2的输出为不对称三角波，不对称的三角波也称为锯齿波。图9.3.2就是实现上述设想的电路。当比较器的输出$u_{o1}=+U_Z$时，VD_2导通，对电容C充电，充电的时间常数由R_4和C决定。当比较器输出电压为$u_{o1}=-U_Z$时，VD_1导通，电容C放电，时间常数由R_5和C决定。若选取$R_4 \ll R_5$，则积分电路输出波形的上升速率（C放电速率）小于下降速率，如图9.3.2（b）所示，u_{o2}的波形称为锯齿波。改变R_4、R_5的比值可以改变T_1、T_2的占空比。

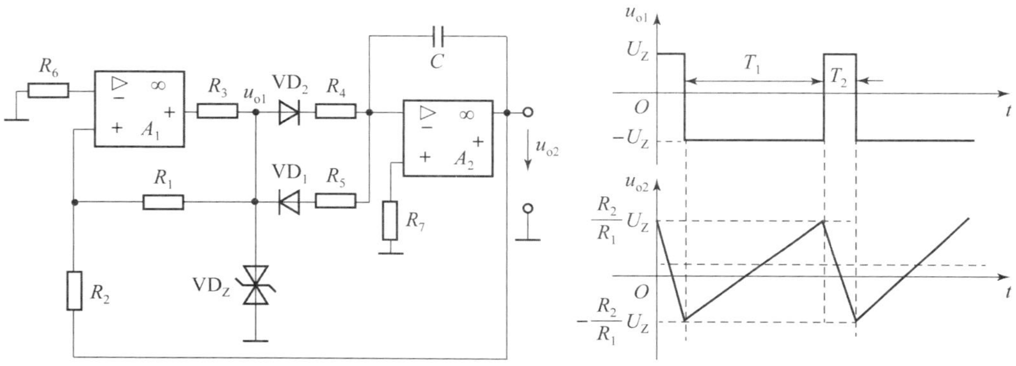

(a) 电路　　(b) 电压波形

图9.3.2　锯齿波－矩形波发生电路

9.4　Multisim应用举例

RC振荡电路研究：

***RC*振荡电路研究视频**

小　结

本章主要介绍正弦波振荡电路和非正弦波发生电路。正弦波振荡电路包括RC正弦波振荡电路、LC 正弦波振荡电路。非正弦波信号发生电路包括矩形波发生电路、三角波发生电路和锯齿波发生电路。

1. 正弦波振荡电路

（1）对于正弦波信号产生电路，重要的概念是电路的振荡条件 $\dot{A}\dot{F}=1$，其相位平衡条件是 $\varphi_A+\varphi_F=2n\pi(n=0,1,2,\cdots)$，表明振荡电路只对某一特定的频率信号，即满足相位平衡条件的频率信号构成正反馈；其振荡平衡条件是 $|\dot{A}\dot{F}|=1$，表明构成的正反馈不衰减，能够维持稳幅振荡（起振时要求 $|\dot{A}\dot{F}|>1$）。因此，正弦波振荡器电路应包含基本放大电路、正反馈网络、选频网络和稳幅电路四个基本环节。选频网络可以设置在基本放大电路内，也可设置在正反馈网络内。

（2）按照选频网络的不同正弦波振荡电路，有 RC 振荡和 LC 振荡之分。RC 振荡电路主要用于中低频场合，LC 振荡电路主要用于高频场合，石英晶体振荡电路是一种特殊类型的 LC 振荡电路，其特点是有很高的频率稳定性。

2. 非正弦波发生电路

（1）非正弦波发生电路中，方波产生电路由滞回比较器和 RC 延迟电路组成。滞回比较器产生输出所需的高低电平，RC 延迟电路实现频率或周期的要求。改变 RC 延迟电路的充、放电时间即可得到矩形波。

（2）对方波进行积分可得到三角波，对矩形波积分可得到锯齿波。

习　题

一、填空题

1. 正弦波振荡器一般由________、________和________所组成，但为了保证振荡器幅值稳定且波形较好，常还需要应用________环节。

2. 正弦波振荡电路产生自激振荡的相位平衡条件是________；幅度平衡条件是________。

3. 正弦波振荡电路产生自激振荡的相位平衡条件是________；幅度平衡条件是________。

4. 产生低频正弦波一般选用________振荡器；产生高频正弦波一般选用________振荡器；产生频率稳定性很高的正弦波可选用________振荡器。

二、选择题

1. 正弦波振荡电路的输出信号最初是由________中而来的。

A. 基本放大电路　　B. 干扰或噪声信号　　C. 选频网络

2. 正弦波振荡电路的振荡频率由________而定。

A. 基本放大电路　　B. 反馈网络　　C. 选频网络

3. RC 正弦振荡电路中，设理想集成运算放大电路，R_f 和 R_1 阻值适当，$R=100\text{k}\Omega$，$C=0.01\mu\text{F}$，则其振荡频率约为（　　）。

A. 15.9Hz　　B. 159Hz　　C. 999Hz　　D. 99.9Hz

三、分析与计算题

1. 正弦波振荡器由哪几部分组成？它与放大电路相比有何本质区别？

2. 振荡器的起振条件是什么？为什么在有了初始信号以后才能起振？如何获得初始信号？

3. 用相位平衡条件判断如题图 9.1 所示电路是否能产生正弦波振荡，并说明理由。

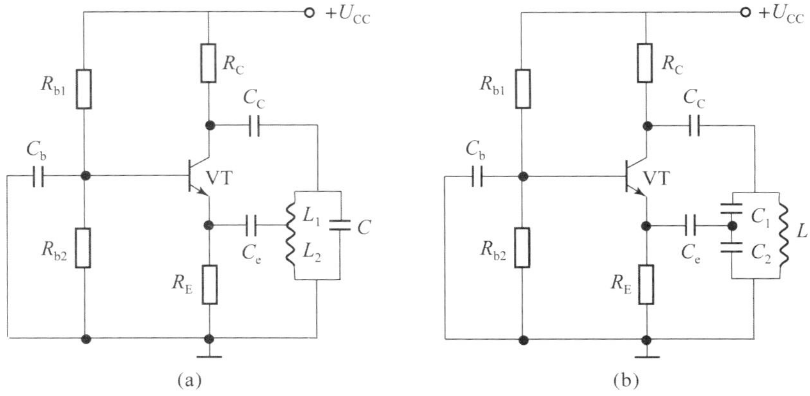

题图 9.1

4. 变压器反馈式振荡电路如题图 9.2 所示。已知电路总电感 $L=10\text{mH}$，$C=0.01\mu\text{F}$。

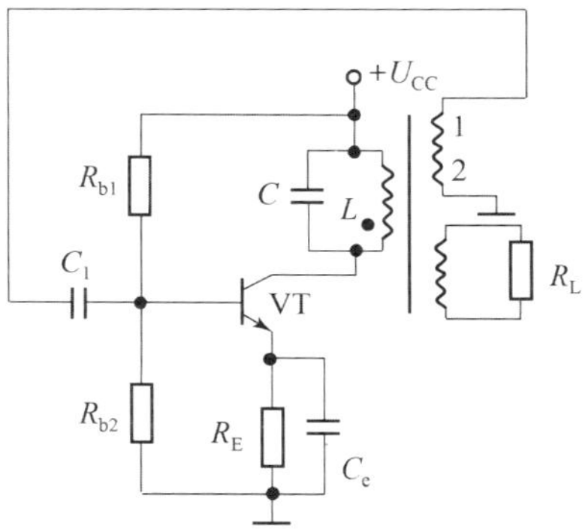

题图 9.2

（1）在题图 9.2 中变压器的二次绕组上标明同名端，使反馈信号的相移满足电路振荡的相位条件。

（2）试估算电路的振荡频率 f_0。

5. 标明变压器的同名端，使反馈信号的相移满足电路振荡的相位条件。若已知电路（题图 9.3）总电感 $L=5\text{mH}$，$C=0.50\text{F}$，求电路振荡频率 f_0。

6. 文氏桥式正弦波振荡电路如题图 9.4 所示。

（1）分析电路中的反馈支路和类型；

（2）若 $R=10\text{k}\Omega$，$C=0.062\mu\text{F}$，求电路振荡频率；

（3）电路的起振条件是什么？

7. 试用题图 9.5 所示的差动电路和 RC 选频网络组成一个文氏桥式正弦波振荡电路，并完成连接。要满足 $f_0=200\text{Hz}$，电阻 R 应选多大？设 $C=0.033\mu\text{F}$。

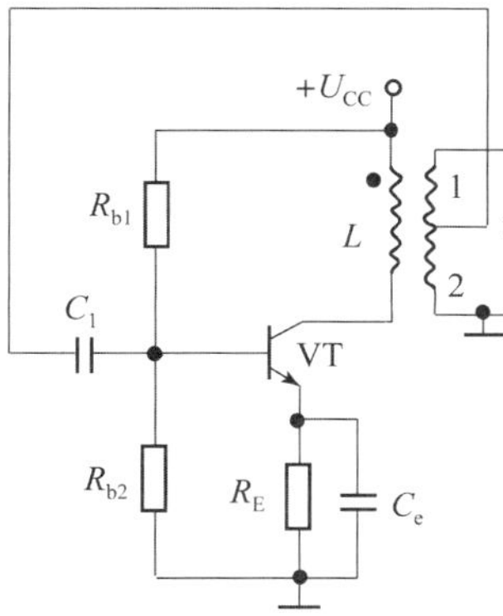

题图 9.3

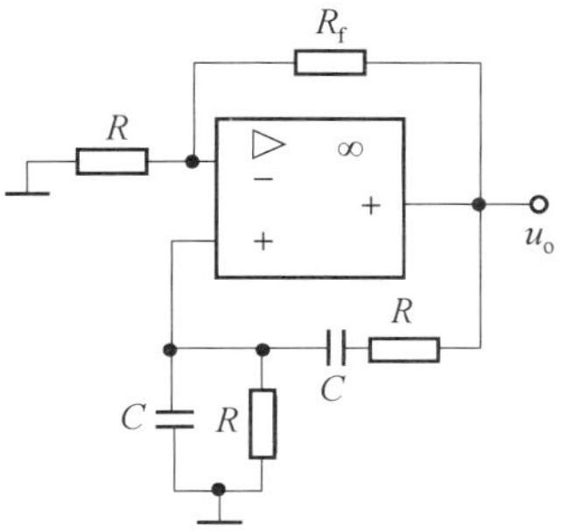

题图 9.4

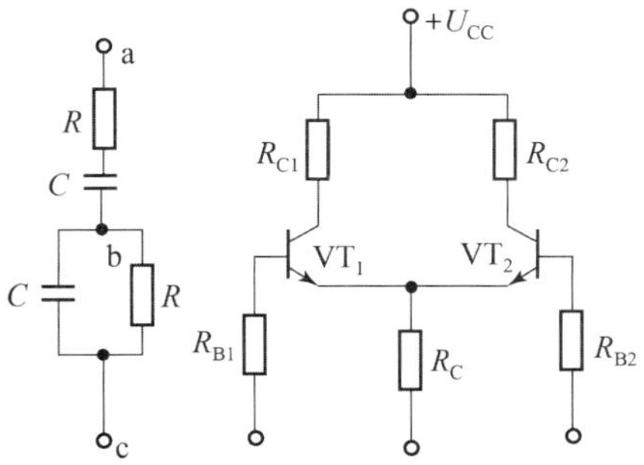

题图 9.5

8. 有一个桥式 RC 振荡电路如题图 9.6 所示。

(1) 电路满足什么条件才能起振?

(2) 导出电路振荡频率的表达式。在电阻 $R=16\text{k}\Omega$，电容 $C=0.01\mu\text{F}$ 时，求振荡频率 f_0。

9. 集成运算放大器构成的正弦波振荡电路如题图 9.7 所示。

(1) 在题图 9.7 中标明运放的同相、反相输入端。

(2) 电路起振和哪些参量有关? 应如何选择?

(3) 振荡频率和哪些参量有关? 写出其表达式。

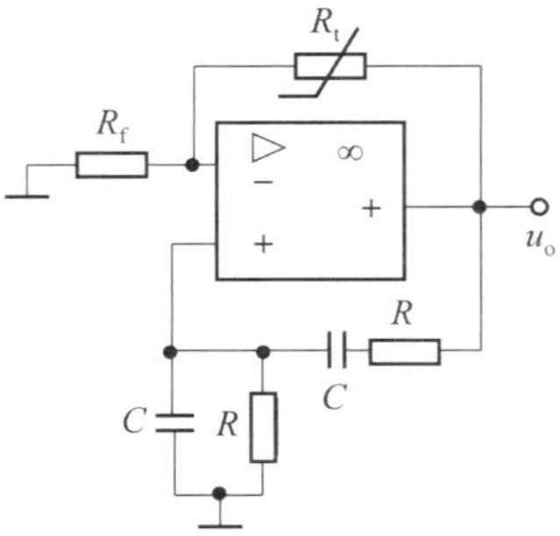

题图 9.6

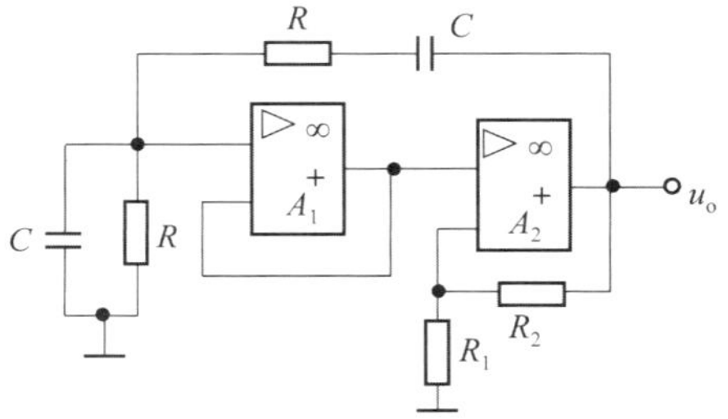

题图 9.7

10. 三角波发生电路如题图 9.8 所示。

(1) 集成运算放大器 A_1、A_2 各组成何种功能电路?

(2) 输出 u_o 为何值时切换集成运算放大器 A_1 的输出状态? 定性画出 u_o、u_{o1} 的波形。导出电路振荡周期 T 的表达式。若 $R = 15\text{k}\Omega$, $C = 0.033\mu\text{F}$, $R_1 = 20\text{k}\Omega$, $R_2 = 12\text{k}\Omega$, $U_Z = 6\text{V}$, 集成运算放大器输出最大值 $\pm U_{omax} = \pm 12\text{V}$, 求 T 的值。

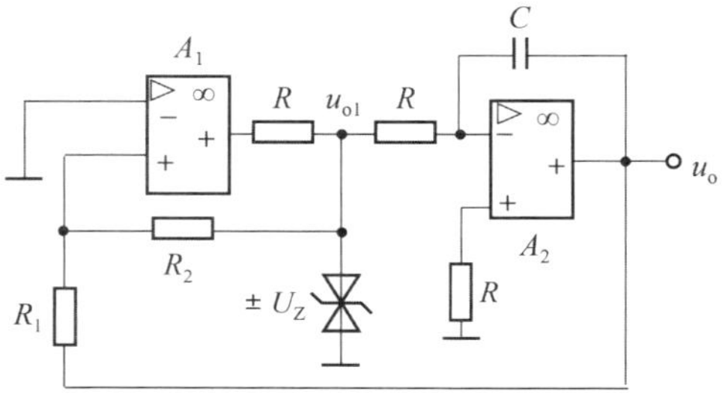

题图 9.8

11. 波形发生电路如题图 9.9 所示。

(1) 电路为何种波形发生电路?

(2) 定性画出 u_o、u_{o1} 点的波形。

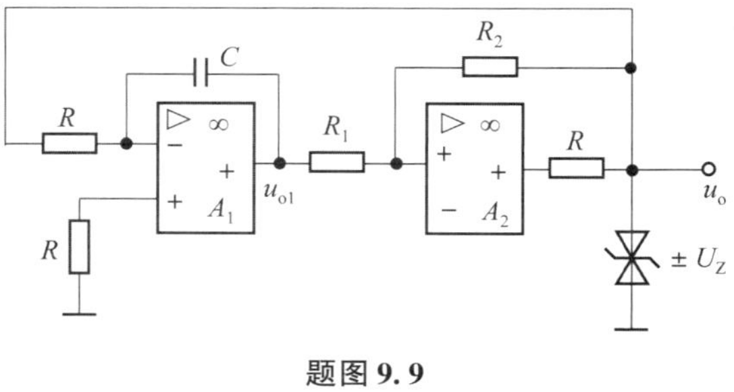

题图 9.9

第 10 章　直流稳压电源

本章问题：

（1）直流稳压电源由哪几部分组成？说明各部分的作用？

（2）单相整流电路有几种？各自具有什么特点？

（3）电源滤波电路有几种？各自具有什么特点？

（4）线性串联型稳压电路的工作原理如何？说明各自部分的作用。

直流电源是一切信号处理和信号产生电路稳定工作的基本条件。大多数的直流电源是电压源，对它的基本要求是稳定的直流电压和足够的功率。本章将首先概述直流电源的组成和技术指标；然后具体介绍各个组成部分：单相整流电路、滤波电路、稳压电路；最后介绍几种常用的稳压器的工作原理和应用。

10.1　直流电源的概述

在所有的电子设备中，都需要稳定的直流电源供电。虽然在有些情况下可用化学电池作为直流电源，如干电池、蓄电池，但比较经济实用的办法是把交流电源转换成直流电源，这种转换电路称为直流稳压电源电路。

直流电源是将电网提供的交流电通过变压、整流、滤波、稳压等环节变换成所需的直流电，其原理如图 10.1.1 所示，各环节的功能如下：

（1）变压器：将电网电压（220V、50Hz）变换为所需的交流电压。

（2）整流电路：将工频交流电转换为脉动直流电，而此脉动的直流电压还含有较大的交流成分。

（3）滤波电路：将脉动直流电转换为幅度有波动的直流电，通过滤波得到平滑的直流电。

（4）稳压电路：由于滤波后的输出电压会随着电网电压的波动，以及负载的变化而变化，因此采用负反馈技术，使滤波后的直流电压进一步稳定。

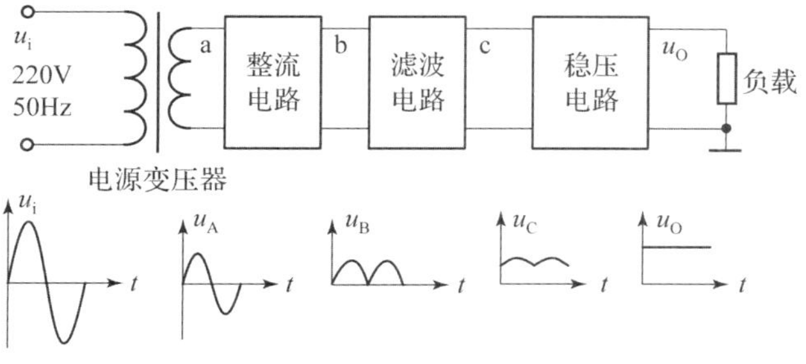

图 10.1.1　直流稳压电源方框图

10.2 单相整流电路

整流电路是利用二极管的单向导电性，将交流输入电压变换成单向脉动电压的电路。在分析电路过程中，假定二极管为理想模型，即导通时正向压降为零，截止时反向电流为零；变压器无损耗，内部压降为零等。常见的整流电路是单相整流电路，主要包括单相半波、单相全波和单相桥式等。

整流电路的主要参数，如下：

（1）输出电压平均值 $U_{O(AV)}$。整流电路输出电压 u_O 在一个周期内的平均值，称为输出直流电压平均值，即

$$U_{O(AV)} = \frac{1}{2\pi}\int_0^{2\pi} u_O \mathrm{d}(\omega t) \tag{10.2.1}$$

（2）输出电压脉动系数 S。整流后输出电压的基波幅值 U_{O1M} 与平均值 $U_{O(AV)}$ 之比，称为输出电压纹波系数，即

$$S = \frac{U_{O1M}}{U_{O(AV)}} \tag{10.2.2}$$

它体现了整流后输出电压的脉动情况（平滑程度）。

（3）整流二极管正向平均电流 $I_{D(AV)}$。$I_{D(AV)}$ 是指一个周期内通过整流二极管的平均电流。在实际应用时，该值应小于二极管的极限参数：最大整流电流 I_F。

（4）最大反向峰值电压 U_m。U_m 是指整流二极管截止时所承受的最大反向电压。在实际应用时，该值应小于二极管的极限参数：最大反向工作电压 U_{RM}。

10.2.1 单相半波整流电路

图 10.2.1（a）所示为单相半波整流电路。设变压器的二次电压瞬时值 $u_2 = \sqrt{2}U_2\sin\omega t$，在负半周期内二极管截止，$u_O = 0$，只在正半周期间二极管导通，$u_O = \sqrt{2}U_2\sin\omega t$。图 10.2.1（b）所示为变压器二次电压 u_2、流过二极管的电流 i_D、流过负载电流 i_O、输出电压 u_O，二极管端电压 u_D 的波形。输出电压 u_O 用傅里叶级数分解为

$$u_O = \sqrt{2}U_2\left(\frac{1}{\pi} + \frac{1}{2}\sin\omega t - \frac{2}{3\pi}\cos 2\omega t \cdots\right) \tag{10.2.3}$$

式中：ω 为电源电压角频率（采用市电电网供电时，$\omega = 2\pi \times 50\mathrm{rad/s}$）。

负载上输出平均电压就是将正半周的电压平均在整个周期，即

$$U_{O(AV)} = \frac{1}{2\pi}\int_0^{\pi} \sqrt{2}U_2\sin\omega t \mathrm{d}(\omega t) = \frac{\sqrt{2}}{\pi}U_2 = 0.45U_2 \tag{10.2.4}$$

式中：U_2 为输入电压 u_2 的有效值。

流过二极管和负载的平均电流为

$$I_{D(AV)} = I_{O(AV)} = \frac{\sqrt{2}U_2}{\pi R_L} = \frac{0.45U_2}{R_L} \tag{10.2.5}$$

二极管所承受的最大反向电压为

$$U_{Rm} = \sqrt{2}U_2 \tag{10.2.6}$$

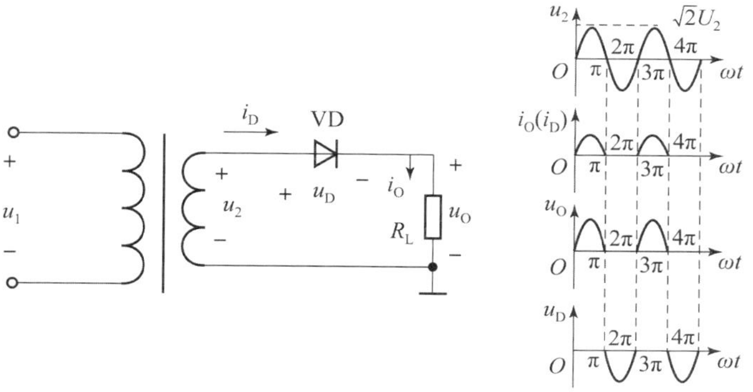

(a) 电路图　　(b) 波形图

图 10.2.1　单相半波整流电路

由式（10.2.3）可知

$$U_{O1M}=\frac{\sqrt{2}U_2}{2} \tag{10.2.7}$$

脉动系数为

$$S=\frac{U_{O1M}}{U_{O(AV)}}=\frac{\sqrt{2}U_2/2}{\sqrt{2}U_2/\pi}=\frac{\pi}{2}\approx 1.57 \tag{10.2.8}$$

可见，半波整流电路的优点是结构简单，使用元件少。其缺点是整流效率低，输出电压的平均值小，脉动大。因此，它仅适用于要求不高的场合。

10.2.2　单相全波整流电路

为了克服半波整流电路的缺点，常采用全波整流电路。图 10.2.2（a）所示为单相全波整流电路。正半周期内二极管 VD_1 导通、VD_2 截止，负半周期内二极管 VD_1 截止、VD_2 导通。正、负半周期间均有电流流过负载 R_L，而且流过 R_L 的电流方向是一致的，在 R_L 上得到的输出电压是输入电压 u_2 的绝对值，其平均值为

$$U_{O(AV)} = \frac{1}{\pi}\int_0^{\pi}\sqrt{2}U_2\sin\omega t\mathrm{d}(\omega t) = \frac{2\sqrt{2}}{\pi}U_2 = 0.9U_2 \tag{10.2.9}$$

图 10.2.2（b）所示为变压器二次电压 u_2、流过二极管的电流 i_D、流过负载电流 i_O、输出电压 u_O，二极管端电压 u_D 的波形。与单相半波整流电路相比，其输出电压中的直流成分得到提高，脉冲成分降低。

流过负载的平均电流为

$$I_{O(AV)}=\frac{2\sqrt{2}U_2}{\pi R_L}=\frac{0.9U_2}{R_L} \tag{10.2.10}$$

流过每个二极管的平均电流为

$$I_{D1}=I_{D2}=\frac{0.45U_2}{R_L}=\frac{I_O}{2} \tag{10.2.11}$$

每个二极管所承受的最大反向电压为

$$U_{Rm}=2\sqrt{2}U_2 \tag{10.2.12}$$

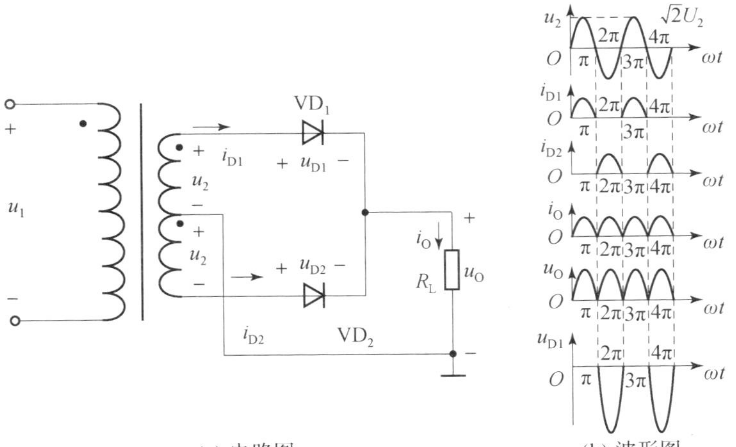

(a) 电路图　　(b) 波形图

图 10. 2. 2　单相全波整流电路

10. 2. 3　单相桥式整流电路

由于全波整流电路中二极管承受的最大反向电压较高，所以常采用桥式整流电路，单相桥式整流电路如图 10. 2. 3（a）所示。其构成原则是保证在变压器二次电压 u_2 的整个周期内，负载上的电压和电流方向始终不变。由图 10. 2. 3（a）可知，在 u_2 正半周，二极管 VD_1、VD_3 导通，VD_2、VD_4 截止，电流自上而下流入负载 R_L，R_L 上得到一个半波电压；在 u_2 负半周，二极管 VD_2、VD_4 导通，VD_1、VD_3 截止，电流仍自上而下流入负载 R_L，R_L 上得到另一个半波电压；在 R_L 上正、负半周经过合成，得到的是同一个方向的单向脉动电压，如图 10. 2. 3（b）所示。可见，该电路的输出波形与单相全波整流电路的输出波形相似。

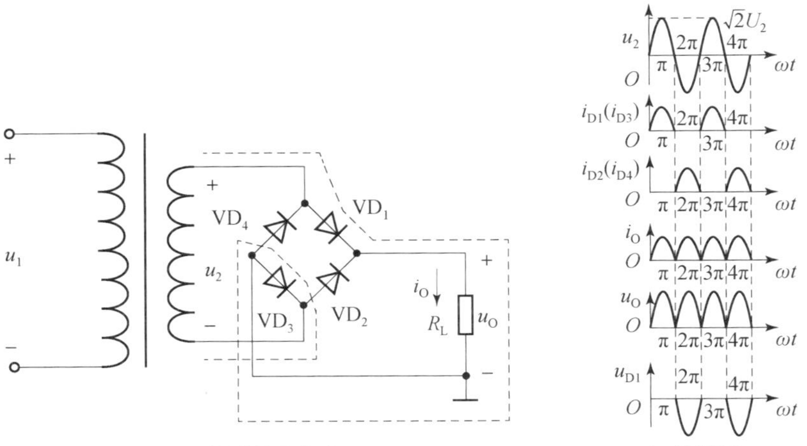

(a) 桥式整流电路　　(b) 波形图

图 10. 2. 3　单相桥式整流电路

输出电压 u_O 用傅里叶级数分解为

$$u_O = \sqrt{2}U_2\left(\frac{2}{\pi} + \frac{4}{3\pi}\cos 2\omega t - \frac{4}{15\pi}\cos 4\omega t \cdots\right) \tag{10.2.13}$$

式中：ω 为电源电压角频率（采用市电电网供电时，$\omega = 2\pi \times 50\text{rad/s}$）。

输出电压的平均值为

$$U_{O(AV)} = \frac{1}{\pi}\int_0^{\pi}\sqrt{2}U_2\sin\omega t\mathrm{d}(\omega t) = \frac{2\sqrt{2}}{\pi}U_2 = 0.9U_2 \tag{10.2.14}$$

与式（10.2.4）相比，单相桥式整流电路输出电压的平均值是半波整流电路输出平均值的两倍。

流过负载的平均电流为

$$I_{O(AV)} = \frac{2\sqrt{2}U_2}{\pi R_L} = \frac{0.9U_2}{R_L} \tag{10.2.15}$$

流过二极管的平均电流为

$$I_{D1} = I_{D2} = \frac{0.45U_2}{R_L} = \frac{I_O}{2} \tag{10.2.16}$$

二极管所承受的最大反向电压为

$$U_{Rm} = \sqrt{2}U_2 \tag{10.2.17}$$

由式（10.2.13）可知

$$U_{O1M} = \frac{4\sqrt{2}U_2}{3\pi} \tag{10.2.18}$$

脉动系数为

$$S = \frac{U_{O1M}}{U_{O(AV)}} = \frac{4\sqrt{2}U_2/3\pi}{2\sqrt{2}U_2/\pi} = \frac{2}{3} \approx 0.67 \tag{10.2.19}$$

与半波整流电路相比，单相桥式整流电路输出电压的脉动系数减小很多。

表 10.2.1 归纳了上面三种整流电路的电路图、整流电压的波形及计算公式。

表 10.2.1　三种整流电路的电路图、整流电压的波形及计算公式

类型	电路	整流电压的波形	整流电压平均值	每管电流平均值	每管承受最高反压
单相半波整流电路	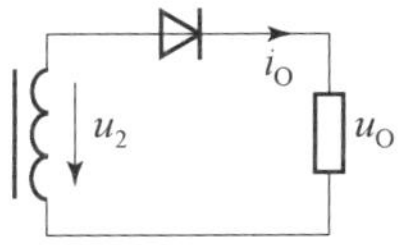		$0.45U_2$	$I_{O(AV)}$	$\sqrt{2}U_2$
单相全波整流电路	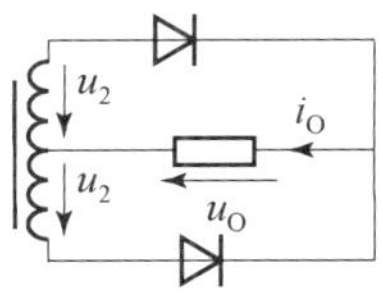	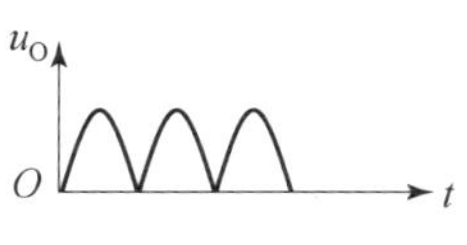	$0.9U_2$	$\frac{1}{2}I_{O(AV)}$	$2\sqrt{2}U_2$
单相桥式整流电路	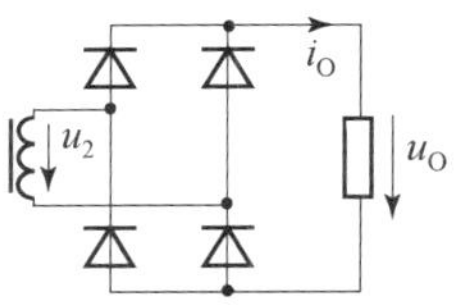	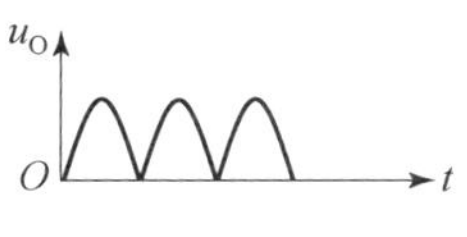	$0.9U_2$	$\frac{1}{2}I_{O(AV)}$	$\sqrt{2}U_2$

综上所述，单相桥式整流电路输出电压高，变压器利用率高，二极管承受的最大反向电压低，脉动系数小，在变压器二次电压的整个周期内，负载上的电流和电压方向保持不变，故广泛应用于直流电源。

10.3　滤波电路

整流电路是把交流电转变成直流电，但是输出电压具有较大的脉动成分，不能用作大多数电子电路和设备电源。所以，在整流电路后需要接滤波电路，把脉动的直流电压变成平滑的直流电压。

根据滤波元件类型及电路组成，滤波电路通常分为电容滤波电路、电感滤波电路和复合型滤波电路。

10.3.1　电容滤波电路

图 10.3.1 为电容滤波电路，即在整流电路中的负载电阻 R_L 两端并联一个滤波电容 C。

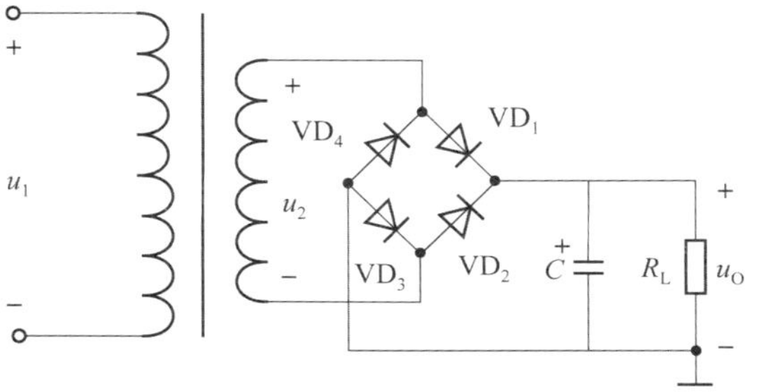

图 10.3.1　电容滤波电路

当接入滤波电容 C 后，设其两端的电压初始值 $u_{C(0)}=0$，若 u_2 处于正半周，二极管 VD_1、VD_3 导通，电路向负载 R_L 提供电流并给电容 C 充电。由于二极管的正向电阻和变压器副边绕组的直流电阻均较小，故充电时间常数较小，u_C 上升快。当 $\omega t=\pi/2$ 时，u_2 达到峰值，之后开始下降，电容 C 通过负载电阻 R_L 开始放电，u_C 开始下降，趋势基本与 u_2 相同。电容 C 以指数规律向负载 R_L 放电，因放电时间常数 R_LC 一般较大，故电容两端的电压下降较慢，使得 u_C 大于 u_2 从而导致 VD_1、VD_3 反向截止。此后，电容 C 继续放电，u_C 按指数规律缓慢下降。

u_2 处于负半周时，当 u_2 的幅值大于 u_C 时，二极管 VD_2、VD_4 导通，u_2 再次对电容器 C 充电。此后 u_2 下降，u_C 开始下降，当 $u_C>u_2$ 时，VD_2、VD_4 反向截止，电容 C 以指数规律向负载 R_L 放电。电容器 C 如此周而复始地进行充放电，负载上得到一个近似锯齿状波动的电压，如图 10.3.2 所示。可见，电容使负载电压的波动减小。

所以，滤波效果主要取决于放电时间，电容和负载电阻越大，滤波后输出电压越平滑，且其平均值越大。

电容滤波电路具有以下性能特点。

（1）二极管的导通角 $\theta<\pi$。如图 10.3.2 所示，没有加滤波电容时，二极管的导通

角为 π，输出电压如图 10.3.2 中虚线所示；加滤波电容后，只有在电容充电时二极管才导通，所以每个二极管的导通角小于 π。当放电时间常数 R_LC 增加时，二极管关断时间加长，导通角减小；反之，R_LC 减少时，导通角增加。显然，当 R_L 很小，即 i_O 很大时，R_LC 较小，电容滤波的效果不好，所以电容滤波适合输出电流较小的场合。为了得到平滑的输出电压，一般取

$$R_LC \geqslant (3\sim5)\frac{T}{2} \tag{10.3.1}$$

式中：T 为交流市电电压的周期，即 $T=1/50\text{s}=20\text{ms}$。

（2）流过二极管的瞬时电流很大，在平均值相同的情况下，波形越尖，有效值越大。

（3）输出电压 u_O 的平均值 $U_{O(AV)}$ 与负载的特性有关。若 $R_L=\infty$（空载），则

$$U_{O(AV)}=\sqrt{2}U_2 \tag{10.3.2}$$

若 $R_L\neq\infty$，在整流电路的内阻不太大（几欧姆）、$R_LC\geqslant(3\sim5)\frac{T}{2}$ 时，电容滤波全波整流电路的输出电压的平均值约为

$$U_{O(AV)}\approx1.2U_2 \tag{10.3.3}$$

式中：U_2 为变压器次级输出电压 u_2 的有效值。

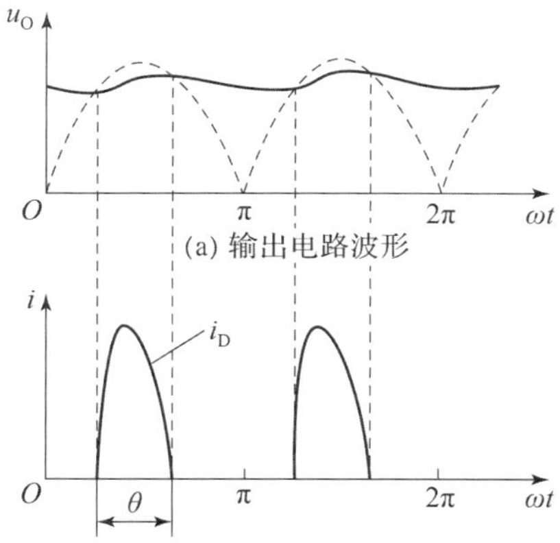

图 10.3.2　电容滤波电路波形

例 10.1：某电子设备要求直流电压 $U_{O(AV)}=30\text{V}$，直流电流 $I_{O(AV)}=200\text{mA}$，交流电源频率 $f=50\text{Hz}$。若采用单相桥式整流、电容滤波电路供电，试选择整流二极管和滤波电容。

解：（1）选择整流二极管：

流过整流二极管的电流为

$$I_D=\frac{I_{O(AV)}}{2}=\frac{200}{2}=100\text{mA}$$

$R_LC\geqslant(3-5)\frac{T}{2}$ 时，$U_O\approx1.2U_2$，故变压器次级输出电压有效值为

$$U_2 \approx \frac{U_{O(AV)}}{1.2} = \frac{30}{1.2} = 25V$$

二极管承受的最大反向电压为 $U_{Rm} = \sqrt{2}U_2 = \sqrt{2} \times 25 = 35V$，故需 $U_{RM} > U_{Rm}$，可选 $U_{RM} = 50V$。

（2）选择滤波电容：

根据已知条件，直流负载电阻为

$$R_L = \frac{U_{O(AV)}}{I_{O(AV)}} = \frac{30}{0.2} = 150\Omega$$

根据条件 $R_L C \geqslant (3-5)\frac{T}{2}$，取 $R_L C = \frac{5T}{2}$，可得

$$C = \frac{5T}{2R_L} = \frac{5}{2} \times \frac{1}{50} \times \frac{1}{150} = 333.3\mu F$$

电容的耐压应大于电容两端可能出现的最高电压（负载开路时的电压），即

$$U_{Cm} = \sqrt{2}U_2 = 1.4 \times 25 = 35V$$

故可选 $C = 470\mu F$，耐压为 50V 的电解电容。

10.3.2 电感滤波电路

电感滤波电路是在整流电路和负载 R_L 之间串联了一个电感 L，如图 10.3.3 所示。电感具有对抗电流变化的特点，当输出电流发生变化时，L 中将感应出一个反电动势，阻止电流发生变化。将电感 L 与负载串联后，流过负载的电流脉动会大大减小。

图 10.3.3 中，电感 L 和负载电阻串联后构成了分压电路，因电感的直流电阻很小，所以整流后电压的直流成分绝大部分降落在负载 R_L 上；而电感对交流成分具有很大的感抗，使得整流后电压的交流成分绝大部分降落在电感上。所以，接入电感 L 后，整流后输出电压的交流成分被滤除掉，负载上获得比较平滑的电压。与电容滤波不同的是，电感滤波适用于负载阻值小输出电流较大的场合。

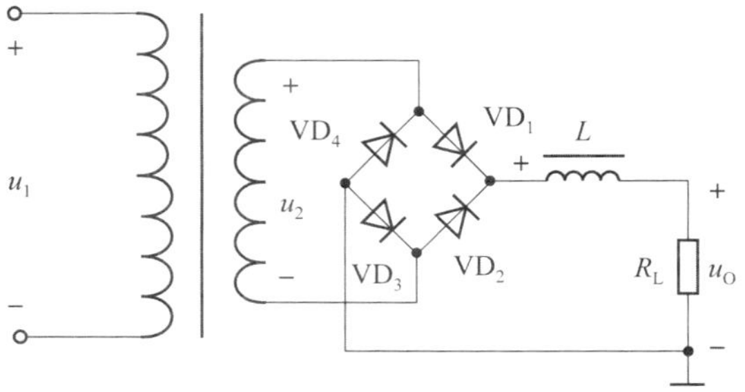

图 10.3.3 电感滤波电路

10.3.3 复合型滤波电路

为了进一步降低输出电压 u_O 的纹波成分，可以采用复合滤波电路，常用的有 $RC-\Pi$ 型滤波电路、$LC-\Gamma$ 型滤波电路、$LC-\Pi$ 型滤波电路，如图 10.3.4 所示。$RC-\Pi$ 型

滤波电路的性能和应用场合与电容滤波电路相似，LC－Π 型滤波电路、LC－Γ 型滤波电路的性能和应用场合与电感滤波电路相似。

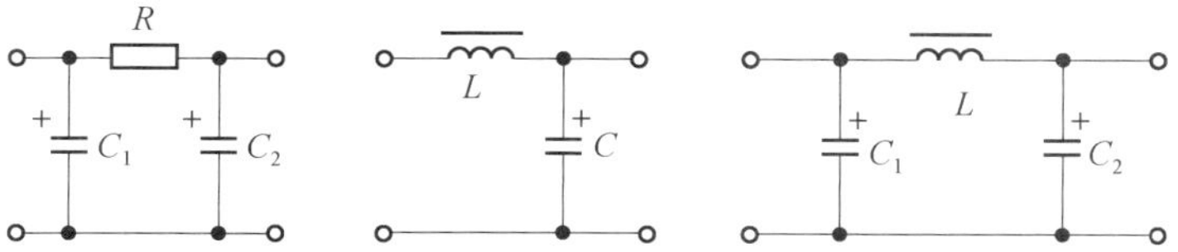

(a) RC−Π型滤波　(b) LC−Γ型滤波　(c) LC−Π型滤波

图 10.3.4　常用的复合滤波电路

10.4　稳压电路

稳压电路用来在交流电源电压波动或负载变化时稳定直流输出电压。稳压电路之所以能够自动稳压，关键是因为在电路中有一个自动可调的调整元件。当输出电压升高时，调整元件会自动调整使输出电压降低；当输出电压降低时，调整元件又会自动调整使输出电压升高，从而使输出电压达到基本稳定。按照调整元件在电路中与负载的连接方式，稳压电路分为并联型和串联型。图 10.4.1 是简单的并联型稳压电路，其调整元件是稳压二极管 VD_Z，电阻 R 起限流和电压补偿作用。

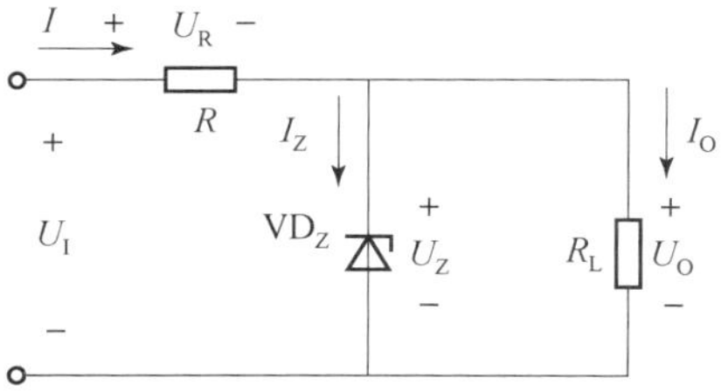

图 10.4.1　简单的并联型稳压电路

用稳压二极管构成的稳压电路，其直流稳压电路的工作电流较小，稳定电压值不能连续调节。用三极管构成的直流稳压电路工作电流较大，输出电压一般可连续调节，稳压性能优越。目前这种稳压电路已经制成单片集成电路，广泛应用在各种电子仪器和电子电路之中。典型的串联型稳压电路为串联型晶体三极管稳压电路，采用三极管作为调整管，将三极管与负载串联的稳压电路。

10.4.1　稳压电路的主要指标

为了定量描述稳压电路性能的高低，需引入稳压电路的技术指标。

1. 稳压系数 S_r

稳压系数 S_r 表明电网电压波动对直流输出电压的影响，其值越小，电网电压变化时输出电压的变化越小，稳定性越好。通常 S_r 定义为负载 R_L 为常数时，稳压电路输出电压相对变化量与输入电压相对变化量之比，即

$$S_r = \left.\frac{\Delta U_O / U_O}{\Delta U_I / U_I}\right|_{R_L=\text{常数}} = \frac{U_I}{U_O}\cdot\frac{\Delta U_O}{\Delta U_I} \tag{10.4.1}$$

式中：U_I 为整流滤波后的直流电压。

2. 输出电阻 R_o

输出电阻 R_o 表明负载变化对输出电压的影响，其值越小，U_O 稳定性越好。通常 R_o 定义为输入电压一定时，输出电压微变量与输出电流微变量之比，即

$$R_o = \left.\frac{\Delta U_O}{\Delta I_O}\right|_{U_I = C} \tag{10.4.2}$$

例如：三端线性集成稳压器 LM7805，在输入电压 $U_I = 10V$、$T = 25℃$ 条件下，输出电流 I_O 在 250 ~ 750mA 变化时，ΔU_O 为 5mV，则 $R_o = \Delta U_O / \Delta I_O = 5/500 = 0.01\Omega$。

3. 纹波抑制比 PSRR

输入电压和输出电压中的交流分量统称为纹波电压。通常 PSRR 定义为输入纹波电压峰-峰值 U_{IPP} 与输出纹波电压峰-峰值 U_{OPP} 之比。由于这个比值比较大，常用对数表示，即

$$\text{PSRR} = 20\lg \frac{U_{IPP}}{U_{OPP}} \tag{10.4.3}$$

从式（10.4.3）可以看出，PSRR 越大，相同输入纹波在输出端的纹波越小，稳压电路对纹波的抑制能力越强，U_O 稳定性越好。

10.4.2　线性串联稳压电路

1. 电路结构原理

串联反馈式稳压电路由调整管、取样电路、基准电压源、误差放大电路四个部分组成。如图 10.4.2 所示，U_I 是整流滤波电路的输出电压，VT 晶体三极管为调整管，A 为比较放大电路，U_Z 为基准电压，R_1，R_2 与 R_P 组成反馈网络用来反映输出电压的变化（取样）。当输入电压 U_I 增大（或负载电流 I_O 减小）引起输出电压 U_O 增加时，取样电压 U_F 随之增大，U_Z 与 U_F 的差值减小，经 A 放大后使调整管的基极电压 U_{B1} 减小，集电极 I_{C1} 减小，管压降 U_{CE} 增大，输出电压 U_O 减小，从而使稳压电路的输出电压上升趋势受到抑制，稳定了输出电压。同理，当输入电压 U_I 减小（或负载电流 I_O 增大）引起输出电压 U_O 减小时，电路将产生与上述相反的稳压过程，维持电压基本不变。可见，稳压的实质是 U_{CE} 的自动调节使输出电压恒定。以上稳压过程可表示如下：

1）当负载电阻不变，电网电压波动而使输入电压变化时

电网电压增大时，$U_I\uparrow \rightarrow U_O\uparrow \rightarrow U_F\uparrow \rightarrow U_{O1}\downarrow \rightarrow U_{BE}\downarrow \rightarrow U_{CE}\uparrow \rightarrow U_O\downarrow$

电网电压减小时，$U_I\downarrow \rightarrow U_O\downarrow \rightarrow U_F\downarrow \rightarrow U_{O1}\uparrow \rightarrow U_{BE}\uparrow \rightarrow U_{CE}\downarrow \rightarrow U_O\uparrow$

2）当电网电压不变，负载电阻变化时

当负载电阻增大时，$R_L\uparrow \rightarrow U_O\uparrow \rightarrow U_F\uparrow \rightarrow U_{O1}\downarrow \rightarrow U_{BE}\downarrow \rightarrow U_{CE}\uparrow \rightarrow U_O\downarrow$

当负载电阻减小时，$R_L\downarrow \rightarrow U_O\downarrow \rightarrow U_F\downarrow \rightarrow U_{O1}\uparrow \rightarrow U_{BE}\uparrow \rightarrow U_{CE}\downarrow \rightarrow U_O\uparrow$

由上述稳压过程的分析可知，晶体三极管的调节作用是使 U_O 稳定，所以称晶体三极管为调整管。因为调整管和负载是串联的，所以称这种电路为串联型稳压电路。又由于调整管工作在线性区，所以称这类电路为线性串联稳压电路。该电路中引入了电压负反馈，输出电压会比较稳定。

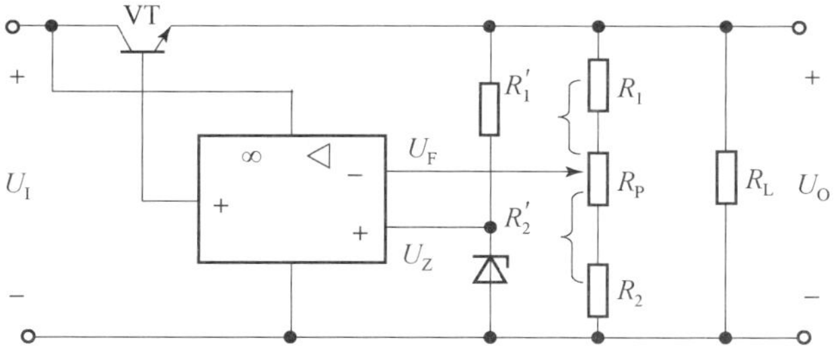

图 10.4.2　串联反馈式稳压电路的一般结构图

在电路图 10.4.2 中

$$U_F = \frac{U_O R_2'}{R_1 + R_2 + R_P} = U_Z \tag{10.4.4}$$

由于 U_F 是取自输出电压 U_O 的一部分，故称此电压为取样电压，从而得

$$U_O = \frac{R_1 + R_2 + R_P}{R_2'} U_Z \tag{10.4.5}$$

调节可变电阻 R_P 可调节输出的直流电压值，可调范围为

$$U_{Omin} = \frac{R_1 + R_2 + R_P}{R_2 + R_P} U_Z \tag{10.4.6}$$

$$U_{Omax} = \frac{R_1 + R_2 + R_P}{R_2} U_Z \tag{10.4.7}$$

2. 集成三端稳压电路

目前，直流电源中越来越多地使用集成稳压电路，其中的集成三端稳压电路是以串联稳压电路为基础的一个电路组件，由于其体积小、重量轻、容易调整、性能稳定、可靠性高、成本低等特点，因此得到了广泛应用。

1）固定式集成三端稳压器

固定式集成三端稳压器有输出正电压的 7800 系列和输出负电压的 7900 系列，型号中“00”两位表示输出电压的稳定值，分别为 5V、6V、9V、12V、15V、18V、24V 等 7 种。

例如：CW7800 系列（正电源）、CW7900 系列（负电源）为国产固定式集成三端稳压器。

输出电压：5V/6V/9V/12V/15V/18V/24V。

输出电流：78L××/79L××—输出电流 100mA。

78M××/9M××—输出电流 500mA。

78××/79××—输出电流 1.5A。

例如：CW7805 型国产固定式集成三端稳压器输出 5V，最大电流 1.5A；CW78M05 型国产固定式集成三端稳压器输出 5V，最大电流 0.5A；CW78L05 型国产固定式集成三端稳压器输出 5V，最大电流 0.1A。

固定式集成三端稳压器的封装及管脚排列，如图 10.4.3 所示。

（1）CW7800 系列国产固定式集成三端稳压器的内部结构（图 10.4.4）。启动电路帮助稳压器快速建立输出电压 U_O；调整电路由复合管构成；取样电路输出固定的电压。CW7800 系列国产固定式集成三端稳压器具有过热、过流和过压保护功能。

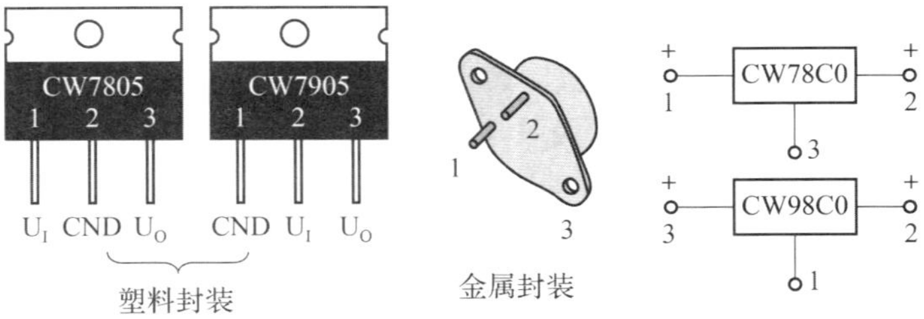

图 10.4.3　固定式集成三端稳压器的封装及管脚排列图

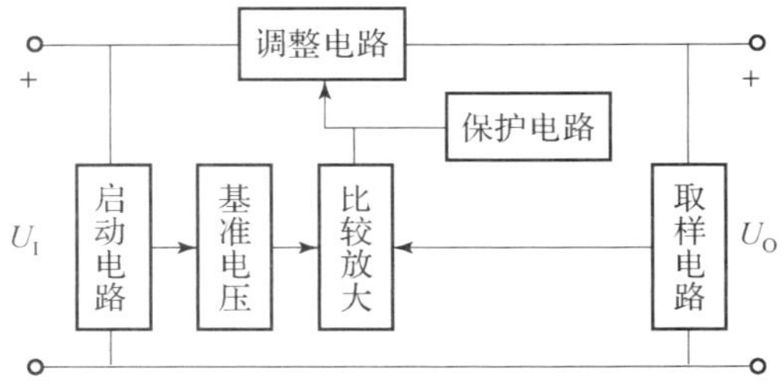

图 10.4.4　CW7800 系列国产固定式集成三端稳压器内部电路组成框图

（2）固定式集成三端稳压器的应用电路。

①基本应用电路，如图 10.4.5 所示。由于输出电压决定于集成稳压器，所以对 CW7812 型集成三端稳压器，输出电压为 12V，最大输出电流为 1.5A。为使电路正常工作，要求输入电压 U_I 比输出电压 U_O 至少大 2.5V。输入端电容 C_1 用以抵消输入端较长接线的电感效应，以防止自激振荡，还可抑制电源的高频脉冲干扰，一般取 0.1～1μF。输出端电容 C_2、C_3 用以改善负载的瞬态响应，消除电路的高频噪声，同时也具有消振作用。VD 是保护二极管，用来防止在输入端短路时输出电容 C_3 所存储电荷通过稳压器放电而损坏器件。CW7900 系列国产固定式集成三端稳压器的接线与 CW7800 系列国产固定式集成三端稳压器基本相同。

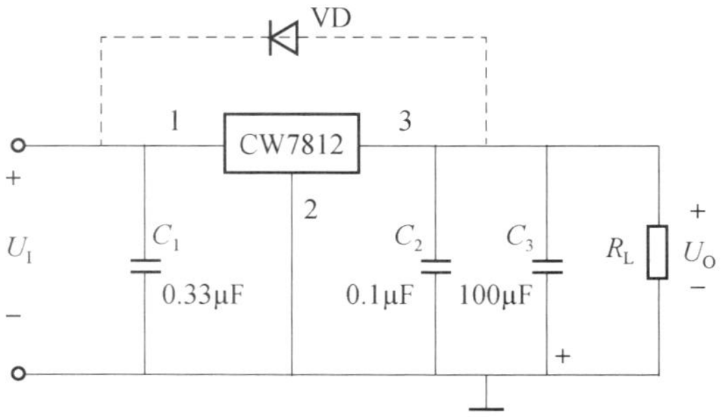

图 10.4.5　CW7800 国产固定式集成三端稳压器基本应用电路

②输出正、负电压的电路。图 10.4.6 所示 CW7800 系列国产固定式集成三端稳压器电路采用 CW7815 型和 CW7915 型集成三端稳压器各一块组成的具有同时输出 +15V、−15V 电压的稳压电路。

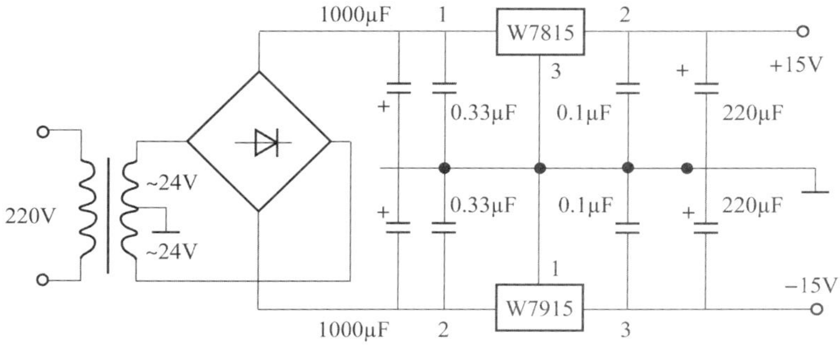

图 10.4.6　CW7800 国产固定式集成三端稳压器正负电压同时输出稳压电路

2）三端可调输出集成稳压器

三端可调输出集成稳压器是在三端固定输出集成稳压器的基础上发展起来的，集成片的输入电流几乎全部流到输出端，流到公共端的电流非常小，因此可以用少量的外部元件组成精密可调的稳压电路，应用更为灵活。

（1）典型产品型号命名：CW117/217/317 系列（正电源）；CW137/237/337 系列（负电源）。工作温度：CW117(137)系列为 -55~150℃；CW217(237)系列为 -25~150℃；CW317(337)系列为 0~125℃。

基准电压：1.25V 输出电流 L 型为输出电流 100mA，M 型为输出电流 500mA。

（2）CW117 系列三端可调输出集成稳压器的内部结构和基本应用电路及管脚排列，如图 10.4.7 所示。图中 ADJ 称为电压调整端，因所有偏置电路和放大电路的静态工作点电流都流到稳压器的输出端，所以没有单独引出接地端。

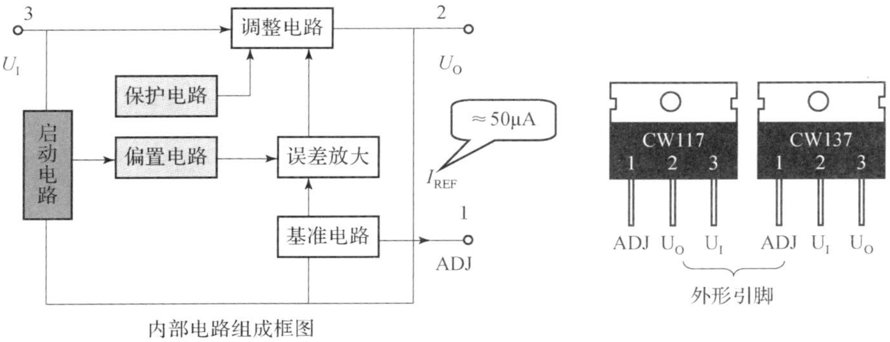

图 10.4.7　CW117 系列三端可调输出集成稳压器的内部结构和基本应用电路及管脚排列图

图 10.4.8 所示为 CW317 系列三端可调输出集成稳压器的基本应用电路。

在图 10.4.8 中，取 $U_{REF}=1.25V$，$I_{REF}\approx 50\mu A$，则 $U_O=\frac{U_{REF}}{R_1}(R_1+R_2)+I_{REF}R_2\approx 1.25(1+R_2/R_1)$。静态电流 I_Q（约为 10mA）从输出端流出，R_L 开路时流过 R_1，$R_1=U_{REF}/I_Q=125k\Omega$，$R_2=0\sim 2.2k\Omega$ 时，$U_O=1.25\sim 24V$。VD_1 防止输入端短路时 C_4 反向放电损坏稳压器，VD_2 防止输出端短路时 C_2 通过调整端放电损坏稳压器。C_2 用于减小输出纹波电压，R_1、R_P 构成取样电路。这样，实质电路就构成串联型稳压电路，调节 R_P，可改变取样比，即可调节输出电压 U_O 的大小。

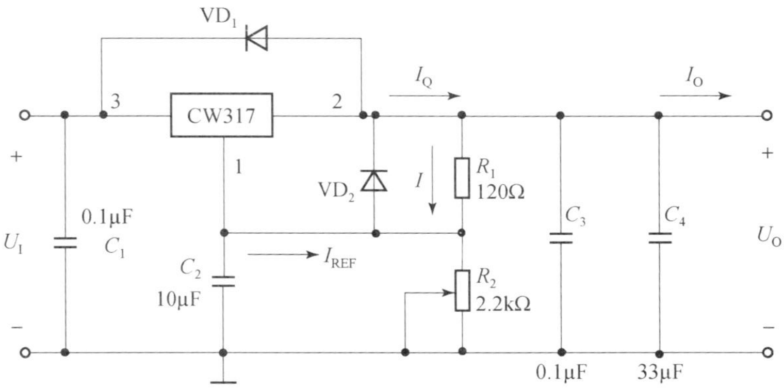

图 10.4.8　CW317 系列三端可调输出集成稳压器的基本应用电路

10.4.3　开关型直流稳压电路

线性集成稳压器有很多优点，但调整管必须工作在线性放大区，管压降比较大，同时要通过全部负载电流，所以管耗大、电源效率低，一般为 40%~60% 。特别是在输入电压升高、负载电流很大时，管耗更大，不但电源效率低，而且同时使调整管的工作可靠性降低。开关稳压电源的调整管工作在开关状态，依靠调节调整管导通时间来实现稳压。由于调整管主要工作在截止和饱和两种状态，管耗小，故使稳压电源有的效率明显提高，可达 90% ；而且这个效率几乎不受输入电压大小的影响，即开关稳压电源很宽的稳压范围。由于效率高使得电源的主要缺点是输出电压中含有较大的纹波，但由于开关电源优点显著，故发展非常迅速，使用也越来越广泛。

开关型稳压电路分类方法较多。按稳压控制方式，开关型稳压电路可分为脉冲宽度调制型、脉冲频率调制型和脉宽与频率均能调制的混合型；按启动调整管的方式，开关型稳压电路可分为自激式和他激式；按调整管与负载连接方式，开关型稳压电路可分为串联式、并联式和脉冲变压器（工作在高频）耦合式。

所有类型的开关型稳压电路的工作原理基本一致，目前串联脉宽调制型使用较普遍，下面介绍其工作原理。

串联开关型稳压电路的工作原理如下：

串联开关型稳压电路的原理，如图 10.4.9 所示。它主要由调整管 VT_1、LC 滤波电路、比较器、比较放大电路、三角波发生器和基准源等部分构成。

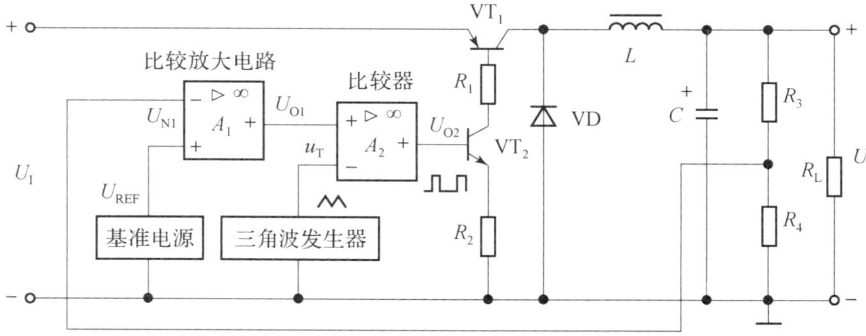

图 10.4.9　串联开关型稳压电路原理图

基准电源输出稳定的电压，采样电压 U_{N1} 与基准电压 U_{REF} 的差值，经 A_1 放大后得 U_{O1}，作为比较器 A_2 的参考电压。其与三角波发生器输出电压比较，得到控制信号 U_{O2}，控制调整管的工作状态。

当 U_O 增大时，采样电压增大，比较放大电路 A_1 反相输入端的电位 U_{N1} 增大，A_1 的输出 U_{O1} 减小，经过比较器使 U_{O2} 占空比减小，输出电压 U_O 减小，调节的结果是 U_O 基本保持不变，从而起到了稳压作用。

当 U_O 减小时，变化过程刚好相反，即 $U_O\downarrow\rightarrow U_{N1}\downarrow\rightarrow U_{O1}\uparrow\rightarrow U_{O2}$ 占空比 $\uparrow\rightarrow U_O\uparrow$。

10.5 Multisim 仿真软件应用举例

直流稳压电源研究：

直流稳压电源研究视频

小　结

（1）直流稳压电源由整流电路、滤波电路和稳压电路组成。整流电路将交流电压变为脉动的直流电压，滤波电路可减小脉动使直流电压平滑，稳压电路的作用是在电网电压波动或负载电流变化时保持输出电压基本不变。

（2）整流电路有半波和全波两种，最常使用的是单相桥式整流电路。分析整流电路时，应分别判断在变压器二次电压正、负半周两种情况下二极管的工作状态，从而得到负载两端电压、二极管端电压及其电流波形，并由此得到输出电压和电流的平均值，以及二极管的最大整流平均电流和所能承受的最高反向电压。

（3）滤波电路通常有电容滤波、电感滤波和复合滤波，本章重点介绍了电容滤波电路。

（4）稳压管稳压电路结构简单，但输出电压不可调，仅适用于负载电流较小且变化范围也较小的情况。

（5）在串联型稳压电源中，调整管、基准电压电路、输出电压取样电路和比较放大电路是基本组成部分。电路中引入了深度电压负反馈，从而使输出电压稳定。

习　题

一、填空与选择题

1. 常见的小功率直流稳压电源系统由________、________、________和________四部分组成。

2. 并联稳压电路，稳压部分由________和________两个元件组成。

3. 串联反馈式稳压电路由__________、__________、__________、__________四部分构成。

4. 当电网电压上升 10%，稳压电路的输出电压从 10V 上升到 10.2V 时，则电路的相对稳压系数 S 等于________。

5. 在单项桥式整流电路中，若有一只整流二极管接反，则（　　）。

A. 输出电压约为 $2U_D$　　B. 变为半波整流　　C. 整流管将因电流过大而烧坏

二、分析与计算题

1. 题图 10.1 所示为全波整流电路，已知 $U_{2a}=U_{2b}=10\sqrt{2}\sin(\omega t)$，$R_L=1000\Omega$。

（1）试画出负载电流、VD_1 管电流及电压的波形；

（2）试计算负载的平均电压和平均电流 U_L、I_L；

（3）计算整流二极管的平均电流 I_{VD}、最大反向电流 U_{RM}。

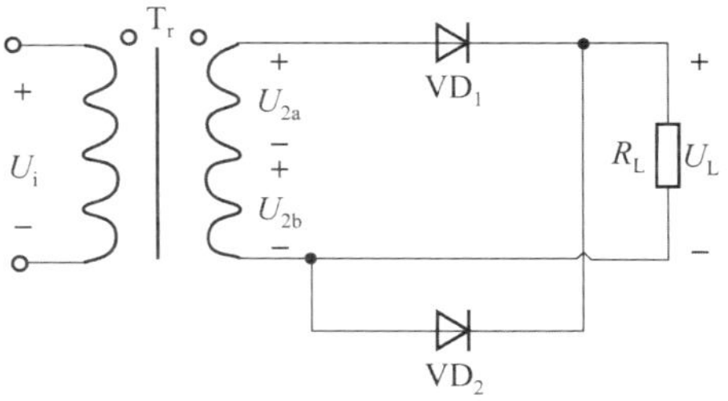

题图 10.1

2. 题图 10.2 所示为单向桥式整流电路，当电路出现下列故障时，请问会出现什么现象？

（1）VD_1 开路；（2）VD_1 接反；（3）VD_1 短路；（4）VD_1、VD_2 都开路；（5）VD_1、VD_2 都接反；（6）VD_1、VD_2 都短路。

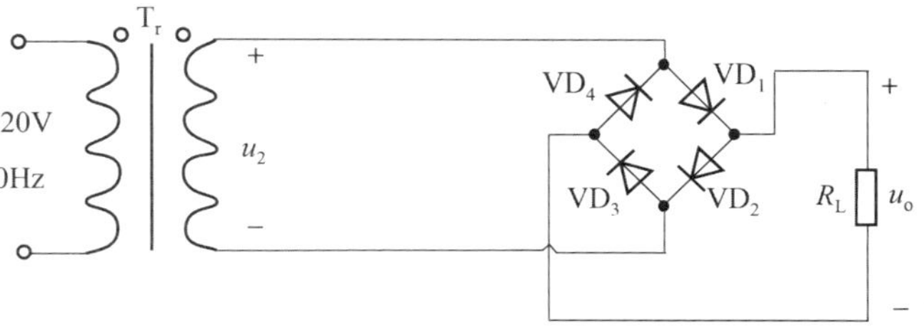

题图 10.2

3. 题图 10.3 所示为单向桥式整流电容滤波电路，已知变压器二次电压 $U_2=20\text{V}$，求下列情况的输出电压。

（1）电路正常工作；

（2）电容虚焊；

（3）二极管虚焊；

（4）负载电阻开路；

（5）一个二极管和滤波电容同时开路。

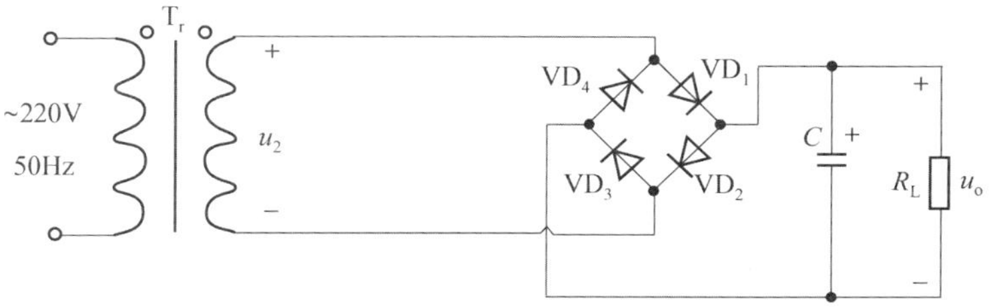

题图 10.3

4. 电路图如题图 10.4 所示。

（1） 分别标出 u_{o1} 和 u_{o2} 对地极性。

（2） u_{o1} 和 u_{o2} 分别是半波整流还是全波整流？

（3） 当 $u_{21}=u_{22}=20\text{V}$ 时，u_{o1} 和 u_{o2} 各为多少？

（4） 当 $u_{21\text{M}}=10\text{V}$、$u_{22\text{M}}=15\text{V}$ 时，试画出 u_{o1} 和 u_{o2} 的波形。

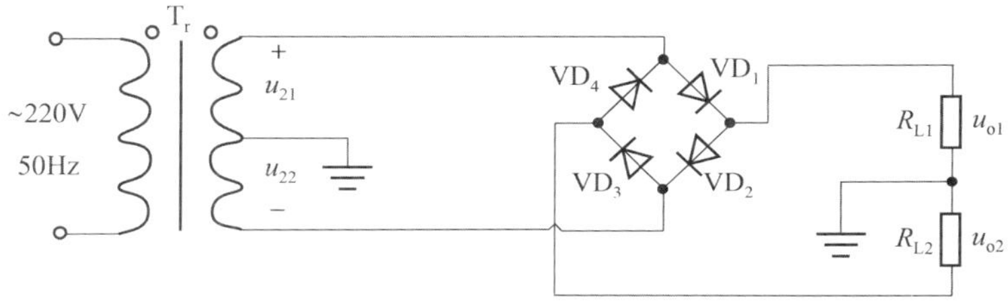

题图 10.4

5. 题图 10.5 所示为单相桥式整流电容滤波电路，已知负载电阻 $R_\text{L}=100\Omega$，要求输出电压 $u_\text{o}=24\text{V}$，试选择整流二极管和滤波电容器参数。

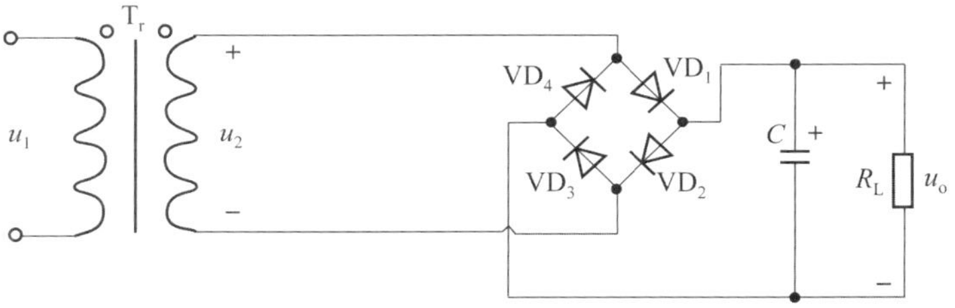

题图 10.5

6. 题图 10.6 所示为并联型稳压电路，稳压管的稳定电压 $U_\text{Z}=6\text{V}$，最大允许电流 $I_{\text{Zmax}}=40\text{mA}$，最小稳定电流 $I_{\text{Zmin}}=5\text{mA}$，$R=100\Omega$。

（1） 当输入电压 $U_\text{I}=12\text{V}$ 时，在稳定条件下，允许负载电流 I_L 的变化范围是多少？

（2） 当负载电阻变化范围 $R_{\text{Lmax}}=600\Omega$，$R_{\text{Lmin}}=400\Omega$ 时，求输入电压所允许的变化范围。

7. 在并联型稳压电路中，如果 $R=0$，能够稳压吗？R 在电路中起什么作用？

8. 题图 10.7 所示为串联型稳压电路，已知 $R_1=R_2=R_\text{W}=200\Omega$，$U_\text{Z}=6\text{V}$。

（1） 分析电路的工作原理；

（2） 计算输出电压的调节范围。

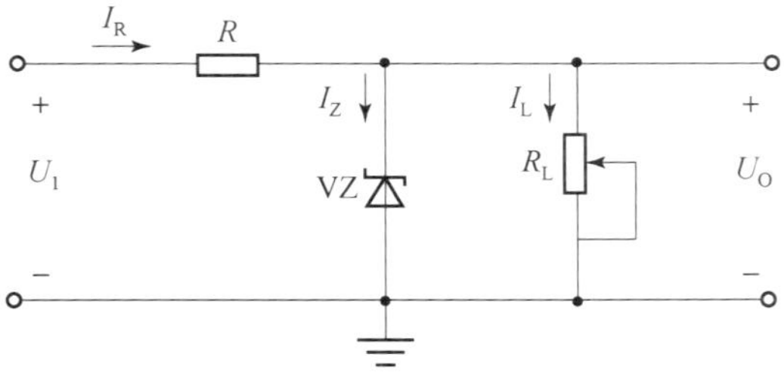

题图 10.6

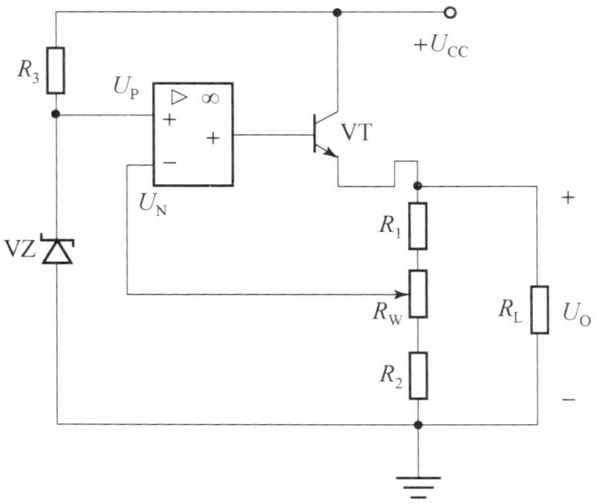

题图 10.7

第 11 章　模拟电子电路的分析与设计举例

本章问题：

（1）常见的模拟电子电路有哪些？

（2）模拟电路的分析方法有哪些？

（3）模拟电路的设计分为哪几个步骤？

本章是在掌握模拟电子技术单元电路的基础上，选用由相应的单元电路或集成电路组成实用综合电路。通过对电路的分析，实现从单元电路分析到综合电路分析的过渡，把零散的知识贯穿起来，学会使用所学知识分析综合电路的工作原理，同时介绍模拟电子系统的设计方法，以能够初步认识电子设计的过程，以提高模拟电子技术的综合应用能力。

11.1　模拟电子系统的应用举例

11.1.1　镍镉电池充电电路

1. 电路组成

图 11.1.1 所示为一种小型电器内附的 5 号镍镉电池充电器的电路图。电路输入为 220V 的交流电，C_1、C_2和 R_0起到电容降压作用，得到的交流低压经二极管、稳压管和电容 C_3整流、滤波、稳压后变为低压直流向充电电路供电。充电电路由 R_1、R_2发光二极管和电池 E 组成。发光二极管 LED 起到充电指示灯的作用。

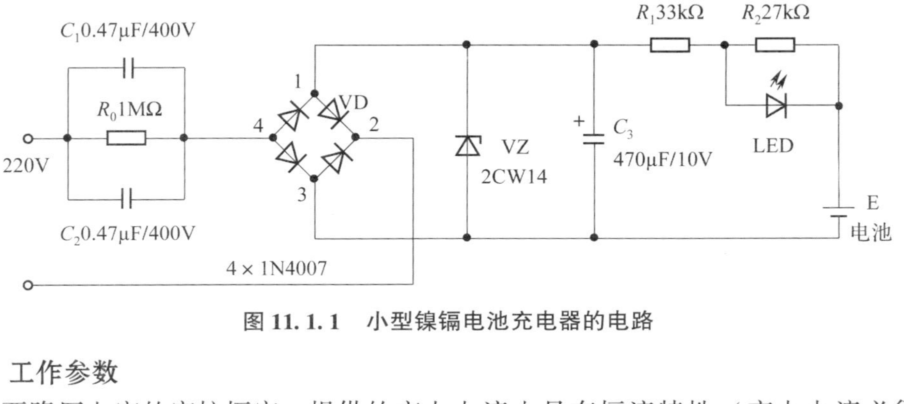

图 11.1.1　小型镍镉电池充电器的电路

2. 工作参数

只要降压电容的容抗恒定，提供的充电电流也具有恒流特性（充电电流必须小于稳压管的最大稳定电流），这正符合每个电池的恒流特性要求，所以充电器性能可靠，充电电池使用寿命长。充电电流为 50~60mA，起始充电电压约为 2.2V，充电结束后约为 2.5V，充电时间大约 14h。当充电结束后发光二极管的亮度明显变暗。

3. 工作原理

（1）整流滤波部分。当输入电压正半周时，电源经过 C_1、C_2及整流桥向 C_3充电；当输入为交流负半周时电源通过整流桥及 C_1、C_2向 C_3继续充电。由于 C_3上得到的电压远小于电源电压，故电容降压所能提供电流为 $I = U_i/X_c$，当 C 为 1μF 时能提供 69mA 的电流。电阻 R_0用以当电源断开后，将 C_1、C_2上的电荷放掉，以免发生触电危险。

（2）稳压部分。C_3两端得到的是整流滤波后的直流电压，由稳压管 2CW14 进行稳压，稳压值为 7V。需要注意的是稳压管不能开路，否则输出电压将升到很高导致充电电池损坏。

（3）充电部分。电阻 R_1为限流电阻，当充电电流为 50mA 时，在分压电阻 R_2上产生的压降恰好使 LED 发光显示；当电池充满电后，LED 两端电压升高，电流略有下降，LED 显示亮度明显下降。

11.1.2 由 LM386 功率放大器构成的 3W 简易 OCL 功率放大电路

1. 电路组成

电路如图 11.1.2 所示，IC_1和 IC_2是两片 LM386 集成功率放大器，接成 OCL 电路。C_1起到电源滤波及退耦作用，C_3为输入耦合电容，R 和 C_2起到防止电路自激的功能，RP 为静态平衡调节电位器。

2. 工作参数

IC_1和 IC_2选用 LM386 集成功率放大器芯片，LM386 具有功耗低、电压适应范围宽、频响范围宽和外围元件少等特点。其工作电压为 4～16V，如图 11.1.2 中工作电压为 6V 时，额定输出功率可以达到 3W，适宜用来推动小音箱或作为设备的语音提示及报警功放。电阻 R 选用 1/2W 金属膜电阻器。电容 C_1选用耐压为 16V 的铝电解电容器，电容一般取值为 470μF；C_2选用聚丙烯电容，电容一般取值为 0.01μF；C_3选用钽电解电容一般为 4.7μF。RP 选用有机实芯电位器。扬声器 BL 根据实际需要选用 8Ω，额定功率在 10W 以下的扬声器或音箱。

3. 工作原理

电路原理如图 11.1.2 所示，音频输入信号经 C_3耦合到 IC_1同相输入端和 IC_2的反相输入端放大后的信号直接驱动扬声器，电路中 R 和 C_2的作用是防止电路自激振荡。电路安装完成后，将音频信号输入端接地，调整 RP，使 IC_1和 IC_2的两只 5 脚输出直流电压相等即可。由于 LM386 功率放大器外接元件少，一般情况下都可正常工作。

11.1.3 由 LM386 功率放大器电路构成的无线发射电路

图 11.1.3 使用 LM386 功率放大器构成的无线发射电路，适用于作无线话筒，短距离的无线通信。

1. 电路组成

电路由 LM386 功率放大器和 LM7806 三端式固定稳压器等组成，L_1、L_2是内径为 4mm 的电感线圈，可用内径为 0.51mm 高强度的漆包线绕制而成，L_1绕 4 圈，L_2绕 10 圈，VT_1为射频型三极管，MIC 为驻极体话筒。

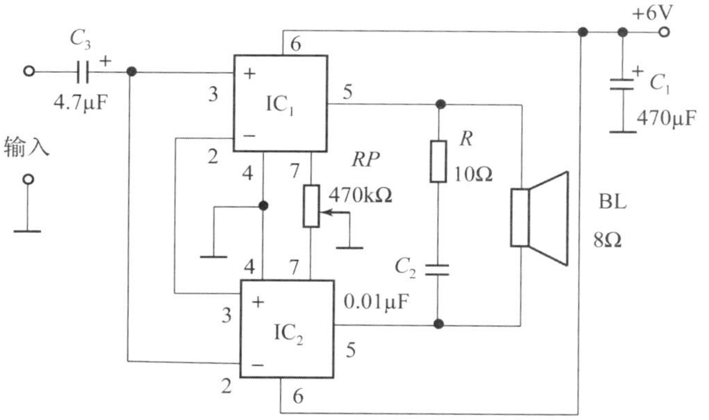

图 11.1.2　LM386 功率放大器构成的 3W 简易 OCL 功放电路图

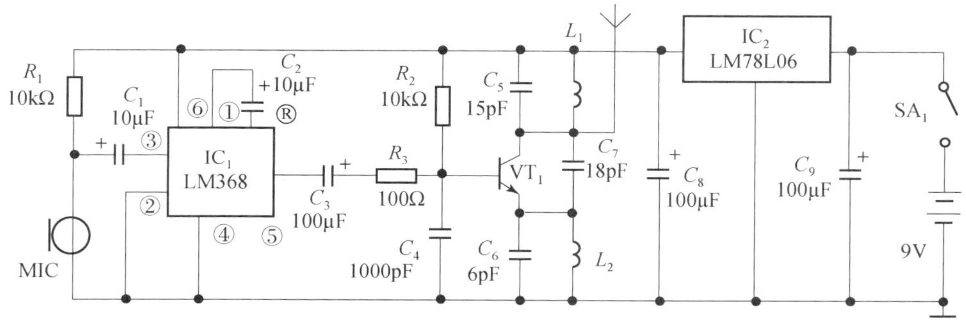

图 11.1.3　LM386 功率放大器构成的无线发射电路

2. 工作原理

（1）放大部分。当需要发送呼叫信息时，闭合 SA_1 开关，发出呼叫信号，驻极体话筒将拾取的语音信号转换成电信号后，经 C_1 耦合到 LM386 功率放大器的输入端，放大后的信号经 C_3 耦合到后级电路。

（2）高频振荡部分。高频振荡电路由 VT_1、L_1、L_2、C_6、C_4、C_5 和 R_2 等组成。功放输出信号经 C_3 和 R_3 耦合到 VT_1 管的基极，该信号对高频振荡电路产生的振荡信号进行调制，调频后得到的射频信号由天线发射出去。

（3）稳压电源部分。稳压电源部分由 IC_2 和 C_8、C_9 组成，用于保证电路频率的稳定性和工作的可靠性，电路的供电是经 IC_2 稳压后提供的。

11.1.4　用 μPC741 型集成运算放大器构成的声控开关电路

图 11.1.4 是用 μPC741 型集成运算放大器构成的声控开关电路。可用来开启发电机、录音机，也可经继电器、光耦合器等控制其他电气设备。

1. 电路组成

电路主要由 IC_1、IC_2、VT_1~VT_3 组成，其中 IC_1 和 IC_2 均为 μPC741 型集成运算放大器，VT_1 和 VT_2 均为 NPN 型三极管，VT_3 为增强型 N 型沟道场效应管。

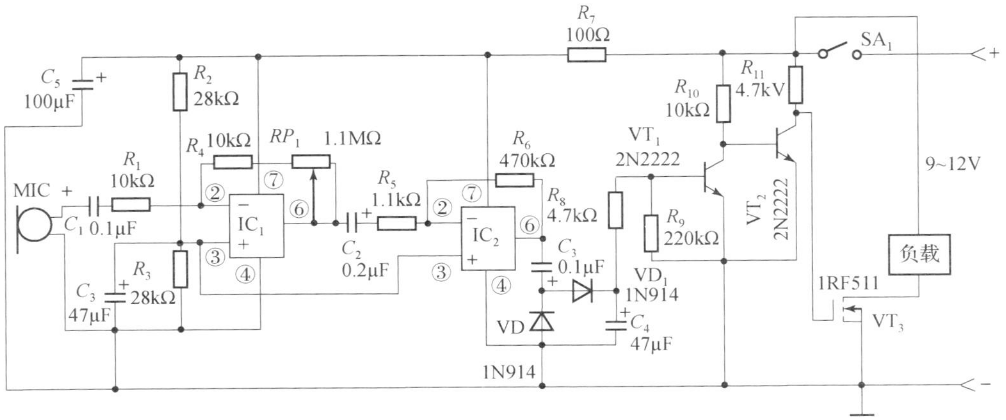

图 11.1.4　用 μPC741 型集成运算放大器构成的声控开关电路

2. 工作原理

（1）信号放大部分。声控话筒将接收到的音频信号转化为电信号后经 C_1 和 R_1 加到运算放大电路 IC_1 的反相输入端，放大倍数的大小可以通过调整 RP_1 确定。经放大后的信号由 C_2 和 R_4 耦合后加到 IC_2 的反相输入端，进一步放大后由 6 脚输出。

（2）整流滤波部分。IC_2 输出的放大后的信号，经 C_3 耦合到整流滤波电路进行全波整流、滤波。整流滤波电路由 VD_1、VD_2 和 C_4 组成。

（3）驱动电路。驱动电路由 VT_1~ VT_3 组成，当 VT_1 导通时，VT_2 截止，使 VT_3 导通，由 VT_3 驱动相应的开关控制相应的电气设备。改变 C_4 的电容值，可以改变 VT_3 的导通时间，电容量越大，导通时间越长。

11.1.5　由 HY506 全电子数码录音集成电路构成的语音录放电路

图 11.1.5 是一个由 HY506 全电子数码录音集成电路构成的简易的录音电路。该电路具有体积小、省电的特点，并且不需要磁带的简易录音电路。

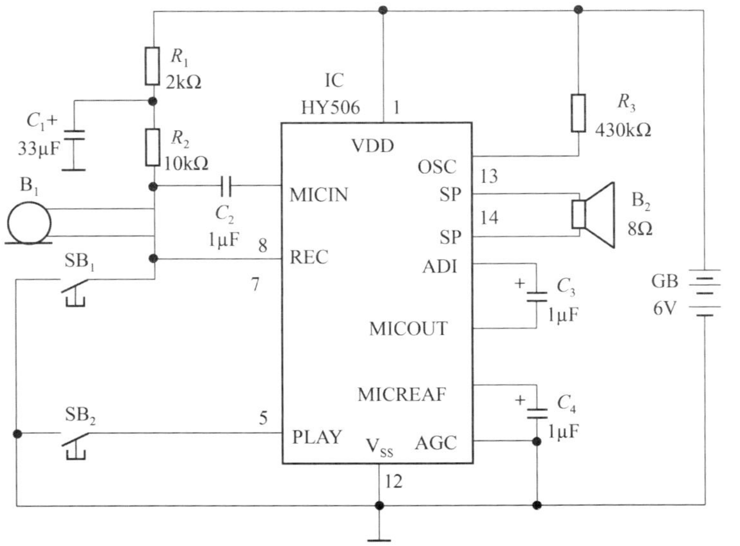

图 11.1.5　由 HY506 全电子数码录音集成电路构成的语音录放电路图

1. 电路组成

电路主要由一块 HY506 全电子数码录音集成电路来实现电路功能。HY506 全电子数码录音集成电路的内部由话筒放大电路、自动增益控制电路、模/数转换电路、数/模转换电路、静态存储器、逻辑控制电路、音频放大电路等单元组成。其外部再加上电源、电阻、电容、按钮等简单元件即可构成完整的语音录放电路。

2. 工作原理

当按下 SB_1（录音按钮），声音信号将由话筒 B_1 接收，并转换为电信号，经话筒放大电路后，再转换为数字信号存储到静态存储器中。当按下按钮 SB_2（放音按钮）时，从静态存储器中把所存的数字录音信号取出，通过数/模转换电路后，把数字信号转换为模拟信号（电信号），经音频放大电路后，驱动扬声器，从而发出声音。本电路元器件没有特殊要求，可根据电路图给出参数来选择。

11.2 模拟电子电路的设计

11.2.1 设计流程

电子电路的设计，建立在模拟电子技术的基本理论和基本技能的基础上。其一般设计流程如图 11.2.1 所示。设计者首先要认真分析电路有关功能、性能指标的要求，然后确定整体方案，明确电路的各个功能模块，最后画出总体框图，并对总体方案进行论证。总体方案确定后，就可以根据总体框图中各个功能模块的性能要求设计单元电路。单元电路一般通过以下三种途径确定。

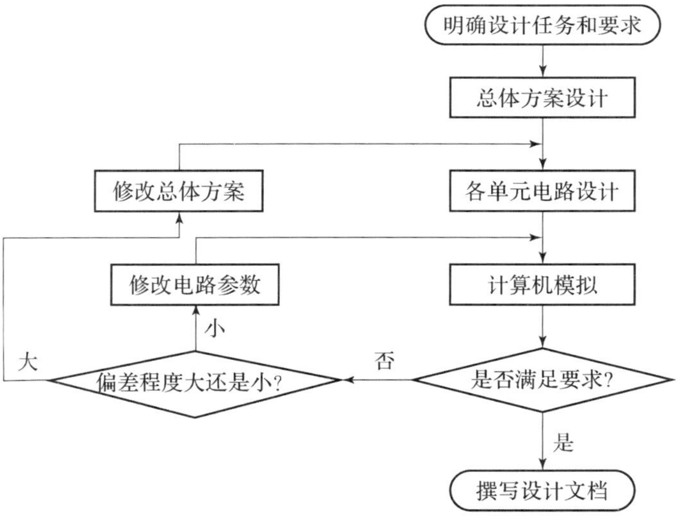

图 11.2.1 一般设计流程图

（1）选用成熟的电路。

（2）根据要求先确定核心元件，再进行创造性设计。

（3）选用功能相近的电路做适当的改进。

单元电路确定后，选择适当的元件参数，对设计要求的性能指标进行验证，最后确定元件参数。

电路设计初步完成后，用计算机仿真软件对电路进行模拟，显示出各性能指标是否满足要求。如果不符合要求，则适当调整电路参数，直到各项性能指标满足设计要求为止。最后根据电路和参数设计电路板，安装电路板进行整机调试。

下面通过实例来说明电子电路的设计过程。

11.2.2 设计举例

设计一个波形信号发生器。其性能要求：①在给定的 ±12V 直流电源电压条件下，使用集成运算放大电路设计并制作一个波形信号发生器；②波形信号发生器能够产生方波、三角波、正弦波且频率和幅度可调；③要求产生的信号频率为 1Hz ~ 1kHz。

1. 总体方案设计

产生正弦波、方波、三角波的方案有很多种，可以首先产生三角波—方波，再将三角波变成正弦波或将方波变成正弦波等。本设计先采用方波—三角波，再将三角波转变成正弦的电路设计方法，其电路组成如图 11.2.2 所示。

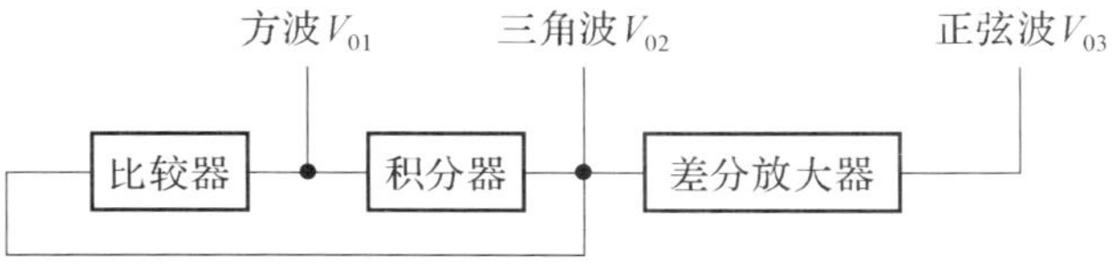

图 11.2.2 波形信号发生器原理框图

比较器输出的方波经由积分器后输出三角波；三角波经由差分放大电路变换为正弦波输出。差分放大电路具有工作点稳定、输入阻抗高、抗干扰能力较强等优点。特别是，作为直流放大电路时，可以有效地抑制零点漂移，因此可将频率很低的三角波变换成正弦波，工作原理是利用差分放大电路传输特性曲线的非线性。

2. 单元电路分析

1）方波—三角波转化电路

此部分电路连接后的电路如图 11.2.3 所示。集成运算放大电路 A_1 与 R_1、R_2、R_3 及 RP_1 组成同相输入的滞回电压比较器。集成运算放大电路的反相端通过平衡电阻 R_1 接基准电压，即 $u_- = 0$，同相输入端接反馈输入电压 U_{o2}。电压比较器的输出 U_{o1} 的高电平等于正电源电压 $+U_{CC}$，低电平等于负电源电压 $-U_{EE}(-U_{CC})$，$U_{CC}=U_{EE}$。当 $U_{o1}=+U_{CC}$ 时，通过 R_4 与 RP_2 向 C_1 充电，由于输入加在反相积分器的方向输入端，故使 U_{o2} 减小，同时也使电压比较器的 u_+ 减小，当 $u_+ = u_- = 0$ 时，电压比较器翻转，输出 U_{o1} 从高电平跳到低电平；当 $U_{o1} = -U_{EE}$ 时，通过 R_4 与 RP_2 向 C_1 反向充电，由于输入加在反相积分器的方向输入端，故使 U_{o2} 增大，同时也使电压比较器的 u_+ 增大，当 $u_+ = u_- = 0$ 时，电压比较器翻转，输出 U_{o1} 从低电平跳到高电平。上述过程周而复始，就构成了一个方波—三角波自动转换电路。

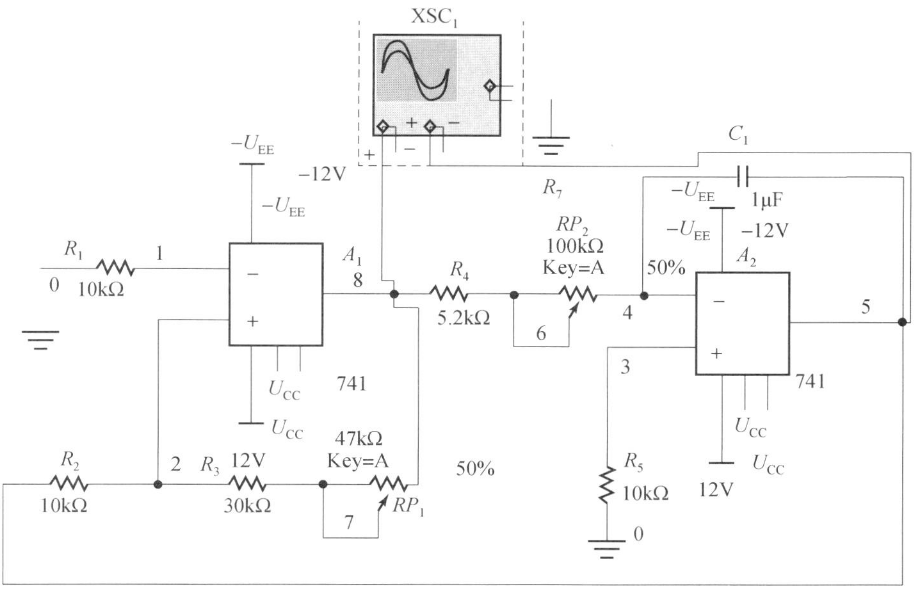

图 11.2.3　方波—三角波电路图

2）三角波—正弦波转化电路

三角波转换为正弦波的方法总的来说有两种：一种是通过滤波器进行“频域”处理的滤波式；另一种是通过电路作折线近似变换“时域”处理。滤波式的优点是基本不受输入三角波电平变动的影响，缺点是输出正弦波幅度会随频率一起变化，一般不采用这种方法。利用差分放大电路的差模传输特性曲线的非线性，将三角波近似逼近为正弦波，这种转换方式比较简单，而且频率很宽。差分放大电路具有工作点稳定、输入阻抗高、抗干扰能力较强等优点，特别是作为直流放大电路，可以有效地抑制零点漂移，因此可将频率很低的三角波变换为正弦波。根据这个特点构成的三角波—正弦波变换电路，如图 11.2.4 所示。

3. 波形信号发生器电路的仿真

1）方波—三角波的仿真

图 11.2.3 所示的仿真图形如图 11.2.5 所示。在 C_1 不变的情况下，分别将 RP_1、RP_2 从 50% 调整到 80%，可得到不同周期和幅度的方波—三角波电路输出的波形，分别如图 11.2.6、图 11.2.7 所示。

从图 11.2.5 所示的示波器数据栏中可以读出波形的周期约为 41ms，方波的峰－峰值约为 22V，三角波的峰－峰值约为 4V。从图 11.2.6 所示的示波器数据栏中可以读出波形周期约为 33ms，方波的峰－峰值约为 22V，三角波的峰－峰值约为 3.4V。从图 11.2.7 所示的示波器数据栏中可以读出波形周期约为 64ms，方波的峰－峰值约为 22V，三角波的峰－峰值约为 4V。

2）三角波—正弦波电路仿真

启动仿真开关，即可得到如图 11.2.8 所示的三角波—正弦波输出的波形。从图 11.2.8 所示的示波器数据栏中可以读出波形周期约为 96ms，正弦波的峰－峰值约为 1.4V。

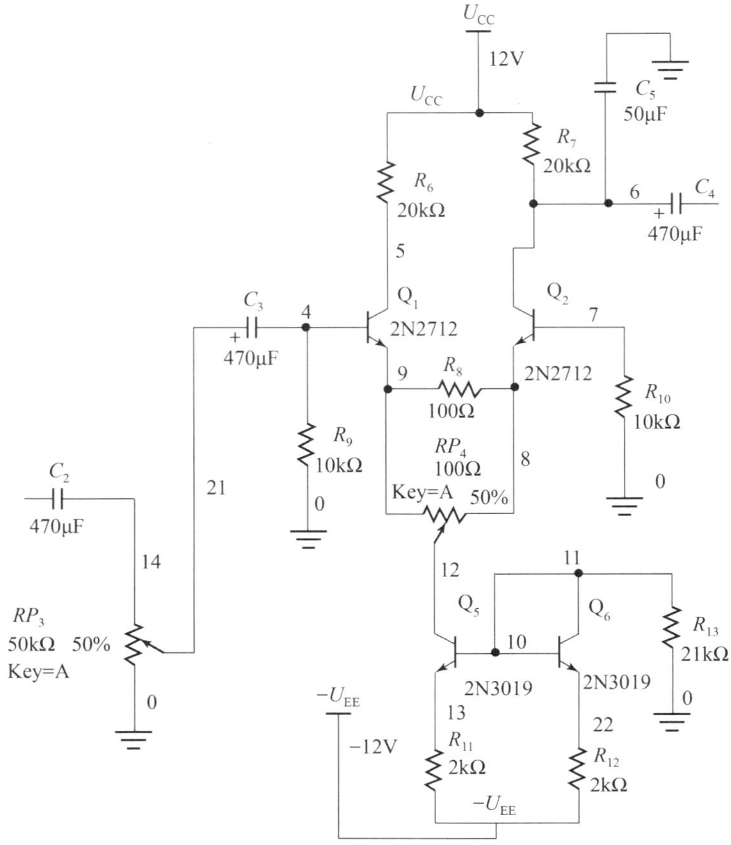

图 11.2.4　三角波—正弦波的电路图

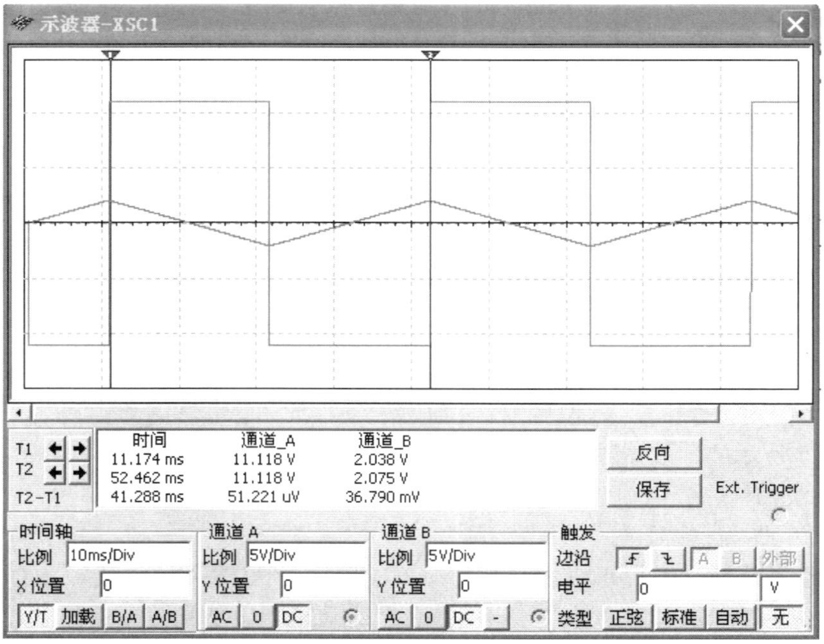

图 11.2.5　方波—三角波电路输出的波形

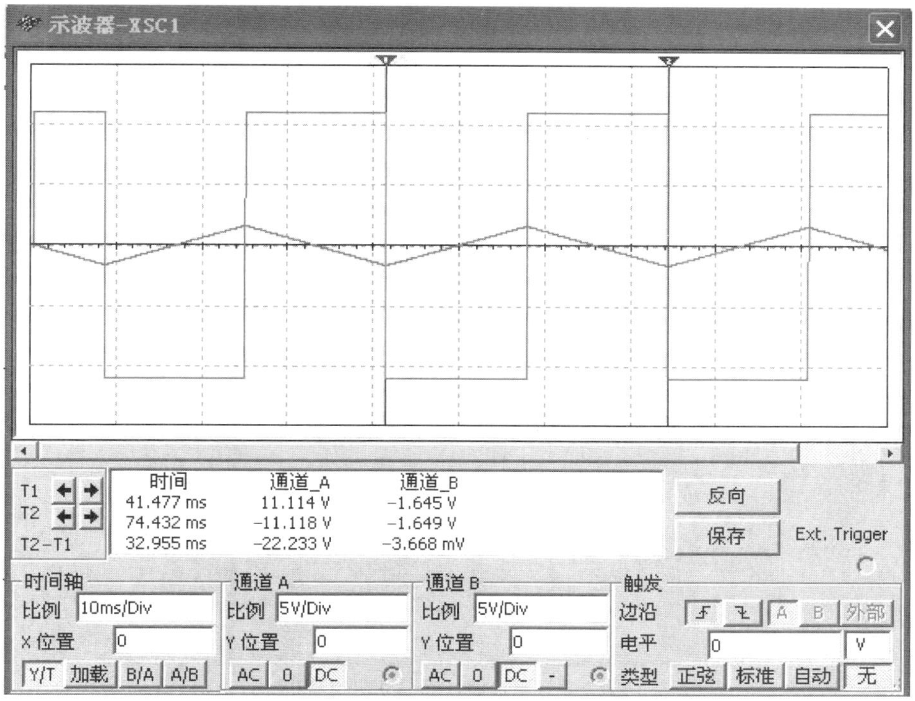

图 11.2.6　改变 RP_1 后的波形

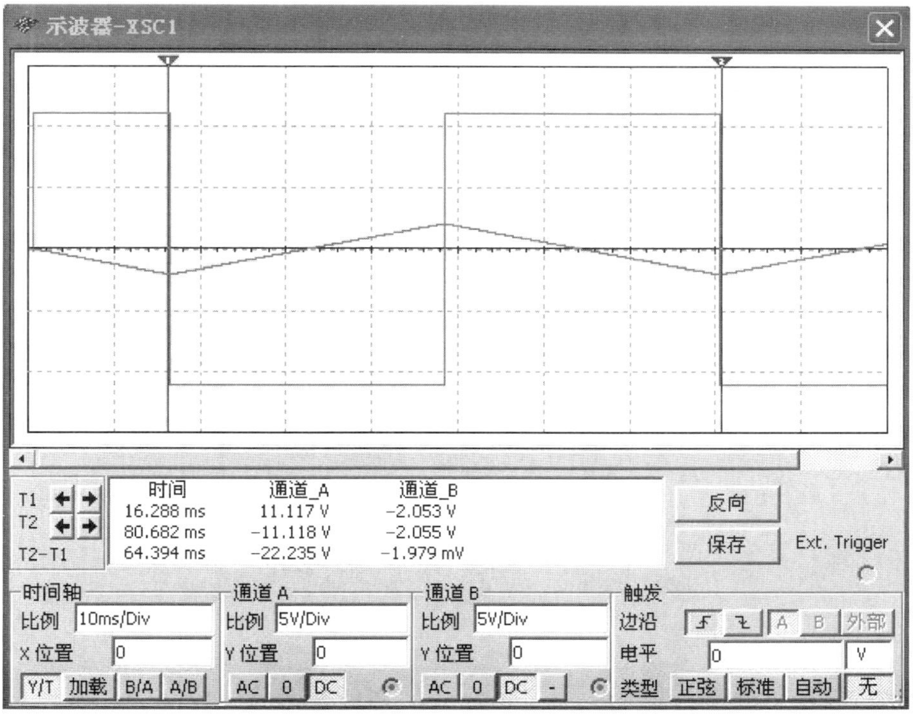

图 11.2.7　改变 RP_2 后的波形

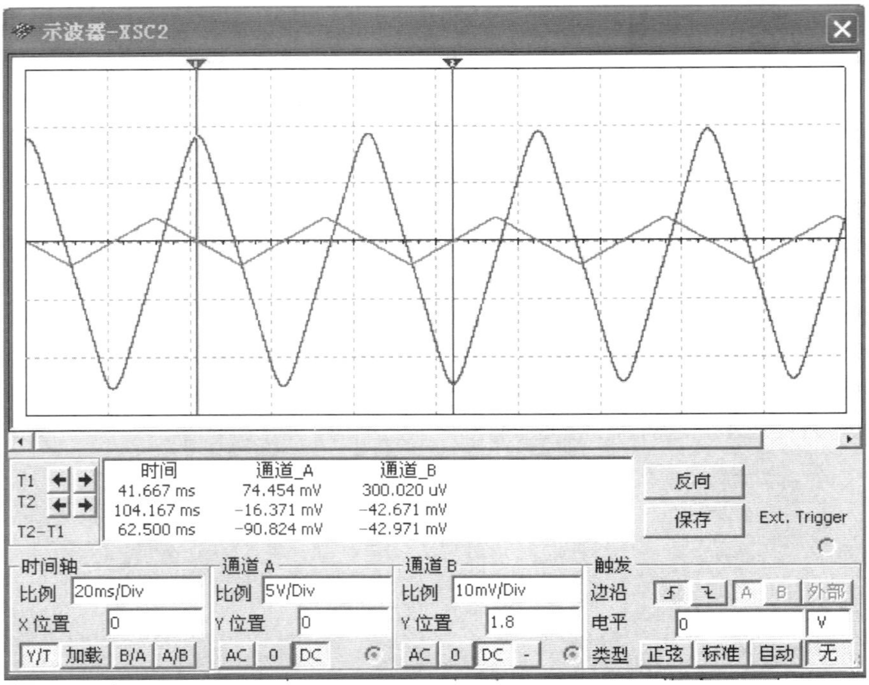

图 11.2.8 三角波—正弦波输出的波形

若 U_{o3} 的波形出现失真，则调节和改善参数，产生失真的原因及可采取的措施，如下：

(1) 若出现钟形失真，则可能是传输特性曲线的线性区太宽所致，应减小 R_8。

(2) 若出现圆顶或平顶失真，则可能是传输特性曲线的对称性较差、工作点 Q 偏上或偏下所致，应调整电阻 R_{13}。

波形信号产生电路的总体电路如图 11.2.9 所示。

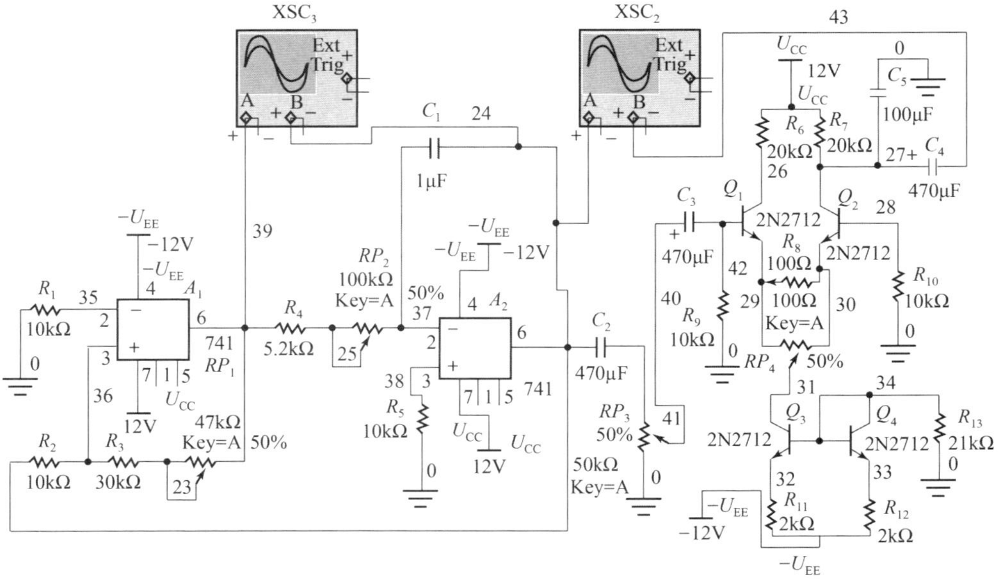

图 11.2.9 波形信号发生器总体电路图

小　结

本章主要是对本课程所学内容的综合应用。精选了 5 个实用电路，涵盖二极管、基本放大电路、直流稳压电源、振荡电路、反馈电路、功率放大电路、集成运算放大电路和信号产生电路等内容。通过对各个实际电路的分析培养学生的综合读图能力，锻炼学生从工程的角度全面分析综合电路的能力，逐步培养学生从基本原件、分立电路、模块电路过渡到综合电路的能力。

通过举例介绍模拟电路的设计流程，使学生学完本课程能初步掌握电子电路工程设计的步骤和方法。

习　题

1. 题图 11.1 所示为某手机的内部模块结构图，试说明手机信号的发射和接收过程。

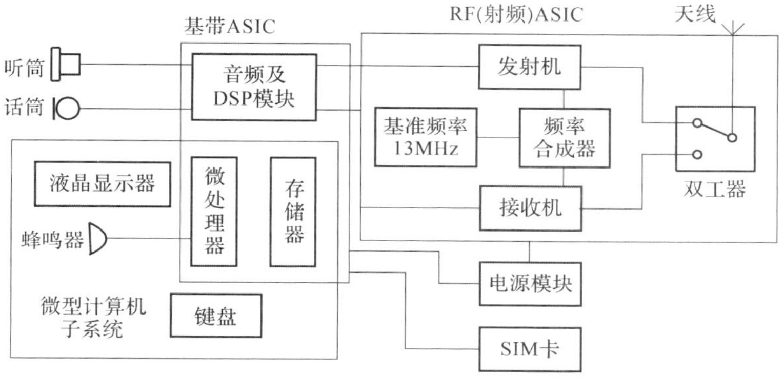

题图 11.1　手机内部模块结构

2. 题图 11.2 所示是采用铂电阻的温度测量电路，试说明电路的结构和工作原理。

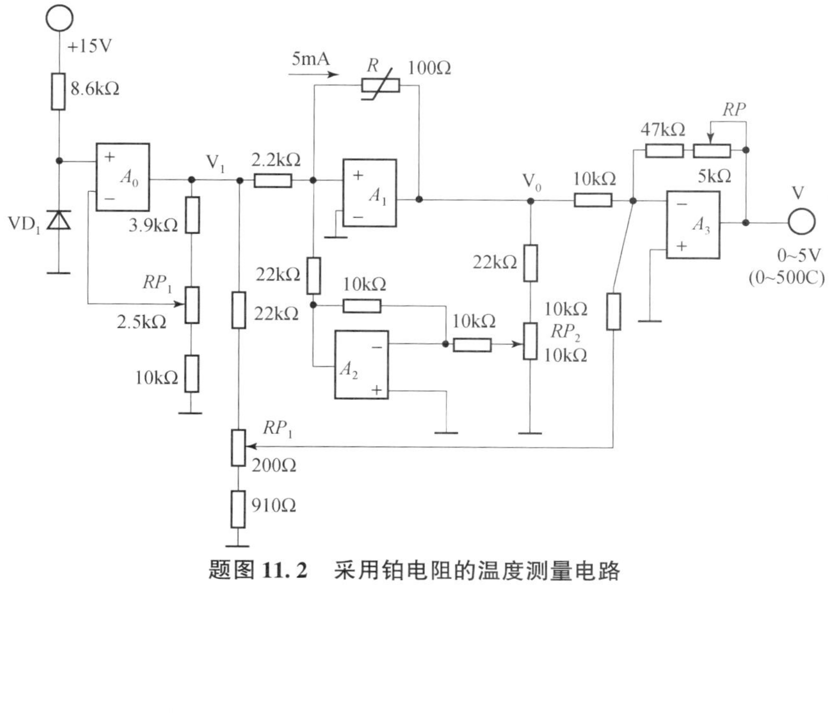

题图 11.2　采用铂电阻的温度测量电路

3. 同相音频放大电路如题图 11.3 所示，试说明电路的组成和工作原理。

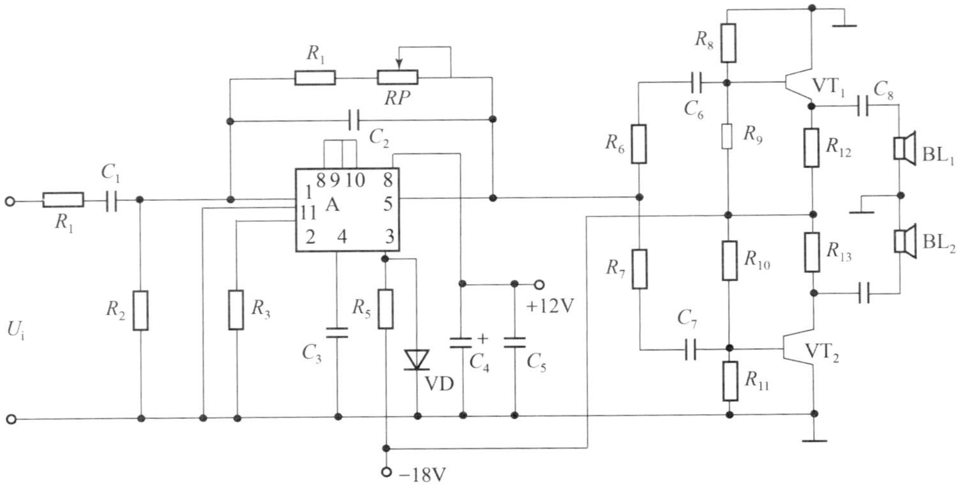

题图 11.3　同相音频放大电路

参考文献

[1] 黄丽亚，杨恒新，袁丰. 模拟电子技术基础 [M]. 4 版. 北京：机械工业出版社，2022.

[2] 童诗白，华成英. 模拟电子技术基础 [M]. 6 版. 北京：高等教育出版社，2023.

[3] 阎石. 数字电子技术基础 [M]. 5 版. 北京：高等教育出版社，2006.

[4] 孙肖子. 模拟电子技术基础 [M]. 北京：高等教育出版社，2012.

[5] 康华光，张林. 电子技术基础：模拟部分 [M]. 7 版. 北京：高等教育出版社，2021.

[6] 揭荣金，蔡滨. 应用电子技术 [M]. 北京：北京邮电大学出版社，2010.

[7] 林春景. 模拟电子线路 [M]. 北京：机械工业出版社，2009.

[8] 汤伟芳. 模拟电子技术 [M]. 北京：人民邮电出版社，2010.

[9] 荣雅君. 电子技术（非电类）[M]. 2 版. 北京：机械工业出版社，2008.

[10] 陈大钦. 模拟电子技术基础 [M]. 北京：高等教育出版社，2000.

[11] 孙余凯，吴鸣山. 巧学巧用模拟集成电路实用技术 [M]. 北京：电子工业出版社，2009.

[12] 朱定华，吴建新，饶志强. 模拟电子技术 [M]. 北京：北京交通大学出版社，2005.

[13] 刘恩科，朱秉升，罗晋生. 半导体物理学 [M]. 7 版. 北京：国防工业出版社，2007.

[14] 谢嘉奎. 电子线路：线性部分 [M]. 4 版. 北京：高等教育出版社，2012.

[15] 张豫滇，苏起虎，林彦杰. 电子电路课程设计 [M]. 南京：河海大学出版社，2005.

[16] FLOYD T L，BUCHLA D M. Fundamentals of Analog Circuit [M]. 2nd ed. London：Prentice Hall，2001.

[17] 王卫东，李旭琼，孙堂友，等. 模拟电子技术基础 [M]. 4 版. 北京：电子工业出版社，2021.

[18] 郝艾芳. 模拟电子技术基础 [M]. 4 版. 北京：机械工业出版社，2022.